Helmut Greiner u. a.

Elektroinstallation und Betriebsmittel
in explosionsgefährdeten Bereichen

de-FACHWISSEN

Die Fachbuchreihe
für Elektro- und Gebäudetechniker
in Handwerk und Industrie

Helmut Greiner u.a.

Elektroinstallation und Betriebsmittel in explosionsgefährdeten Bereichen

2., völlig neu bearbeitete und erweiterte Auflage

Hüthig & Pflaum Verlag · München/Heidelberg

Produktbezeichnungen sowie Firmennamen und Firmenlogos werden in diesem Buch ohne Gewährleistung der freien Verwendbarkeit benutzt.
Von den im Buch zitierten Vorschriften, Richtlinien und Gesetzen haben stets nur die jeweils letzten Ausgaben verbindliche Gültigkeit.
Autoren und Verlag haben alle Texte und Abbildungen mit großer Sorgfalt erarbeitet bzw. überprüft. Dennoch können Fehler nicht ausgeschlossen werden. Deshalb übernehmen weder Autoren noch Verlag irgendwelche Garantien für die in diesem Buch gegebenen Informationen. In keinem Fall haften Autoren oder Verlag für irgendwelche direkten oder indirekten Schäden, die aus der Anwendung dieser Informationen folgen.

Bibliografische Information Der Deutschen Bibliothek
Die Deutsche Bibliothek verzeichnet diese Publikation in der Deutschen Nationalbibliografie; detaillierte bibliografische Daten sind im Internet über http://dnb.ddb.de abrufbar.

! Möchten Sie Ihre Meinung zu diesem Buch abgeben?
Dann schicken Sie eine E-Mail an das Produktmanagement
im Hüthig & Pflaum Verlag, Frau Wendav:
wendav@de-online.info
Autoren und Verlag freuen sich über Ihre Rückmeldung.

ISSN 1438-8707
ISBN-10: 3-8101-0235-0
ISBN-13: 978-3-8101-0235-5

2., völlig neu bearbeitete und erweiterte Auflage
© 2006 Hüthig & Pflaum Verlag GmbH & Co. Fachliteratur KG, München/Heidelberg
Printed in Germany
Titelbild, Layout, Satz, Herstellung: Schwesinger, galeo:design
Druck: Laub GmbH & Co., Elztal-Dallau

Vorwort zur zweiten Auflage

Seit der ersten Auflage dieses unter der Federführung von Heinz Olenik bearbeiteten Buches gab es auf dem Gebiet des Explosionsschutzes zahlreiche und tiefgreifende Änderungen der gesetzlichen Regelungen und der technischen Normen.

Unter der Kurzbezeichnung „ATEX 95" wurde die schon 1994 als Übergangsregelung erlassene und seit 1. Juli 2003 allein gültige EU-Richtlinie zum umfassenden Explosionsschutz maßgebend. Sie richtet sich an Hersteller und Inverkehrbringer. Ihr „neuer Ansatz" regelt grundlegende Gesundheits- und Sicherheitsanforderungen, u. a. für nichtelektrische Geräte, Staubexplosionsschutz und Schutzsysteme. Die früher ausdrücklich verlangte Beachtung von „bezeichneten Normen" ist nicht mehr vorgeschrieben, hat aber eine „Vermutungswirkung" für die Einhaltung grundlegender Sicherheitsanforderungen.

Die EU-Richtlinie unter der Kurzbezeichnung „ATEX 137" stellt an den Arbeitgeber (Betreiber) Mindestanforderungen für Sicherheit und Gesundheitsschutz der Arbeitnehmer. Bei der Umsetzung in deutsches Recht wurden in der Betriebssicherheitsverordnung zusätzliche Anforderungen nach bewährten Regeln für den Arbeitsschutz sowie weitere andere EU-Richtlinien des Arbeitsschutzrechts eingearbeitet.

Die Auslegung und Anwendung der EU-Richtlinien und der daraus resultierenden nationalen Verordnungen ist für den Praktiker bei Planung, Errichtung, Betrieb und Instandhaltung alles andere als einfach.

Das vorliegende Buch soll hier praxisnahe Hilfestellung geben.

Die Mitautoren verdienen Dank und Anerkennung für ihre Bereitschaft, Kenntnisse und Erfahrungen aus ihrem jeweiligen Arbeitsgebiet eingebracht und praxisgerecht aufbereitet zu haben.

Helmut Greiner

Autoren

Oberingenieur *Helmut Greiner,* federführender Autor dieses Buches, hat eine Lehre als Elektroinstallateur und ein Ingenieurstudium als Elektromaschinenbauer absolviert. Er hat vier Jahrzehnte bei der Firma Danfoss Bauer GmbH in der Motorenentwicklung gearbeitet und ist auch nach dem Übertritt in den Ruhestand noch als Fachberater und in der Normenarbeit als deutscher Sprecher auf dem Gebiet des Staubexplosionsschutzes aktiv (Abschnitte 4, 5, 9, 12).

Dr. *Thorsten Arnhold* studierte und promovierte an der TU Dresden auf dem Gebiet der Elektroniktechnologie. Er war mehrere Jahre Qualitätsleiter bei verschiedenen Firmen. Seit 1992 ist er bei R. STAHL, zuerst als Leiter des Qualitätswesens und später als Entwicklungsleiter tätig. Seit 2001 als Leiter „Produktmanagement und Marketing". Er ist langjähriger Ex-Sachverständiger und Mitglied in verschiedenen Arbeitsgruppen bei IEC TC 31 sowie Chairman SC 4: Erhöhte Sicherheit bei CENELEC TC 31 (Abschnitt 6).

Dr. rer. nat. *Dieter Beermann* studierte Physik an der TU Hannover. Dort promovierte er auf dem Gebiet der Plasmaphysik zum Dr. rer. nat. Nach Tätigkeiten in einem Forschungsinstitut eines Elektrogroßunternehmens und in der Entwicklung eines mittelständischen Unternehmens der Licht- und Stromversorgungstechnik war er ab 1978 Entwicklungsleiter, später Technischer Leiter bei der R. STAHL Schaltgeräte GmbH. Von 1986 bis zu seiner Pensionierung fungierte er als Geschäftsführer dieses Unternehmens. Bis heute ist er auf dem Gebiet des Explosionsschutzes beratend tätig (Abschnitte 1, 3).

Dr. rer. nat. *Klaus de Haas* studierte Physik an der TH Darmstadt und promovierte an der Universität Saarbrücken. Bis Ende März 2003 fungierte er als Gruppenleiter in der BASF AG. Während seiner dreißigjährigen Betriebzugehörigkeit war er auf unterschiedlichen Arbeitsgebieten der Prozessleittechnik tätig, u. a. Geräteentwicklung, Betriebsbetreuung und Werkstätten für PLT-Geräte. Schon sehr früh kam er dabei mit Fragen des Explosionsschutzes in Berührung und wurde in der Folge Werkssachverständiger nach ElexV. Bis Anfang 2003 war er Obmann des K 235 „Errichten elektrischer Anlagen in explosionsgefährdeten Bereichen" der DKE. Bis heute ist er Mitglied in diesem Gremium und im K 241 „Schlagwetter- und explosionsgeschützte elektrische Betriebsmittel". Auch auf CENELEC-und IEC-Ebene nahm er in den für den Explosionsschutz zuständigen Gremien Aufgaben wahr, dazu gehörte z. B. die Funktion des deutschen Sprechers bei IEC TC 31/SC 31 J „Classification of hazardous areas and installation requirements"(Abschnitte 2, 10, 11).

Dipl.-Ing. (FH) *Karl Kienzle* arbeitete nach dem Studium der Feinwerktechnik als Fertigungsingenieur bei der Fa. AEG-Telefunken in der Halbleiterfertigung. Seit 1970 ist er bei der Fa. R. STAHL Schaltgeräte GmbH beschäftigt, zunächst in der Projektierung von Schaltanlagen und als Produktmanager für das Niederspannungs-Schaltgeräte-Programm. Danach war er 10 Jahre Leiter des Produktmanagements für Schaltgeräte und Leuchten. Seit 1994 ist er Prokurist und Bereichsleiter des Leuchtenwerkes (Abschnitt 7).

Dr.-Ing. *Anton Schimmele* studierte Elektrotechnik mit Schwerpunkt Elektrische Regelungstechnik an der Universität Stuttgart und promovierte anschließend am Institut für Steuerungstechnik der Werkzeugmaschinen und Fertigungseinrichtungen. Seit 1981 ist er bei der R. STAHL Schaltgeräte GmbH im Explosionsschutz tätig, leitete u. a. den Bereich MSR-Technik und übernahm 2005 das Innovations-Management.
Er ist in der Normenarbeit als deutscher Sprecher auf dem Gebiet der „Eigensicherheit" aktiv und referiert an überregionalen Bildungseinrichtungen zu diesem Fachgebiet (Abschnitt 8).

Dr.-Ing. *Peter Völker* studierte Elektrotechnik an der TH Darmstadt. Dort arbeitete er als wissenschaftlicher Mitarbeiter und promovierte auf den Fachgebieten Hochspannungs- und Messtechnik zum Dr.-Ing. Er war danach in der Industrie in Forschung und Entwicklung und später in der internationalen Prüfung und Zertifizierung tätig. Seit 1990 arbeitet er bei der R. STAHL AG, zunächst als Technischer Leiter, seit 1999 als Geschäftsführer der R. STAHL Schaltgeräte GmbH. Seit 2001 ist er im Vorstand der R. STAHL AG (Abschnitt 7).

Inhaltsverzeichnis

Abkürzungen 21

1 Rechtliche Grundlagen 25
   1.1 Historische Entwicklung 25
   1.2 Richtlinie 94/9/EG – Explosionsschutzverordnung 27
      1.2.1 Anwendungsbereich 27
      1.2.2 Begriffe 28
      1.2.3 Grundlegende Sicherheitsanforderungen 31
      1.2.4 Risikobewertung 31
      1.2.5 Konformitätsbewertungsverfahren 32
      1.2.6 Qualitätssicherungssystem 35
      1.2.7 Inverkehrbringen 35
      1.2.8 Kennzeichnung 36
      1.2.9 Ausnahmen 36
      1.2.10 Übergangsbestimmungen 38
   1.3 Richtlinie 99/92/EG – Betriebssicherheitsverordnung 38
      1.3.1 Anwendungsbereich 38
      1.3.2 Begriffe 39
      1.3.3 Vorschriften für Arbeitsmittel 40
      1.3.3.1 Gefährdungsbeurteilung 40
      1.3.3.2 Bereitstellung und Benutzung 41
      1.3.3.3 Zoneneinteilung explosionsgefährdeter Bereiche 41
      1.3.3.4 Mindestvorschriften für explosionsgefährdete
              Bereiche 41
      1.3.3.5 Explosionsschutzdokument 43
      1.3.3.6 Koordinierungspflichten 44
      1.3.3.7 Beschaffenheit der Arbeitsmittel 44
      1.3.3.8 Unterrichtung und Unterweisung 45
      1.3.3.9 Prüfung der Arbeitsmittel 45
      1.3.4 Überwachungsbedürftige Anlagen 45
      1.3.4.1 Betrieb 45
      1.3.4.2 Erlaubnisvorbehalt 46
      1.3.4.3 Prüfung vor Inbetriebnahme 46
      1.3.4.4 Prüfung nach Instandsetzung 46

1.3.4.5	Wiederkehrende Prüfungen	47
1.3.4.6	Außerordentliche Prüfungen	47
1.3.4.7	Befähigte Person	47
1.3.4.8	Unfall- und Schadensanzeige	48
1.3.4.9	Prüfbescheinigungen	48
1.3.4.10	Zugelassene Überwachungsstellen	49
1.3.4.11	Aufsichtsbehörden	49
1.3.5	Schlussbestimmungen	49
1.3.5.1	Ausschuss für Betriebssicherheit	49
1.3.5.2	Ordnungswidrigkeiten – Straftaten	49
1.3.5.3	Übergangsfristen	50
1.3.5.4	Außerkrafttreten	50

2 Begriffe, Kenngrößen und Zoneneinteilung ... 51
  2.1 Begriffe ... 51
  2.2 Kenngrößen ... 52
  2.3 Zoneneinteilung, Beurteilung möglicher Explosionsgefahren ... 55

3 Zündschutzarten beim Gasexplosionsschutz ... 61
  3.1 Vorschriften ... 61
  3.2 Allgemeine Anforderungen DIN EN 60079-0 (VDE 0170-1) ... 62
   3.2.1 Kategorien, Gruppen und Temperaturklassen ... 63
   3.2.2 Explosionsgruppen ... 64
   3.2.3 Temperaturklassen ... 65
   3.2.4 Kennzeichnung ... 65
  3.3 Zündschutzarten ... 67
   3.3.1 Ölkapselung „o" ... 67
   3.3.2 Überdruckkapselung „p" ... 68
   3.3.2.1 Statische Überdruckkapselung ... 68
   3.3.2.2 Überdruckkapselung mit Ausgleich der Leckverluste oder ständiger Durchspülung ... 69
   3.3.2.3 Innere Freisetzung brennbarer Substanzen ... 71
   3.3.2.4 Anwendung ... 72
   3.3.3 Sandkapselung „q" ... 72
   3.3.4 Druckfeste Kapselung „d" ... 73
   3.3.5 Erhöhte Sicherheit „e" ... 78
   3.3.6 Eigensicherheit „i" ... 80
   3.3.6.1 Eigensichere elektrische Betriebsmittel ... 81

		3.3.6.2 Zugehörige Betriebsmittel	82

- 3.3.6.2 Zugehörige Betriebsmittel 82
- 3.3.6.3 Schutzniveau (Kategorie) ia, ib 83
- 3.3.6.4 Gefährdung der Eigensicherheit 83
- 3.3.7 Vergusskapselung „m" 84
- 3.3.7.1 Schutzniveau ma oder mb 85
- 3.3.7.2 Zellen und Akkumulatoren 85
- 3.3.7.3 Anwendung 86
- 3.4 Kombination mehrerer Zündschutzarten 86
- 3.5 Betriebsmittel der Kategorie 1 87
- 3.6 Betriebsmittel der Kategorie 3 87

4 Staubexplosionsschutz 89
- 4.1 Einführung 89
- 4.2 Vergleich Staub – Gas 91
  - 4.2.1 Zündfähiger Staub 91
  - 4.2.2 Explosionsgrenzen 92
  - 4.2.3 Dauer der Störung 93
  - 4.2.4 Mindestzündenergie 93
  - 4.2.5 Mediendichte Kapselung 94
- 4.3 Temperaturkenngrößen von Stäuben 94
  - 4.3.1 Mindestzündtemperatur einer Staubschicht (Glimmtemperatur) 95
  - 4.3.2 Mindestzündtemperatur einer Staubwolke (Zündtemperatur) 95
  - 4.3.3 Einteilung der brennbaren Stäube 96
  - 4.3.4 Hybride Gemische 96
- 4.4 Zoneneinteilung 98
  - 4.4.1 Allgemeines 98
  - 4.4.2 Einteilung 99
  - 4.4.3 Übergang von zwei auf drei Zonen 101
- 4.5 Staubdichtheit 102
  - 4.5.1 Anforderungen 102
  - 4.5.2 Staubschutzprüfung nach EN 60529 103
- 4.6 Oberflächentemperatur 105
  - 4.6.1 Prüfung 105
  - 4.6.2 Begrenzung 105
- 4.7 Gefahr durch Ablagerung und Einschüttung 106
  - 4.7.1 Staubschichten bis 5 mm Dicke 108

	4.7.2	Staubschichten von 5 bis 50 mm Dicke	108
	4.7.3	Staubschichten von übermäßiger Dicke	109
	4.7.4	Konstruktive Maßnahmen zur Vermeidung übermäßiger Staubablagerungen	111
4.8		Baubestimmungen für elektrische Betriebsmittel	111
	4.8.1	Elektrostatische Aufladung	112
	4.8.2	Außenbelüftung	114
4.9		Auswahl, Errichten und Instandhalten	114
	4.9.1	Auswahl nach Konstruktionsmerkmalen und Prüfungen	114
	4.9.2	Errichten	115
	4.9.3	Behandlung der Gefahren durch Staubablagerungen	115
	4.9.4	Gefahrlose Beseitigung von Staubablagerungen	116
4.10		Staub-Zündschutzarten	117
4.11		Struktur der Normen	118
4.12		Vorschriften in Nordamerika	120

5 Elektrische Antriebe und ihre Schutzeinrichtungen 121

5.1		Elektrische Maschinen als Sonderfall des Explosionsschutzes	121
5.2		Anwendbare Zündschutzarten	122
5.3		Allgemeine Anforderungen für Bauart und Prüfung	124
	5.3.1	Mechanische Anforderungen	125
	5.3.2	Grenztemperaturen	126
	5.3.3	IP-Schutzarten	126
5.4		Zündschutzart Erhöhte Sicherheit „e"	128
	5.4.1	Thermische Schutzmaßnahmen	128
	5.4.2	Isolationstechnische Schutzmaßnahmen	131
	5.4.3	Mechanische Schutzmaßnahmen	132
5.5		Zündschutzart Druckfeste Kapselung „d"	132
	5.5.1	Schutzmaßnahmen gegen den Zünddurchschlag	134
	5.5.2	Thermische Schutzmaßnahmen	135
	5.5.3	Anschlusstechnik	136
	5.5.4	Pauschale Konformitätsbescheinigung	137
5.6		Zündschutzart Überdruckkapselung „p"	139
5.7		Zündschutzart „n" für explosionsgefährdete Bereiche der Zone 2	140
	5.7.1	Zündschutzmethoden der Zündschutzart „n"	141

	5.7.2	Allgemeine Anforderungen bei der Zündschutzart „nA"	142
	5.7.3	Ergänzende Anforderungen für drehende elektrische Maschinen	145
	5.7.4	Kennzeichnung	147
5.8	Explosionsgefahr durch Schlagwetter oder Explosivstoffe		148
	5.8.1	Bereiche mit Explosionsgefahr durch Schlagwetter	148
	5.8.2	Bereiche mit Explosionsgefahr durch Explosivstoffe	149
5.9	Wahl von Zündschutzart und Motorschutz nach der Betriebsart		151
	5.9.1	Überlastungsschutz bei Elektromotoren	151
	5.9.2	Überlastungsschutz bei den Zündschutzarten „d" und „e"	153
	5.9.3	Dauerbetrieb S1	153
	5.9.3.1	Kleinmotoren mit $I_0/I_N > 0{,}7$	154
	5.9.3.2	Schaltung der Auslöser	155
	5.9.4	Zeit t_E bei Zündschutzart „e"	156
	5.9.4.1	Bestimmung der Zeit t_E	157
	5.9.4.2	Auslösekennlinie	158
	5.9.4.3	Sonderforderungen des Verbandes der industriellen Energie- und Kraftwirtschaft (VIK)	159
	5.9.5	Zweileiterbetrieb	159
	5.9.5.1	Ursachen für den Zweileiterbetrieb	160
	5.9.5.2	Auswirkung auf Stromaufnahme und Wicklungserwärmung	160
	5.9.5.3	Auswirkungen auf die Ströme in den Wicklungssträngen	161
	5.9.5.4	Ansprechwerte von Bimetallauslösern	162
	5.9.5.5	Phasenausfallempfindlichkeit von Motorschutzrelais	163
	5.9.5.6	Phasenausfallschutz bei Motoren der Zündschutzarten „e" und „d"	165
	5.9.6	Einsatzgrenzen für den stromabhängigen Motorschutz	165
	5.9.7	Temperaturüberwachung durch thermischen Motorschutz TMS	167
	5.9.8	Ständerkritische und läuferkritische Maschinen	168
	5.9.9	Einsatzgrenzen des Thermistorschutzes	170
	5.9.9.1	Thermische Ankopplung	170
	5.9.9.2	Einfluss der Stromdichte	171
	5.9.9.3	Berechtigung und Kennzeichnung	172

5.9.10 Besondere Betriebsarten 174
5.9.10.1 Betriebsart S2 174
5.9.10.2 Betriebsart S3 175
5.9.10.3 Betriebsart S4 175
5.9.11 Schweranlauf 177
5.9.12 Sanftanlauf 178
5.9.13 Funktionsprüfung von Überlastungsschutzeinrichtungen 178
5.10 Umrichtergespeiste Drehstromantriebe 179
    5.10.1 Festlegungen in den Normen 180
    5.10.2 Begrenzung der Spannungsspitzen 181
    5.10.3 Motoren mit integriertem Umrichter 182
    5.10.4 Konformitätserkärung für Ex-Zündschutzarten (Zusammenfassung) 183
5.11 Weiterbetrieb an 400 V nach IEC 38 184
    5.11.1 Zulässige Spannungsschwankung für elektrische Maschinen 184
    5.11.2 Weiterbetrieb 186
    5.11.3 Vorentscheidung nach dem Leistungsfaktor . 187
    5.11.4 Funktion der anerkannten befähigten Person 187

6 Schaltgeräte und Schaltanlagen 189
6.1 Einleitung 189
6.2 Explosionsschutz 189
    6.2.1 Druckfest gekapselte Schaltgeräte 190
    6.2.1.1 Gehäusekapselung 191
    6.2.1.2 Komponentenkapselung 193
    6.2.1.3 Einzelkontaktkapselung 195
    6.2.2 Überdruckkapselung 199
    6.2.3 Klemmen und Klemmenkästen 200
    6.2.4 Schaltgeräte und Schaltanlagen für Zone 2 .. 201
6.3 Fabrikfertige Schaltgerätekombinationen (FSK) ... 202
    6.3.1 Begrenzung von Störungen 203
    6.3.2 Schaltanlagen für Be- und Verarbeitungsmaschinen 204
    6.3.3 Eigensichere Stromkreise in Schaltanlagen .. 204

7	**Beleuchtung**		**205**
7.1	Anforderung an die Beleuchtungsanlage		205
	7.1.1	Merkmale guter Beleuchtung	206
	7.1.2	Begriffe der Lichttechnik	206
	7.1.3	Normung in der Beleuchtungstechnik	207
	7.1.4	Beleuchtung von Arbeitsstätten	207
	7.1.5	Beleuchtung von Arbeitsstätten im Freien	208
7.2	Leuchtenauswahl für explosionsgefährdete Bereiche		209
	7.2.1	Allgemeinbeleuchtung	209
	7.2.2	Not- und Sicherheitsbeleuchtung	213
7.3	Lampen		217
	7.3.1	Lampensysteme und Eigenschaften	217
	7.3.2	Lichtfarbe und Farbwiedergabe	220
	7.3.3	Lampenlebensdauer	220
	7.3.4	Lampenbezeichnung	222
7.4	Explosionsgeschützte Leuchten		223
	7.4.1	Kompaktleuchten für die Zonen 1 und 2	224
	7.4.2	Leuchten für Leuchtstofflampen	226
	7.4.2.1	Leuchten für Leuchtstofflampen für die Zonen 1 und 2	226
	7.4.2.2	Sicherheitsleuchten und Sicherheitskompaktleuchten für Leuchtstofflampen für die Zonen 1 und 2	229
	7.4.2.3	Leuchten und Sicherheitsleuchten für Leuchtstofflampen für die Zonen 2 und 21/22	231
	7.4.3	Hängeleuchten	232
	7.4.3.1	Hängeleuchten für die Zonen 1 und 2	232
	7.4.3.2	Hängeleuchten für die Zonen 2 und 21/22	234
	7.4.4	Scheinwerfer	235
	7.4.4.1	Scheinwerfer und Schaugläsleuchten für Zone 1	235
	7.4.4.2	Scheinwerfer für die Zonen 2 und 21/22	236
	7.4.5	Handleuchten und Handscheinwerfer	237
	7.4.6	Signalleuchten	238
	7.4.7	Spezialleuchten – meist in der Zone 0	239
	7.4.8	Kennzeichnung der Leuchten	241
7.5	Wartung und Instandhaltung von Ex-Leuchten		243

8 Eigensichere Stromkreise 245
- 8.1 Grundprinzip der Eigensicherheit 245
- 8.2 Besonderheiten der Eigensicherheit 246
- 8.3 Bau- und Errichtungsbestimmungen 247
- 8.4 Funkenzündverhalten eigensicherer Stromkreise 248
  - 8.4.1 Zündgrenzkurven für ohmsche Stromkreise 249
  - 8.4.2 Zündgrenzkurven für induktive und kapazitive Stromkreise 251
  - 8.4.3 Gemischte Stromkreise 252
  - 8.4.4 Grenzkurvendiagramme für Stromkreise mit nichtlinearen Quellen 254
- 8.5 Wärmezündung durch heiße Oberflächen 256
- 8.6 Betriebsmittel in eigensicheren Stromkreisen 258
  - 8.6.1 Typischer Aufbau eigensicherer Anlagen 258
  - 8.6.2 Eigensichere Betriebsmittel 260
  - 8.6.3 Zugehörige elektrische Betriebsmittel 262
  - 8.6.3.1 Sicherheitsbarrieren 263
  - 8.6.3.2 Trennstufen mit galvanischer Trennung 266
  - 8.6.3.3 Feldbussysteme und Remote-I/Os 269
  - 8.6.4 Schutzniveau ia, ib und Sicherheitsfaktoren 271
  - 8.6.5 Kennzeichnung 271
- 8.7 Eigensichere Systeme 273
- 8.8 Bestimmungen für das Errichten von Anlagen mit eigensicheren Stromkreisen 274
  - 8.8.1 Auswahl der Betriebsmittel 274
  - 8.8.2 Nachweis der Eigensicherheit 277
  - 8.8.2.1 Einfache eigensichere Stromkreise mit einer Quelle 277
  - 8.8.2.2 Eigensichere Stromkreise mit mehreren Quellen 279
  - 8.8.3 Kabel, Leitungen und Anschlussteile 282
  - 8.8.3.1 Gefährdung durch unbeabsichtigtes Verbinden mehrerer eigensicherer Stromkreise 282
  - 8.8.3.2 Gefährdung eigensicherer Stromkreise durch benachbarte nichteigensichere Stromkreise 284
  - 8.8.4 Gefährdung eigensicherer Stromkreise durch unterschiedliche Erdpotentiale 285
  - 8.8.5 Blitz- und Überspannungsschutz 286

9 Nichtelektrische Geräte 289
9.1 Gründe für den Explosionsschutz von nichtelektrischen Geräten 289
9.2 Berührungspunkte des Elektropraktikers mit ATEX 290
9.3 Normen für die Zündschutzarten nichtelektrischer Geräte ... 291
9.4 Zündschutzart Konstruktive Sicherheit „c" 292
9.5 Zündschutzart Flüssigkeitskapselung „k" 292
9.6 Konformitätsbewertung beim mechanischen Explosionsschutz 293
9.7 Beispiele für mechanische Zündgefahren 293
    9.7.1 Elastische Kupplung 294
    9.7.2 Temperatur im Ölsumpf eines Getriebes 295
    9.7.3 Anforderungen an Ventilatoren 295
9.8 Betriebsanleitung 296
9.9 Kennzeichnung 296
9.10 Qualifikation für Instandsetzungsarbeiten 297

10 Errichten 301
10.1 Einführung 301
10.2 Allgemeine Anforderungen 301
10.3 Anordnung von Betriebsmitteln 302
10.4 Auswahl von Betriebsmitteln 303
10.5 Äußere Einflüsse 304
10.6 Schutz gegen das Auftreten gefährlicher Funken 305
    10.6.1 Schutz vor Gefährdung durch aktive Teile und durch die Körper der Betriebsmittel 305
    10.6.2 Potentialausgleich 306
    10.6.3 Statische Elektrizität 307
    10.6.4 Blitzschutz 307
    10.6.5 Elektromagnetische Felder 308
    10.6.6 Katodisch geschützte Metallteile 308
10.7 Notabschaltung und Freischaltung 308
10.8 Kabel und Leitungen 308
    10.8.1 Allgemeines 309
    10.8.2 Kabel und Leitungen in den Zonen 0 oder 20 313
    10.8.3 Flexible Leitungen in den Zonen 1 oder 21 und 2 oder 22 314
10.9 Ergänzende Anforderungen für die Zündschutzart Druckfeste Kapselung 315

10.9.1 Feste Hindernisse 315
10.9.2 Schutz zünddurchschlagsicherer Spalte 315
10.9.3 Kabel- und Leitungseinführungen 316
10.10 Ergänzende Anforderungen für die Zündschutzart
Erhöhte Sicherheit 317
10.10.1 Kabel- und Leitungseinführungen 317
10.10.2 Leiteranschlüsse 318
10.10.3 Anschluss- und Abzweigkästen 318
10.10.4 Widerstandsheizeinrichtungen 318
10.11 Zusätzliche Anforderungen an die Zündschutzart
Eigensicherheit 319
10.12 Zusätzliche Anforderungen an die Zündschutzart
Überdruckkapselung 319
10.13 Zusätzliche Anforderungen beim Einsatz von
Betriebsmitteln, die nur für die Zone 2 geeignet sind 321

11 Betrieb und Instandhaltung 323
11.1 Betrieb 323
11.2 Instandhaltung 327
11.3 Dokumentation 328
11.4 Qualifikation des Personals 328
11.5 Prüfungen 329
11.6 Ständige Überwachung 332
11.7 Elektrische Trennung von Betriebsmitteln 333
11.8 Prüfpläne 334

12 Instandsetzung elektrischer Maschinen 339
12.1 Vorschriften 339
12.2 Lohnende Instandsetzung 342
12.2.1 Lebensdauer 342
12.2.2 Ausfallursachen 342
12.3 Warten und Überwachen 344
12.3.1 Isolationswiderstand 345
12.3.2 Funktion der Überstromschutzeinrichtung
für Motoren der Zündschutzart „e" 346
12.3.3 Anschlussteile der Zündschutzart „e" 347
12.3.4 Weitere Überprüfungen an elektrischen Maschinen 347
12.4 Amtlich anerkannte befähigte Person 347
12.5 Reparatur und Überholung nach IEC 60079-19 349

12.6 Abgrenzung von Instandsetzungsarbeiten 349
   12.6.1 Allgemeine Instandsetzungsarbeiten 349
   12.6.2 Besondere Instandsetzungsarbeiten 350
12.7 Bewertung von Instandsetzungsarbeiten 350
   12.7.1 Grundsätzliche Anforderungen 351
   12.7.2 Zusätzliche Anforderungen 352
12.8 Zusatzschild, Prüfbescheinigung, Normengeneration 354
   12.8.1 Zusatzschild und Prüfbescheinigung 354
   12.8.2 Normengeneration 357
12.9 Fallbeispiele bei Zündschutzart „e" 357
   12.9.1 Einbau einer genormten Klemmenplatte anderer Größe 357
   12.9.2 Erhöhung des Luftspaltes 358
   12.9.3 Isolierung von runden Lackdrähten 359
   12.9.4 Lüfterrad aus Kunststoff statt Aluminium 359
   12.9.5 Änderung der Nutform in einem Käfigläufer 360
   12.9.6 Einbau von Hilfsklemmen 361
   12.9.7 Thermistor als Alleinschutz 361
12.10 Fallbeispiele bei Zündschutzart „d" 362
   12.10.1 Säubern von Spaltflächen 362
   12.10.2 Rostnarben in den Spaltflächen eines Lagerschildes 362
   12.10.3 Nacharbeiten der Spaltflächen 363
   12.10.4 Änderung einer Leitungseinführung 364
12.11 Nichtelektrische Geräte 365

Literaturverzeichnis **367**
   Allgemeiner Teil 367
      A Richtlinien, Verordnungen, Regelungen 367
      B Normen und technische Regeln 369
      C Bücher, Broschüren 371
      D Fachaufsätze 372
   Spezielle Literatur zu den Kapiteln 373

Sichwortverzeichnis **378**

Abkürzungen

CE	europäisches Konformitätskennzeichen
⟨Ex⟩	Kennzeichen zur Verhütung von Explosionen (ATEX)
I, II	Gerätegruppe I oder II des Explosionsschutzes
I, IIA, IIB, IIC	Explosionsgruppen
II 1D, II 2D, II 3D	Kennzeichnung von Betriebsmitteln für die Staub-Ex-Zonen
ABS	Ausschuss für Betriebssicherheit (Nachfolger des DExA)
AcetV	Acetylenverordnung
A I, A II, A III, B	Gefahrklassen brennbarer Flüssigkeiten (nach VbF)
ArbSchG	Arbeitsschutzgesetz
ArbStättV	Arbeitsstättenverordnung
ASR	Arbeitsstättenrichtlinien
ATEX	Atmosphères explosibles; Kurzform für EG-Richtlinien
BAM	Bundesanstalt für Materialforschung und -prüfung, Berlin
BAuA	Bundesanstalt für Arbeitsschutz und Arbeitsmedizin, Dortmund
BetrSichV	Betriebssicherheitsverordnung
BG	Berufsgenossenschaft
BGBl.	Bundesgesetzblatt
BGR	Berufsgenossenschaftliche Regeln
BGV	Berufsgenossenschaftliche Vorschriften (bisher VBG)
BGVR	Berufsgenossenschaftliches Vorschriften- und Regelwerk
BIA	Berufsgenossenschaftliches Institut für Arbeitssicherheit
BMWA	Bundesministerium für Wirtschaft und Arbeit (früher: BMA)
BVS	Bergbau-Versuchsstrecke Dortmund-Derne, jetzt EXAM
CEN	Europäisches Komitee für Normung
CENELEC	Europäisches Komitee für Elektrotechnische Normung
ChemG	Chemikaliengesetz
CSA	Canadian Standards Association (kanadische Normenstelle)
D	Kennbuchstabe für Staubexplosionsschutz
DExA	Deutscher Ausschuss für explosionsgeschützte elektrische Anlagen (ersetzt durch ABS)
DIN	Deutsches Institut für Normung
DKE	Deutsche Elektrotechnische Kommission im DIN und VDE
DMT	Deutsche Montan Technologie
DQS	Deutsche Gesellschaft zur Zertifizierung von Managementsystemen

e. A.	explosionsfähige Atmosphäre
EEx	Kennzeichen für elektrischen Explosionsschutz nach EN
ElexV	Verordnung über elektrische Anlagen in explosionsgefährdeten Bereichen
EN	europäische Norm
EG	Europäische Gemeinschaft
EU	Europäische Union
Ex	Kennzeichen für den Explosionsschutz (z. B. nach VDE alt oder IEC)
Ex d	Zündschutzart Druckfeste Kapselung
Ex e	Zündschutzart Erhöhte Sicherheit
Ex i	Zündschutzart Eigensicherheit
Ex m	Zündschutzart Vergusskapselung
Ex n	Zündschutzart non-sparking
Ex o	Zündschutzart Ölkapselung
Ex p	Zündschutzart Überdruckkapselung
Ex q	Zündschutzart Sandkapselung
Ex s	Zündschutzart Sonderschutz
EXAM	EXAM (früher BVS in der DMT)
ExNB group	Gruppe der notifizierten Prüfstellen (NB – notified bodies)
Ex-RL	Explosionsschutz-Regeln (früher: Richtlinien) mit Beispielsammlung
ExVO	Explosionsschutzverordnung
FDIS	Entwurf einer IEC-Norm (Schlussentwurf)
FGL	Fördergemeinschaft Gutes Licht
FP	Flammpunkt einer brennbaren Flüssigkeit
G1 ... G5	Zündgruppen nach früherer nationaler Norm
G	Kennbuchstabe für Betriebsmittel mit Gasexplosionsschutz
g.e.A.	gefährliche explosionsfähige Atmosphäre
GAA	Staatliches Gewerbeaufsichtsamt
GefStoffV	Gefahrstoffverordnung
GewO	Gewerbeordnung
GPSG	Geräte- und Produktsicherheitsgesetz (Ersatz für GSG und PSG)
GSG	Gerätesicherheitsgesetz (abgelöst durch GPSG)
HD	Harmonisierungsdokument
ia, ib	Eigensicherheit mit unterschiedlichem Niveau
IBExU	Institut für Sicherheitstechnik GmbH Freiberg
IEC	Internationale Elektrotechnische Kommission

IECExScheme	freiwillige Kennzeichnung für Ex-Betriebsmittel gemäß IEC-Normen
IP	Internationaler Code für Schutzarten durch Gehäuse
M1, M2	Gerätekategorien des Schlagwetterschutzes
MESG	Grenzspaltweite (maximum experimental safe gap)
MSR	Mess-, Steuerungs- und Regelungstechnik
NAMUR	Normenarbeitsgemeinschaft für MSR in der chemischen Industrie
NASG	Normenausschuss Sicherheitstechnische Grundsätze im DIN
NB	Notified Body (anerkannte Prüfstelle)
NEC	National Electrical Code (US-Norm)
OEG	obere Explosionsgrenze
prEN	Entwurf einer europäischen Norm
PTB	Physikalisch-Technische Bundesanstalt, Braunschweig
QM	Qualitätsmanagement
QS	Qualitätssicherungssystem
RL	Richtlinie
Sch	früheres Kurzzeichen für den Schlagwetterschutz
STF	Staubforschungsinstitut
T1 ... T6	Temperaturklassen
TAD	Technischer Aufsichtsdienst (z. B. einer Berufsgenossenschaft)
TR	Technische Regel für Anlagen
TRbF	Technische Regeln für brennbare Flüssigkeiten
TRBS	Technische Regeln für Betriebssicherheit
TÜV	Technischer Überwachungsverein e.V.
ÜA	überwachungsbedürftige Anlage
UEG	untere Explosionsgrenze
UL	Underwriters Laboratories (Prüfstelle in den USA)
UVV	Unfallverhütungsvorschrift
VbF	Verordnung über brennbare Flüssigkeiten
VBG (neu: BGV)	Berufsgenossenschaftliche Vorschrift
VDE	Verband der Elektrotechnik Elektronik Informationstechnik e.V.
VdTÜV	Verband der Technischen Überwachungsvereine
VIK	Verband der Industriellen Energie- und Kraftwirtschaft e.V.
X-Schein	Prüfbescheinigung mit besonderen Bedingungen
ZLS	Zentralstelle der Länder für Sicherheitstechnik
Zone	Einstufung der Explosionsgefahr
ZÜS	zugelassene Überwachungsstelle

1 Rechtliche Grundlagen

1.1 Historische Entwicklung

Explosionsgefährdete Betriebsstätten, in denen eine explosionsfähige Atmosphäre aus brennbaren Gasen, Dämpfen, Nebeln oder Stäuben auftreten kann, gehören zu den überwachungsbedürftigen Anlagen nach § 2 des Geräte- und Produktsicherheitsgesetzes [A7].
Zu den überwachungsbedürftigen Anlagen zählen
- Dampfkesselanlagen,
- Druckbehälteranlagen,
- Gasabfüllanlagen,
- Gashochdruckleitungen,
- Aufzugsanlagen,
- elektrische Anlagen in explosionsgefährdeten Bereichen,
- Getränkeschankanlagen,
- Acetylenanlagen,
- Anlagen zur Lagerung, Abfüllung und Beförderung von brennbaren Flüssigkeiten.

Für diese Anlagen hat der Gesetzgeber schon seit vielen Jahren Verordnungen erlassen, um die Sicherheit dort beschäftigter Personen zu gewährleisten und eine Gefährdung der Umwelt auszuschließen.

Nach einer ersten Polizeiverordnung über elektrische Betriebsmittel in explosionsgefährdeten Räumen im Jahre 1943 wurde von der Bundesregierung im Rahmen des Gewerberechts § 24 die *Verordnung über elektrische Anlagen in explosionsgefährdeten Räumen* (ExVO) am 15.8.1963 erlassen. Mit dieser Verordnung wurden die Errichtung und der Betrieb von elektrischen Anlagen in explosionsgefährdeten Bereichen mit Hinweis auf die damals gültigen zutreffenden VDE-Bestimmungen geregelt.

Auch auf der europäischen Ebene wurden Teilbereiche des Explosionsschutzes frühzeitig aufgegriffen. Im Jahre 1975 wurde die (Ex)-Rahmenrichtlinie (76/117/EWG) zur Angleichung der Rechtsvorschriften der Mitgliedsstaaten betreffend elektrische Betriebsmittel zur Verwendung in explosionsgefährdeten Bereichen erlassen.

Diese Richtlinie konnte jedoch erst angewendet und mit Leben erfüllt werden, als die *EG-Durchführungsrichtlinie* (79/196/EWG) 1979 vorlag, durch welche die in der Zwischenzeit von der europäischen Normenorganisation CENELEC erarbeiteten harmonisierten europäischen Normen EN 50014 bis EN 50020 für elektrische Betriebsmittel als verbindlich erklärt wurden. Betriebsmittel konnten danach ungehindert in den Ländern der Gemeinschaft in Verkehr gebracht werden, wenn durch eine Konformitätsbescheinigung ihre Übereinstimmung mit den harmonisierten Normen EN 50014 bis EN 50020 festgestellt wurde.

Die bis dahin geltende Verordnung (ExVO) musste entsprechend angepasst werden, was am 27.2.1980 durch den Erlass der Verordnung über elektrische Anlagen in explosionsgefährdeten Räumen (ElexV) als Rechtsverordnung des § 24 der Gewerbeordnung geschah.

In den folgenden Jahren wurde mit der weiteren Entwicklung der europäischen Normen des Explosionsschutzes durch Anpassungsrichtlinien – zuletzt am 11.9.1997 durch die EG-Richtlinie 97/53 EG – jeweils an den technischen Stand angepasst. Durch Bekanntmachungen des Bundesministers für Arbeit und Soziales im Sinne des § 2 der Verwaltungsvorschrift zur ElexV wurden diese Änderungen und Ergänzungen ins deutsche Recht übertragen.

Die ElexV wurde 1992 bei der Neugestaltung des Gewerberechts aus diesem Bereich herausgenommen und in Kenntnis der zu erwartenden neuen Richtlinien der EG in das Gerätesicherheitsgesetz, heute *Geräte- und Produktsicherheitsgesetz* (GSPG), eingefügt (Zweites Gesetz zur Änderung des GSG, Bekanntmachung vom 23.10.1992.).

Bei der Neuordnung der Struktur der europäischen Richtlinien nach dem neuen Konzept, zu der z. B. die Maschinenrichtlinie, die EMV-Richtlinie und die Niederspannungsrichtlinie gehören, wurden auch die Explosionsschutz-Richtlinien neu verfasst und erheblich verändert. Dabei sind zwei Richtlinien entstanden: zum einen nach Artikel 95 EG-Vertrag den freien Warenverkehr betreffend (früher Artikel 100a) und zum andern nach Artikel 137 EG-Vertrag die Sicherheit am Arbeitsplatz betreffend (früher Artikel 118a) (**Bild 1.1**).

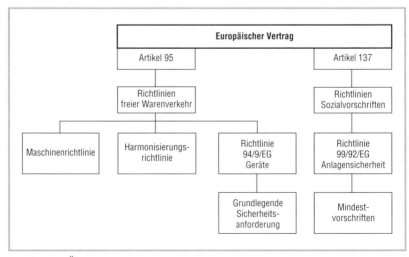

Bild 1.1 *Übersicht über europäische Regelungen*

Die Richtlinie 94/9/EG „Richtlinie zur Angleichung der Rechtsvorschriften der Mitgliedsstaaten für Geräte und Schutzsysteme zur bestimmungsgemäßen Verwendung in explosionsgefährdeten Bereichen" [A1], die so genannte ATEX-Richtlinie, wurde in der Bundesrepublik Deutschland mit der Veröffentlichung der Explosionsschutzverordnung (ExVO) [A5] gestützt auf §11 GPSG vom 19.12.1996 im Bundesgesetzblatt deutsches Recht.

Die zweite Richtlinie 99/92/EG „Richtlinie zur Verbesserung des Gesundheitsschutzes und der Sicherheit der Arbeitnehmer, die durch explosionsfähige Atmosphäre gefährdet werden können", vom 16.12.1999 [A3] wurde durch die *Betriebssicherheitsverordnung (BetrSichV)* am 27.9.2002 nach langer Verzögerung ebenfalls ins deutsche Recht übertragen. Diese Verordnung ist dem Arbeitsschutz zugeordnet, wie bereits am Titel erkennbar ist: „Verordnung über Sicherheit und Gesundheitsschutz bei der Bereitstellung von Arbeitsmitteln und deren Benutzung bei der Arbeit, über Sicherheit beim Betrieb überwachungsbedürftiger Anlagen und der Organisation des betrieblichen Arbeitsschutzes" – Betriebssicherheitsverordnung [A8]. Eine Übersicht über die in der Bundesrepublik Deutschland geltenden Regelungen zeigt **Tabelle 1.1**.

Tabelle 1.1 *Deutsche Regelungen zum Explosionsschutz (TRBS Technische Regeln BetrSichV [A10])*

Grundgesetz	
Geräte- und Produktsicherheitsgesetz (GPSG)	Arbeitsschutzgesetz (ArbSchG)
Verordnung zum GPSG ExVO	Verordnung zum ArbSchG BetrSichV
Technische Regeln harmonisierte Normen	Technische Regeln TRBS 2.1.5.2 und 2.1.5.4

1.2 Richtlinie 94/9/EG – Explosionsschutzverordnung

Die Explosionsschutzverordnung „Verordnung über das Inverkehrbringen von Geräten und Schutzsystemen für explosionsgefährdete Bereiche" – 11. GSGV ist inhaltlich identisch mit der ATEX-Richtlinie 94/9/EG und verweist direkt auf diese Richtlinie bzw. deren Anhänge. Die Forderungen der Richtlinie werden also ohne Abweichungen ins deutsche Recht übertragen.

1.2.1 Anwendungsbereich

Diese Verordnung betrifft Geräte und Schutzsysteme für die Verwendung in explosionsgefährdeten Bereichen, wobei Sicherheitseinrichtungen, die außerhalb des gefährdeten Bereiches errichtet sind, die aber im Hinblick auf Explosionsgefahren für den sicheren Betrieb von Geräten im gefährdeten Bereich erforderlich sind, und auch Komponenten, die in Geräte und Systeme eingebaut sind, mitbetroffen sind.

Diese Verordnung richtet sich an den Hersteller bzw. den Importeur solcher Geräte und Einrichtungen. Sie regelt das erste Inverkehrbringen dieser Betriebsmittel in der EU. Im Einzelnen werden Anforderungen gestellt an

- Bauart,
- Zertifizierung,
- Herstellung und Qualitätssicherung,
- Kennzeichnung,
- Betriebsanleitung,
- Konformitätserklärung.

Diese Verordnung bezieht sich **nicht** auf Geräte und Systeme für den medizinischen Bereich, für durch Sprengstoffe gefährdete Bereiche, Geräte im Haushalt und auch nicht auf den See-, Luft-, Straßen- und Schienenverkehr. Betriebsmittel, die zwar im explosionsgefährdeten Bereich errichtet werden, aber keine eigene mögliche Zündquelle enthalten, fallen ebenfalls nicht unter diese Richtlinie bzw. Verordnung.

Der Schutz vor sonstigen Gefahren, die von diesen Geräten ausgehen, wird nicht durch diese Verordnung, sondern durch andere Rechtsvorschriften geregelt. Dies gilt z. B. für Verletzungsgefahren bei der Handhabung und für Gefahr durch elektrischen Schlag.

Im Gegensatz zu bisherigen Regelungen ist diese Verordnung nicht auf elektrische Betriebsmittel beschränkt, sondern betrifft auch nichtelektrische Betriebsmittel.

1.2.2 Begriffe

- **Geräte**
  sind Maschinen, Betriebsmittel, Vorrichtungen, Steuerungsteile und Warnsysteme, die einzeln oder kombiniert zur Erzeugung, Übertragung, Speicherung, Messung, Regelung und Umwandlung von Energien oder Werkstoffen dienen, soweit sie eine potentielle Zündquelle aufweisen und dadurch eine Explosion verursachen können.
- **Schutzsysteme**
  sind alle Vorrichtungen, die eine anlaufende Explosion stoppen oder den von einer Explosion betroffenen Bereich begrenzen.
- **Komponenten**
  sind Bauteile, die für den sicheren Betrieb von Geräten und Schutzsystemen erforderlich sind, ohne jedoch selbst eine autonome Sicherheitsfunktion zu erfüllen.

■ **Explosionsfähige Atmosphäre**
ist ein Gemisch aus Luft und brennbaren Gasen, Dämpfen, Nebeln oder Stäuben unter atmosphärischen Bedingungen, in dem sich der Verbrennungsvorgang nach erfolgter Entzündung auf das gesamte unverbrannte Gemisch überträgt.

■ **Bestimmungsgemäße Verwendung**
ist die Verwendung von Geräten und Schutzsystemen entsprechend der Gerätegruppe und Gerätekategorie und unter Beachtung aller Herstellerangaben, die für den sicheren Betrieb der Geräte notwendig sind.

■ **Gerätegruppe**
Gerätegruppe I bezieht sich auf Geräte für den Bergbau, für den Untertagebereich sowie deren Übertageanlagen, die durch Grubengas und/oder brennbare Stäube gefährdet werden können.
Gerätegruppe II gilt für Geräte für die übrigen Bereiche, die durch eine explosionsfähige Atmosphäre gefährdet werden können.

■ **Gerätekategorien** s. Tabelle 1.2.

Gerätegruppe I Kategorie M 1
Die Kategorie M 1 umfasst Geräte, die konstruktiv so gestaltet sind, dass sie ein sehr hohes Maß an Sicherheit gewährleisten.
Die Geräte dieser Kategorie sind zur Verwendung in untertägigen *Bergwerken* sowie deren Übertageanlagen bestimmt, die durch Grubengas und/oder brennbare Stäube gefährdet sind.
Geräte dieser Kategorie müssen selbst bei seltenen Gerätestörungen in vorhandener explosionsfähiger Atmosphäre weiterbetrieben werden und weisen daher Explosionsschutzmaßnahmen auf, so dass
■ beim Versagen einer apparativen Schutzmaßnahme mindestens eine zweite unabhängige apparative Schutzmaßnahme die erforderliche Sicherheit gewährleistet bzw.
■ beim Auftreten von zwei unabhängigen Fehlern noch die erforderliche Sicherheit gewährleistet wird.

Tabelle 1.2 *Klassifizierung von Geräten und Schutzsystemen*

	Gruppe I		
	Kategorie M1	Kategorie M2	
Bergbau	Betrieb in Ex-Atmosphäre (I M1)	Abschaltung bei Ex-Atmosphäre (I M2)	
	Gruppe II		
	Kategorie 1	Kategorie 2	Kategorie 3
Gas-Ex	Zone 0 (II 1 G)	Zone 1 (II 2 G)	Zone 2 (II 3 G)
Staub-Ex	Zone 20 (II 1 D)	Zone 21 (II 2 D)	Zone 22 (II 3 D)

Gerätegruppe I Kategorie M 2
Die Kategorie M 2 umfasst Geräte, die konstruktiv so gestaltet sind, dass sie ein hohes Maß an Sicherheit gewährleisten.

Geräte dieser Kategorie sind zur Verwendung in untertägigen *Bergwerken* sowie deren Übertageanlagen bestimmt, die durch Grubengas und/oder brennbare Stäube gefährdet sind. Beim Auftreten einer explosionsfähigen Atmosphäre müssen die Geräte abgeschaltet werden.

Die apparativen Explosionsschutzmaßnahmen innerhalb dieser Kategorie gewährleisten das erforderliche Maß an Sicherheit bei normalem Betrieb, auch unter schweren Betriebsbedingungen und insbesondere bei rauer Behandlung und wechselnden Umgebungseinflüssen.

Gerätegruppe II Kategorie 1
Kategorie 1 umfasst Geräte, die konstruktiv so gestaltet sind, dass sie ein sehr hohes Maß an Sicherheit gewährleisten.

Geräte dieser Kategorie sind zur Verwendung in Bereichen bestimmt, in denen eine explosionsfähige Atmosphäre, die aus einem Gemisch von Luft und Gasen, Dämpfen oder Nebeln oder aus Staub-Luft-Gemischen besteht, ständig oder langzeitig oder häufig vorhanden ist (Zone 0, Zone 20).

Geräte dieser Kategorie müssen selbst bei selten auftretenden Gerätestörungen das erforderliche Maß an Sicherheit gewährleisten und weisen daher Explosionsschutzmaßnahmen auf, so dass

- beim Versagen einer apparativen Schutzmaßnahme mindestens eine zweite unabhängige apparative Schutzmaßnahme die erforderliche Sicherheit gewährleistet bzw.
- beim Auftreten von zwei unabhängigen Fehlern die erforderliche Sicherheit gewährleistet wird.

Gerätegruppe II Kategorie 2
Kategorie 2 umfasst Geräte, die konstruktiv so gestaltet sind, dass sie ein hohes Maß an Sicherheit gewährleisten.

Geräte dieser Kategorie sind zur Verwendung in Bereichen bestimmt, in denen damit zu rechnen ist, dass eine explosionsfähige Atmosphäre aus Gasen, Dämpfen, Nebeln oder Staub-Luft-Gemischen gelegentlich auftritt (Zone 1, Zone 21).

Die apparativen Explosionsschutzmaßnahmen dieser Kategorie gewährleisten selbst bei häufigen Gerätestörungen oder Fehlerzuständen, die üblicherweise zu erwarten sind, das erforderliche Maß an Sicherheit.

Gerätegruppe II Kategorie 3
Kategorie 3 umfasst Geräte, die konstruktiv so gestaltet sind, dass sie ein Normalmaß an Sicherheit gewährleisten.

Geräte dieser Kategorie sind zur Verwendung in Bereichen bestimmt, in denen nicht damit zu rechnen ist, dass eine explosionsfähige Atmosphäre durch

Gase, Dämpfe, Nebel oder aufgewirbelten Staub auftritt, aber wenn sie dennoch auftritt, dann aller Wahrscheinlichkeit nach nur selten und während eines kurzen Zeitraumes (Zone 2, Zone 22).

Geräte dieser Kategorie gewährleisten bei normalem Betrieb das erforderliche Maß an Sicherheit.

1.2.3 Grundlegende Sicherheitsanforderungen

Geräte und Schutzssysteme müssen den grundlegenden Sicherheits- und Gesundheitsanforderungen (GSGA), wie diese im Anhang II der Richtlinie allgemein und bezogen auf die betroffene Gerätegruppe und Kategorie genannt sind, entsprechen. Im Gegensatz zur bisherigen Regelung gibt es keinen direkten Bezug auf technische Normen und Regeln, sondern allgemein formulierte grundlegende Sicherheitsanforderungen. Wenn jedoch der Hersteller die von CENELEC oder CEN – den europäischen Normenorganisationen für elektrische und nichtelektrische Betriebsmittel – unter dem Mandat der EG-Kommission erstellten harmonisierten Normen beachtet und einhält, so gilt die tatsächliche Rechtsvermutung, dass die grundlegenden Sicherheitsanforderungen eingehalten sind. Die harmonisierten Normen werden im Amtsblatt der Europäischen Gemeinschaften und im Bundesarbeitsblatt veröffentlicht. Die Liste dieser Normen ist abrufbar unter *http://europa.eu.int/comm/enterprise/newapproach/standardisation/harmstds/reflist/atex.hmt*.

Grundsätzlich kann ein Gerät konzipiert werden, ohne dass die Anforderungen der zutreffenden Normen im Detail erfüllt sind, wenn der Nachweis erbracht wird, dass die grundlegenden Sicherheitsanforderungen der Richtlinie (Anhang II) für die vorgesehene Kategorie erfüllt sind.

1.2.4 Risikobewertung

Um den Explosionsschutz zu gewährleisten, ist es zwingend notwendig, die grundlegenden Sicherheits- und Gesundheitsanforderungen zu erfüllen. Dazu ist ein *Gefahrenbewertungsprozess* durchzuführen.

Die Geräte und Schutzsysteme müssen nach dem Prinzip der integrierten Explosionssicherheit ausgelegt sein. Hierzu hat der Hersteller Maßnahmen zu treffen,

- um vorrangig, wenn es möglich ist, explosionsfähige Atmosphären zu vermeiden, die von den Geräten und Schutzsystemen selbst erzeugt oder freigesetzt werden können;
- die Entzündung explosionsfähiger Atmosphären unter Berücksichtigung von elektrischen und nichtelektrischen Zündquellenarten im Einzelfall zu verhindern;

▌ falls es dennoch zu einer Explosion kommen sollte, die eine Gefährdung von Personen und gegebenenfalls von Haustieren oder Gütern durch direkte oder indirekte Einwirkung verursachen kann, diese umgehend zu stoppen und/oder den Wirkungsbereich von Explosionsflammen und Explosionsdrücken auf ein ausreichend sicheres Maß zu begrenzen.

Wie solch ein Gefahrenbewertungsprozess durchzuführen ist, wird beispielhaft von *M. Beyer* in [9-2] beschrieben.

1.2.5 Konformitätsbewertungsverfahren

Wie schon aus anderen europäischen Richtlinien bzw. den sie umsetzenden nationalen Vorschriften bekannt, genügt die Einhaltung der grundlegenden Sicherheits- und Gesundheitsanforderungen allein für das Inverkehrbringen nicht. Es sind weitere Voraussetzungen zu erfüllen. Im Fall der Explosionsschutzverordnung ist dies insbesondere durch das „Konformitätsbewertungsverfahren" geregelt (**Tabelle 1.3**).

Die im Konformitätsverfahren anzuwendenden Module sind mit denen anderer europäischer Richtlinien identisch. Für elektrische Geräte der Kategorien 1 und 2 (Zone 0, Zone 1, Zone 20, Zone 21) ist nach wie vor eine *Baumusterprüfung* einer *benannten Prüfstelle* notwendig (**Bild 1.2**).

Für Geräte der Kategorie 3 (Zone 2, Zone 22) wird keine Baumusterprüfung gefordert.

Tabelle 1.3 *Verfahren zur Konformitätsbewertung*

Kategorie M1 und 1	Kategorie M2 und 2		Kategorie 3
	elektrische Betriebsmittel und Verbrennungsmotoren	sonstige Betriebsmittel	
EG-Baumusterprüfung + Qualitätssicherung Produktion oder Prüfung Produkt	EG-Baumusterprüfung + Qualitätssicherung Produkt oder Konformität mit der Bauart	Herstellerbewertung + interne Fertigungskontrolle + Unterlagen bei einer benannten Stelle	Herstellerbewertung + interne Fertigungskontrolle + Unterlagen beim Hersteller
	alternativ Einzelprüfung		

1.2 Richtlinie 94/9/EG – Explosionsschutzverordnung

Physikalisch-Technische Bundesanstalt
Braunschweig und Berlin

EG-Baumusterprüfbescheinigung

(1)

(2) Geräte und Schutzsysteme zur bestimmungsgemäßen Verwendung in explosionsgefährdeten Bereichen - **Richtlinie 94/9/EG**

(3) EG-Baumusterprüfbescheinigungsnummer

PTB 01 ATEX 1024

(4) Gerät: Steuer- und Verteilerkasten Typ 8146/5...-...

(5) Hersteller: R. STAHL Schaltgeräte GmbH

(6) Anschrift: Am Bahnhof 30, 74638 Waldenburg (Württ.), Deutschland

(7) Die Bauart dieses Gerätes sowie die verschiedenen zulässigen Ausführungen sind in der Anlage zu dieser Baumusterprüfbescheinigung festgelegt.

(8) Die Physikalisch-Technische Bundesanstalt bescheinigt als benannte Stelle Nr. 0102 nach Artikel 9 der Richtlinie des Rates der Europäischen Gemeinschaften vom 23. März 1994 (94/9/EG) die Erfüllung der grundlegenden Sicherheits- und Gesundheitsanforderungen für die Konzeption und den Bau von Geräten und Schutzsystemen zur bestimmungsgemäßen Verwendung in explosionsgefährdeten Bereichen gemäß Anhang II der Richtlinie.

Die Ergebnisse der Prüfung sind in dem vertraulichen Prüfbericht PTB Ex 01-11059 festgehalten.

(9) Die grundlegenden Sicherheits- und Gesundheitsanforderungen werden erfüllt durch Übereinstimmung mit

EN 50014:1997 + A1 + A2   EN 50017:1998   EN 50018:1994
EN 50019:2000   EN 50020:1994   EN 50028:1987

(10) Falls das Zeichen „X" hinter der Bescheinigungsnummer steht, wird auf besondere Bedingungen für die sichere Anwendung des Gerätes in der Anlage zu dieser Bescheinigung hingewiesen.

(11) Diese EG-Baumusterprüfbescheinigung bezieht sich nur auf Konzeption und Bau des festgelegten Gerätes gemäß Richtlinie 94/9/EG. Weitere Anforderungen dieser Richtlinie gelten für die Herstellung und das Inverkehrbringen dieses Gerätes.

(12) Die Kennzeichnung des Gerätes muß die folgenden Angaben enthalten:

⟨Ex⟩ II 2 G   EEx edmq ia/ib [ia/ib] T6, T5 bzw. T4

Zertifizierungsstelle Explosionsschutz   Braunschweig, 24. Juli 2001
Im Auftrag

Dr.-Ing. H. Wehinger
Direktor und Professor

Seite 1/3

EG-Baumusterprüfbescheinigungen ohne Unterschrift und ohne Siegel haben keine Gültigkeit.
Diese EG-Baumusterprüfbescheinigung darf nur unverändert weiterverbreitet werden.
Auszüge oder Änderungen bedürfen der Genehmigung der Physikalisch-Technischen Bundesanstalt.
Physikalisch-Technische Bundesanstalt • Bundesallee 100 • D-38116 Braunschweig

Bild 1.2   *Beispiel für eine Baumusterprüfbescheinigung*

Physikalisch-Technische Bundesanstalt
Braunschweig und Berlin

(1) **Mitteilung**
über die Anerkennung der Qualitätssicherung Produktion

(2) Geräte oder Schutzsysteme oder Komponenten zur bestimmungsgemäßen Verwendung in explosionsgefährdeten Bereichen - **Richtlinie 94/9/EG**

(3) Mitteilungsnummer: **PTB 96 ATEX Q006-2**

(4) Produktgruppe(n): Schaltgeräte, Steuergeräte, Befehls- und Meldegeräte, Schalt- und Verteileranlagen, Komponenten für Schalt- und Verteileranlagen, Steckvorrichtungen, Installationsgeräte, Abzweig- und Klemmenkästen, Signal- und Überwachungsgeräte in den bestimmenden Zündschutzarten "Druckfeste Kapselung" und "Erhöhte Sicherheit"; Sicherheitsbarrieren, Trennstufen mit galvanischer Trennung, Feldbus-Systeme, Komponenten für Feldbussysteme, Bedien- und Beobachtungsgeräte, Systeme und Systemkomponenten in der bestimmenden Zündschutzart "Eigensicherheit"; Leuchten in den bestimmenden Zündschutzarten "Druckfeste Kapselung" und "Erhöhte Sicherheit", Komponenten für Leuchten in den bestimmenden Zündschutzarten "Druckfeste Kapselung", "Erhöhte Sicherheit", "Vergußkapselung" und "Sandkapselung"

Die benannte Stelle führt eine Liste der EG-Baumusterprüfbescheinigungen, für die diese Mitteilung gilt.

(5) Antragsteller: R. STAHL Schaltgeräte GmbH, Am Bahnhof 30, 74638 Waldenburg

(6) Hersteller: R. STAHL Schaltgeräte GmbH, Am Bahnhof 30, 74638 Waldenburg
R. STAHL Schaltgeräte GmbH, Nordstraße 10, 99427 Weimar

(7) Die Physikalisch-Technische Bundesanstalt (PTB), benannte Stelle Nr. 0102 für Anhang IV nach Artikel 9 der Richtlinie des Rates der Europäischen Gemeinschaften 94/9/EG vom 23. März 1994, teilt dem Antragsteller mit, daß der Hersteller ein Qualitätssicherungssystem für die Produktion unterhält, das dem Anhang IV dieser Richtlinie genügt.

(8) Diese Mitteilung basiert auf dem vertraulichen Auditbericht Nr. 01QS023, ausgestellt am 2001-11-26. Die Mitteilung ist gültig bis 2003-01-20 und kann zurückgezogen werden, wenn der Hersteller die Anforderungen des Anhangs IV nicht mehr erfüllt.
Die Ergebnisse der regelmäßigen Begutachtung des Qualitätssicherungssystems sind Bestandteil dieser Mitteilung.

(9) Gemäß Artikel 10 (1) der Richtlinie 94/9/EG ist hinter der CE-Kennzeichnung die Kennnummer 0102 der PTB als der benannten Stelle anzugeben, die in der Produktionsüberwachungsphase tätig wird.

Zertifizierungsstelle Explosionsschutz
Im Auftrag

Dr.-Ing. H. Wehinger
Direktor und Professor

Braunschweig, 11. Dezember 2001

Seite 1/1

Mitteilungen ohne Unterschrift und ohne Siegel haben keine Gültigkeit.
Diese Mitteilung darf nur unverändert weiterverbreitet werden.
Auszüge oder Änderungen bedürfen der Genehmigung der Physikalisch-Technischen Bundesanstalt.
Physikalisch-Technische Bundesanstalt. Bundesallee 100. D-38116 Braunschweig

Bild 1.3 *Beispiel für ein Zertifikat über die Qualitätssicherung Produktion*

1.2.6 Qualitätssicherungssystem

Der Hersteller muss ein Qualitätssicherungssystem unterhalten, dessen Anforderungen im Anhang IV und VII der Richtlinie und in der europäischen Norm EN 13980 festgelegt sind. Die Wirksamkeit dieses Systems ist von einer *benannten Stelle* zu bewerten (**Bild 1.3**).

Auf der Basis eines Qualitätsmanagementsystems nach ISO 9000 sind zusätzliche Maßnahmen notwendig, um die Anforderungen der Richtlinie zu erfüllen.

- Verantwortung und Befugnis müssen in Bezug auf die Zusammenarbeit mit der benannten Stelle bei Änderungen am Produkt und QM-System festgelegt sein.
- Es muss sichergestellt sein, dass die Produkte mit den eingereichten technischen Unterlagen übereinstimmen.
- Es muss sichergestellt sein, dass alle Eigenschaften, die im Zertifikat oder den zugehörigen Unterlagen festgelegt sind, eingehalten werden.
- Es muss sichergestellt sein, dass nichtkonforme Produkte ausgesondert und nicht ausgeliefert werden.
- Die technischen Unterlagen sind 10 Jahre nach der letzten Auslieferung aufzubewahren.

1.2.7 Inverkehrbringen

Geräte und Schutzsysteme dürfen nur in Verkehr gebracht werden, wenn sie mit einem *CE-Zeichen* versehen sind und eine Konformitätserklärung und eine Betriebsanleitung des Herstellers beigefügt sind.

In der *Konformitätserklärung* (**Bild 1.4**) muss der Hersteller u. a. bestätigen, dass

- die Geräte die grundlegenden Sicherheitsanforderungen erfüllen,
- das vorgeschriebene Konformitätsverfahren eingehalten ist,
- der Hersteller seine Verpflichtungen gegenüber der benannten Stelle erfüllt hat,
- eine Betriebsanleitung in der Sprache des Verwenderlandes beigefügt ist.

Die *Betriebsanleitung* des Herstellers muss den bestimmungsgemäßen Gebrauch des Betriebsmittels ermöglichen. Im Anhang II Kap. 1.0.6 sind detaillierte Anforderungen aufgelistet.

Die Mindestanforderungen an die Betriebsanleitungen sind u. a.:

- Gleiche Angaben wie bei der Kennzeichnung der Geräte oder Schutzsysteme mit Ausnahme der Seriennummer und gegebenenfalls wartungsrelevante Hinweise.
- Angaben zur sicheren
  - Inbetriebnahme,
  - Verwendung,

- Montage und Demontage,
- Instandhaltung (Wartung und Störungsbeseitigung),
- Installation oder zum sicheren
- Rüsten.
- Angaben, die zweifelsfrei die Entscheidung ermöglichen, ob ein Gerät entsprechend seiner Kategorie im vorgesehenen Bereich verwendet werden kann.
- Elektrische Kenngrößen, höchste Oberflächentemperatur sowie andere Grenzwerte.
- Falls erforderlich, sind besondere Bedingungen für die sichere Verwendung, einschließlich der Hinweise auf die sachwidrige Nutzung, die erfahrungsgemäß vorkommen kann, zu geben.

1.2.8 Kennzeichnung

Damit der Anwender erkennt, für welchen Bereich das Gerät verwendet werden kann, müssen auf jedem Gerät und Schutzsystem deutlich lesbar und unauslöschbar die folgenden *Mindestangaben* angebracht werden:
- der Name und die Anschrift des Herstellers,
- die $C\epsilon$-Kennzeichnung und die Nummer der benannten Stelle,
- die Bezeichnung der Serie und des Typs,
- gegebenenfalls die Seriennummer,
- das Baujahr,
- das spezielle Kennzeichen zur Verhütung von Explosionen ⟨Ex⟩ in Verbindung mit dem Kennzeichen, das auf die Kategorie verweist,
- für die Gerätegruppe II der Buchstabe „G" (für Bereiche, in denen explosionsfähige Gas-, Dampf-, Nebel-, Luft-Gemische vorhanden sind) und/oder der Buchstabe „D" (für Bereiche, in denen Staub eine explosionsfähige Atmosphäre bilden kann).

Wenn erforderlich, müssen auch alle für die Sicherheit bei der Verwendung unabdingbaren Hinweise und die in den zutreffenden Normen geforderten Angaben, z. B. Explosionsgruppe, Temperaturklasse, angebracht werden.

Mit dem Aufbringen des CE-Zeichens erklärt der Hersteller gleichzeitig die Einhaltung aller Richtlinien, die das Betriebsmittel betreffen.

1.2.9 Ausnahmen

Von besonderer Bedeutung für Produkte, die im Inland hergestellt, in Verkehr gebracht und betrieben werden sollen, ist die Regelung gemäß § 4 Abs. 5 Explosionsschutzverordnung. Danach können die zuständigen Landesbehörden Ausnahmen gestatten. Sofern ihnen ein begründeter Antrag für Produkte, die dieser

EG-Konformitätserklärung
EC-Declaration Of Conformity
CE-Déclaration De Conformité

PTB 01 ATEX 1016

Wir (we; nous)

R. STAHL Schaltgeräte GmbH, Am Bahnhof 30, D-74638 Waldenburg

erklären in alleiniger Verantwortung, daß das Produkt	**Klemmenkasten** **Typ 8146/1 und 8146/2**
hereby declare in our sole responsibility, that the product	Terminal box Type 8146/1 and 8146/2
déclarons de notre seule responsabilité, que le produit	Boîtier de raccordement Type 8146/1 et 8146/2

auf das sich diese Erklärung bezieht, mit der/den folgenden Norm(en) oder normativen Dokumenten übereinstimmt
which is the subject of this declaration, is in conformity with the following standard(s) or normative documents
auquel cette déclaration se rapporte, est conforme aux norme (s) ou aux documents normatifs suivants

Bestimmungen der Richtlinie terms of the directive prescription de la directive	Titel und/oder Nr. sowie Ausgabedatum der Norm title and/or No. and date of issue of the standard titre et/ou No. ainsi que date d'émission des normes
94/9 EG: Geräte und Schutzsysteme zur bestimmungsgemäßen Verwendung in explosionsgefährdeten Bereichen 94/9 EC: Equipment and protective systems intended for use in potentially explosive atmospheres 94/9 CE: Appareils et systèmes de protection destinés á être utilisés en atmosphéres explosibles	EN 50014:1997 EN 50018:1994 EN 50019:1994 EN 50020:1994 EN 50028:1987
89/336 EWG: **Elektromagnetische Verträglichkeit** 89/336 EEC: Electromagnetic compatibility 89/336 CEE: Compatibilité électromagnétique	EN 60947-1:1999

Waldenburg, 03.09.2001

Ort und Datum
Place and date
lieu et date

Leiter Marketing und Entwicklung
Head of Marketing and Development
Directeur Marketing et Développrment

Leiter Qualitätsmanagement
Head of quality management dept.
Chef du dept.assurance de qualité

Bild 1.4 *Beispiel für eine Konformitätserklärung des Herstellers*

Verordnung unterliegen, vorliegt und auf diese kein Konformitätsbewertungsverfahren angewandt worden ist, sind die rechtlichen Voraussetzungen zum abweichenden Inverkehrbringen gegeben. Hinter dieser zweifellos komplizierten Sprachregelung verbirgt sich nichts anderes als die Möglichkeit, auch weiterhin Sonderanfertigungen verordnungskonform in Verkehr zu bringen und zu betreiben. Eine vergleichbare Regelung für Sonderanfertigungen war früher in § 10 ElexV [A9] enthalten.

1.2.10 Übergangsbestimmungen

Die Richtlinie 94/9/EG und die Explosionsschutzverordnung gewährten einen Übergangszeitraum bis zum 30.6.2003. Bis zu diesem Zeitpunkt bestand bezüglich des Inverkehrbringens die Wahlfreiheit, entweder die neue Explosionsschutzverordnung anzuwenden oder die Verordnung über elektrische Anlagen in explosionsgefährdeten Räumen (ElexV) [A9] in der am 23.3.1994 gültigen Fassung mit ihren Beschaffenheitsanforderungen gemäß § 3 Abs. 1. Für Geräte, die vor dem 30.6.2003 in Verkehr gebracht wurden, besteht Bestandsschutz.

1.3 Richtlinie 99/92/EG – Betriebssicherheitsverordnung

1.3.1 Anwendungsbereich

Die „Verordnung über Sicherheit und Gesundheitsschutz bei der Bereitstellung von Arbeitsmitteln und deren Benutzung bei der Arbeit, über Sicherheit beim Betrieb überwachungsbedürftiger Anlagen und über die Organisation des betrieblichen Arbeitsschutzes, Betriebssicherheitsverordnung (BetrSichV)" wurde am 27.9.2002 erlassen.

Mit dieser *Betriebssicherheitsverordnung* werden mehrere europäische Richtlinien ins deutsche Recht umgesetzt, so auch die Ex-Richtlinie 1999/92/EG über Mindestvorschriften zur Verbesserung des Gesundheitsschutzes und der Sicherheit der Arbeitnehmer, die durch explosionsfähige Atmosphären gefährdet werden können. Diese Richtlinie enthält europaweit gültige Mindestvorschriften für Anlagen in explosionsgefährdeten Bereichen. Die einzelnen Staaten können darüber hinausgehende national gültige Regelungen treffen.

Die Betriebssicherheitsverordnung regelt generell die Bereitstellung der Arbeitsmittel durch den Arbeitgeber sowie deren Benutzung durch den Beschäftigten bei der Arbeit.

Sie regelt darüber hinaus den Betrieb überwachungsbedürftiger Anlagen nach § 2 Abs. 2 des Geräte- und Produktsicherheitsgesetzes, soweit es sich um

- Dampfkesselanlagen,

- Druckbehälteranlagen,
- Füllanlagen,
- Hochdruckleitungen für entzündliche, ätzende oder giftige Gase oder Flüssigkeiten,
- Aufzugsanlagen,
- Anlagen in explosionsgefährdeten Bereichen,
- Lageranlagen, Füll- und Entleerstellen und Tankstellen für leicht entzündliche Flüssigkeiten

handelt. Mit eingeschlossen sind die Einrichtungen, die für den sicheren Betrieb dieser überwachungsbedürftigen Anlagen erforderlich sind.

Nicht betroffen sind Untertageanlagen des Bergwesens und Seeschiffe, die unter fremder Flagge fahren. Für Anlagen der Bundeswehr kann das Bundesverteidigungsministerium Ausnahmen zu den Vorschriften dieser Verordnung erlassen. Immissionsschutzrechtliche und atomrechtliche Vorschriften bleiben unberührt, soweit in ihnen weitergehende oder andere Anforderungen gestellt werden.

Da hier in diesem Zusammenhang nur die Fragen zu explosionsgefährdeten Anlagen und zu Anlagen zur Lagerung und Transport entzündlicher Flüssigkeiten interessieren, wird im Folgenden nur auf diese eingegangen.

1.3.2 Begriffe

Arbeitsmittel sind Werkzeuge, Geräte, Maschinen oder Anlagen. Anlagen setzen sich aus mehreren Funktionseinheiten zusammen, die zueinander in Wechselwirkung stehen und deren sicherer Betrieb wesentlich von Wechselwirkungen bestimmt wird.

Bereitstellung umfasst alle Maßnahmen, die der Arbeitgeber zu treffen hat, damit den Beschäftigten nur der Verordnung entsprechende Arbeitsmittel zur Verfügung gestellt werden können. Diese umfasst Montagearbeiten wie den Zusammenbau eines Arbeitsmittels einschließlich der für die sichere Benutzung erforderlichen Installationsarbeiten.

Benutzung umfasst Erprobung, Ingangsetzung, Stillsetzung, Gebrauch, Instandsetzung und Wartung, Prüfung, Sicherheitsmaßnahmen bei Betriebsstörungen, Um-/Abbau und Transport.

Betrieb überwachungsbedürftiger Anlagen umfasst die Prüfung durch zugelassene Überwachungsstellen oder befähigte Personen und die Benutzung ohne Erprobung vor erstmaliger Inbetriebnahme.

Änderung einer überwachungsbedürftigen Anlage ist jede Maßnahme, bei der die Sicherheit der Anlage beeinflusst wird. Hierzu gehört auch die Instandsetzung.

Wesentliche Veränderung ist jede Änderung, welche die überwachungsbedürftige Anlage so weit verändert, dass sie in den Sicherheitsmerkmalen einer neuen Anlage entspricht.

Befähigte Person ist eine Person, die durch ihre Berufsausbildung und Erfahrung und ihre zeitnahe berufliche Tätigkeit über die erforderlichen Fachkenntnisse zur Prüfung der Arbeitsmittel verfügt.

Explosionsfähige Atmosphäre ist ein Gemisch aus Luft und brennbaren Gasen, Dämpfen, Nebeln oder Stäuben unter atmosphärischen Bedingungen, in dem sich der Verbrennungsvorgang nach erfolgter Erzündung auf das gesamte unverbrannte Gemisch überträgt.

Gefährliche explosionsfähige Atmosphäre ist eine explosionsfähige Atmosphäre in gefahrdrohender Menge, so dass besondere Schutzmaßnahmen zur Sicherheit der Arbeitnehmer oder anderer Personen erforderlich sind.

Explosionsgefährdeter Bereich ist ein Bereich, in dem eine gefährliche explosionsfähige Atmosphäre auftreten kann.

Lageranlagen sind Räume oder Bereiche in Gebäuden oder im Freien, die dazu bestimmt sind, dass in ihnen brennbare Flüssigkeiten in ortsfesten oder beweglichen Behältern gelagert werden.

1.3.3 Vorschriften für Arbeitsmittel

1.3.3.1 Gefährdungsbeurteilung

Der Arbeitgeber hat eine Gefährdungsbeurteilung durchzuführen unter Berücksichtigung von
- §§ 4 und 5 des Arbeitsschutzgesetzes,
- § 16 der Gefahrstoffverordnung,
- der Anhänge 1 bis 5 der Betriebssicherheitsverordnung.

Die notwendigen Maßnahmen für die sichere Bereitstellung und Benutzung der Arbeitsmittel sind zu ermitteln. Dabei sind für explosionsgefährdete Bereiche im Besonderen die Vorgaben des Anhangs 4 dieser Verordnung: „Mindestvorschriften zur Verbesserung der Sicherheit und des Gesundheitsschutzes der Beschäftigten, die durch gefährliche explosionsfähige Atmosphäre gefährdet werden können" zu beachten.

Der § 16 der „alten" Gefahrstoffverordnung [A12] behandelt die Ermittlungspflicht des Arbeitgebers bezüglich gefährlicher Arbeitsstoffe, die in seinem Betrieb zur Anwendung kommen (entspricht § 7 der neuen GefStoffV [A12]).

Während nach § 5 Arbeitsschutzgesetz die Gefährdungsbeurteilung sich auf die Tätigkeiten am Arbeitsplatz und die Gestaltung der Arbeitsverfahren bezieht, ist nach BetrSichV zusätzlich die Beurteilung der Gefährdung durch die Benutzung der Arbeitsmittel und deren mögliche Wechselwirkung mit Gefahrstoffen zu berücksichtigen.

Die Gefährdungsbeurteilung muss für alle Betriebszustände erfolgen: Ingangsetzen, Normalbetrieb, Störungen, Wartung, Instandsetzung bis zur Stillsetzung. Sie muss aktualisiert werden, wenn Änderungen vorgenommen wurden oder Störungen aufgetreten sind.

Bei der Durchführung der Gefährdungsbeurteilung sind die Explosionsschutz-Regeln, insbesondere der Abschnitt D 2 „Beurteilung der Explosionsgefahr, Beurteilungsmaßstäbe" [A13], heranzuziehen, bzw. die Technischen Regeln BetrSichV 2.1.5.- [A10], sobald diese veröffentlicht werden.

Ergibt die Analyse, dass nach den Bestimmungen der Gefahrstoffverordnung die Bildung gefährlicher explosionsfähiger Atmosphäre nicht sicher verhindert werden kann, so hat der Arbeitgeber Folgendes zu beurteilen:

- die Wahrscheinlichkeit und die Dauer des Auftretens gefährlicher explosionsfähiger Atmosphären,
- die Wahrscheinlichkeit des Vorhandenseins und die Aktivierung wirksamer Zündquellen,
- das Ausmaß der zu erwartenden Auswirkungen von Explosionen.

Für die Arbeitsmittel sind insbesondere Art, Umfang und Fristen erforderlicher Prüfungen zu ermitteln. Zudem ist festzulegen, welche Voraussetzungen das Prüfpersonal erfüllen muss.

1.3.3.2 Bereitstellung und Benutzung

Der Arbeitgeber hat gemäß § 4 Arbeitsschutzgesetz dafür zu sorgen, dass nur Arbeitsmittel, die geeignet sind und den Sicherheits- und Gesundheitsschutz gewährleisten, benutzt werden. Die mögliche Gefährdung ist so gering wie möglich zu halten. Dabei sind die vom Ausschuss für Betriebssicherheit ermittelten und vom Bundesministerium für Arbeit und Sozialordnung veröffentlichten Regeln und Erkenntnisse (TRBS 2.1.5 -.) zu berücksichtigen.

1.3.3.3 Zoneneinteilung explosionsgefährdeter Bereiche

Der Betreiber hat die explosionsgefährdeten Bereiche unter Berücksichtigung der Gefährdungsanalyse in *Zonen* einzuteilen (**Tabelle 1.4**). Maßgebend dafür sind die Dauer und die Häufigkeit des möglichen Auftretens explosionsfähiger Atmosphäre. Aus der Zoneneinteilung ergibt sich der Umfang der zu ergreifenden Vorkehrungen.

1.3.3.4 Mindestvorschriften für explosionsgefährdete Bereiche

Entsprechend der jeweiligen Zone sind die Mindestvorschriften des Anhangs 4 Abschnitt A der Betriebssicherheitsverordnung einzuhalten.

Die Mindestvorschriften für explosionsgefährdete Bereiche gelten für alle Fälle, in denen die Eigenschaften der Arbeitsumgebung, der verwendeten Arbeitsmittel oder Stoffe sowie deren Wechselwirkung untereinander und die von der Benutzung ausgehenden Gefährdungen dies erfordern; ebenso für Einrichtungen, die sich außerhalb des gefährdeten Bereiches befinden, aber für den sicheren Betrieb im gefährdeten Bereich erforderlich sind. Die Mindestvorschriften sind sowohl organisatorischer wie auch technischer Natur.

Tabelle 1.4 *Zonendefinition (Anhang 3 BetrSichV)*

Zone 0	Bereich, in dem eine gefährliche explosionsfähige Atmosphäre als Gemisch aus Luft und brennbaren Gasen, Dämpfen oder Nebeln ständig, über lange Zeiträume oder häufig vorhanden ist.
Zone 1	Bereich, in dem sich bei Normalbetrieb gelegentlich eine gefährliche explosionsfähige Atmosphäre als Gemisch aus Luft und brennbaren Gasen, Dämpfen oder Nebeln bilden kann.
Zone 2	Bereich, in dem bei Normalbetrieb eine gefährliche explosionsfähige Atmosphäre als Gemisch aus Luft und brennbaren Gasen, Dämpfen oder Nebeln normalerweise nicht oder aber nur kurzzeitig auftritt.
Zone 20	Bereich, in dem eine gefährliche explosionsfähige Atmosphäre in Form einer Wolke aus in der Luft enthaltenem brennbarem Staub ständig, über lange Zeiträume oder häufig vorhanden ist.
Zone 21	Bereich, in dem sich bei Normalbetrieb gelegentlich eine gefährliche explosionsfähige Atmosphäre in Form einer Wolke aus in der Luft enthaltenem brennbarem Staub bilden kann.
Zone 22	Bereich, in dem bei Normalbetrieb eine gefährliche explosionsfähige Atmosphäre in Form einer Wolke aus in der Luft enthaltenem brennbarem Staub normalerweise nicht oder aber nur kurzzeitig auftritt.

Anmerkungen:
Explosionsgefährdete Bereiche werden nach Häufigkeit und Dauer des Auftretens von gefährlicher explosionsfähiger Atmosphäre in Zonen unterteilt.
Schichten, Ablagerungen und Anhäufungen von brennbarem Staub sind wie jede andere Ursache, die zur Bildung einer gefährlichen explosionsfähigen Atmosphäre führen kann, zu berücksichtigen.
Als Normalbetrieb gilt der Zustand, in dem Anlagen innerhalb ihrer Auslegungsparameter benutzt werden.

Organisatorische Maßnahmen

- Die Beschäftigten sind hinsichtlich des Explosionsschutzes zu unterweisen.
- Zur Durchführung von Arbeiten, zum Arbeitsfreigabesystem für gefährliche Tätigkeiten und Tätigkeiten, die durch Wechselwirkung mit anderen Arbeiten gefährlich werden können, müssen schriftliche Anweisungen vorliegen.
- Während der Anwesenheit von Beschäftigten in explosionsgefährdeten Bereichen ist eine angemessene Aufsicht zu gewährleisten.
- Explosionsgefährdete Bereiche sind an ihren Zugängen mit Warnzeichen nach **Bild 1.5** zu kennzeichnen. Eine gesonderte Kennzeichnung der Zonen ist nicht gefordert.

In explosionsgefährdeten Bereichen sind Zündquellen, z. B. das Rauchen und die Verwendung von offenem Feuer und offenem Licht, zu verbieten. Ferner ist das Betreten von explosionsgefährdeten Bereichen durch Unbefugte zu unterbinden.

Bild 1.5 *Kennzeichnung explosionsgefährdeter Bereiche*

Explosionsschutzmaßnahmen

- Treten im explosionsgefährdeten Bereich mehrere Arten von brennbaren Gasen, Dämpfen, Nebeln oder Stäuben auf, so müssen die Schutzmaßnahmen auf das größtmögliche Gefährdungspotential ausgelegt sein.
- Anlagen, Geräte, Schutzsysteme und die dazugehörigen Verbindungsvorrichtungen, die nicht als Geräte im Sinne der Richtlinie 94/9/EG gelten, aber durch ihre Verwendung eine potentielle Zündquelle darstellen, dürfen nur in Betrieb genommen werden, wenn aus dem Explosionsschutzdokument hervorgeht, dass sie in explosionsgefährdeten Bereichen sicher verwendet werden können. Beispiel: Rohrleitung für heiße Produkte.
- Errichtung, Installation und Betrieb sind so auszulegen, dass die Explosionsgefahr so gering wie möglich gehalten wird und, falls es doch zu einer Explosion kommen sollte, die Gefahr einer Explosionsübertragung verhindert wird. Die Beschäftigten sind vor den physikalischen Auswirkungen der Explosion zu schützen.
- Erforderlichenfalls sind die Beschäftigten vor Erreichen der Explosionsbedingungen optisch und akustisch zu warnen.
- Gefährliche elektrostatische Entladungen sind zu beachten und zu vermeiden.
- Flucht- und Rettungswege sowie Ausgänge in ausreichender Anzahl sind vorzusehen.
- Fluchtmittel sind bereitzustellen und zu warten.
- Vor der erstmaligen Nutzung von Arbeitsplätzen in explosionsgefährdeten Bereichen muss die Explosionssicherheit der Arbeitsplätze einschließlich der vorgesehenen Arbeitsmittel und der Arbeitsumgebung sowie der Maßnahmen zum Schutz von Dritten überprüft werden. Sämtliche zur Gewährleistung des Explosionsschutzes erforderlichen Bedingungen sind aufrechtzuerhalten, d. h., es ist ein Vergleich der Ist-Situation in der Anlage mit dem Explosionsschutzdokument vorzunehmen. Diese Überprüfung ist von einer befähigten Person durchzuführen, die über besondere Kenntnisse auf dem Gebiet des Explosionsschutzes verfügt.
- Eine mögliche Gefahrenausweitung bei Energieausfall ist zu berücksichtigen.

1.3.3.5 Explosionsschutzdokument

Während der Planung einer Anlage, in jedem Fall aber vor der ersten Inbetriebnahme, hat der Betreiber für Beschäftigte die mit ihrer Arbeit verbundenen Gefährdungen im Zusammenhang mit dem Auftreten explosionsfähiger Atmosphären zu ermitteln, zu bewerten und entsprechende Schutzmaßnahmen durchzuführen. Das Ergebnis ist in dem Explosionsschutzdokument festzuhalten. Aus diesem Dokument muss insbesondere hervorgehen,

- dass die Explosionsrisiken ermittelt und bewertet worden sind,
- dass angemessene Vorkehrungen getroffen werden, um die Ziele des Explosionsschutzes zu erreichen,
- welche Bereiche in Zonen eingeteilt wurden,

■ für welche Bereiche die Mindestvorschriften gelten.

Das Dokument ist ständig auf dem letzten Stand zu halten. Es ist zu überarbeiten, wenn Veränderungen, Erweiterungen und Umgestaltungen der Anlage oder des Arbeitsablaufs vorgenommen werden. Die Anforderungen an das Explosionsschutzdokument werden konkretisiert in der Technischen Regel BetrSichV 2.5.1.4 [A10] oder der Namur-Empfehlung NE 99 [A18]. Ein Beispiel für den Aufbau eines Explosionsschutzdokuments ist in den Explosionsschutz-Regeln (Ex-RL) im Kapitel E6 enthalten [A13].

1.3.3.6 Koordinierungspflichten

Der Arbeitgeber, der die Verantwortung für den Betrieb hat, koordiniert die Durchführung aller Maßnahmen, die die Sicherheit und den Gesundheitsschutz der Beschäftigten betreffen. Das ist besonders wichtig, wenn Beschäftigte unterschiedlicher Unternehmen im Betrieb tätig sind. Im Explosionsschutzdokument sind genaue Angaben zu dieser Koordinierungsaufgabe zu machen.

1.3.3.7 Beschaffenheit der Arbeitsmittel

Arbeitsmittel, die in explosionsgefährdeten Bereichen verwendet werden, müssen den Anforderungen des Anhangs 4, Abschnitte A und B, der BetrSichV entsprechen, wenn sie nach dem 30.6.2003 erstmalig im Unternehmen bereitgestellt werden.

Abschnitt A behandelt die im Abschnitt 1.3.3.4 beschriebenen Mindestvorschriften. Abschnitt B enthält die Forderung, dass die verwendeten Geräte, Betriebsmittel und Schutzvorrichtung den Anforderungen der *Ex-Richtlinie 94/9/EG* (bzw. der ExVO) entsprechen müssen. Anders ausgedrückt: Diese Geräte müssen eine „ATEX-Zulassung" haben, wenn dies nach ExVO erforderlich ist.

Sofern im Explosionsschutzdokument unter Zugrundelegung der Ergebnisse der Gefährdungsbeurteilung nichts anderes vorgesehen ist, sind in explosionsgefährdeten Bereichen Geräte und Schutzsysteme entsprechend den Kategorien gemäß der Richtlinie 94/9/EG auszuwählen (**Tabelle 1.5**).

Betriebsmittel, die bereits vor dem 30.6.2003 verwendet wurden, müssen ab diesem Zeitpunkt die Mindestvorschriften Anhang 4, Abschnitt A, einhalten, d. h. die Mindestvorschriften, jedoch nicht die Anforderungen nach RL 94/9/EG.

Tabelle 1.5 *Kriterien für die Auswahl von Geräten und Schutzsystemen nach Anhang 4, Abschnitt B, der BetrSichV*

Zone	Gerätekategorie
0 20	Geräte der Kategorie 1
1 21	Geräte der Kategorien 1 oder 2
2 22	Geräte der Kategorien 1, 2 oder 3

1.3.3.8 Unterrichtung und Unterweisung

Den Beschäftigten sind angemessene Informationen in für sie verständlicher Form und Sprache zur Verfügung zu stellen. Das gilt insbesondere hinsichtlich der Gefahren, die sich aus den in ihrer unmittelbaren Arbeitsumgebung vorhandenen Arbeitsmitteln ergeben, auch wenn sie diese Arbeitsmittel nicht selbst benutzen. Die Betriebsanweisungen müssen mindestens Angaben über die Einsatzbedingungen, über absehbare Betriebsstörungen und über die bezüglich der Benutzung des Arbeitsmittels vorliegenden Erfahrungen enthalten. Beschäftigte, die mit der Durchführung von Instandsetzungs-, Wartungs- und Umbauarbeiten beauftragt werden, müssen eine angemessene spezielle Unterweisung erhalten.

1.3.3.9 Prüfung der Arbeitsmittel

Der Arbeitgeber hat sicherzustellen, dass die Arbeitsmittel, deren Sicherheit von den Montagebedingungen abhängt, nach der Montage und vor der ersten Inbetriebnahme sowie nach jeder Montage auf einer neuen Baustelle oder an einem neuen Standort geprüft werden. Die Prüfung hat den Zweck, sich von der ordnungsgemäßen Montage und der sicheren Funktion dieser Arbeitsmittel zu überzeugen. Die Prüfung darf nur von hierzu *befähigten Personen* durchgeführt werden.

Unterliegen Arbeitsmittel schädenverursachenden Einflüssen, die zu gefährlichen Situationen führen können, so hat der Arbeitgeber die Arbeitsmittel durch hierzu befähigte Personen überprüfen und erforderlichenfalls erproben zu lassen. Wenn außergewöhnliche Ereignisse stattgefunden haben, die schädigende Auswirkungen auf die Sicherheit des Arbeitsmittels haben können, hat der Arbeitgeber die Arbeitsmittel einer außerordentlichen Überprüfung durch hierzu befähigte Personen unverzüglich unterziehen zu lassen. *Außergewöhnliche Ereignisse* in diesem Sinne können Unfälle, Veränderungen an den Arbeitsmitteln, längere Stillstandszeiten der Arbeitsmittel oder Naturereignisse sein. Dadurch soll erreicht werden, dass Schäden rechtzeitig entdeckt und behoben werden sowie die Einhaltung des sicheren Betriebs gewährleistet wird.

Der Arbeitgeber hat sicherzustellen, dass Arbeitsmittel nach Instandsetzungsarbeiten, welche die Sicherheit der Arbeitsmittel beeinträchtigen können, durch befähigte Personen auf ihren sicheren Betrieb geprüft werden.

Die Ergebnisse dieser Prüfungen sind aufzuzeichnen. Die zuständige Behörde kann verlangen, dass ihr diese Aufzeichnungen auch am Betriebsort zur Verfügung gestellt werden. Die Aufzeichnungen sind über einen angemessenen Zeitraum aufzubewahren, mindestens bis zur nächsten Prüfung.

1.3.4 Überwachungsbedürftige Anlagen

1.3.4.1 Betrieb

Überwachungsbedürftige Anlagen müssen nach dem *Stand der Technik* montiert, installiert und betrieben werden. Bei der Einhaltung des Standes der Technik sind die vom Ausschuss für Betriebssicherheit ermittelten und vom Bundesministerium für Arbeit und Sozialordnung im Bundesarbeitsblatt veröffentlichten Regeln und Erkenntnisse zu berücksichtigen.

Anlagen in explosionsgefährdeten Bereichen dürfen erstmalig und nach wesentlichen Veränderungen nur in Betrieb genommen werden, wenn sie den Anforderungen der Richtlinie 94/9/EG bzw. der Explosionsschutzverordnung entsprechen.

Überwachungsbedürftige Anlagen dürfen nach einer Änderung nur wieder in Betrieb genommen werden, wenn die von der Änderung betroffenen Anlagenteile dem Stand der Technik entsprechen.

Wer eine überwachungsbedürftige Anlage betreibt, hat diese in ordnungsgemäßem Zustand zu erhalten, zu überwachen, notwendige Instandsetzungs- oder Wartungsarbeiten unverzüglich vorzunehmen und die den Umständen nach erforderlichen Sicherheitsmaßnahmen zu treffen.

1.3.4.2 Erlaubnisvorbehalt

Für die Montage, die Installation, den Betrieb sowie für wesentliche Veränderungen und Änderungen der Bauart oder der Betriebsweise, welche die Sicherheit der Anlage beeinflussen, bedürfen Lageranlagen ($>10\,m^3$), Füllstellen ($>1\,m^3/h$), Tankstellen und Flugfeldbetankungsanlagen, soweit leicht- oder hochentzündliche Flüssigkeiten gelagert oder umgeschlagen werden, der Erlaubnis der zuständigen Behörde. Diese Erlaubnis ist schriftlich mit den notwendigen Unterlagen zu beantragen.

Wichtig: Dies gilt nicht für Anlagen in explosionsgefährdeten Bereichen.

1.3.4.3 Prüfung vor Inbetriebnahme

Eine Anlage in explosionsgefährdeten Bereichen, die aus Geräten und Schutzsystemen im Sinne der Richtlinie 94/9/EG besteht, darf erstmalig und nach einer wesentlichen Veränderung nur in Betrieb genommen werden, wenn sie unter Berücksichtigung der vorgesehenen Betriebsweise durch eine befähigte Person auf ihren ordnungsgemäßen Zustand hinsichtlich der Montage, der Installation, der Aufstellungsbedingungen und der sicheren Funktion geprüft worden ist.

1.3.4.4 Prüfung nach Instandsetzung

Ist eine Anlage in explosionsgefährdeten Bereichen hinsichtlich eines Teils, von dem der Explosionsschutz abhängt, instand gesetzt worden, so darf sie erst wieder in Betrieb genommen werden, wenn die *zugelassene Überwachungsstelle* festgestellt hat, dass sie in den für den Explosionsschutz wesentlichen Merkmalen den Anforderungen dieser Verordnung entspricht. Hierüber wird eine Bescheinigung erteilt oder die überwachungsbedürftige Anlage mit einem Prüfzeichen versehen. Die Prüfungen dürfen auch von *befähigten Personen* eines Unternehmens durchgeführt werden, wenn sie von der zuständigen Behörde für die Prüfung der durch dieses Unternehmen instand gesetzten überwachungsbedürftigen Anlage anerkannt sind. Alternativ kann eine überwachungsbedürftige Anlage nach ihrer Instandsetzung durch den *Hersteller* einer Prüfung unterzogen werden und der Hersteller bestätigen, dass die überwachungsbedürftige Anlage in den für den Explosionsschutz wesentlichen Merkmalen den Anforderungen dieser Verordnung entspricht.

Für Lageranlagen, Füllstellen für leicht- und hochentzündliche Flüssigkeiten sind die genannten Prüfungen zwingend von einer zugelassenen Stelle – nicht von einer befähigten Person – durchzuführen.

1.3.4.5 Wiederkehrende Prüfungen

Eine explosionsgefährdete Anlage und ihre Anlagenteile sind von einer befähigten Person in bestimmten Fristen wiederkehrend auf ihren ordnungsgemäßen Zustand hinsichtlich des Betriebs zu prüfen.

Lageranlagen sowie Füllstellen, Betankungsanlagen und Tankstellen für entzündliche Flüssigkeiten sind hingegen von einer zugelassenen Stelle zu prüfen.

Die wiederkehrende Prüfung besteht aus einer *technischen Prüfung,* die an der Anlage selbst unter Anwendung der Prüfregeln vorgenommen wird, und einer *Ordnungsprüfung.*

Bei Anlagen in explosionsgefährdeten Bereichen betragen die Prüffristen 3 Jahre, bei Lageranlagen, Füllstellen und Tankstellen 5 Jahre.

Die zuständige Behörde kann Prüffristen im Einzelfall verlängern, wenn die Sicherheit auf andere Weise gewährleistet ist, oder verkürzen, wenn dies zum Schutz der Beschäftigten oder Dritter erforderlich ist.

1.3.4.6 Außerordentliche Prüfungen

Die zuständige Behörde kann im Einzelfall eine außerordentliche Prüfung für überwachungsbedürftige Anlagen anordnen, wenn hierfür ein besonderer Anlass besteht, insbesondere wenn ein Schadensfall eingetreten ist. Eine außerordentliche Prüfung wird die zuständige Behörde insbesondere dann anordnen, wenn der Verdacht besteht, dass die überwachungsbedürftige Anlage sicherheitstechnische Mängel aufweist. Der Betreiber hat eine angeordnete Prüfung unverzüglich zu veranlassen.

1.3.4.7 Befähigte Person

Die in der Verordnung vorgegeben Prüfungen könne teilweise durch eine „befähigte Person" durchgeführt werden. Je nach Prüfaufgabe werden jedoch andere Anforderungen an die befähigte Person gestellt.

Für die Anlagenprüfung vor Inbetriebnahme muss die prüfende Person folgende Voraussetzungen erfüllen:
- Weisungsfreiheit zur Prüfung,
- zeitnahe berufliche Tätigkeit,
- entsprechende technische Berufsausbildung und/oder Berufserfahrung,
- persönliche Zuverlässigkeit,

- mindestens einjährige Erfahrung mit Herstellung, Zusammenbau oder Instandsetzung von Geräten, Schutzsystemen und Sicherheits-, Kontroll- oder Regelvorrichtungen,
- Nachweis der erforderlichen Kenntnisse des Explosionsschutzes und deren Aktualisierung (Schulung).

Für die Prüfung nach einer Instandsetzung, bei der Maßnahmen des Explosionsschutzes betroffen waren, muss zusätzlich eine behördliche Anerkennung vorliegen. Diese setzt eine langjährige Erfahrung auf dem Gebiet der Sicherheitstechnik und des Explosionsschutzes voraus.

Prüfungen von Arbeitsplätzen auf Einhaltung der Maßnahmen des Explosionsschutzes vor ihrer erstmaligen Nutzung (Anh. 4 Abs. 3.8) dürfen nur von einer befähigten Person mit besonderen Kenntnissen auf dem Gebiet des Explosionsschutzes durchgeführt werden. Deswegen wird für diese Aufgabe ein technisches Studium oder eine vergleichbare Ausbildung vorausgesetzt.

Die Anforderungen an die befähigte Person sind in der TRBS 1203 – Allgemeine Anforderungen – und Teil 1 – Besondere Anforderungen – Explosionsgefahr festgelegt [A11].

1.3.4.8 Unfall- und Schadensanzeige

Der Betreiber hat der zuständigen Behörde unverzüglich jeden Unfall, bei dem ein Mensch getötet oder verletzt worden ist, und jeden Schadensfall, bei dem Bauteile oder sicherheitstechnische Einrichtungen versagt haben oder beschädigt worden sind, anzuzeigen. Die zuständige Behörde kann vom Betreiber verlangen, dass dieser das anzuzeigende Ereignis auf seine Kosten durch eine möglichst im gegenseitigen Einvernehmen bestimmte zugelassene Überwachungsstelle sicherheitstechnisch beurteilen lässt und ihr die Beurteilung schriftlich vorlegt. Die sicherheitstechnische Beurteilung hat insbesondere folgende Fragen zu klären:
- Was war die Ursache des Schadensereignisses?
- War die Anlage sicherheitstechnisch im ordnungsgemäßen Zustand?
- Besteht keine weitere Gefährdung nach Behebung des Mangels?
- Sind andere oder zusätzliche Schutzmaßnahmen erforderlich?

1.3.4.9 Prüfbescheinigungen

Über das Ergebnis der vorgeschriebenen oder angeordneten Anlagenprüfungen sind Prüfbescheinigungen zu erteilen. Soweit die Prüfung von befähigten Personen durchgeführt wird, ist das Ergebnis aufzuzeichnen. Bescheinigungen und Aufzeichnungen sind am Betriebsort der überwachungsbedürftigen Anlage aufzubewahren und der zuständigen Behörde auf Verlangen vorzuzeigen. Werden bei den Prüfungen Mängel festgestellt, durch die die Beschäftigten oder Dritte gefährdet werden, so ist dies der zuständigen Behörde unverzüglich zu melden.

1.3.4.10 Zugelassene Überwachungsstellen

Zugelassene Überwachungsstellen für die vorgeschriebenen oder angeordneten Prüfungen sind Stellen nach § 14 Abs. 1 und 2 des Gerätesicherheitsgesetzes. § 14 Absatz 1 legt fest, dass Prüfungen überwachungsbedürftiger Anlagen, soweit in der zuständigen Rechtsverordnung nichts anderes bestimmt ist, von amtlichen oder zu diesem Zweck amtlich anerkannten Sachverständigen vorzunehmen sind.

Zu zugelassenen Überwachungsstellen können Prüfstellen von Unternehmen im Sinne von § 14 Abs. 5 Satz 3 des Gerätesicherheitsgesetzes – also Unternehmen, die eine Anlage betreiben – benannt werden, wenn sie

- organisatorisch abgrenzbar sind,
- über ein unparteiliches Berichtsverfahren verfügen,
- nicht für Planung, Herstellung, Vertrieb, Betrieb oder Instandhaltung verantwortlich sind,
- keine Tätigkeiten ausüben, die mit der Unabhängigkeit ihrer Beurteilung und ihrer Zuverlässigkeit bei den Prüftätigkeiten in Konflikt kommen können,
- ausschließlich für das Unternehmen arbeiten, dem sie angehören.

Diese Benennung ist u. a. für explosionsgefährdete Anlagen und Lageranlagen zulässig.

1.3.4.11 Aufsichtsbehörden

Aufsichtsbehörde für Anlagen des Bundes ist das zuständige Bundesministerium oder die von ihm benannte Behörde. Die Aufsicht über andere überwachungsbedürftige Anlagen obliegt den nach Landesrecht zuständigen Behörden.

1.3.5 Schlussbestimmungen

1.3.5.1 Ausschuss für Betriebssicherheit

Zur Beratung in allen Fragen des Arbeitsschutzes, für die Bereitstellung und Benutzung von Arbeitsmitteln und für den Betrieb überwachungsbedürftiger Anlagen wurde ein Ausschuss für Betriebssicherheit gebildet. Dieser Ausschuss und seine Unterausschüsse erarbeiten die Technischen Regeln BetrSichV und passen diese an den Stand der Technik an.

Die von einem aufgrund einer bisherigen Rechtsverordnung nach § 11 des Gerätesicherheitsgesetzes ermittelten technischen Regeln gelten bezüglich ihrer betrieblichen Anforderungen bis zur Überarbeitung durch den Ausschuss für Betriebssicherheit und ihrer Bekanntgabe durch das Bundesministerium für Arbeit und Sozialordnung fort.

1.3.5.2 Ordnungswidrigkeiten – Straftaten

Die §§ 25 und 26 legen fest, welche Unterlassungen und Verstöße als Ordnungswidrigkeit oder als Straftat gelten.

1.3.5.3 Übergangsfristen

Die Betriebssicherheitverordnung wurde mit ihrer Veröffentlichung am 3.10.2002 rechtswirksam, bis auf Abschnitt 3 Überwachungsbedürftige Anlagen. Diese Vorschriften zum Betrieb überwachungsbedürftiger Anlagen traten am 1.1.2003 in Kraft.

Für Arbeitsmittel und Arbeitsabläufe in explosionsgefährdeten Bereichen, die vor dem 3.10.2002 erstmalig bereitgestellt oder eingeführt worden sind, hat der Arbeitgeber das Explosionsschutzdokument spätestens bis zum 31.12.2005 zu erstellen.

Das Weiterbetreiben einer überwachungsbedürftigen Anlage, die vor dem 1.1.2003 befugt betrieben wurde, ist zulässig. Eine nach dem bis zu diesem Zeitpunkt geltenden Recht erteilte Erlaubnis gilt als Erlaubnis im Sinne dieser Verordnung.

Für überwachungsbedürftige Anlagen, die vor dem 1.1.2003 bereits erstmalig in Betrieb genommen waren, bleiben hinsichtlich der an sie zu stellenden Beschaffenheitsanforderungen die bisher geltenden Vorschriften maßgebend. Die zuständige Behörde kann aber verlangen, dass diese Anlagen entsprechend den Vorschriften der Verordnung geändert werden, wenn nach der Art des Betriebs Gefahren für Leben oder Gesundheit der Beschäftigten oder Dritter zu befürchten sind.

Die in der Verordnung enthaltenen Betriebsvorschriften (Abschnitt 3 BetrSichV) müssen spätestens bis zum 31.12.2007 angewendet werden. Hierzu sind die wiederkehrenden Prüfungen durch den Betreiber innerhalb der genannten Frist durchzuführen (**Bild 1.6**).

1.3.5.4 Außerkrafttreten

Die Verordnung über elektrische Anlagen in explosionsgefährdeten Bereichen (ElexV) vom 21.4.1996 und die Verordnung über brennbare Flüssigkeiten (VbF) vom 13.12.1996 sind am 1.1.2003 außer Kraft getreten.

Bild 1.6 *Übergangsfristen der Betriebssicherheitsverordnung*

2 Begriffe, Kenngrößen und Zoneneinteilung

2.1 Begriffe

Im Folgenden werden einige wesentliche Begriffe aus dem Arbeitsgebiet Explosionsschutz erläutert.

Explosion ist die schlagartige Verbrennung eines Gemisches aus brennbaren Gasen, Dämpfen, Nebeln oder Stäuben und Luft. Bei dieser schlagartigen Verbrennung werden sehr schnell große Wärmemengen freigesetzt, die zu einem plötzlichen lokalen Druckanstieg führen. Dieser plötzliche Druckanstieg wird in der Umgebung als Knall wahrgenommen. Je nach Größe der Verbrennungsgeschwindigkeit spricht man von einer Verpuffung, einer Explosion oder einer Detonation.

Aus der Begriffsdefinition ergeben sich zwangsläufig die drei Grundvoraussetzungen für das Zustandekommen einer Explosion: Es muss ein *brennbarer Stoff* in *zündfähiger Konzentration* in einer Mischung mit Luft vorhanden sein. Wird diese Mischung durch Kontakt mit einer *Zündquelle* gezündet, so kommt es zur Explosion.

Explosionsfähige Atmosphäre besteht aus einem Gemisch aus Luft und brennbaren Gasen, Dämpfen, Nebeln oder Stäuben unter atmosphärischen Bedingungen, in dem sich der Verbrennungsvorgang nach erfolgter Entzündung auf das gesamte unverbrannte Gemisch überträgt. Dabei sind die atmosphärischen Bedingungen definiert durch einen Absolutdruckbereich von 0,8 bis 1,1 bar, einem Temperaturbereich des Gemisches von $-20\,°C$ bis $+60\,°C$ und – meistens nicht explizit erwähnt, aber genauso wesentlich – einem Sauerstoffgehalt der Luft von etwa 21 %.

Der Festlegung auf atmosphärische Bedingungen kommt deshalb eine so große Bedeutung zu, weil die später noch zu behandelnden für die Belange des Explosionsschutzes wichtigen sicherheitstechnischen Kenngrößen Funktionen von Druck, Temperatur und Sauerstoffgehalt des Gemisches sind und nur in dem oben definierten atmosphärischen Bereich als ausreichend konstant angesehen werden können.

Von einer **gefährlichen explosionsfähigen Atmosphäre** (GEA) spricht man, wenn die explosionsfähige Atmosphäre in gefahrdrohender Menge vorhanden ist, so dass ein Personenschaden durch direkte oder indirekte Einwirkung einer Explosion zu befürchten ist. Das wird immer dann der Fall sein, wenn das Volumen des explosionsfähigen Gemisches gleich oder größer als der 10^{-4}. Teil des gesamten Raumes ist. Darüber hinaus kann man davon ausgehen, dass mehr als 10 l explosionsfähige Atmosphäre als zusammenhängende Menge in geschlossenen Räumen, unabhängig von der Raumgröße, immer eine gefährliche explosionsfähige Atmosphäre darstellen.

Aus dem vorstehenden Begriff ergibt sich die Definition des **explosionsgefährdeten Bereiches** als die eines Bereiches, in dem die Atmosphäre aufgrund der örtlichen und betrieblichen Verhältnisse explosionsfähig werden kann.

2.2 Kenngrößen

Wie bereits in den Begriffsdefinitionen erläutert, sind die im Folgenden vorgestellten für den Explosionsschutz relevanten sicherheitstechnischen Kenngrößen Funktionen von Druck, Temperatur und Sauerstoffgehalt des untersuchten Gemisches. Die den einschlägigen Tabellenwerken, z. B. [A15] [A16], oder der Datenbank im Internet [A17] entnommene Werte gelten daher nur für die bereits definierten atmosphärischen Bedingungen (−0,8 bis +1,1 bar Absolutdruck, −20 bis +60 °C Gemischtemperatur, Sauerstoffgehalt der Luft etwa 21 %), es sei denn, es sind ausdrücklich andere Werte angegeben. Benötigt werden diese Kenngrößen unter anderem bei der Auswahl von geeigneten explosionsgeschützten Geräten.

Untere Explosionsgrenze (UEG) und obere Explosionsgrenze (OEG) geben die Konzentrationsgrenzen für die Zündungsfähigkeit eines Gemisches an. Unterhalb der unteren Explosionsgrenze enthält das Gemisch zu wenig Brennstoff, man sagt, es ist zu mager. Bei Konzentrationen zwischen der unteren und oberen Explosionsgrenze ist das Gemisch zündfähig. Oberhalb der oberen Explosionsgrenze ist zu viel Brennstoff bzw. zu wenig Sauerstoff vorhanden, man spricht von einem zu fetten Gemisch. UEG und OEG werden angegeben in %, bezogen auf das Gesamtvolumen des Gemisches.

Flammpunkt ist die niedrigste Temperatur, bei der sich unter festgelegten Versuchsbedingungen aus der Flüssigkeit bei einem Druck von 1013 mbar Dämpfe in solchen Mengen entwickeln, dass sie mit Luft über der Flüssigkeit ein durch Fremdzündung entflammbares Gemisch bilden.

Der Flammpunkt wird auch benutzt, um brennbare Flüssigkeiten bezüglich ihrer Gefährlichkeit einzuteilen. In der Vergangenheit geschah das im Rahmen der „Verordnung über brennbare Flüssigkeiten (VbF)". Es galt:

Gefahrklasse A: wasserunlösliche brennbare Flüssigkeiten
                Gefahrklasse A I: Flammpunkt   < 21 °C
                Gefahrklasse A II: Flammpunkt   21 bis 55 °C
                Gefahrklasse A III: Flammpunkt   55 bis 100 °C
Gefahrklasse B: brennbare Flüssigkeiten mit Flammpunkt unter 21 °C, die sich bei 15 °C in Wasser lösen können.

Seit dem Außerkrafttreten der VbF Ende 2002 gelten die Einteilungen der Gefahrstoffverordnung:

hochentzündlich:
− flüssige Stoffe und Zubereitungen, die einen Flammpunkt < 0 °C und einen Siedepunkt ≤ 35 °C haben

– gasförmige Stoffe und Zubereitungen, die bei gewöhnlicher Temperatur und normalem Druck bei Luftkontakt entzündlich sind

leichtentzündlich:
– feste Stoffe und Zubereitungen, die durch kurzzeitige Einwirkung einer Zündquelle leicht entzündet werden können und nach deren Entfernung weiterbrennen oder weiterglimmen können
– flüssige Stoffe und Zubereitungen, die einen Flammpunkt < 21 °C haben, aber nicht hochentzündlich sind

entzündlich:
– flüssige Stoffe und Zubereitungen, die einen Flammpunkt von 21 bis 55 °C haben

Zündtemperatur ist die niedrigste Temperatur einer heißen Oberfläche, an der sich ein Brennstoff-Luft-Gemisch optimaler Zusammensetzung gerade noch entzündet. Die Messmethode, die den niedrigsten Werte ergibt, ist in DIN 51794 festgelegt.

Aus der Zündtemperatur für das explosionsfähige Gemisch ergibt sich die maximal zulässige Temperatur der für das Gemisch zugänglichen heißen Oberflächen explosionsgeschützter Geräte. Zur besseren Handhabbarkeit hat man brennbare Stoffe nach ihrer Zündtemperatur und Geräte nach ihrer Oberflächentemperatur in *Temperaturklassen* eingeteilt (**Tabelle 2.1**).

Tabelle 2.1 *Temperaturklassen*

Temperaturklasse	Höchstzulässige Oberflächentemperatur der Betriebsmittel in °C	Zündtemperatur der brennbaren Stoffe in °C
T 1	450	> 450
T 2	300	> 300 ≤ 450
T 3	200	> 200 ≤ 300
T 4	135	> 135 ≤ 200
T 5	100	> 100 ≤ 135
T 6	85	> 85 ≤ 100

Mindestzündenergie ist die kleinste, in einem Kondensator gespeicherte elektrische Energie, die bei der Entladung dieses Kondensators über eine Funkenstrecke das zündwilligste Brennstoff-Luft-Gemisch bei Atmosphärendruck und Raumtemperatur gerade noch zu zünden vermag. Diese Kenngröße ist wichtig für die Zündschutzart Eigensicherheit „i".

Mindestzündstrom (engl.: Minimum Ignition Current, abgekürzt **MIC**) ist der Mindestwert eines Stromes, der einen induktiven Stromkreis durchfließt und bei Unterbrechung noch das zündwilligste Gemisch zu zünden vermag. Der MIC ist die im angloamerikanischen Sprachraum häufig verwendete Alternative zur Mindestzündenergie.

Grenzspaltweite (engl.: Maximum Experimental Safe Gap, abgekürzt **MESG**) ist die größte Spaltweite zwischen Ober- und Unterteil der Innenkammer einer

Prüfanordnung, bei der unter festgelegten Bedingungen bei Entzündung des im Innern befindlichen Gemisches noch verhindert wird, dass das in der Außenkammer befindliche Gemisch durch einen 25 mm langen Spalt gezündet wird. Die Grenzspaltweite wird für die Schutzart Druckfeste Kapselung „d" benötigt.

Explosionsgruppen. Man unterscheidet zunächst die Explosionsgruppen I und II. Gruppe I umfasst schlagwettergefährdete Grubenbaue mit Methangas und Kohlenstaub als wesentliche brennbare Stoffe. Alle anderen Anwendungsfälle gehören in die Gruppe II. Die Explosionsgruppe II wird für die brennbaren Stoffe und auch für die explosionsgeschützten Geräte noch in Abhängigkeit von Grenzspaltweite und dem Verhältnis des Mindestzündstromes zum Mindestzündstrom von Methan weiter unterteilt in die Untergruppen A, B und C, wobei in C die Stoffe mit der geringsten Mindestzündenergie bzw. Grenzspaltweite eingeordnet sind. Diese Unterteilung ist wichtig für den gerätetechnischen Aufwand bei den Schutzarten Eigensicherheit und Druckfeste Kapselung. Da in die Gruppe IIC als wesentliche Stoffe nur Wasserstoff und Acetylen eingestuft sind, sollte man Geräte in den genannten Schutzarten in IIC nur dann fordern, wenn man nicht sicher ausschließen kann, dass diese beiden Gase in der zu instrumentierenden Anlage doch einmal zum Einsatz kommen.

Tabelle 2.2 *Beispiele für die Einstufung brennbarer Gase und Flüssigkeiten in Explosionsgruppen und Temperaturklassen*

Ex-plosions-gruppe	Temperaturklasse					
	T1	T2	T3	T4	T5	T6
	> 450 °C	> 300 °C	> 200 °C	> 135 °C	> 100 °C	> 85 °C
I	Methan	–	–	–	–	–
IIA	Propan	Butan	Benzine	Acetaldehyd	–	–
IIB	Kokereigas	Ethylen	Schwefelwasserstoff	–	–	–
IIC	Wasserstoff	Acetylen	–	–	–	Schwefelkohlenstoff

Zündtemperatur eines Staub-Luft-Gemisches ist die niedrigste Temperatur einer heißen Fläche, an der das gegen sie geblasene Staub-Luft-Gemisch noch zur Entzündung kommt.

Glimmtemperatur brennbarer Stäube ist die niedrigste Temperatur einer erhitzten freiliegenden Oberfläche, bei der auf dieser in 5 mm dicker Schicht abgelagerter Staub sich entzündet.

2.3 Zoneneinteilung, Beurteilung möglicher Explosionsgefahren

Die beschriebene Vorgehensweise ist im Wesentlichen den Explosionsschutzregeln der BG Chemie [A13] entnommen und dort ausführlich dargestellt. Grundlage ist das in **Bild 2.1** gezeigte Entscheidungsdiagramm, das im Folgenden erläutert wird.

Nur wenn vorhandene oder sich bildende brennbare feste, flüssige, gasförmige oder staubförmige Stoffe eine explosionsfähige Atmosphäre in gefahrdrohender Menge erzeugen können, sind Schutzmaßnahmen zu treffen. Zu diesen Schutzmaßnahmen gehören vorzugsweise solche, mit denen eine Bildung gefährlicher explosionsfähiger Atmosphäre *verhindert* oder eingeschränkt wird (Ersatz von brennbaren Stoffen durch unbrennbare, sicherer Einschluss, Lüftung, Inertisierung usw.). Reichen diese Maßnahmen nicht aus, so sind Maßnahmen zur *Verhinderung der Entzündung* der dann möglicherweise entstehenden gefährlichen explosionsfähigen Atmosphäre erforderlich. Sollte auch damit mit vertretbarem Aufwand kein befriedigendes Ergebnis – Wahrscheinlichkeit einer Explosion ausreichend gering – erreichbar sein, so müssen Maßnahmen ergriffen werden, mit denen die *Auswirkungen* einer Explosion auf ein unbedenkliches Maß beschränkt werden (explosionsfeste Bauweise, Explosionsdruckentlastung, Explosionsunterdrückung usw.).

Wenn das Auftreten gefährlicher explosionsfähiger Atmosphäre nicht mit ausreichender Wahrscheinlichkeit ausgeschlossen werden kann, muss eine Explosion dadurch verhindert werden, dass *Zündquellen* vermieden werden. Die Maßnahmen ergeben sich aus einer qualitativen Betrachtung der Wahrscheinlichkeit des Vorhandenseins der gefährlichen explosionsfähigen Atmosphäre.

Maßgeblich für das Auftreten explosionsfähiger Atmosphäre außerhalb von Apparaturen sind *Freisetzungsquellen*. Darunter versteht man die Stellen an Apparaturen, an denen brennbare Stoffe in festem (Staub), flüssigem oder gasförmigem Zustand austreten können. Die Norm zur Einteilung explosionsgefährdeter Bereiche für Gase und Dämpfe [B7] ebenso wie die zur Einteilung staubexplosionsgefährdeter Bereiche [B23] unterscheidet in Abhängigkeit von Häufigkeit und Dauer der Freisetzung zwischen kontinuierlichem, primärem und sekundärem Freisetzungsgrad einer Quelle. Als Beispiele werden angegeben:

- **Quellen mit kontinuierlichem Freisetzungsgrad**
  - Oberflächen brennbarer Flüssigkeiten, die kontinuierlich oder langzeitig der Atmosphäre ausgesetzt sind (z. B. Öl-/Wasserabscheider);
  - Oberflächen brennbarer Flüssigkeiten in Festdachtanks, mit ständiger Belüftung in die Atmosphäre.
- **Quellen mit primärem Freisetzungsgrad**
  - Dichtungen von Pumpen, Kompressoren oder Ventilen, wenn bei Normalbetrieb eine Freisetzung brennbarer Stoffe in die Atmosphäre erwartet wird;
  - Probeentnahmestellen, bei denen im Normalbetrieb eine Freisetzung brennbarer Stoffe in die Atmosphäre erwartet wird;

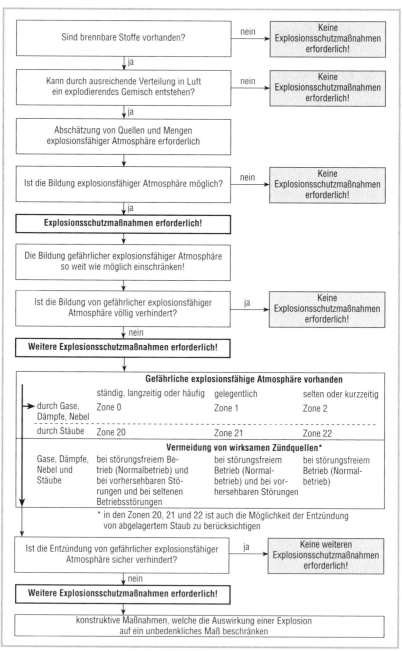

Bild 2.1 *Ablaufschema zum Erkennen und Verhindern von Explosionen* (nach Ex-RL)

- Entlastungsventile, Entlüftungsöffnungen und andere Öffnungen, bei denen im Normalbetrieb eine Freisetzung brennbarer Stoffe in die Atmosphäre erwartet wird;
- unmittelbare Umgebung von offenen Sackfüll- oder Sackentleerungsstellen (Staub).

Quellen mit sekundärem Freisetzungsgrad
- Dichtungen von Pumpen, Kompressoren oder Ventilen, bei denen im Normalbetrieb keine Freisetzung brennbarer Stoffe erwartet wird;
- Flansche, Verbindungen und Rohrfittings, bei denen im Normalbetrieb keine Freisetzung brennbarer Stoffe erwartet wird;
- Probeentnahmestellen, bei denen im Normalbetrieb keine Freisetzung brennbarer Stoffe erwartet wird;
- Entlastungsventile, Entlüftungsöffnungen und andere Öffnungen, bei denen im Normalbetrieb keine Freisetzung brennbarer Stoffe erwartet wird;
- Mannlöcher, die gelegentlich nur während eines sehr kurzen Zeitraumes geöffnet werden müssen (Staub).

Auch Öffnungen zwischen explosionsgefährdeten Bereichen sind grundsätzlich als Freisetzungsquellen zu betrachten. Der ihnen zuzuordnende Freisetzungsgrad hängt von der angrenzenden Zone, der Häufigkeit und Dauer der Öffnungszeiten, der Wirksamkeit der Abdichtung und dem Druckunterschied zwischen den betreffenden Bereichen ab (Näheres siehe [B7]).

Mit einer Bewertung der vorhandenen Freisetzungsquellen lassen sich unter Berücksichtigung der Lüftungsverhältnisse und der sonstigen physikalischen Gegebenheiten, wie Freisetzungsgeschwindigkeit, Konzentration und Flüchtigkeit, die folgenden Überlegungen anstellen.

Ergibt sich, dass die gefährliche explosionsfähige Atmosphäre nur selten und wenn, dann auch nur kurzzeitig vorhanden ist, so genügt es, wenn die eingesetzten Geräte in ihrem bestimmungsgemäßen Betrieb keine Zündquellen aufweisen, denn die Wahrscheinlichkeit für das Zusammentreffen einer gefährlichen explosionsfähigen Atmosphäre und einem Fehlzustand des Gerätes, bei dem es zur Zündquelle wird, wird als ausreichend gering erachtet. Explosionsgefährdete Bereiche, für die diese Situation zutrifft, werden bei Gefährdung durch Gase, Dämpfe oder Nebel als *Zone 2,* bei Gefährdung durch Stäube als *Zone 22* eingestuft.

Muss gelegentlich mit gefährlicher explosionsfähiger Atmosphäre gerechnet werden, so ist die Abwesenheit von Zündquellen im (bestimmungsgemäßen) Normalbetrieb zwar auch notwendig, aber nicht mehr ausreichend. Auch bei den üblicherweise zu erwartenden Störungen dürfen die Geräte nicht zur Zündquelle werden. Hierfür sind in den meisten Fällen zusätzliche technische Maßnahmen erforderlich. Die entsprechenden explosionsgefährdeten Bereiche werden für Gase, Dämpfe oder Nebel als *Zone 1* und für Stäube als *Zone 21* eingestuft.

Ist die gefährliche explosionsfähige Atmosphäre ständig, über lange Zeiträume oder häufig (wobei „häufig" im Sinne von „in der überwiegenden Zeit" zu interpretieren ist) vorhanden, so muss davon ausgegangen werden, dass das Auftreten einer Zündquelle unmittelbar zu einer Explosion führt. Zündquellen dürfen also keinesfalls zugelassen werden. Für die Gerätetechnik bedeutet das, dass auch Maßnahmen gegen solche Fehler zu treffen sind, die zwar nur selten auftreten, aber nicht mit ausreichender Sicherheit ausgeschlossen werden können, und die zur Entstehung einer Zündquelle führen können. Die Einstufung erfolgt in diesen Fällen in *Zone 0* bei Gasen, Dämpfen oder Nebeln und *Zone 20* bei Stäuben. Schon aus der Definition dieser Zonen ergibt sich, dass sie eigentlich nur im Innern von Behältern oder Apparaten auftreten können.

Bei durch Staub verursachten explosionsgefährdeten Bereichen ist bei der Vermeidung von Zündquellen in allen 3 Zonen auch die Möglichkeit der Entzündung von abgelagerten Stäuben zu berücksichtigen.

Den hier dargestellten Überlegungen folgen auch die gesetzlich festgeschrieben Definitionen der einzelnen Zonen in der Richtlinie 1999/92/EG der Europäischen Gemeinschaft [A3] die im Anhang 3 der Betriebssicherheitsverordnung [A8] in das deutsche Recht übernommen worden sind (siehe dazu Abschnitt 1.3.3.3, Tabelle 1.4).

Aus der Beschreibung der zur Zoneneinteilung führenden Prozedur ergibt sich klar, dass diese nur von Personen durchgeführt werden kann, die Kenntnisse über die im Verfahren verwendeten Stoffe, die verfahrenstechnische Anlage selbst inklusive ihrer physikalischen Gegebenheiten und ihre Arbeitsweise haben. Das bedeutet, dass es für die Zoneneinteilung keine vorgefertigten Lösungen geben kann, sondern jedes Mal eine Einzelbetrachtung auf der Basis der oben beschriebenen Kenntnisse erfolgen muss. Als Unterstützung für die Abschätzungen lassen sich die Beispiele aus den Normen zur Zoneneinteilung [B7] [B23] sowie die Beispielsammlung zu den Explosionsschutzregeln der BG Chemie [A13] verwenden.

Die ermittelten Zonen sind zu dokumentieren und an den Zugängen, an denen sie auch von Betriebsfremden betreten werden können, mit Warnzeichen nach Bild 1.5 zu kennzeichnen. Sowohl die Pflicht zur Dokumentation der Zoneneinteilung (siehe Abschnitt 1.3.3.5) als auch die Pflicht zur Kennzeichnung explosionsgefährdeter Bereiche im Betrieb (siehe Abschnitt 1.3.3.4) sind in der Betriebssicherheitsverordnung vorgeschrieben.

Die Zoneneinteilung ist dabei Bestandteil des *Explosionsschutzdokuments*. Zu den darin erforderlichen Angaben finden sich, wie bereits in Abschnitt 1.3.3.5 erwähnt, Hinweise in der NAMUR-Empfehlung NE 99 [A18] und in den Explosionsschutzregeln der BG Chemie (Ex-RL) [A13]. Im Folgenden werden, basierend auf diesen beiden Literaturstellen, die wesentlichen Inhalte kurz dargestellt.

Wichtig ist zunächst, dass ausdrücklich erlaubt ist, im Explosionsschutzdokument auf andere bereits vorhandene Dokumente und Berichte zu diesem Thema zu verweisen. Sind für eine Reihe von unterschiedlichen Anlagen Explosionsschutzdokumente zu erstellen, so empfiehlt sich eine Aufteilung in einen allge-

meinen Teil, der für alle Anlagen den gleichen Inhalt hat und deshalb nur einmal benötigt wird, sowie einen anlagenspezifischen Teil. Der *allgemeine Teil* sollte neben einer prinzipiellen Inhaltsangabe (Struktur der Dokumentation), dem Gültigkeitsbereich und dem rechtlichem Bezug (Erfüllung des § 6 Betriebssicherheitsverordnung) noch die folgenden Punkte enthalten:
- Systematik bei der Beurteilung von Explosionsrisiken,
- Erläuterung zur Darstellung explosionsgefährdeter Bereiche,
- Maßnahmen bei der Errichtung und dem Betrieb von Anlagen,
- Instandhaltungsmaßnahmen.

Im *anlagenspezifischen Teil* werden jeweils die für die einzelnen Anlagen unterschiedlichen Punkte zusammengefasst:
- Angaben zum Betriebsbereich/Anlagenteil,
- Erstelldatum, für den Betrieb Verantwortliche, deren Unterschriften und gegebenenfalls die anderer Beteiligter,
- Kurzbeschreibung der baulichen und geografischen Gegebenheiten,
- Verfahrensbeschreibung, für den Explosionsschutz wesentliche Verfahrensparameter,
- relevante Stoffe und ihre sicherheitstechnischen Kennzahlen, soweit für die Geräteauswahl erforderlich,
- Einstufung explosionsgefährdeter Bereiche mit Gefährdungsbeurteilung
  – in Textform einschließlich technischer Maßnahmen (z. B. Lüftung, besondere Gerätetechnik) und organisatorischer Maßnahmen,
  – als Ex-Zonen-Plan.

Ein Beispiel für einen solchen *Ex-Zonen-Plan,* an dem sich außerdem auch das Prinzip der Zoneneinteilung erkennen lässt, zeigt **Bild 2.2**.

Dargestellt ist ein in einem geschlossenen Gebäude aufgestelltes Rührgefäß, das betriebsmäßig regelmäßig zur Probenahme geöffnet wird. Die brennbaren Betriebsflüssigkeiten werden durch (nicht dargestellte) verschweißte und am Gefäß angeflanschte Rohrleitungen hinein- und herausgefördert. Folgende Freisetzungsquellen sind zu betrachten:

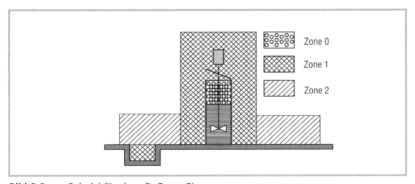

Bild 2.2   *Beispiel für einen Ex-Zonen-Plan*

Flüssigkeitsoberfläche im Gefäß	kontinuierlich
Öffnung im Gefäß	primär
verschüttete oder austretende Flüssigkeit	sekundär

Wenn Flüssigkeit verschüttet wird oder austritt, sammelt sie sich allerdings in dem links im Bild dargestellten Abfluss. Um die Ausdehnung der einzelnen Zonen festzulegen, wären noch Kenntnisse über die örtlichen Belüftungsverhältnisse und die Flüchtigkeit der eingesetzten Prozessflüssigkeiten nötig, worauf hier aber nicht weiter eingegangen werden soll.

Aus Gründen der anschaulichen Darstellung wurde hier für den Ex-Zonen-Plan ein Aufriss gewählt. Sehr häufig ist aber eine Darstellung im Grundriss zweckmäßiger.

3 Zündschutzarten beim Gasexplosionsschutz

3.1 Vorschriften

In elektrischen Anlagen können elektrische Funken oder Lichtbögen und heiße Oberflächen als Zündquelle auftreten. Elektrische Funken oder Lichtbögen werden erzeugt beim Öffnen und Schließen elektrischer Stromkreise, durch unzureichend sichere Kontaktgabe und möglicherweise durch Ausgleichsströme. Elektrische Betriebsmittel normaler Bauweise haben im Sinne der Explosionsschutzverordnung bis auf wenige Ausnahmen eine eigene potentielle Zündquelle.

Werden elektrische Betriebsmittel in explosionsgefährdeten Bereichen eingesetzt, so müssen sie konstruktiv so gestaltet werden, dass sie bei bestimmungsgemäßer Verwendung eine möglicherweise vorhandene explosionsfähige Atmosphäre nicht zünden können. Die Schutzmethoden – die Zündschutzarten – beruhen auf folgenden Grundanforderungen:

- Durch konstruktive Maßnahmen ist ein Zusammentreffen von explosionsfähiger Atmosphäre und Zündquelle verhindert.
  Zündschutzarten: Ölkapselung, Überdruckkapselung, Sandkapselung, Vergusskapselung
- Die konstruktive Auslegung des Gehäuses verhindert, dass eine Explosion im Innern des Betriebsmittels sich auf die Umgebung ausbreitet.
  Zündschutzart: Druckfeste Kapselung
- Durch besondere Maßnahmen ist sichergestellt, dass auch unter Annahme bestimmter Fehlerbedingungen keine Lichtbögen, Funken und unzulässig hohe Temperaturen auftreten.
  Zündschutzart: Erhöhte Sicherheit
- Die Energie im Stromkreis, der im gefährdeten Bereich verläuft, ist so eingeschränkt, dass keine zündfähigen Funken und zündfähigen Temperaturen auftreten können.
  Zündschutzart: Eigensicherheit

Mit der Explosionsschutzverordnung werden neben anderen die Anforderungen an die Bauart explosionsgeschützter Betriebsmittel geregelt. Die Bauart der Geräte muss in Abhängigkeit von ihrer Kategorie die grundlegenden Sicherheits- und Gesundheitsanforderungen (GSGA) der Verordnung erfüllen. Es besteht die tatsächliche Rechtsvermutung, dass die grundlegenden Sicherheitsanforderungen erfüllt sind, wenn die Betriebsmittel den Anforderungen der Normen entsprechen, die unter dem Mandat der EG-Kommission von CENELEC als harmonisierte Normen erstellt wurden. Die entsprechenden derzeit gültigen Normen, die Baubestimmungen für explosionsgeschützte elektrische Betriebsmittel, VDE 0170 (**Tabelle 3.1**), sind als harmonisierte europäische Normen EN 50014...50020, 50028 unter dem Mandat der Kommission erstellt worden.

Tabelle 3.1 *Bauvorschriften für elektrische Betriebsmittel für gasexplosionsgefährdete Bereiche nach VDE 0170 Elektrische Betriebsmittel für explosionsgefährdete Bereiche*

Teil von VDE 0170	Ausgabe	DIN EN	Titel
1	2004-12	60079-0	Allgemeine Anforderungen
2	2000-02	50015	Ölkapselung „o"
301	2000-02	60079-2	Überdruckkapselung „p"
4	2000-02	50017	Sandkapselung „q"
5	2004-12	60079-1	Druckfeste Kapselung „d"
6	2004-02	60079-7	Erhöhte Sicherheit „e"
7	2003-08	50020	Eigensicherheit „i"
9	2005-01	60079-18	Vergusskapselung „m"
10-1	2004-09	60079-25	Eigensichere Systeme
10-2	2004-09	50394-1	Eigensichere Systeme, Gruppe I
12-1	2005-06	60079-26	Betriebsmittel für Gruppe II, Kategorie 1G
12-2	2001-05	50303	Gruppe I, Kategorie M1 (Grubengas, Staub)
14-1	2003-01	62013-1	Kopfleuchten für schlagwettergefährdete Grubenbaue
16	2005-03	60079-15	Zündschutzart „n"

Anmerkung: Durch die Entscheidung der europäischen Normenorganisation CENELEC, zukünftig die IEC-Standards für den Explosionsschutz, die IEC 60079-Serie, in der Regel als europäische Normen zu übernehmen, wird sich die Klassifizierung der EN an die IEC anpassen, wie dies bei einigen Teilen bereits geschehen ist. Die früher übliche Doppelbezeichnung „VDE 0170/0171" ist entfallen.

Werden die Forderungen dieser Normen eingehalten, so ist gewährleistet, dass die grundlegenden Sicherheits- und Gesundheitsanforderungen der ExVO bzw. der Richtlinie 94/9/EG erfüllt sind. Damit ist sichergestellt, dass elektrische Betriebsmittel dieser Bauart keine Zündquelle darstellen, je nach Kategorie mit einem unterschiedlich hohen Sicherheitsniveau.

3.2 Allgemeine Anforderungen DIN EN 60079-0 (VDE 0170-1)

Alle Festlegungen und Anforderungen an die Konstruktion, Prüfung und Kennzeichnung explosionsgeschützter elektrischer Betriebsmittel für die Verwendung in durch brennbare Gase und Dämpfe gefährdeten Bereichen, die alle oder mehrere Zündschutzarten betreffen, sind in dieser Norm enthalten. Wenn nicht im Einzelfall anders festgelegt, gilt als Anwendungsbereich
- Temperatur: −20 bis +60 °C,
- Druck: 80 kPa (0,8 bar) bis 110 kPa (1,1 bar),
- Luft mit normalem Sauerstoffgehalt, üblicherweise 21 % (Volumenanteil).

Um elektrische Betriebsmittel explosionsgeschützt auszuführen, ist jeweils eine oder mehrere der in der EN 60079-0 aufgeführten Zündschutzarten anzuwen-

den. Die Definition der Zündschutzarten, ihre Bezeichnung und Kennzeichnung entsprechen den internationalen Festlegungen. Die genormten Zündschutzarten sind:
- Ölkapselung „o",
- Überdruckkapselung „p"(px, py, pz),
- Sandkapselung „q",
- Druckfeste Kapselung „d",
- Erhöhte Sicherheit „e",
- Eigensicherheit „i" (ia, ib),
- Vergusskapselung „m" (ma, mb),
- Zündschutzart „n".

3.2.1 Kategorien, Gruppen und Temperaturklassen

Je nach vorgesehenem Verwendungsbereich, bestimmt durch die *Gefahrzone* und durch die Eigenschaften der vorhandenen Gase und Dämpfe, werden an Betriebsmittel unterschiedliche Anforderungen entsprechend der *Kategorie* gemäß Explosionsschutzverordnung, Explosionsgruppe und Temperaturklasse gestellt.

Betriebsmittel sind je nach Gerätekategorie mit Explosionsschutzmaßnahmen von unterschiedlich hohem Schutzniveau (Schutzgrad) auszulegen. Für Betriebsmittel zur Verwendung in explosionsgefährdeten Bereichen – außer schlagwettergefährdeten Grubenbauen – sind drei Kategorien vorgesehen:

Kategorie 1: Sehr hohes Maß an Sicherheit. Sicher selbst bei seltenen Gerätestörungen.
Zwei unabhängige Explosionsschutzmaßnahmen bzw. auch dann sicher, wenn zwei Fehler unabhängig voneinander auftreten.
Kategorie 2: Hohes Maß an Sicherheit. Sicher selbst bei häufig auftretenden und üblicherweise zu erwartenden Gerätestörungen.
Auch dann sicher, wenn ein Fehler auftritt.
Kategorie 3: Normalmaß an Sicherheit. Sicher bei normalem Betrieb.
Bei Betriebsmitteln zum Einsatz in schlagwettergefährdeten Grubenbauen werden zwei Kategorien unterschieden:
Kategorie M1: Sehr hohes Maß an Sicherheit. Sicher selbst bei seltenen Gerätestörungen.
Geräte dürfen bei auftretender explosionsfähiger Atmosphäre weiterbetrieben werden.
Kategorie M2: Hohes Maß an Sicherheit. Sicher bei normalem Betrieb, auch unter erschwerten Betriebsbedingungen.
Geräte müssen beim Auftreten explosionsfähiger Atmosphäre abgeschaltet werden.
Der Anwendungsbereich von Betriebsmitteln einer bestimmten Kategorie in den entsprechenden Gefahrzonen im explosionsgefährdeten Bereich ist in **Tabelle 3.2** wiedergegeben.

Tabelle 3.2 *Gerätekategorie und Anwendungsbereich nach RL 99/92/EG*

Kategorie	Gefahrzone
Gase, Dämpfe und Nebel	
1	Zone 0, 1, 2
2	Zone 1, 2
3	Zone 2
Schlagwetter oder brennbarer Staub in Grubenbauen	
M1	dauernder Gebrauch
M2	beim Auftreten von Ex-Atmosphäre abschalten

3.2.2 Explosionsgruppen

Neben der Einteilung der elektrischen Betriebsmittel nach dem Maß ihrer Explosionssicherheit in Kategorien werden sie weiter eingeteilt in zwei *Gruppen*.

Gruppe I: Elektrische Betriebsmittel für schlagwettergefährdete Grubenbaue,
Gruppe II: Elektrische Betriebsmittel für explosionsgefährdete Bereiche, außer Grubenbaue.

Elektrische Betriebsmittel für Grubenbaue, in denen zusätzlich zum Schlagwetter Anteile anderer Gase als Methan auftreten können, müssen neben den Anforderungen der Gruppe I auch die zutreffenden Anforderungen der Gruppe II einhalten.

Betriebsmittel der Gruppe II werden nach dem Anwendungsbereich weiter unterschieden in Betriebsmittel für durch Gase, Dämpfe, Nebel gefährdete Bereiche *(Kennbuchstabe G)* und solche für durch Stäube gefährdete Bereiche *(Kennbuchstabe D)*.

Ferner werden elektrische Betriebsmittel der Gruppe II entsprechend den Eigenschaften der explosionsfähigen Atmosphäre, für die sie bestimmt sind, unterteilt in die *Explosionsgruppen* IIA, IIB und IIC (**Tabelle 3.3**).

Diese Zuordnung betrifft die Zündschutzarten Druckfeste Kapselung und Eigensicherheit. Sie beruht für die Druckfeste Kapselung auf der experimentell ermittelten *Grenzspaltweite* (MESG), die ein Maß für das Durchschlagverhalten einer heißen Flamme durch einen engen Spalt ist, und für die Eigensicherheit auf dem *Mindestzündstrom* (MIC), einem Maß für die Mindestzündenergie der auftretenden Gase und Dämpfe.

Tabelle 3.3 *Explosionsgruppen*

Explosionsgruppe	Prüfgas	Grenzspaltweite (MESG) in mm	Mindestzündstromverhältnis[1] (MIC)
IIA	Propan	> 0,9	> 0,8
IIB	Ethylen	0,5 … 0,9	0,45 … 0,8
IIC	Wasserstoff	< 0,5	< 0,45

[1] Mindestzündstromverhältnis bezogen auf Methan

Nach diesen sicherheitstechnischen Kennzahlen (MESG bzw. MIC) werden die Stoffe und damit die explosionsgefährdeten Bereiche, in denen diese Stoffe vorkommen, in *Explosionsgruppen* eingestuft. Die eingesetzten Betriebsmittel müssen für die Anforderungen der Explosionsgruppe ausgelegt sein, die von IIA nach IIC ansteigen. Ein Betriebsmittel, das den Kriterien für IIC genügt, kann verwendet werden in Bereichen, die als IIC, IIB und IIA klassifiziert sind, Betriebsmittel, die den Kriterien für IIB genügen, dürfen in den Bereichen IIB und IIA verwendet werden, während IIA-Betriebsmittel nur im Bereich IIA eingesetzt werden dürfen.

3.2.3 Temperaturklassen

Gase und Dämpfe zünden an einer heißen Oberfläche bei sehr unterschiedlichen Temperaturwerten. Nach dieser *Zündtemperatur* werden sie einer *Temperaturklasse* (Tabelle 3.4) zugeordnet. Entsprechend sind Betriebsmittel in Abhängigkeit von ihrer maximalen Oberflächentemperatur für bestimmte Temperaturklassen geeignet.

Die an einem Betriebsmittel auftretende Temperatur darf die in Tabelle 3.4 angegebenen Werte nicht überschreiten. Das Erwärmungsverhalten bei der Prüfung wird auf +40 °C Umgebungstemperatur bezogen. Abweichende Werte sind auf dem Betriebsmittel anzugeben.

Tabelle 3.4 *Temperaturklassen*

Zündtemperatur der Gase und Dämpfe in °C	Temperaturklasse	Maximale Oberflächentemperatur am Betriebsmittel in °C
> 450	T1	450
> 300 bis 450	T2	300
> 200 bis 300	T3	200
> 135 bis 200	T4	135
> 100 bis 135	T5	100
> 85 bis 100	T6	85

3.2.4 Kennzeichnung

Neben einer Reihe von weiteren Anforderungen, die für alle Zündschutzarten gelten, wie
- zulässige Legierungen für Leichtmetallgehäuse,
- Sonderverschlüsse,
- Anforderungen an Anschlussteile für Schutzleiter und Potentialausgleichsleiter und Anforderungen an Einführungen für Kabel und Leitungen,
- Stoßprüfungen,

- Fallprüfung für tragbare Betriebsmittel,
- Verriegelungen von Gehäusen, die Sicherungen oder fernbetätigte Geräte enthalten,
- besondere Anforderungen an Gehäuse aus Kunststoff bezüglich thermischer Beständigkeit, Wärme- und Kältebeständigkeit, Lichtbeständigkeit und Verhinderung elektrostatischer Aufladung,
- Anforderungen an Ex-Bauteil (U-Bescheinigung),

sind in den Allgemeinen Anforderungen EN 60079-0 die Anforderungen an die Kennzeichnung der Geräte festgelegt, wobei sich durch die Explosionsschutzverordnung Zusätze ergeben. Im **Bild 3.1** sind die wesentlichen Forderungen an die Kennzeichnung dargestellt.

Weitere Beispiele für die Kennzeichnung von konkreten Geräten sind in den Kapiteln 5 bis 8 zu finden.

```
Hersteller: Name und Anschrift
CE mit Kenn-Nummer der benannten Stelle
Typ-Bezeichnung
Seriennummer
⟨Ex⟩ und Kategorie 1, 2 oder 3 bzw. M1 oder M2
Gruppe I oder II
und für Gruppe II Buchstabe G (Gase) oder D (Staub)
Kurzzeichen der Zündschutzarten
Zertifikat Nr.
Explosionsgruppe IIA, IIB oder IIC
Temperaturklasse T1 ... T6
Kennbuchstabe X (Besondere Bedingungen) oder
U (Teilbescheinigung)
Elektrische Daten
Sicherheitshinweise
```

Bild 3.1   *Kennzeichnung*

3.3 Zündschutzarten

Neben den allgemeinen Festlegungen in EN 60079-0 müssen die Betriebsmittel den Anforderungen der jeweils angewendeten Zündschutzart genügen.

3.3.1 Ölkapselung „o"

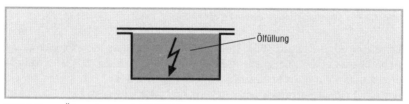

Bild 3.2   *Ölkapselung nach EN 50015*

Bei der Ölkapselung (**Bild 3.2**) wird durch Einschließen des elektrischen Betriebsmittels in eine Schutzflüssigkeit verhindert, dass die äußere Atmosphäre an die Zündquelle dringen kann. Als Schutzflüssigkeit ist ein Mineralöl nach IEC 60296 oder alternativ eine Flüssigkeit mit in der Norm festgelegten Eigenschaften zu verwenden. Der Flüssigkeitspegel muss angezeigt werden und ist zu überwachen; gegebenenfalls ist Schutzflüssigkeit nachzufüllen. Es besteht so ein erheblicher Wartungsaufwand.

Bei modernen Betriebsmitteln, insbesondere bei den Schaltgeräten, ist die Ölkapselung praktisch verschwunden. Das im **Bild 3.3** dargestellte Schütz in der Zündschutzart Ölkapselung, wie es früher häufig eingesetzt wurde, wird man heute kaum noch finden.

Bild 3.3   *Schütz in der Zündschutzart Ölkapselung „o"*

3.3.2 Überdruckkapselung „p"

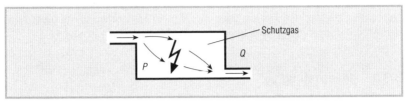

Bild 3.4 *Überdruckkapselung nach EN 60079-2*

Bei dieser Zündschutzart (**Bild 3.4**) wird verhindert, dass die explosionsfähige Atmosphäre mit der Zündquelle in Berührung kommen kann. Das wird dadurch erreicht, dass ein nicht brennbares Zündschutzgas, z. B. Luft, im Innern der Geräte unter einem Überdruck gehalten wird, und zwar entweder
- ohne Zufuhr von Schutzgas im explosionsgefährdeten Bereich (statische Überdruckkapselung),
- mit Ausgleich der Leckverluste oder
- mit ständiger Durchspülung (Verdünnung).

Die bisherige Version der Norm EN 50016 enthielt Anforderungen der Zündschutzart Überdruckkapselung nur für Betriebsmittel der Kategorie 2 (Zone 1). Daneben war vorgesehen, für Geräte der Kategorie 3 (Zone 2) Anforderungen für die vereinfachte Überdruckkapselung in die Norm EN 50021 Zündschutzart „n" aufzunehmen. Mit der von der IEC übernommenen neuen Ausgabe von EN 60079-2 werden nun drei Varianten (Schutzarten) der Überdruckkapselung eingeführt, die je nach der erforderlichen Kategorie des überdruckgekapselten Betriebsmittels, der möglichen inneren Freisetzung brennbarer Substanzen im Gehäuse und der Zündfähigkeit der eingebauten Geräte anzuwenden sind. Danach legt der Typ px, py bzw. pz die Konstruktionskriterien für das Gehäuse und das Überdrucksystem fest.

- **Typ px:** Überdruckkapselung, die bei Einsatz in der Zone 1(und für Gruppe I) innerhalb des Gehäuses einen sicheren Bereich erzeugt.
- **Typ py:** Überdruckkapselung, die bei Einsatz in der Zone 1 innerhalb des Gehäuses Betriebsmittel der Kategorie 3 erfordert.
- **Typ pz:** Überdruckkapselung, die bei Einsatz in der Zone 2 innerhalb des Gehäuses einen sicheren Bereich erzeugt.

In der **Tabelle 3.5** sind die Anwendungsbereiche für px, py und pz zusammengestellt.

3.3.2.1 Statische Überdruckkapselung

Für die statische Überdruckkapselung gibt es eine Reihe von Einschränkungen und Zusatzanforderungen:
- Das Zündschutzgas muss inert sein.

3.3 Zündschutzarten

Tabelle 3.5 *Bestimmung der Schutzart der Überdruckkapselung*

Innere Freisetzung brennbarer Substanzen im „Containment-System"	Geräte-kategorie	Gehäuse enthält zündfähige Betriebsmittel[1]	Gehäuse enthält keine zündfähigen Betriebsmittel[1]
keine	2	Typ px	Typ py
keine	3	Typ pz	[2]
Gase/Dämpfe	2	Typ px	Typ py
Gase/Dämpfe	3	Typ px	Typ py[3]
Flüssigkeit	2	Typ px + Inertgas	Typ py
Flüssigkeit	3	Typ pz + Inertgas	[2]

Anmerkung:
Ist die brennbare Substanz im Containment-System eine Flüssigkeit, so darf diese betriebsmäßig nicht freigesetzt werden.

[1] zündfähig bei Normalbetrieb
[2] keine Überdruckkapselung erforderlich
[3] falls im Normalbetrieb keine Freisetzung erfolgt

- Eine innere Freisetzung brennbarer Substanzen (Gase, Dämpfe, Flüssigkeiten) ist nicht zulässig.
- Das Gehäuse muss außerhalb des Ex-Bereiches mit Inertgas gefüllt werden und darf im gefährdeten Bereich nicht geöffnet werden.
- Für die Typen px und py sind zwei unabhängige Sicherheitseinrichtungen, für den Typ pz eine Sicherheitseinrichtung vorzusehen, die bei Druckabfall selbsttätig freischalten, wobei die Rückstellung nur mit Werkzeug möglich sein darf.
- Der Mindestüberdruck muss so bemessen sein, dass bei maximalem Druckverlust eine ausreichende Abkühlung der inneren Komponenten gewährleistet ist, der Mindestwert ist 50 Pa.

3.3.2.2 Überdruckkapselung mit Ausgleich der Leckverluste oder ständiger Durchspülung

Für ein überdruckgekapseltes Betriebsmittel mit Ausgleich der Leckverluste bzw. ständiger Durchspülung (Verdünnung) ist eine Überwachungs- und Steuereinrichtung erforderlich, um sicherzustellen, dass beim Einschalten des Betriebsmittels sich kein Gas im Innern befindet (Vorspülung) und dass bei Druckabfall automatisch freigeschaltet wird.

Eine schematische Darstellung einer solchen Einrichtung gibt **Bild 3.5** wieder. Das Zündschutzgas ist im einfachsten Fall saubere Luft aus dem sicheren Bereich. Die Strömung wird mit einem Strömungswächter und der Überdruck durch einen Druckschalter überwacht. Der Überdruck muss mindestens 50 Pa (für pz: 25 Pa) betragen. Eine Zeitschaltung muss beim Anlaufen der Anlage eine Mindestvorspülzeit garantieren, bevor das Betriebsmittel eingeschaltet werden kann. Die notwendige Dauer der Vorspülzeit bzw. der Mindestdurchfluss ist

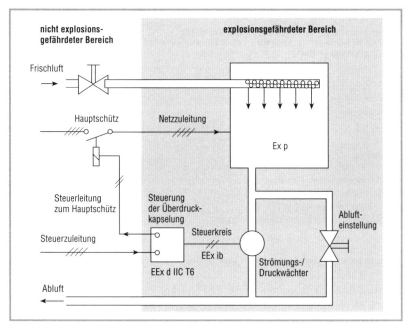

Bild 3.5   *Funktionsschema überdruckgekapselter Geräte*

durch einen Test zu messen, und zwar mit einem Gas leichter als Luft (Helium) und einem Gas schwerer als Luft (Argon). Für den Typ pz genügt ein 5facher Luftwechsel.

Die Sicherheitseinrichtungen der Überdruckkapselung müssen
- für die Typen px und py mit einem Fehler sicher sein,
- für den Typ pz im Normalbetrieb sicher sein.

Wenn die Sicherheitseinrichtungen oder andere Geräte im Betriebsmittel bei Freischaltung unter Spannung verbleiben, so sind sie in einer der anderen Zündschutzarten auszuführen.

Fällt der Druck unter den vom Hersteller festgelegten Wert, so muss die Anlage automatisch abgeschaltet und zum Anfangszustand zurückgeführt werden. Für den Typ pz reicht eine Warnung.

Enthält das überdruckgekapselte Gehäuse im Innern Teile mit höherer Temperatur als die Grenztemperatur der Temperaturklasse des Gerätes, so muss bei Druckabfall oder Öffnen des Gehäuses eine ausreichende Abkühlzeit gewährleistet sein.

Die Abluftöffnung muss außerhalb des explosionsgefährdeten Bereiches liegen, oder es ist eine Einrichtung vorzusehen, die das Heraustreten von Funken sicher verhindert (**Tabelle 3.6**).

Tabelle 3.6 Funken- und Partikelsperren

Gruppe	Bereich, in den das Schutzgas austritt	Im Gehäuse installierte Betriebsmittel A	B
I	nicht explosionsgefährlich	nicht erforderlich	nicht erforderlich
I	explosionsgefährlich	erforderlich	erforderlich
II	nicht explosionsgefährlich	nicht erforderlich	nicht erforderlich
II	Zone 2	erforderlich	nicht erforderlich
II	Zone 1	erforderlich	erforderlich

A Betriebsmittel, die in der Lage sind, im normalen Betrieb zündfähige Funken oder Partikel hervorzubringen
B Betriebsmittel, die während des normalen Betriebes keine zündfähigen Funken oder Partikel hervorbringen (gekapselte Kontakte, < AC 275 V oder DC 60 V, < 10 A)

3.3.2.3 Innere Freisetzung brennbarer Substanzen

Eine Sonderstellung bilden Analysegeräte in der Zündschutzart Überdruckkapselung, weil bei ihnen sehr häufig funktionsbedingt brennbare Substanzen in das Innere des Gerätes eingeführt werden. Das überdruckgekapselte Betriebsmittel ist dann in Abhängigkeit von der zu erwartenden Freisetzungsrate des Analysesystems (Containment-System) auszuführen (**Tabelle 3.7**).

Volumen, Art des Zündschutzgases, Vorspülzeit, Mindestdurchflussmenge, Überdruck, Art der Freisetzung sind in der Kennzeichnung anzugeben. Bescheinigte sicherheitsbezogene Steuerungen, die nicht im explosionsgefährdeten Bereich errichtet werden und deshalb selbst nicht explosionsgeschützt sind, sind mit [EEx p] zu kennzeichnen.

Tabelle 3.7 Überdruckkapselung mit Freisetzung brennbarer Substanzen

Innere Freisetzung	Ausgleich der Leckverluste	Verdünnung (Ständige Durchspülung)	
keine[1]	Luft oder Inertgas	Luft oder Inertgas	
begrenzte Freisetzung[2] von Gasen /Dämpfen	Inertgas O_2-Konzentration < 2 % Freisetzung im Normalbetrieb und brennbare Substanzen mit OEG > 80 % Volumenanteil nicht zulässig	Luft UEG < 25 % der brennbaren Substanz sicherstellen	Inertgas O_2-Konzentration < 2 % brennbare Substanzen mit OEG > 80 % Volumenanteil nicht zulässig
begrenzte Freisetzung[2] von Flüssigkeiten	Inertgas O_2-Konzentration < 2 % Freisetzung im Normalbetrieb und brennbare Substanzen mit OEG > 80 % Volumenanteil nicht zulässig	nicht zulässig	O_2-Konzentration < 2 % Freisetzung im Normalbetrieb und brennbare Substanzen mit OEG > 80 % Volumenanteil nicht zulässig

[1] Das „Containment-System" muss im Sinne der Norm ausfallsicher sein.
[2] Die Freisetzungsrate muss bei Beachten aller Fehlersituationen vorhersehbar sein.

OEG obere Explosionsgrenze
UEG untere Explosionsgrenze

3.3.2.4 Anwendung

Da ein gewisser Aufwand an Überwachungseinrichtungen notwendig ist, sind die Anwendungsfälle für die Zündschutzart Überdruckkapselung – abgesehen von Analysegeräten – beschränkt auf große Betriebsmittel, wie Steuerschränke, Motoren und ähnliche Einrichtungen.

3.3.3 Sandkapselung „q"

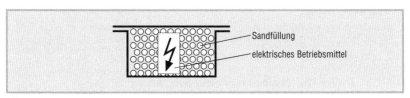

Bild 3.6 *Sandkapselung nach EN 50017*

Die Zündschutzart Sandkapselung (**Bild 3.6**) vermag nicht in jedem Fall das Eindringen der umgebenden explosionsfähigen Atmosphäre in das Betriebsmittel oder die Ex-Bauteile und die Entzündung durch die Stromkreise zu verhindern. Eine äußere Explosion ist jedoch durch die kleinen freien Volumina im Füllgut und durch die Unterdrückung einer möglicherweise durch die Kanäle fortschreitenden Flamme verhindert. Als Füllgut sind Quarzsand oder Glaspartikel einer festgelegten Korngröße zu verwenden. Die Füllung muss ohne Hohlräume erfolgen. Die konstruktionsbedingten freien Volumina sind auf 30 cm^3 begrenzt. Mindestabstände von elektrisch spannungsführenden Teilen im Füllgut und der Gehäusewand sind einzuhalten (5 mm bei Spannungen bis 275 V).

Das Betriebsmittel ist gegen Kurzschluss oder thermische Überlastung so zu schützen, dass die Grenztemperatur der Temperaturklasse an der Gehäusewand nicht überschritten wird. Die Überwachungseinrichtungen dürfen sich nicht selbsttätig zurückstellen.

Das Gehäuse ist werkseitig zu verschließen und darf nicht ohne Zerstören geöffnet werden können. Die Stabilität des Gehäuses muss durch eine Stoßprüfung (7 Nm) und eine Druckprüfung (0,5 bar) nachgewiesen werden.

Die Zündschutzart „q" muss auch bei Überlastungen, die in der jeweiligen Produktnorm vorgeschrieben sind, und bei jedem einzelnen inneren elektrischen Fehler, der eine Überspannung bzw. einen Überstrom verursachen kann, aufrechterhalten bleiben, z. B. bei
- Kurzschluss eines Bauteils,
- Unterbrechung infolge eines Bauteilfehlers,
- einem Fehler in der gedruckten Schaltung.

Wenn ein Fehler zu einem oder mehreren Folgefehlern führt, z. B. durch Überlastung eines Bauelements, so werden der primäre und der/die Folgefehler als ein einzelner Fehler betrachtet. Die Untersuchung dieser Fehlermöglichkeiten führt bei elektronischen Schaltungen zu umfangreichen Prüfungen. Eine Erleichterung ist gegeben, da bestimmte Bauteile als nicht störanfällig gelten und deren Ausfall nicht als Fehler zu berücksichtigen ist. Die folgenden Bauteile gelten unter bestimmten Bedingungen als störunanfällig:

- Schicht- oder Drahtwiderstände bei maximal 2/3 Belastung,
- Kondensatoren bei maximal 2/3 der Nennspannung,
- maximal 1000 V Summenspannung von durch Optokoppler getrennten Stromkreisen, bei einer Mindest-Bemessungsspannung 1500 V,
- Transformatoren und Spulen, die den Anforderungen nach EN 60079-7 oder EN 50020 entsprechen,
- Kriechstrecken größer als die Werte in Tabelle 2 der EN 50017.

Damit die Sandkapselung bei einem Kurzschluss durch einen Lichtbogen nicht zerstört wird, ist der zulässige Kurzschlussstrom auf 1500 A begrenzt, oder es ist eine sichere Strombegrenzung vorzuschalten.

Das Gehäuse muss die Kennzeichnung „Dieses Gehäuse ist werkseitig verschlossen. Nicht öffnen" tragen.

Angewendet wird diese Zündschutzart vor allem bei elektronischen Geräten. Im Gegensatz zu der Zündschutzart Vergusskapselung (Abschnitt 3.3.7), bei der das elektronische Gerät in ähnlicher Weise durch einen Verguss geschützt wird, lassen sich sandgekapselte Geräte zumindest beim Hersteller reparieren. Nachteilig ist, dass bei einer Änderung der Schaltung eine erneute, aufwändige Fehleranalyse durchgeführt werden muss.

Ferner ist das Füllgut hygroskopisch, so dass in feuchter Umgebung ein entsprechend dichtes Gehäuse verwendet werden muss oder die eingebauten Teile anderweitig zu schützen sind.

3.3.4 Druckfeste Kapselung „d"

Bild 3.7 *Druckfeste Kapselung nach EN 60079-1*

Bei der Druckfesten Kapselung verhindert ein stabiles Gehäuse, in das die Betriebsmittel eingebaut sind, die eine Zündquelle bilden, die Wirkung und die Ausbreitung einer möglichen Explosion. Das Gehäuse muss bei einer Explosion im Innern dem Explosionsdruck standhalten, ohne sich bleibend zu verformen, und das Durchzünden der Explosion nach außen auf eine das Gehäuse umgebende explosionsfähige Atmosphäre sicher verhindern.

Der Explosionsdruck im Gehäuse hängt außer von der Gasart (Explosionsgruppe) vom freien inneren Volumen und von der Gestalt des Gehäuses ab. Davon abhängig muss das Gehäuse entsprechend widerstandsfähig gebaut werden. Bei der Typprüfung wird das Betriebsmittel mit erhöhtem Vordruck geprüft, so dass bei dieser Prüfung der 1,5fache Wert des Explosionsdrucks (Bezugsdruck) entsteht, der vorher ohne Vordruck ermittelt wurde.

Die *Zünddurchschlagsicherheit* wird dadurch erreicht, dass die Gehäusespalte, die nach außen führen, in ihrer Länge bestimmte Werte nicht unterschreiten und in ihrer Weite bestimmte Werte nicht überschreiten. Die zünddurchschlagsichere Spaltgeometrie hängt ab

- von der Explosionsgruppe IIA, IIB oder IIC,
- von der Spaltart (Flachspalt, Zylinderspalt, Gewindespalt, Spalt umlaufender Wellen),
- vom freien Innenvolumen des Gehäuses,
- von der Geometrie des Gehäuses und seiner Einbauten.

Vor allem der zuletzt aufgezählte Einfluss führt dazu, dass die in EN 60079-1 in den Tabellen 1 bis 4 vorgegebenen Spaltwerte oft nicht ausreichend sind. Der Nachweis der *Flammendurchschlagsicherheit* ist durch Explosionsprüfungen zu erbringen.

Die Oberflächentemperatur an der Gehäuseaußenwand darf wegen der Gefahr einer Wärmezündung die zugeordnete Grenztemperatur der Temperaturklasse nicht überschreiten. Dies begrenzt die im Gehäuse zulässige Verlustleistung.

Ist das druckfest gekapselte Gehäuse aus nichtmetallischem Werkstoff hergestellt, so sind zusätzliche Prüfungen und Bedingungen zu beachten. Gehäuse aus Kunststoff sind in ihrem freien inneren Volumen auf 3000 cm^3 begrenzt. Ist das Volumen größer als 100 cm^3, so ist eine Flammenerosionsprüfung durchzuführen. Mit 50 Zünddurchschlagsprüfungen wird geprüft, ob sich infolge Erosion der Spaltfläche möglicherweise ein Durchschlag ergibt.

Das druckfeste Gehäuse kann universell verwendbar sein, wie in **Bild 3.8** dargestellt.

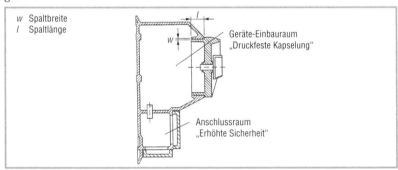

Bild 3.8 *Universalgehäuse Ex „d" mit Anschlussraum in Erhöhter Sicherheit*

Die an der Deckelöffnung, der Antriebsachse und der Stromdurchführung vorhandenen Spalte sind so ausgebildet, dass die Explosionsflamme im Innern des Gehäuses eine explosionsfähige Atmosphäre außen nicht zündet. Ein Sonderverschluss (Sechskantschraube) verhindert das unbeabsichtigte und unbefugte Öffnen des Druckraumes. In bestimmten Grenzen lassen sich in dieses Gehäuse beliebige Industriegeräte einbauen. Begrenzt wird dieser Einbau durch die im Innern umgesetzte Verlustleistung, weil durch die Erwärmung sowohl die funktionsbedingte maximale Gerätetemperatur innen als auch die durch die Temperaturklasse vorgegebene Grenztemperatur außen nicht überschritten werden darf. Die möglichen Strom- und Spannungsgrenzen sind in der Regel durch die Dimensionierung der Einführungsteile bestimmt.

Selbstverständlich kann der druckfest gekapselte Raum ein Teil der Gerätekonstruktion sein, wie dies z. B. bei Motoren und Leuchten und vielen anderen Geräten der Fall ist. Das Betriebsmittelgehäuse bildet dann selbst das druckfest gekapselte Gehäuse.

Im Starkstrombereich ist die Druckfeste Kapselung (Bild 3.7) gemeinsam mit der Erhöhten Sicherheit die am häufigsten angewendete Zündschutzart.

Anschlusstechnik
Vor der Harmonisierung der europäischen Explosionsschutznormen im Jahr 1980 erlaubte die bis dahin geltende VDE-Bestimmung 0170/0171 als Anschlusstechnik für ein druckfest gekapseltes Gehäuse nur die indirekte Einführung über einen Anschlussraum in der Zündschutzart Erhöhte Sicherheit. Heute sind zusätzlich direkte Einführungen, wie auch das aus dem NEC-Bereich kommende Conduit-System, zulässig (**Bild 3.9**).

Bei der *indirekten Einführung* erfolgt der betriebsseitige Anschluss in einem Anschlussgehäuse der Zündschutzart Erhöhte Sicherheit, und die elektrische Verbindung in das druckfeste Gehäuse wird über spezielle zünddurchschlagsichere Leitungsdurchführungen (Bolzen- oder Aderleitungsdurchführungen) ausgeführt (**Bild 3.10**).

links: indirekte Einführung
Mitte: direkte Einführung
rechts: Rohrleitungssystem (Conduit-System)

Bild 3.9   *Einführungsarten*

Bei der *direkten Einführung* wird die Anschlussleitung über spezielle Leitungseinführungen direkt in das druckfeste Gehäuse geführt (**Bild 3.11**). Der zünddurchschlagsichere Abschluss der druckfesten Kapselung muss durch einen elastischen Dichtring sichergestellt werden. Dieser druckfeste Abschluss wird erst bei der Installation auf der Baustelle erreicht. Die Verantwortung für die Sicherstellung der druckfesten Kapselung, die bei der indirekten Einführung eindeutig beim Hersteller des Gerätes liegt, wird somit auf den Errichter verlagert.

Je nach Leitungstyp – abhängig von der Bauart mit oder ohne Armierung, dem Leitungsdurchmesser und weiteren Kriterien – ist die passende Kabeleinführung zu verwenden.

Bei der *Rohrleitungstechnik* (Conduit-System), wie sie vor allem in den USA und davon beeinflussten Ländern verwendet wird, werden im explosionsgefährdeten Bereich die druckfest gekapselten Geräte über geschlossene druckfeste Rohrleitungen verbunden, in denen die elektrischen Leitungen verlegt werden. Um die Ausbreitung einer Explosion aus einem Gehäuse ins Leitungssystem zu verhindern, sind Zündsperren einzubauen. Diese Zündsperren sind nach der Installation mit einer zementartigen Masse zu vergießen. Nur so kann eine anlaufende Druckwelle beherrscht und die Zerstörung des Systems verhindert werden.

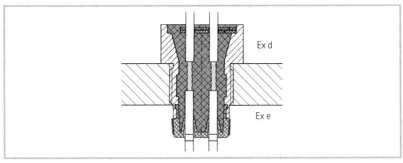

Bild 3.10   *Aderleitungsdurchführung* (Schnittbild)

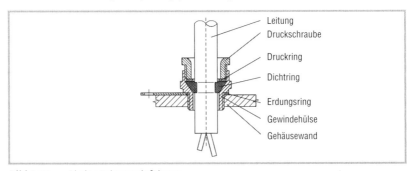

Bild 3.11   *Direkte Leitungseinführung*

Diese Technik, wie sie in **Bild 3.**12 schematisch dargestellt ist, ist so aufwändig, dass alle positiven Gesichtspunkte durch die extrem hohen Kosten für Errichtung und Wartung kompensiert werden. Bei Vernachlässigung der Wartung kann der Explosionsschutz durch Kondenswasserbildung und Korrosion aufgehoben werden. Der wesentliche positive Gesichtspunkt, der von Verfechtern dieser Technik genannt wird, ist der höhere Schutz des Kabelsystems bei einem Brand und gegen äußere Beeinflussung. Zur Veranschaulichung zeigt **Bild 3.13** eine Anlage mit Conduit-Installation.

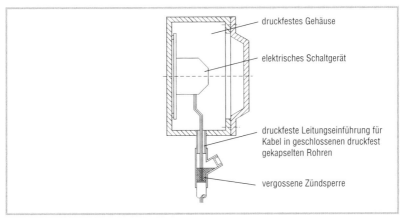

Bild 3.12   *Einführung im Rohrleitungssystem*

Bild 3.13   *Befehlsgeräte mit Rohrinstallation*

3.3.5 Erhöhte Sicherheit „e"

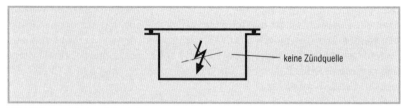

Bild 3.14 *Erhöhte Sicherheit nach EN 60079-7*

Die Zündschutzart Erhöhte Sicherheit (**Bild 3.14**) wurde Anfang der 40er Jahre in Deutschland entwickelt und hat inzwischen durch die Aufnahme in IEC- und europäische Normen internationale Anerkennung gefunden. Sie ist gemeinsam mit den Zündschutzarten Druckfeste Kapselung und Eigensicherheit die wirtschaftlich wichtigste Zündschutzart. Bei den Geräten, die in dieser Zündschutzart ausgeführt sind, sind Maßnahmen getroffen, um mit einem erhöhten Grad an Sicherheit die Möglichkeit unzulässig hoher Temperaturen und das Entstehen von Funken und Lichtbögen im Innern oder an äußeren Teilen zu verhindern. Betriebsmittel, bei denen Funken und Lichtbögen sowie zu hohe Temperaturen betriebsmäßig auftreten, können allerdings in dieser Zündschutzart allein nicht gebaut werden. **Bild 3.15** zeigt ein typisches Gerät in dieser Zündschutzart, eine Verteilerdose.

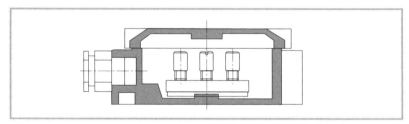

Bild 3.15 *Verteilerdose in der Zündschutzart Erhöhte Sicherheit* (Schnittbild)

Durch konstruktive Maßnahmen wird das Entstehen einer Zündquelle verhindert, auch unter Beachten betriebsüblicher Fehler. Dieses wird im Wesentlichen erreicht durch
- Vermeidung von Fremdeinflüssen,
- Vermeidung des Entstehens von Funken und Lichtbögen im Fehlerfall,
- Reduzierung der thermischen Belastung von Werkstoffen,
- Verhinderung von zündfähigen Temperaturen auch unter festgelegten Betriebsstörungen.

Gehäuse in der Zündschutzart Erhöhte Sicherheit müssen mindestens in der Schutzart IP54 gebaut sein. Besondere Anforderungen sind an die *Dichtungen* und Einführungsteile zu stellen, da diese die Dichtheit des Gerätes während der gesamten Nutzungsdauer sicherstellen müssen. Wegen möglicher mechanischer Beschädigungen muss das Gehäuse schlagfest sein. Die Prüfung wird mit einem Fallgewicht mit einer Stoßenergie von 7 Nm bei der niedrigsten und höchsten Temperatur, für die das Gehäuse ausgelegt ist, durchgeführt (in der Regel $-25\,°C$ und $+60\,°C$).

Hochwertige Isolierstoffe, insbesondere bezüglich ihrer Kriechstromfestigkeit, und erhöhte Kriech- und Luftstrecken gegenüber üblichen Industriegeräten sollen die Bildung von Kriechströmen und dadurch verursachte Kurzschlüsse unwahrscheinlich machen.

Besondere Anforderungen werden an die *Klemmen* gestellt, da die elektrische Verbindung zweier Leiter über die gesamte Nutzungsdauer des Betriebsmittels sicher sein muss. Lockerungsschutz, indirekte Druckübertragung der Klemmschraube auf den Leiter bei einer Schraubklemme, Einschränkung der Anzahl der klemmbaren Leiter und deren Querschnitte stellen sicher, dass die Klemme unter allen Betriebsbedingungen nicht zur Zündquelle wird.

Die thermische Belastung nichtmetallischer Werkstoffe, von denen der Explosionsschutz abhängt, ist im Vergleich zu normalen Industriegeräten reduziert. Damit wird die mögliche Nutzungsdauer des Betriebsmittels erhöht, so dass nicht mit einem Ausfall in der vorgegebenen Betriebsdauer zu rechnen ist.

Die maximal zulässige Temperatur des Betriebsmittels ist durch seine *Temperaturklasse* bestimmt. Dies gilt nicht nur für die Oberfläche, sondern auch für jedes Teil im Innern, an das die explosionsfähige Atmosphäre dringen kann. Durch besondere Auslegung des Gerätes, z.B. durch Begrenzung der maximal möglichen Verlustleistung im Gerät, oder durch Überwachen der Temperatur und Abschalten der Energiezufuhr kann erreicht werden, dass auch bei bestimmter Überlast keine unzulässige Erwärmung entsteht. Durch Überwachung der Temperatur mit automatischer Abschaltung können auch Störungen und Fehlerfälle, mit denen üblicherweise zu rechnen ist, beherrscht werden.

Ein Beispiel für die Begrenzung der Verlustleistung sind Klemmenkästen. In Abhängigkeit von ihrer Größe und dem Querschnitt der eingeführten Leiter wird die Anzahl der Leiter so begrenzt, dass die maximal mögliche Erwärmung nicht zu einer zu hohen Temperatur an der heißesten Stelle führt. Bei Motoren (Käfigläufer) wird dagegen die Temperatur direkt oder indirekt überwacht und vor Erreichen einer kritischen Temperatur, z.B. bei blockiertem Läufer, abgeschaltet.

Neben der Anschluss- und Verteilertechnik werden vor allem Motoren (Käfigläufer) und Leuchten in dieser Zündschutzart gebaut. Bei Leuchten ist dies jedoch in der Regel nur in Kombination mit anderen Zündschutzarten möglich. Aber auch eine Vielzahl anderer Betriebsmittel, wie Messgeräte, Transformatoren, Batterien, Akkumulatoren, Widerstandsheizungen, lassen sich in Erhöhter Sicherheit ausführen. Allen ist gemeinsam, dass sie betriebsmäßig keine Zündquelle haben und die in der Norm für das einzelne Gerät festgelegten erhöhten Anforderungen erfüllen.

3.3.6 Eigensicherheit „i"

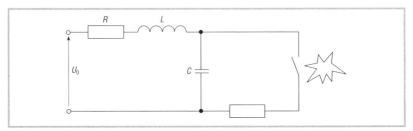

Bild 3.16 *Eigensicherheit nach EN 50020*

Bei der Zündschutzart Eigensicherheit (**Bild 3.16**) wird die Tatsache genutzt, dass zur Zündung einer explosionsfähigen Atmosphäre eine bestimmte Energie erforderlich ist. Wird in einem Stromkreis verhindert, dass bestimmte Strom- und Spannungswerte überschritten werden, und wird die Speicherung elektrischer Energie in Spulen oder Kondensatoren so begrenzt, dass weder durch einen Öffnungs- oder Schließfunken noch durch thermische Wirkung eine Zündung unter bestimmten Prüfbedingungen und unter Beachtung bestimmter Sicherheitszuschläge hervorgerufen wird, so ist dieser Stromkreis *eigensicher*. Die Zündschutzart Eigensicherheit bietet sich daher vor allem dort an, wo von Natur aus nur kleine Leistungen erforderlich sind, z. B. in der Mess- und Regelungstechnik und in der Informationstechnik.

Ob ein Stromkreis eigensicher ist, wird mit dem *Funkenprüfgerät* geprüft, das gemäß IEC-Publikation 60079-3 als internationales Standardprüfgerät eingeführt wurde (**Bild 3.17**). Es wird in dem zu prüfenden Stromkreis dort angeschlossen, wo der Fehler simuliert werden soll.

Um solche direkte Prüfung nicht immer durchführen zu müssen, kann bei der Beurteilung der Eigensicherheit von einfachen überschaubaren Stromkreisen von den *Referenzkurven*, die in EN 50020 für die Explosionsgruppen IIC, IIB und IIA angegeben sind, ausgegangen werden. Diese Referenzkurven gelten nur für eigensichere Stromkreise mit linearer Kennlinie (ohmsche Strombegrenzung).

Enthält der Stromkreis dagegen Induktivitäten oder Kapazitäten, so kann im Fall eines Kurzschlusses oder bei Unterbrechung die gespeicherte Energie über den Funken zu einer Zündung führen. Daher ist im induktiven Stromkreis der Zusammenhang zwischen der maximal zulässigen Induktivität L_0 und dem Kurzschlussstrom I_0 (induktive Zündgrenzkurven), im kapazitiven Stromkreis der Zusammenhang zwischen der maximal zulässigen Kapazität C_0 und der Leerlaufspannung U_0 (kapazitive Zündgrenzkurven) zu beachten.

Die sicherheitstechnischen Kenndaten von Stromkreisen mit nichtlinearer Kennlinie, z. B. mit elektronischer Strombegrenzung, können mit Hilfe der Referenzkurven nicht ermittelt werden. In solchen Fällen ist eine Prüfung mit dem Funkenprüfgerät durchzuführen oder das Kennlinienverfahren (PTB-Bericht Th Ex 10 [3-1]) heranzuziehen.

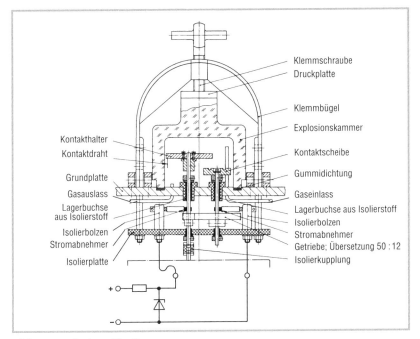

Bild 3.17 *Funkenprüfgerät*

3.3.6.1 Eigensichere elektrische Betriebsmittel

Ein elektrisches Betriebsmittel ist eigensicher, wenn alle Stromkreise des Betriebsmittels eigensicher sind. Dies können z. B. Messeinrichtungen, Anzeiger, Regelventile, aber auch Schalter, Verteilerkästen und Steckvorrichtungen sein. Die Anforderungen an die Bauart eigensicherer Betriebsmittel zielen im Wesentlichen darauf ab, dass keine thermische Zündung durch das Betriebsmittel möglich ist und im Gerät keine unbeabsichtigten elektrischen Verbindungen entstehen.

Als einfache elektrische Betriebsmittel mit genau festgelegten elektrischen und thermischen Parametern im eigensicheren Stromkreis, die die Eigensicherheit nicht beeinträchtigen, gelten

- passive Bauelemente, wie Schalter, Klemmen, Verteilerkästen,
- Energiespeicher mit genau festgelegten Kennwerten, wie Kondensatoren und Spulen,
- Energiequellen mit nicht mehr als 1,5 V, 100 mA und 25 mW, wie Thermoelemente und Fotozellen.

Diese Betriebsmittel müssen zwar bestimmten Anforderungen der Norm entsprechen, werden jedoch nicht als potentielle Zündquellen angesehen. Sie brauchen nicht gekennzeichnet zu werden.

3.3.6.2 Zugehörige Betriebsmittel

Dies sind elektrische Betriebsmittel mit eigensicheren und nichteigensicheren Stromkreisen, z.b. Netzgeräte, Registriergeräte mit elektromotorischem Papiervorschub, Relais mit eigensicherem Erregerkreis, Messumformer mit Hilfsenergie, Messverstärker, Trennstufen und Sicherheitsbarrieren. Die Bauart dieser Betriebsmittel muss gewährleisten, dass der eigensichere Stromkreis vom nichteigensicheren Stromkreis sicher getrennt ist und auch unter Annahme bestimmter Fehler die Eigensicherheit, die durch die Bauweise dieser Betriebsmittel bestimmt wird, aufrechterhalten bleibt. Diese Betriebsmittel sind also die Trennstelle zwischen eigensicher und nichteigensicher und begrenzen den eigensicheren Stromkreis auf die elektrischen Kennwerte, die nicht mehr zündfähig sind. Entsprechend hoch sind die in der Norm gestellten Anforderungen.

Betriebsmittel mit eigensicheren und nichteigensicheren Stromkreisen dürfen, wenn nicht eine weitere Zündschutzart angewendet wird, nur im sicheren Bereich errichtet werden. Bei diesen Betriebsmitteln wird die Zündschutzart durch eine eckige Klammer gekennzeichnet, z.B.

[EEx ib] IIC zugehöriges Betriebsmittel der Kategorie ib
der Explosionsgruppe IIC.

Ein Beispiel für solch ein Betriebsmittel ist das in **Bild 3.18** dargestellte Netzgerät mit eigensicherem Ausgang. Die Aufrechterhaltung der Eigensicherheit hängt von drei Bauteilen bzw. Baugruppen ab: Der Transformator muss die galvanische Trennung des eigensicheren vom nichteigensicheren Stromkreis sicherstellen (Spannungsreduzierung). Daher muss er bestimmten, genau festgelegten konstruktiven Anforderungen entsprechen, so dass ein Verschleppen der primärseitigen Spannung auf die Sekundärseite ausgeschlossen ist. An die Strombegrenzung – im Bild 3.18 durch einen Widerstand verwirklicht – werden bezüglich Ausführung und Belastung bestimmte Anforderungen gestellt. Gleiches gilt für die Baugruppe, die die Spannung im eigensicheren Stromkreis begrenzt. Im Beispiel sind zwei spannungsbegrenzende Zenerdioden vorgesehen.

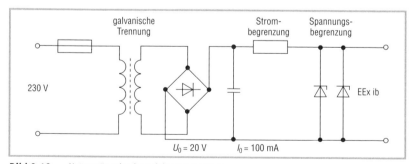

Bild 3.18 *Netzgerät mit eigensicherem Ausgang*

3.3.6.3 Schutzniveau (Kategorie) ia, ib

Die Sicherheit eines eigensicheren Stromkreises hängt von den verwendeten Bauelementen und deren *Störanfälligkeit* ab. Man unterscheidet nicht störanfällige Bauelemente, wie Relais, Schichtwiderstände und Transformatoren, die die Baubestimmungen nach EN 50020 erfüllen, und störanfällige Bauelemente, wie Halbleiter und Kondensatoren. Bei der Beurteilung der Zuverlässigkeit des Gesamtgerätes unterscheidet man zwei Schutzniveaus:

Schutzniveau ia
Bei angelegter Spannung U_m bzw. U_i dürfen die eigensicheren Stromkreise im ungestörten Betrieb und bei Vorhandensein von **zwei** zählbaren Fehlern zuzüglich derjenigen nicht zählbaren Fehler, die die ungünstigsten Bedingungen ergeben, keine Zündung verursachen.

U_m ist die höchste zulässige Spannung eines zugehörigen Betriebsmittels auf der Eingangsseite und U_i die höchste zulässige Eingangsspannung des eigensicheren Betriebsmittels auf der Eingangsseite.

Ein *zählbarer Fehler* ist ein Fehler, der in Teilen des Betriebsmittels auftritt, die mit den Bauvorschriften dieser Norm übereinstimmen.

Ein *nicht zählbarer Fehler* ist ein Fehler, der in Teilen des Betriebsmittels auftritt, welche nicht mit den Bauanforderungen übereinstimmen.

Schutzniveau ib
Bei angelegter Spannung U_m bzw. U_i dürfen die eigensicheren Stromkreise im ungestörten Betrieb und bei Vorhandensein von **einem** zählbaren Fehler zuzüglich der nicht zählbaren Fehler, die die ungünstigsten Bedingungen ergeben, keine Zündung verursachen.

Bei der Fehlerbetrachtung werden bestimmte Bauteile, die die in EN 50020, Abschnitt 8, genannten Bedingungen einhalten, als nicht störanfällig angesehen. Ein Ausfall dieser Bauelemente muss nicht in Betracht gezogen werden. Ein Strombegrenzungswiderstand gilt z. B. als nicht störanfällig. Dagegen werden Halbleiterbauelemente als störanfällig betrachtet. Um die Fehlerbedingungen einzuhalten, müssen diese deshalb für das Schutzniveau ia dreifach, für das Schutzniveau ib zweifach vorhanden sein.

3.3.6.4 Gefährdung der Eigensicherheit

Beim Bau von Betriebsmitteln mit eigensicheren Stromkreisen sind zwei Gesichtspunkte besonders wichtig:
- Strom- und Spannungsbegrenzung unter Berücksichtigung eines Sicherheitsfaktors,
- Schutz der eigensicheren Stromkreise gegen den Übertritt fremder Spannungen und Schutz gegen das Annehmen zu hoher Potentials gegenüber Erde.

Da die Eigensicherheit durch Spannungsverschleppung oder unbeabsichtigtes

Zusammenschalten aufgehoben werden kann, sind bei der Verlegung der Leitungen eine Reihe von Besonderheiten zu beachten. Die Zündschutzart Eigensicherheit hat den Vorteil, dass auch ohne „Feuerschein" unter Spannung gearbeitet werden kann. Deshalb sind bei Betriebsmitteln mit eigensicheren und nichteigensicheren Stromkreisen die Anschlussteile dieser Stromkreise mindestens 50 mm voneinander getrennt anzuordnen. Wird der eigensichere Stromkreis zu Messzwecken abgeklemmt, so soll dieser Abstand verhindern, dass die abgeklemmte Leitung mit der nichteigensicheren Klemme in Berührung kommt und so die Eigensicherheit aufgehoben wird.

3.3.7 Vergusskapselung „m"

Bild 3.19 *Vergusskapselung nach EN 60079-18*

Bei der Zündschutzart Vergusskapselung (**Bild 3.19**) sind Teile, die eine explosionsfähige Atmosphäre durch Funken oder durch Erwärmung zünden könnten, in eine Vergussmasse so eingebettet, dass die explosionsfähige Atmosphäre unter Betriebs- und Installationsbedingungen nicht entzündet werden kann.

Die Vergusskapselung wurde als letzte Zündschutzart in die europäischen Normen eingeführt. An die mechanischen, chemischen und thermischen Eigenschaften der Vergussmasse werden eine Reihe von Anforderungen gestellt, die abhängig sind von der Aufgabe, die die Vergussmasse in Bezug auf die Einhaltung der Zündschutzart hat. Die maximale Temperatur eines Bauteils im Verguss darf die *Dauergebrauchstemperatur* der Vergussmasse nicht überschreiten. Die Dauergebrauchstemperatur ist die Temperatur, bei der die Eigenschaften der Vergussmasse während des Betriebs für die vorgesehene Lebensdauer des Betriebsmittels den Anforderungen der Norm entsprechen. Bei der thermischen Prüfung müssen innere elektrische Fehler von Bauteilen (Bauteilfehler, Kurzschluss, Unterbrechung, Fehler der gedruckten Schaltung) in Betracht gezogen werden, wobei unter festgelegten Bedingungen bestimmte Bauteile als nicht störanfällig betrachtet werden. Die folgenden Bauelemente gelten als nicht störanfällig, wenn sie für den Temperaturbereich am Einsatzort ausgelegt sind und nicht mit mehr als 2/3 der Bemessungsspannung, des Bemessungsstromes und der Bemessungsleistung belastet sind:
- Widerstände bestimmter Bauform,
- einlagig spiralförmig gewickelte Spulen,
- Kunststoff-, Papier- und Keramikkondensatoren,

3.3 Zündschutzarten

- Halbleiter in einer Shuntbaugruppe, wenn sie die Anforderungen nach Abschnitt 8.6 der EN 50020 erfüllen,
- Optokoppler, Relais, Transformatoren, Trennabstände und Abstände im Verguss, wenn sie den Anforderungen dieser Norm entsprechen.

Innerhalb des Vergusses darf kein Hohlraum > 100 cm^3 (> 10 cm^3 für Schutzniveau ma) eingeschlossen sein. Bei freien Hohlräumen wird eine Mindestdicke der Vergussschicht in Abhängigkeit vom Schutzniveau, von der Hohlraumgröße und der Gehäuseform gefordert. Es ist eine Druckprüfung mit mindestens 1000 kPa Prüfdruck durchzuführen, wobei der Prüfdruck mit fallender Umgebungstemperatur, für die das Betriebsmittel vorgesehen ist, steigt.

3.3.7.1 Schutzniveau ma oder mb

Geräte mit dem *Schutzniveau ma* dürfen keine Zündung verursachen
- bei normalen Betriebs- und Installationsbedingungen,
- bei allen spezifizierten anormalen Bedingungen,
- bei definierten Fehlerbedingungen.

Die Arbeitsspannung muss < 1000 V sein. Bauelemente ohne zusätzlichen Schutz dürfen nur verwendet werden, wenn sie im Fehlerfall die Vergusskapselung weder mechanisch noch thermisch beschädigen. Bei der Fehleranalyse müssen **zwei** unabhängige Fehler betrachtet und berücksichtigt werden. Wo Fehler eines Bauteils zur Überhitzung führen können, muss eine nicht rückstellbare Schutzeinrichtung zur Temperaturbegrenzung zweifach vorgesehen werden. Schaltkontakte sind im Schutzniveau ma nicht erlaubt.

Das Schutzniveau ma bietet – wie bei der Eigensicherheit das Schutzniveau ia – eine Möglichkeit, die Anforderungen an Betriebsmittel der Kategorie 1 in dieser Zündschutzart zu erfüllen.

Geräte mit dem *Schutzniveau mb* dürfen keine Zündung verursachen
- bei normalen Betriebs- und Installationsbedingungen,
- bei definierten Fehlerbedingungen.

Bei der Fehleranalyse ist **ein** Fehler anzunehmen. Die Schutzeinrichtung zur Temperaturbegrenzung muss nur einmal vorgesehen werden.

3.3.7.2 Zellen und Akkumulatoren

In der Vergusskapselung dürfen nur gasdichte Zellen und Akkumulatoren verwendet werden. Zum Schutz gegen unzulässige Temperaturen und Zerstören der Zellen müssen Sicherheitseinrichtungen vorgesehen werden, die gefährliche Betriebszustände, wie Umpolen, Tiefentladung und Überschreiten der Ladeparameter, verhindern.

3.3.7.3 Anwendung

Typische Anwendung findet die Zündschutzart Vergusskapselung bei elektronischen Geräten, vor allem wenn diese heiße Bauteile enthalten, deren Temperatur über der Grenztemperatur der Temperaturklasse des Betriebsmittels liegt. Nachteilig ist, dass vergossene Geräte in der Regel nicht reparierbar und schlecht recycelbar sind. Bei einer Änderung der elektronischen Schaltung ist die aufwändige Fehleranalyse der Erstprüfung zu wiederholen.

Bei dem in **Bild 3.20** dargestellten Magnetschalter in der Zündschutzart Vergusskapselung hat der Verguss nur die Aufgabe, den mechanischen Schutz des an sich zündquellenfreien, hermetisch gekapselten Schalters sicherzustellen.

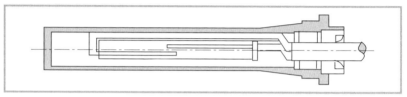

Bild 3.20   Magnetschalter in der Zündschutzart „m"

3.4 Kombination mehrerer Zündschutzarten

Moderne explosionsgeschützte Betriebsmittel kombinieren in der Regel mehrere unterschiedliche Zündschutzarten. So hat z. B. das traditionelle Gehäuse in Druckfester Kapselung einen Anschlussraum in Erhöhter Sicherheit. Durch die Anwendung mehrerer Zündschutzarten an einem Betriebsmittel lassen sich im Allgemeinen kleinere, leichtere und wirtschaftlichere Konstruktionen ermöglichen. Sind z. B. Schaltelemente, Meldeleuchten usw. als Einzelelemente druckfest gekapselt und haben sie Klemmen in Erhöhter Sicherheit, so genügt es, diese Geräte in ein Gehäuse Erhöhter Sicherheit einzubauen (**Bild 3.21**).

Bild 3.21   Befehlsgerät, Gehäuse Ex e mit Elementen Ex d oder Ex m

3.5 Betriebsmittel der Kategorie 1

Betriebsmittel, die in der Zone 0 eingesetzt werden, müssen den grundlegenden Sicherheits- und Gesundheitsanforderungen der Richtlinie 94/9/EG für die Kategorie 1 entsprechen.

Die speziellen Anforderungen an Konstruktion, Prüfung und Kennzeichnung elektrischer Betriebsmittel der Gerätegruppe II Kategorie 1G regelt die europäische Norm EN 60079-26.

Um das geforderte Maß an Sicherheit zu gewährleisten,

- müssen Betriebsmittel der Zündschutzart Eigensicherheit, Schutzniveau ia, oder der Zündschutzart Vergusskapselung, Schutzniveau ma, verwendet werden,
- muss bei Versagen einer Schutzmaßnahme mindestens eine zweite, unabhängige Schutzmaßnahme eine Zündung verhindern.

Letzteres bedeutet die Anwendung zweier unabhängiger Zündschutzarten oder aber eine Zündschutzart in Verbindung mit einem Trennelement zum gefährdeten Bereich.

Aus der Kennzeichnung ist erkennbar, welche Schutzmaßnahmen angewendet werden (Tabelle 3.8).

Tabelle 3.8 *Beispiele für die Kennzeichnung von Betriebsmitteln der Kategorie 1G*

3.6 Betriebsmittel der Kategorie 3

Die Schutzmethoden für Betriebsmittel der Kategorie 3 zur Verwendung in der Zone 2 beruhen auf den gleichen Grundgedanken wie bei den Zündschutzarten, wie sie im Abschnitt 3.3 beschrieben sind. Gegenüber den Zündschutzarten, die den Anforderungen an Kategorie 2 (bzw. Kategorie 1) entsprechen, sind die Forderungen in der Bauvorschrift für Betriebsmittel der Kategorie 3 (Gase), EN 50021, Betriebsmittel der Zündschutzart „n", in der Regel reduziert.

Unter der Zündschutzart „n" werden eine Reihe von sehr unterschiedlichen Maßnahmen zusammengefasst, die verhindern, dass elektrische Betriebsmittel bei normalem Betrieb und bei Beachten bestimmter anormaler Bedingungen, die in der Norm festgelegt sind, eine explosionsfähige Atmosphäre zünden (**Tabelle 3.9**).

Tabelle 3.9 *Schutzmaßnahmen der Zündschutzart „n"*

Schutzmaßnahmen	Kennzeichen	Bemerkung
Nicht funkende Einrichtung	A	
Umschlossene Schalteinrichtung	C	vereinfachte Druckfeste Kapselung
Nicht zündfähiges Teil	C	
Hermetisch dichte Einrichtung	C	
Abgedichtete Einrichtung	C	
Gekapselte Einrichtung	C	vereinfachte Vergusskapselung
Schwadensicheres Gehäuse	R	
Vereinfachte Überdruckkapselung	P	vereinfachte Überdruckkapselung
Energiebegrenzung	L	vereinfachte Eigensicherheit

Die *Schwadensicherheit* in dieser Norm ist eine Besonderheit, die keiner unmittelbar vergleichbaren Methode in den Standard-Zündschutzarten entspricht. Da man davon ausgehen kann, dass in dem betrachteten Gefahrbereich (Zone 2) eine explosionsfähige Atmosphäre nur kurzzeitig vorhanden ist und wie ein Schwaden an dem Gehäuse vorbeizieht, so ist eine Zündung dann nicht möglich, wenn das Gehäuse so dicht ist, dass in dieser kurzen Zeit die explosionsfähige Atmosphäre nicht in gefährlicher Menge in das Gehäuse eindringen kann.

Ein Gehäuse ist schwadensicher, wenn es so dicht ist, dass ein vorgegebener Überdruck im Gehäuse in einer festgelegten Zeit nicht auf den halben Wert abfällt.

Wurde ein Gehäuse geöffnet, so ist in bestimmten Fällen die Prüfung vor erneuter Inbetriebnahme zu wiederholen. Eine entsprechende Prüfmöglichkeit am Gehäuse ist dann vorzusehen.

4 Staubexplosionsschutz

4.1 Einführung

Wo brennbare Stäube hergestellt, verarbeitet, transportiert, gelagert oder verpackt werden, besteht die Gefahr einer Staubexplosion. **Bild 4.1** soll einen Eindruck von der Heftigkeit und Gefährlichkeit einer solchen Explosion vermitteln. Staubexplosionen – wenn auch meist leichterer Art – kommen relativ häufig vor.

In einer Broschüre der Berufsgenossenschaft [4-4] heißt es:

„Nach den Unterlagen der Sachversicherer kann davon ausgegangen werden, dass sich in der Bundesrepublik durchschnittlich pro Tag eine Staubexplosion ereignet; etwa jede vierte dieser Explosionen wird durch Nahrungs- oder Futtermittelstäube ausgelöst."

Die beteiligten Staubarten gehen aus **Bild 4.2** und die ermittelten Ursachen aus **Bild 4.3** hervor.

Elektrische Betriebsmittel stellen nach Bild 4.3 nur einen geringen Anteil der ermittelten Zündquellen von Staubexplosionen – nicht zuletzt auch ein Erfolg der sicherheitstechnischen Festlegungen in den Bestimmungen für die Errichtung elektrischer Anlagen in explosionsgefährdeten Bereichen.

Mit Einführung der „Verordnung über elektrische Anlagen in explosionsgefährdeten Räumen – ElexV" im Jahre 1980 wurde für elektrische Betriebsmittel zur Verwendung in der Zone 10 (ab 1.7.2003 in Zonen 20 und 21) eine Baumusterprüfbescheinigung durch eine benannte Stelle gesetzlich vorgeschrieben. Auslöser für diese Entwicklung in Deutschland war das Explosionsunglück in der Rolandmühle (**Bild 4.4**).

Bild 4.1 *Silo-Explosion bei SEMABLA, Blaye, Gironde (1997)*
Foto: VSD

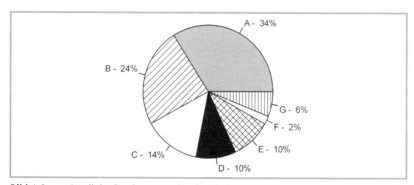

Bild 4.2 *Anteil der Staubarten an Staubexplosionen*
(Basis 1977; Statistik nicht weitergeführt)
A Holz; B Getreide; C Kunststoffe; D Kohle/Torf; E Metalle; F Papier;
G Sonstige

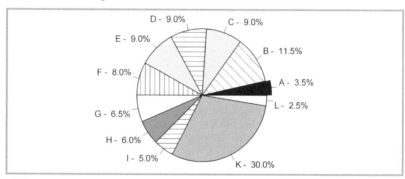

Bild 4.3 *Anteil der Zündquellen an Staubexplosionen nach [4.8]*
A elektrische Betriebsmittel; B unbekannt; C Glimmnest; D statische
Elektrizität; E Reibung; F Feuer; G heiße Oberfläche; H Selbstentzündung;
I Schweißen; K mechanische Funken; L Sonstige

Bild 4.4 *Rolandmühle in Bremen nach der Staubexplosion 1979*

4.2 Vergleich Staub – Gas

Es liegt für den Praktiker nahe, die relativ neuen Bestimmungen für den Staub-Explosionsschutz mit den lange bekannten und bewährten Bestimmungen für den Gas-Explosionsschutz zu vergleichen. Vielfach besteht die falsche Meinung, dass die Anforderungen des Staub-Explosionsschutzes mit einer der bestehenden Gas-Zündschutzarten (z. B. „d" – druckfeste Kapselung) ohne weiteres erfüllt wären.

Die folgenden Ausführungen zeigen gewisse Parallelen – aber auch wichtige Gegensätze – auf.

4.2.1 Zündfähiger Staub

Brennbarer Staub mit einer Korngröße >400 μm (0,4 mm) ist nicht zündfähig. Beim Transport und Verarbeiten von grobem Staub entsteht jedoch durch Abrieb immer auch feinerer Staub (nach Untersuchungen der BG „Nahrungsmittel und Gaststätten" z. B. 0,1 bis 0,25 % (Massenanteil)).

Ein Denkmodell nach **Tabelle 4.1** soll zeigen, wie die Oberfläche auf das 10 000fache anwächst, wenn ein Würfel von 1 cm Seitenlänge in Partikel von 1 μm Seitenlänge aufgeteilt wird [C6]. Für die Summe aller Partikel ergibt sich eine rechnerische Gesamtoberfläche von 6 m².

Diese Oberfläche ist mit Sauerstoff reaktionsfähig – daher die Gefahr der Staubexplosion!

Tabelle 4.1 *Oberflächenvergrößerung bei Teilung eines Würfels*

a mm	Z	A_1 cm²	$A = a_1 \cdot Z$ cm²	Rel.
10	1	6	6	1
1	10^3	$6 \cdot 10^{-2}$	$6 \cdot 10$	10
0,1	10^6	$6 \cdot 10^{-4}$	$6 \cdot 10^2$	100
0,01	10^9	$6 \cdot 10^{-6}$	$6 \cdot 10^3$	1000
0,001	10^{12}	$6 \cdot 10^{-8}$	$6 \cdot 10^4 = 6\,m^2$	10000

a	Kantenlänge des Würfels
Z	Anzahl der Teile
A_1	Oberfläche eines Teils
A	Gesamtoberfläche aller Teile
Rel.	relative Oberfläche
a < 0,4 mm	Bereich der zündfähigen Partikelgröße

4.2.2 Explosionsgrenzen

Wie bei den Gasen besteht auch bei den Stäuben die Explosionsfähigkeit nur in gewissen Grenzen der Konzentration [C2] und [4-5]:

untere Explosionsgrenze: 20 bis 60 g/m³,
obere Explosionsgrenze: 2 bis 6 kg/m³.

Zur Verdeutlichung der Konzentration sollen fünf Beispiele dienen (**Bild 4.5**):
- Bei einer Staubdichte von 30 g/m³ ist eine 40-W-Lampe aus 1 m Entfernung nicht mehr sichtbar [C6]; ein Richtwert, der jedoch für eine Beurteilung der Gefährdung allein nicht ausreicht.
- In einer Ausschreibung für Saudi-Arabien wird ein „Staubsturm" mit 40 g/m³ definiert.
- Bei der nach IEC 60529 bzw. EN 60529 genormten Prüfung auf Staubdichtheit für die Schutzarten IP5X und IP6X herrscht in der Prüfkammer eine Staubdichte von etwa 50 g/m³.
- Nach Messungen der DMT/BVS entsteht bei einer Staubdichte von etwa 50 g/m³ in nur 5 cm Abstand von einer Lichtquelle ein Lichtverlust von 50 %.
- Eine Staubschicht von weniger als 1 mm Dicke auf dem Fußboden eines normal hohen Raumes reicht aus, um den ganzen Raum mit explosionsfähigem Gemisch zu füllen.

Die Beispiele zeigen, dass eine explosionsfähige Staub-Luft-Mischung in normalen Arbeitsräumen nicht denkbar erscheint, sondern nur im Innern von Transport- oder Verarbeitungseinrichtungen vorkommen kann.

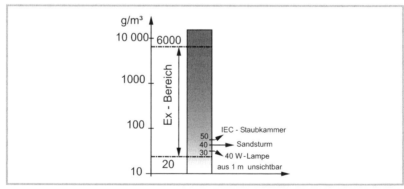

Bild 4.5 *Vergleich von Staubdichten*

4.2 Vergleich Staub – Gas   93

4.2.3 Dauer der Störung

Beim Gas-Explosionsschutz kann davon ausgegangen werden, dass eine zündfähige Gaskonzentration wegen der toxischen Gefahr so rasch wie möglich beseitigt wird. Nach der Störung verflüchtigt sich das Gas, und der Ausgangszustand ist wiederhergestellt.

Staub verflüchtigt sich dagegen nicht, sondern lagert sich in immer dicker werdender Schicht ab. Ist diese Schicht genügend hoch, so kann es durch Wärmestau zu einem *Glimmnest* kommen. Bei Aufwirbelungen durch äußere Einflüsse (starker Luftzug, Verpuffung, Glimmbrand) kann ein Staub-Luft-Gemisch in zündfähiger Konzentration entstehen.

4.2.4 Mindestzündenergie

Bei den meisten Stäuben liegt die Mindestzündenergie um Größenordnungen höher als bei den Gasen (**Bild 4.6**).

Bei einigen „Exoten" (Phosphor, Naphthol) liegt sie allerdings mit Werten < 10 mJ im Bereich der MZE von Gasen [4-5] [A15].

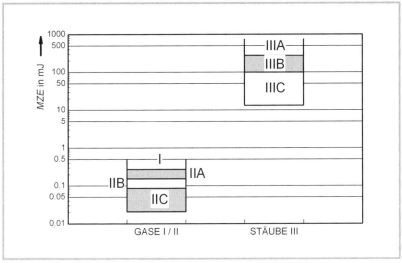

Bild 4.6   *Größenordnungen der Mindestzündenergie MZE von Gasen und Stäuben*
Einteilung der Klassen IIIA bis IIIC (nicht abgeschlossene Diskussion)

4.2.5 Mediendichte Kapselung

Im Gegensatz zu einer gasdichten Kapselung lässt sich eine staubdichte Kapselung mit relativ einfachen mechanischen Mitteln (Dichtungen) herstellen. Dadurch kann im Innern eines Betriebsmittels ein „ungefährdeter" Bereich hergestellt werden.

Dieses einfache Prinzip ist ein wesentlicher Bestandteil des Staubexplosionsschutzes!

Zünddurchschlagsichere Spalte von Betriebsmitteln der Zündschutzart „d" liegen gemäß DIN EN 60079-1 je nach Explosionsgruppe und Gehäusevolumen (**Bild 4.7**) etwa im Bereich 0,1 bis 0,75 mm (100 bis 750 µm).

Explosionsfähige Stäube haben Korngrößen von etwa 0,02 bis 0,4 mm (20 bis 400 µm). Ein druckfest gekapseltes Gehäuse ist also nicht ohne weiteres auch staubdicht.

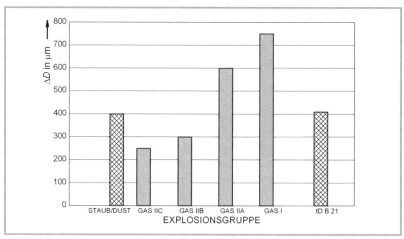

Bild 4.7 Vergleich der zulässigen Spaltweite bei Spaltlänge 25 mm für Explosionsgruppen I, IIA, IIB und IIC bei Zündschutzart EEx d (druckfeste Kapselung) mit den Korngrößen zündfähiger Stäube (STAUB/DUST) und mit der Spaltweite nach IEC/EN 61241-1 Practice B (tD B21)

4.3 Temperaturkenngrößen von Stäuben

Wichtige Kenngrößen sind – neben der elektrischen Leitfähigkeit – die Glimmtemperatur und die Zündtemperatur eines brennbaren Staubes.

Vor allem bei Naturprodukten von oft sehr unterschiedlicher Beschaffenheit und Herkunft können die experimentell ermittelten Werte oder Literaturangaben oft erheblich voneinander abweichen. Die folgenden Definitionen sind

EN 61241-0 entnommen, wo in Angleichung an internationalen Sprachgebrauch leider die einprägsamen, in der Literatur weiterhin verbreiteten deutschen Begriffe „Glimmtemperatur" und „Zündtemperatur" ersetzt werden mussten.

4.3.1 Mindestzündtemperatur einer Staubschicht (Glimmtemperatur)

Die Mindestzündtemperatur einer Staubschicht ist die niedrigste Temperatur einer heißen Oberfläche, bei der sich eine Staubschicht von festgelegter Dicke auf dieser heißen Oberfläche entzündet (**Bild 4.8** in Anlehnung an das Prinzipbild in EN 50281-2-1).

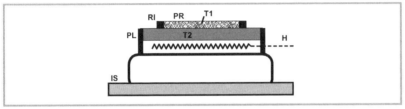

Bild 4.8   *Heizplatte zur Bestimmung der Glimmtemperatur*
T1 Temperatur der Staubschicht; T2 Temperatur der Heizplatte; H Heizung; PR 5 mm dicke Staubprobe; RI Ring; PL Heizplatte; IS Isolierung

4.3.2 Mindestzündtemperatur einer Staubwolke (Zündtemperatur)

Die Mindestzündtemperatur einer Staubwolke ist die niedrigste Temperatur der heißen inneren Wand eines Ofens, bei der sich eine Staubwolke in Luft im Ofen entzündet (**Bild 4.9**).

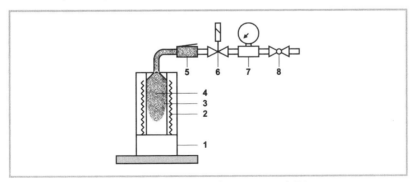

Bild 4.9   *Apparatur zur Bestimmung der Zündtemperatur nach EN 50281-2-1*
Quelle: [4-5]
1 Gestell; 2 Heizung; 3 Thermoelement; 4 Prüfraum; 5 Staubkammer; 6 Elektroventil; 7 Druckgefäß; 8 Absperrhahn

Die Relation der in den Abschnitten 4.3.1 und 4.3.2 ermittelten Temperaturen ist von Stoff zu Stoff verschieden.

In den internationalen Normen wird für **beide** Temperaturen der Begriff *minimum ignition temperature* verwendet, ergänzt durch „of a dust layer" oder „of a dust cloud".

4.3.3 Einteilung der brennbaren Stäube

Der BIA-Report *Brenn- und Explosionskenngrößen von Stäuben* [4-5] enthält Tabellen mit Kenngrößen von nahezu 4300 Staubproben, die teilweise auch im Internet unter www.bia.de abrufbar sind, unterteilt in
- organische Produkte,
- Naturprodukte,
  - technisch-chemische Produkte,
  - anorganische Produkte
- Sonstige.

Eine Klassifizierung mit Kurzzeichen (ähnlich wie bei Gasen und Dämpfen) wurde zwar in der Literatur und in den Normengremien vorgeschlagen, in den Bestimmungen jedoch nicht getroffen, weil bei Stäuben (im Gegensatz zu den Temperaturklassen der Gase) immer auch noch ein Sicherheitsabstand eingerechnet werden muss.

In **Tabelle 4.2** sind – mit freundlicher Genehmigung durch BIA und BVS – einige der erfassten Stäube zusammengestellt. Die Grenzen der Anwendbarkeit dieser Tabellen sind gemäß den Erläuterungen im Original zu beachten.

4.3.4 Hybride Gemische

Hybride Gemische sind Vermischungen von brennbaren Stäuben und Gasen, die z. B. bei der Herstellung oder Verarbeitung lösemittelhaltiger Produkte oder bei Schwelgasaustritt aus überhitzten staubförmigen Produkten (Holzkohle) auftreten können. Dabei treten Veränderungen der sicherheitstechnischen Kenngrößen auf; z. B. eine Ausweitung der Explosionsgrenzen, die Zunahme des Explosionsdrucks und eine Verringerung der Mindestzündenergie.

Zur *Zoneneinteilung bei Anwesenheit von hybriden Gemischen* heißt es in den EX-RL [A13], Abschnitt E 2.1, S. 66:

„Bestehen bei der Einteilung in Zonen Zweifel, muss sich in dem gesamten explosionsgefährdeten Bereich der Umfang der Schutzmaßnahmen nach der jeweils höchstmöglichen Wahrscheinlichkeit des Auftretens gefährlicher explosionsfähiger Atmosphäre richten. Aus diesem Grunde ist in den Fällen, in denen Stäube mit Gasen, Dämpfen oder Nebeln gemeinsam gefährliche explosionsfähige Atmosphäre bilden können (hybride Gemische), die Einteilung des explo-

Tabelle 4.2 *Temperaturkenngrößen von Stäuben* (Auszug aus [4-5])

STF-Nr.	Feststoffbezeichnung	Zünd-temperatur °C	Grenz-temperatur °C	Glimm-temperatur °C	Grenz-temperatur °C	Stoff-Nr.
Naturprodukte						
0001	Baumwolle	560	373	350	275	0001
0003	Cellulose	500	333	370	295	0003
0021	Holzmehl	400	267	300	225	0021
0027	Holzharz	500	333	290	215	0027
0038	Kork	470	313	300	225	0038
0051	Papier	540	360	300	225	0051
0074	Torf	360	240	295	220	0074
0105	Getreide	420	280	290	215	0105
0115	Kakao	580	387	460	385	0115
0121	Kopra	470	313	290	215	0121
0122	Kraftfutter	520	347	295	220	0122
0141	Milchpulver	440	293	340	265	0141
0167	Soja	500	333	245	170	0167
0175	Stärke	440	293	290	215	0175
0207	Tabak	450	300	300	225	0207
0209	Tapioka	450	300	290	215	0209
0211	Tee	510	340	300	225	0211
0222	Weizenmehl	480	320	450	375	0222
0232	Pektinzucker	410	273	380	305	0232
0236	Zuckerrüben	460	307	290	215	0236
0242	Braunkohle	380	253	225	150	0242
0259	Steinkohle	590	393	245	170	0259
0280	Lein	440	293	230	155	0280
Technisch-chemische Produkte						
0294	Gummi	570	380	-	-	0294
0304	Epoxidharz	510	340	-	-	0304
0321	Phenolharz	450	300	-	-	0321
0329	Kautschuk	460	307	220	145	0329
0357	Polyethylen	360	240	-	-	0357
0392	Polyamid	520	347	-	-	0392
0397	Polyester	560	373	-	-	0397
0409	Polypropylen	410	273	-	-	0409
0425	Polyvinylacetat	500	333	340	265	0425
0474	Polyvinylchlorid	530	353	380	305	0474
0492	Schichtpressstoff	510	340	330	255	0492
0506	N-Cetyl-N.N.N-trimen-thylammoniumbromid	290	193	320	245	0506
0507	N-Cetylpyridiniumchlorid--Monohydrat	290	193	315	240	0507
0522	Isosorbiddinitrat	220	147	240	165	0522
0580	Celluloseether	330	220	275	200	0580
0632	Polysaccharid-Derivat	580	387	270	195	0632
0668	Waschmittel	330	220	-	-	0668
Metalle						
0681	Aluminium	530	353	280	205	0681
0696	Bronze	390	260	260	185	0696
0701	Eisen	310	207	300	225	0701
0718	Cu-Si-Legierung	690	460	305	230	0718
0723	Magnesium	610	407	410	335	0723
0725	Mangan	330	220	285	210	0725
0733	Zink	570	380	440	365	0733
Sonstige						
0750	Petrolkoks	690	460	280	205	0750
0753	Ruß	620	413	385	310	0753
0766	Schwefel	280	187	280	205	0766

sionsgefährdeten Bereiches sowohl nach den Zonen 0, 1 und 2 als auch nach den Zonen 20, 21 und 22 in Erwägung zu ziehen".

Bei hybriden Gemischen ist im Allgemeinen zwar die Einhaltung der beiden Einzelbestimmungen für Gas und Staub eine erste gute Voraussetzung, aber oft nicht ausreichend, um eine ausdrückliche Gewährleistung für die Mischung abgeben zu können.

Bei *Bartknecht* [C2] heißt es hierzu:
„*Besondere Beachtung ist den Reaktionen von Staub-Luft-Gemischen zu schenken, die in Gegenwart von Gas-Luft- bzw. Dampf-Luft-Gemischen ablaufen, selbst wenn die Gas- bzw. Dampfkonzentrationen unter der unteren Explosionsgrenze liegen. Bei solchen hybriden Gemischen ist speziell zu berücksichtigen:*
a) *nicht explosionsfähige Staub-Luft- und nicht explosionsfähige Gas-Luft-Gemische können ein explosionsfähiges hybrides Gemisch bilden,*
b) *die Explosionsheftigkeit der brennbaren Stäube kann mit steigendem Brenngas-(Dampf-) Gehalt stark überhöht werden (Verschärfung der Staubexplosionsklasse!) und*
c) *die Mindestzündenergie des Staubes wird im hybriden Gemisch unterschiedlich stark herabgesetzt, was bei den leicht entzündlichen Stäuben als besonders gefährlich anzusehen ist.*"

Ob bei einer bestimmten Kombination von explosionsfähigem Gas mit brennbarem Staub die für eine Zündung maßgebenden Kenngrößen ungünstig beeinflusst werden, muss im Einzelfall durch eine hierfür kompetente benannte Stelle beurteilt werden.

Pauschale Aussagen durch den Hersteller des Betriebsmittels sind nur unter der Voraussetzung möglich, dass die relevanten Explosionskennwerte der hybriden Mischung nicht ungünstiger sind als die Werte der einzelnen Komponenten.

4.4 Zoneneinteilung

Zur Einteilung der durch brennbaren Staub explosionsgefährdeten Bereiche gab es auf verschiedenen Normungsebenen sehr kontroverse und langwierige Diskussionen, die nur gekürzt und mit dem derzeitigen Ergebnis wiedergegeben werden können.

4.4.1 Allgemeines

Bei der Zoneneinteilung der durch Gase und Dämpfe explosionsgefährdeten Bereiche spielen Häufigkeit und Dauer der Störung eine wichtige Rolle. Jeder nach einer gewissen Zeit auftretende Störungsfall ist ein „neuer" Fall, da sich die Situation inzwischen durch natürliche Ventilation und durch Verflüchtigung des Gases selbst korrigiert hat.

Anders ist es bei Stäuben: Hier kann die bei der einzelnen Freisetzung auftretende Staubmenge für sich allein ungefährlich sein, sich jedoch im Laufe der Zeit so akkumulieren, dass schließlich bei Aufwirbelung eine explosionsfähige Atmosphäre entsteht.

Aus diesem Grund hatte sich die Zoneneinteilung einiger Länder (z. B. Australien, Großbritannien, Neuseeland) an der Staubmenge orientiert, die in schwebendem *oder abgelagertem Zustand* vorhanden ist und eine explosionsfähige Atmosphäre bildet *oder bilden könnte*. Diese Betrachtungsweise galt zunächst auch noch für die Zoneneinteilung in der 1993 eingeführten Normenreihe IEC 61241.

Die Zoneneinteilung in den früheren deutschen Bestimmungen richtete sich vorwiegend danach, wie lange und wie häufig das explosionsfähige Gemisch *als Atmosphäre* vorhanden ist. Dieser Grundsatz wurde nach längerer Diskussion auch in die Richtlinie 1999/92/EU und für die bei CEN und CENELEC erarbeiteten europäischen Normen übernommen – allerdings mit dem Hinweis, dass abgelagerter Staub getrennt zu bewerten ist.

Bezüglich der *Anzahl der Zonen mit Staubexplosionsgefahr* bestanden und bestehen weltweit noch erhebliche Unterschiede (**Tabelle 4.3**).

▌ Australien und Neuseeland hatten nur eine Zone nach dem Prinzip: Staub ist immer gefährlich, ob abgelagert oder aufgewirbelt.

▌ USA und Kanada haben zwei Zonen; Deutschland und Großbritannien hatten nach früherer nationaler Norm ebenfalls zwei Zonen.

▌ EC, EG-Richtlinie und konsequenterweise die EN von CEN und CENELEC haben in Anlehnung an den Gas-Explosionsschutz das Prinzip der Teilung in **drei** Zonen übernommen, deren praktische Umsetzung mit IEC/EN 61241-10 vollzogen ist.

Tabelle 4.3 *Anzahl der Zonen in staubexplosionsgefährdeten Bereichen im internationalen Vergleich*

Land	Norm	Zone / Division		
AS	AS 2430.2:1986	Class II		
GB	BS 6467:2:1988		Z	Y
DE	VDE 0165:1991		10	11
USA	NEC 500-6:2002		Div. 1	Div. 2
EU	EN 50281-3:2002	20	21	22
INT EU	IEC 61241-10:2004 EN 61241-10:2005	20	21	22

4.4.2 Einteilung

Ausgehend von der EG-Richtlinie 1999/92/EU hat sich bei IEC, CEN und CENELEC die Unterteilung in drei Bereiche durchgesetzt. Nach dem derzeitigen Stand ergibt sich der in **Tabelle 4.4** dargestellte Vergleich mit der früheren deutschen Einteilung.

Abweichende Definitionen sind aus unverständlichen Gründen noch in zahlreichen, auch zwischen 1999 und 2001 entstandenen Normen der IEC enthalten, obwohl bei deren Erstellung bereits abzusehen war, dass in IEC 61241-10 eine Anpassung an die europäischen Definitionen erfolgen wird.

Die prinzipielle Darstellung **Bild 4.10** ist EN 61241-10 entnommen.

Tabelle 4.4 *Vergleich der Zonendefinition vor und nach ATEX*

DIN VDE 0165	Zone 10 (national vor ATEX)	Zone 11 (national vor ATEX)
EX-RL	Bereiche, in denen gefährliche explosionsfähige Atmosphäre langzeitig oder häufig vorhanden ist. Dazu gibt die EX-RL in E 2. folgende Erläuterung: Hierzu gehört in der Regel nur das Innere von Apparaturen (Mühlen, Trockner, Mischer, Förderleitungen, Silos usw.), wenn Staub langzeitig oder häufig explosible Gemische in gefahrdrohender Menge bilden kann.	Bereiche, in denen damit zu rechnen ist, dass gelegentlich durch Aufwirbeln abgelagerten Staubes explosionsfähige Atmosphäre kurzzeitig auftritt. Dazu die EX-RL: Hierzu können u. a. gehören Bereiche in der Umgebung Staub enthaltender Apparaturen, wenn Staub aus Undichtheiten austreten kann und sich Staubablagerung in gefahrdrohender Menge bilden kann (z. B. Mühlenräume, in denen Staub aus den Mühlen austreten und sich ablagern kann).

ATEX 1999/92/EG	Zone 20	Zone 21	Zone 22
EN 50281-3 IEC/EN 61241-10	Bereich, in dem explosionsfähige Atmosphäre in Form einer Wolke brennbaren Staubes in Luft ständig oder langzeitig oder häufig vorhanden ist.	Bereich, in dem damit zu rechnen ist, dass explosionsfähige Atmosphäre in Form einer Wolke brennbaren Staubes in Luft bei Normalbetrieb gelegentlich auftritt.	Bereich, in dem bei Normalbetrieb nicht damit zu rechnen ist, dass explosionsfähige Atmosphäre in Form einer Wolke brennbaren Staubes in Luft auftritt, wenn sie aber dennoch auftritt, dann nur kurzzeitig.
EN 61241-10, 6.2	*Schichten, Ablagerungen und Aufhäufungen* von brennbarem Staub sind wie jede andere Ursache, die zur Bildung einer explosionsfähigen Atmosphäre führen kann, zu berücksichtigen.		
EN 61241-10, 3.12	Als *Normalbetrieb* gilt die Situation, in der Geräte, Schutzsysteme und Komponenten innerhalb ihrer Auslegungsparameter arbeiten.		
EN 61241-10, 6.3.1	Beispiele für Zone 20: – Stellen im Innern von Staub einschließenden Behältnissen; – Fülltrichter, Silos, Zyklone (Fliehkraftabscheider) und Filter; – Staubtransportsysteme, ausgenommen einige Bereiche von Förderbändern und Kettenförderern; – Mischer, Mühlen, Trockner, Absackeinrichtungen		

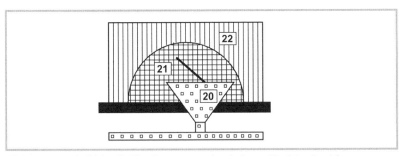

Bild 4.10 *Beispiel für die Einteilung von staubexplosionsgefährdeten Bereichen*
Zone 20 Fülltrichter einer Sackentleerstation
Zone 21 nähere Umgebung (Radius 1 m) um die offene Beschickungsöffnung
Zone 22 Bereich außerhalb der Zone 21 wegen Ablagerung von Staub

4.4.3 Übergang von zwei auf drei Zonen

Nach dem in der Normung im Allgemeinen gültigen Grundsatz der „Besitzstandwahrung" wird es nicht erforderlich sein, ordnungsgemäß zugelassene und in *Betrieb befindliche Betriebsmittel und Anlagen* auf die neuen Zonen umzustellen. In der ElexV (neu) heißt es hierzu in §19:
„*Elektrische Anlagen in explosionsgefährdeten Bereichen, die am 20. Dezember 1996 befugt betrieben werden, dürfen entsprechend den bis dahin für sie geltenden Bestimmungen weiterbetrieben werden*".

Die weiteren, abgestuften Festlegungen der Betriebssicherheitsverordnung sind zu beachten.

Auch für *Neuanlagen* ist sowohl für Hersteller wie für Betreiber interessant, wie sich der bisherige Bedarf an Betriebsmitteln für die Zonen 10 und 11 künftig auf die neuen Zonen 20, 21 und 22 aufteilen wird, zumal die Betriebsmittel für Zone 21 durch eine benannte Stelle zertifiziert sein müssen (**Bild 4.11**). Eine Teilantwort ist in der Beispielsammlung zu den „Explosionsschutz-Regeln (EX-RL)" BGR 104 des Fachausschusses Chemie der BGZ zu finden, die seit der Ausgabe 6/98 laufend an das 3-Zonen-Konzept angepasst werden [A13]. Bezüglich der Weiterverwendung der nach früheren nationalen Normen zugelassenen und eingesetzten Betriebsmittel gibt die EX-RL (**Bild 4.12**) eine klare Anweisung. Sie lässt allerdings außer Acht, dass in der Zone 22 erhöhte Anforderungen an die Staubdichtheit (nämlich IP6X) statt der des üblichen Staubschutzes (IP5X) gestellt werden, wenn *leitfähige Stäube* vorhanden sind; (vgl. auch [A21]).

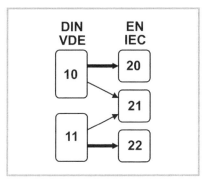

Bild 4.11 *Schema für die Neueinteilung von staubexplosionsgefährdeten Bereichen (Zonen)*

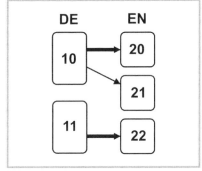

Bild 4.12 *Weiterverwendung der alten Betriebsmittel nach Umstellung der Zonen von zwei (in Deutschland) auf drei (nach europäischer Norm) nach Ex-RL 07/ 2000; E2; S. 66*

4.5 Staubdichtheit

Die staubdichte Kapselung eines elektrischen Betriebsmittels ist ein wichtiges Grundelement des Staubexplosionsschutzes. Abhängig von den zu erwartenden Umgebungsbedingungen (wie Zoneneinteilung und Leitfähigkeit des Staubes) wurden zwei Anforderungsgrade für die Wirksamkeit der Staubdichtheit eingeführt: staubdichte und staubgeschützte Gehäuse (**Tabellen 4.5** und **4.6**).

Die Staubdichtheit wird nach deutschen Normen, bei den Europanormen und bei der „Praxis A" der IEC-Norm nach dem Ergebnis der IP-Staubprüfung beurteilt, während nach den nordamerikanischen Normen und bei „Praxis B" nach IEC zusätzlich konstruktive Details, vor allem Spaltlängen und Spaltweiten, festgelegt sind; vgl. [B50] und [B21].

Tabelle 4.5 *Auswahl nach Zonen und Staubart in EN 50281-1-2*

Zone 20	Zone 21 Zone 22 mit leitfähigem Staub	Zone 22
IP6X Kennzeichnung II 1 D	IP6X Kennzeichnung II 2 D	IP5X Kennzeichnung II 3 D

Tabelle 4.6 *Auswahl nach Zonen und Staubart in IEC/EN 61241-14 (löst EN 50281-1-2 ab)*

Zone 20	Zone 21	Zone 22	
		leitfähiger Staub	nicht leitfähiger Staub
IP6X	IP6X	IP6X	IP5X
Kennzeichnung Ex tD A20	Kennzeichnung Ex tD A20 oder Ex tD A21	Kennzeichnung Ex tD A22	Kennzeichnung Ex tD A22

4.5.1 Anforderungen

Die schärfere Einstufung von Bereichen mit leitfähigem Staub in EN 50281-1-2 erklärt sich u. a. aus den ursprünglichen Festlegungen bei IEC, die in diesem Punkt an die nordamerikanische Abgrenzung der „Division 1" angelehnt sind. Außerdem soll mit der Einstufung als Kategorie 2 erreicht werden, dass die Beurteilung der Staubablagerung durch eine unabhängige Prüfstelle vorgenommen wird. Einem deutschen Antrag und der Logik folgend, ist nun bei leitfähigem Staub zwar der Schutzgrad IP6X vorgeschrieben, die Kategorie und die Zoneneinteilung sind jedoch nicht von der Art des Staubes abhängig.

Staubdichtheit

Die elektrischen Betriebsmittel müssen so aufgebaut sein, dass in ihr Inneres kein Staub eindringen kann. Diese Anforderung wird erfüllt, wenn die Betriebsmittel dem Schutzgrad IP6X (z. B. IP65) nach EN 60529 entsprechen.

Für eigensichere elektrische Betriebsmittel der Kategorie ib, Gruppe IIB, genügt die Schutzart IP20.

Für Bauteile eigensicherer Stromkreise, die aus messtechnischen Gründen Kontakt mit dem Staub bilden müssen (z. B. Niveausonden), entfällt die Forderung nach einer IP-Schutzart.

Staubschutz

Die Betriebsmittel müssen so gebaut sein, dass sich im Innern weder explosionsfähige Staub-Luft-Gemische noch gefährliche Staubablagerungen bilden können. Diese Bedingungen werden erfüllt, wenn die Betriebsmittel mindestens dem Schutzgrad IP5X (z. B. IP54) entsprechen.

Der Staubschutz ist ausreichend, wenn bei der Überprüfung festgestellt wird, dass sich der Talkumstaub nicht in solchen Mengen oder an solchen Stellen angesammelt hat, dass bei irgend einer anderen Art von Staub die richtige Funktion des Betriebsmittels beeinträchtigt wäre [4-9].

Eigensichere elektrische Betriebsmittel brauchen diesen Bedingungen nicht zu genügen.

4.5.2 Staubschutzprüfung nach EN 60529

In einer Prüfkammer nach den **Bildern 4.13** und **4.14** wird Talkumstaub mit einer Korngröße bis zu etwa 75 µm in einer geschlossenen Prüfkammer umgewirbelt und in Schwebe gehalten. Die Staubdichte ist nicht ausdrücklich festgelegt; sie beträgt unter den genormten Bedingungen etwa $50\,g/m^3$.

Betriebsmittel, deren Erwärmung unter normalen Betriebsbedingungen einen natürlichen Überdruck erzeugt, so dass beim Abkühlen ein Unterdruck entstehen kann, werden als *Bauart 1 (Category 1)* bezeichnet. Falls die zutreffende Betriebsmittelnorm eine solche Einordnung nicht ausdrücklich vorsieht oder falls auf Schutzgrad IP6X geprüft wird, ist die Bauart 1 vorauszusetzen.

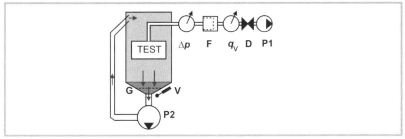

Bild 4.13 *Prinzip der Staubschutzprüfung nach EN 60529*
TEST Prüfling; T Talkumpuder max. 75 µm ($2\,kg/m^3$ Kammer); P2 Staubumlaufpumpe; V Vibrator zum Lösen abgesetzten Staubes; G Schutzgitter; P1 Vakuumpumpe; Δp Unterdruckmesser (max. –20 mbar); F Filter; q_v Luft-Volumenstrom (max. 60 $V_{Prüfling}/h$); D Drossel

Bild 4.14   *Staubschutz-Prüfgerät nach EN 60529 (identisch mit IEC 60529)*
Foto: Fa. Danfoss Bauer

Aus dem Innern des Prüflings wird mit einem Druck von bis zu −20 mbar (Unterdruck) in 2 h das 80- bis 120fache freie Luftvolumen abgesaugt. Wird innerhalb 2 h das 80fache Volumen des Prüflings nicht abgesaugt, so ist die Prüfung bis max. 8 h fortzusetzen.

Betriebsmittel, die sich im normalen Betrieb nicht erwärmen und nur auf Schutzgrad IP5X geprüft werden, können als *Bauart 2 (Category 2)* bezeichnet und ohne Unterdruck 8 h lang dem Staub in der Prüfkammer ausgesetzt werden. Nach Ablauf der Prüfzeit gelten folgende Abnahmebedingungen:

IP5X (staubgeschützt): Der Talkumstaub darf sich nicht in solchen Mengen oder an solchen Stellen abgelagert haben, dass – mit irgend einer anderen Art von Staub – die korrekte Arbeitsweise des Betriebsmittels oder die Sicherheit beeinträchtigt wäre.

IP6X (staubdicht): Es dürfen keine Staubablagerungen im Innern des Betriebsmittels feststellbar sein.

Die hier zitierten Abnahmebedingungen stammen aus EN 60529.

In IEC 61241-1, Abschnitt 8.2.1.3, wird ausdrücklich verlangt, dass auch drehende elektrische Maschinen nach dieser übergeordneten Norm zu prüfen sind. In der speziellen Norm für elektrische Maschinen IEC/EN 60034-5:2000, Tabelle 4, wird unberechtigt erlaubt, dass eingedrungener Prüfstaub bei der Beurteilung als nicht leitfähig, nicht brennbar, nicht explosionsfähig und nicht chemisch aggressiv angesehen werden darf.

Das Absaugen von Luft aus dem Prüfling soll das Wechselspiel des Innendrucks nachbilden, das sich bei der Erwärmung und Abkühlung in einem geschlossenen Gehäuse tatsächlich mit etwa 10 mbar messen lässt.

Bei jeder Erwärmung dehnt sich die Luft im Gehäuse aus und dringt nach außen; bei der Abkühlung vermindert sich das Luftvolumen, und staubhaltige Luft strömt in das Gehäuse ein: Das Gehäuse „atmet"!

Ein Versuch mit „natürlichem Unterdruck" hat eine starke Staubablagerung bestätigt.

Der Prüfdruck ist so einzurichten, dass etwa das 120fache Probestückvolumen in mindestens 2 h abgesaugt wird. Dieser erzwungene Luftdurchsatz ist mit dem „freien Atmen" während einjähriger Betriebszeit vergleichbar.

4.6 Oberflächentemperatur

Eine wesentliche Komponente der Zündschutzart „tD" ist die Begrenzung der Oberflächentemperatur der Betriebsmittel auf einen Wert, der mit ausreichendem Sicherheitsabstand unter der Zünd- oder Glimmtemperatur des brennbaren Staubes liegt. Für die Ermittlung der maximalen Oberflächentemperatur unter normalen Betriebsbedingungen gelten genormte Verfahren.

4.6.1 Prüfung

Zusätzlich zu der folgenden Beschreibung müssen die thermischen Prüfungen bei Betriebsmitteln für Kategorie 1 auch unter den Bedingungen einer selten auftretenden Gerätestörung des Betriebsmittels und unter einer Staubauflage von unbekannter oder übermäßiger Dicke gemäß Absprache zwischen Besteller und Hersteller durchgeführt werden. Beispiele für solche Staubablagerungen sind im Anhang A zu EN 50281-1-2 [B25] und zu IEC/EN 61241-14 gegeben (s. auch Abschnitt 4.7).

Temperaturmessungen
Die thermischen Prüfungen nach EN 61241-0, Abschnitt 23.4.4.1, entsprechen den Festlegungen für gasexplosionsgeschützte elektrische Betriebsmittel in EN 60079-0, Abschnitt 26.5.1. Die Messung ist bei dem in Europa üblichen Verfahren A ohne Staubauflage und beim aus den US-Normen übernommenen Verfahren B mit Staubauflage nach EN 61241-1, Abschnitt 8.2.2.2, vorzunehmen.

Einige Betriebsmittel benötigen eine eingebaute Temperaturüberwachung (z. B. bestimmte Elektromotoren). Diese Schutzeinrichtung darf während der thermischen Prüfungen nicht außer Funktion gesetzt werden.

Die Prüfung ist ohne Staubauflage auf dem Gehäuse vorzunehmen.

Die bei der Prüfung gemessene Oberflächentemperatur wird linear umgewertet auf eine Umgebungstemperatur von 40 °C und als *maximale Oberflächentemperatur T des Gehäuses* bezeichnet.

4.6.2 Begrenzung

Die Oberflächentemperatur der Betriebsmittel (**Bild 4.15**) darf nicht so hoch sein, dass aufgewirbelter Staub oder auf den Betriebsmitteln abgelagerter Staub gezündet werden kann. Dazu müssen folgende Bedingungen erfüllt sein:

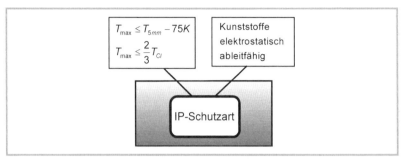

Bild 4.15 Grundsätzliche Anforderungen an staubexplosionsgeschützte elektrische Betriebsmittel der Zündschutzart „tD"
T_{5mm} Glimmtemperatur einer Staubschicht von 5 mm
T_{Cl} Zündtemperatur einer Staubwolke

- Die Oberflächentemperatur darf *2/3 der Zündtemperatur* in °C des jeweiligen Staub-Luft-Gemisches nicht überschreiten.
- An Flächen, auf denen eine gefährliche Ablagerung glimmfähigen Staubes nicht wirksam verhindert ist, darf die Oberflächentemperatur die um *75 K verminderte Glimmtemperatur* des jeweiligen Staubes nicht überschreiten. Bei Schichtdicken > 5 mm ist eine weitere Herabsetzung der Temperatur der Oberfläche erforderlich (vgl. Abschnitt 4.7).
- Maßgebend ist der niedrigere der ermittelten Werte.
- Betriebsmittel müssen mit der bei Dauerbetrieb auftretenden Oberflächentemperatur gekennzeichnet werden. Die Oberflächentemperatur ist auf eine Umgebungstemperatur von 40 °C zu beziehen.

4.7 Gefahr durch Ablagerung und Einschüttung

Staubablagerungen bilden eine *doppelte Gefahrenquelle:*
- Schon „geringe" Schichthöhen < 1 mm reichen im aufgewirbelten Zustand für eine explosionsfähige Atmosphäre aus.
- Schichthöhen > 5 mm können zum Glimmbrand führen (Abschnitte 4.7.1 bis 4.7.4).

Die **Bilder 4.16** und **4.17** sollen die Gefahr von Staubablagerungen deutlich machen: Die Aufnahme der Staubexplosion im Hafen von Würzburg ist das Zufallsfoto eines Passanten. Anders als eine Gasexplosion muss sich diese Staubexplosion „angekündigt" haben, indem vermutlich eine zunächst harmlose Verpuffung abgelagerten Staub aufgewirbelt und dann von Raum zu Raum fortschreitend zur Explosion gebracht hat.

Im Gegensatz zu Gasen und Dämpfen können sich bei Stäuben die einzelnen Störfälle addieren, indem sich der Staub in immer dicker werdender Schicht auf

4.7 Gefahr durch Ablagerung und Einschüttung

Bild 4.16 Staubexplosion im Kraftfutter- werk Würzburg (1972)

Bild 4.17 Staubablagerung mit entsprechender Explosionsgefahr

einem Betriebsmittel ablagert. Dicke Staubschichten führen wegen der Wärmedämmung zu einer Temperaturerhöhung an der Oberfläche des Betriebsmittels, und durch einen mit der Selbstentzündung vergleichbaren Vorgang setzt das Glimmen bei *umso niedrigeren Temperaturen* ein, *je dicker die Staubschicht* ist. Staubablagerungen auf elektrischen Betriebsmitteln oder gar ihre völlige Einschüttung sollten daher durch günstigen Einbau und laufende Wartung so weit wie möglich vermieden werden. Wenn dies nicht ausgeschlossen werden kann, ist die maximal zulässige Oberflächentemperatur herabzusetzen.

Schon in der früheren Fassung der VDE 0165 waren hierzu am Beispiel von drei Stäuben (Korkmehl, Magerkohle und Flammkohle) Richtwerte in Form eines auf Versuchen der BAM (Bundesanstalt für Materialprüfung) basierenden Diagramms angegeben. Diese Beispiele wurden – gestützt auf zusätzliche Versuche der BAM – nach dem in [C10] näher erläuterten Rechenverfahren in allgemeine Form gebracht und schon 1986 in VDE 0170/0171-13 und von dort in die IEC-Arbeiten und in die Europanormen übernommen. Nach diesem Verfahren kann die zulässige Oberflächentemperatur von Betriebsmitteln bestimmt werden, wenn die Staubauflage auf der Oberseite zwischen 5 und 50 mm dick ist.

Wenn der Staub sich jedoch auch an den Seiten anhäuft oder wenn das Betriebsmittel ganz *eingeschüttet* wird, treten ein gefährlicher Wärmestau und eine besondere Glimmgefahr auf. In diesen Fällen muss die Oberflächentemperatur auf sehr niedrige, eventuell durch Versuch zu ermittelnde Werte reduziert oder die Leistungszufuhr auf sehr niedrige Leistung pro Flächeneinheit begrenzt werden.

Die folgenden Abschnitte entsprechen den Festlegungen in EN 50281-1-2 und IEC/EN 61241-14.

4.7.1 Staubschichten bis 5 mm Dicke

Die maximale Oberflächentemperatur des Betriebsmittels darf bei der Prüfung ohne Staubauflage nach dem Prüfverfahren in IEC/EN 61241-1 (früher EN 50281-1-1) keinen Wert übersteigen, der um 75 K unter der Glimmtemperatur einer Staubschicht von 5 mm Dicke des betreffenden Staubes liegt:

$T_{max} = T_{5mm} - 75\ K$

T_{5mm} Glimmtemperatur einer 5-mm-Staubschicht

4.7.2 Staubschichten von 5 bis 50 mm Dicke

Wenn sich auf Betriebsmitteln Staubablagerungen von mehr als 5 mm bis zu 50 mm bilden können, muss die maximal zulässige Oberflächentemperatur vermindert werden. **Bild 4.18** enthält Richtwerte für die Verminderung der maximal zulässigen Oberflächentemperatur von Betriebsmitteln, die in Bereichen mit Stäuben mit einer Glimmtemperatur >250 °C, bezogen auf 5 mm Schichtdicke, eingesetzt werden sollen.

Vor Anwendung des Diagramms sollte IEC 61241-2-1 oder EN 50281-2-1 berücksichtigt werden.

Durch Laborversuche muss die Abhängigkeit der Glimmtemperatur von der Schichtdicke ermittelt werden, falls die Glimmtemperatur einer 5-mm-Staubschicht unter 250 °C liegt oder wenn Zweifel an der Anwendbarkeit des Diagramms bestehen.

Das Diagramm berücksichtigt die verminderte Glimmtemperatur des Staubes und die Temperaturerhöhung des Betriebsmittels wegen Wärmedämmung.

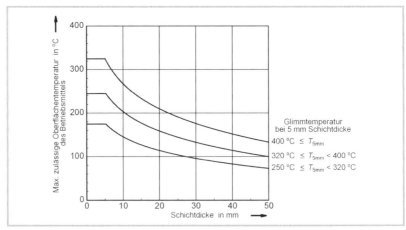

Bild 4.18 *Herabsetzung der maximal zulässigen Oberflächentemperatur von Betriebsmitteln bei Staubauflagen 5...50 mm an der Oberseite*

4.7.3 Staubschichten von übermäßiger Dicke

Definition einer übermäßigen Dicke
Falls Staubablagerungen übermäßiger Dicke an der Oberseite des Betriebsmittels oder seitlich und unterhalb des Betriebsmittels nicht vermieden werden können oder wenn das Betriebsmittel vollständig in Staub eingeschüttet ist, darf infolge der Wärmedämmung nur eine sehr viel niedrigere Oberflächentemperatur zugelassen werden. Die **Bilder 4.19** bis **4.22** aus dem informativen Anhang A zu IEC/EN 61241-14 (früher: EN 50281-1-2) geben Beispiele für „übermäßige Staubschichten".

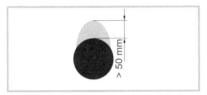

Bild 4.19
Übermäßige Staubablagerung auf einem Betriebsmittel

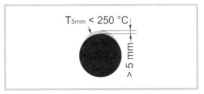

Bild 4.20
Staubablagerung auf dem Betriebsmittel „übermäßig", weil der Staub eine niedrige Glimmtemperatur hat

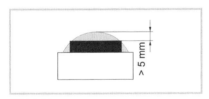

Bild 4.21
Übermäßige Staubablagerung an den Seiten eines Betriebsmittels

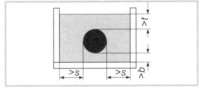

Bild 4.22
Vollständig eingeschüttetes Betriebsmittel; Grenzwerte für die Abmessungen b, s und t sind durch Laboruntersuchung zu ermitteln

Festlegungen für eine bestimmte Dicke T_L
Nach den bisher gültigen Festlegungen in Abschnitt 6.3 von DIN EN 50281-1-2 (VDE 0165-2) war eine Laboruntersuchung des betroffenen Betriebsmittels unter Verwendung des aktuellen Staubes durchzuführen, falls Staubschichten von übermäßiger Dicke vorhanden sind – siehe voriger Abschnitt.

Als Option für den Hersteller im Rahmen der Typprüfung kann künftig eine Oberflächentemperatur T_L unter einer auf typische Anwendungsfälle ausgerichteten Schichtdicke L ermittelt und angegeben werden (**Bild 4.23**).

In Abschnitt 5.2 von IEC/EN 61241-0 ist festgelegt: „*Zusätzlich zu den in 5.1 geforderten maximalen Oberflächentemperaturen nach 5.1 kann die maximale Oberflächentemperatur für eine bestimmte Schichtdicke T_L des Staubes angegeben sein, die das Betriebsmittel allseitig umgibt ...*".

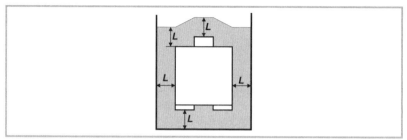

Bild 4.23 *Ermittlung der maximalen Oberflächentemperatur T_L unter einer umgebenden Staubschicht der Dicke L in mm*

Zur Ermittlung der Temperatur T_L wird in Abschnitt 23.4.5.2 der Norm festgelegt: *„Das Betriebsmittel ist nach den Angaben des Herstellers aufzustellen und mit einer Staubschicht der Dicke ‚L' zu umgeben. Die maximale Oberflächentemperatur unter einem Staub mit einer Wärmeleitfähigkeit nicht über 0,03 kcal/(m · °C·h) ist nach 23.4.5.1 zu messen".*

Das vom Autor gewählte Beispiel zeigt, dass die Festlegungen der Norm vor allem bei einer komplexen Außen-Konfiguration des Betriebsmittels interpretationsfähig sind.

Der Anwender muss Abschnitt 6.3.3.4 der Errichtungsbestimmungen IEC/EN 61241-14 beachten: Wenn das Betriebsmittel mit T_L für eine bestimmte Schichtdicke gekennzeichnet ist, muss anstelle der auf 5 mm bezogenen Glimmtemperatur T_{5mm} die auf L bezogene Glimmtemperatur des brennbaren Staubes eingesetzt werden. Die maximale Oberflächentemperatur des Betriebsmittels muss mindestens 75 K niedriger sein als die auf die Schichtdicke L bezogene Glimmtemperatur des brennbaren Staubes.

Tabellenwerke für Glimmtemperaturen, die sich auf eine vom Normwert 5 mm abweichende Schichtdicke beziehen, stehen im Allgemeinen nicht zur Verfügung. Der Anwender muss daher für den betroffenen Staub eine Laboruntersuchung oder anerkannte Computerrechnung (z. B. bei der BAM) veranlassen. Der Faktor der Reduzierung mit zunehmender Schichtdicke kann nicht pauschal angegeben werden; je nach Staubart kann die Glimmtemperatur auf 50 bis 60 % des auf 5 mm bezogenen Normwertes absinken [C9]. Diese Angabe soll keinesfalls eine Laboruntersuchung ersetzen: Sie soll lediglich auf die Gefahr hinweisen, die bei einer Nichtbeachtung der reduzierten Glimmtemperatur entstehen kann.

Nach dem alten Konzept für übermäßige Staubablagerungen (z. B. **Bild 4.24**) müssen Betriebsmittel und konkreter Staub einer Laboruntersuchung unterzogen werden. Der Befundbericht enthält dann alle sicherheitstechnisch relevanten Anweisungen. Nach dem neuen Konzept bleibt die Notwendigkeit einer Untersuchung des Staubes, die aber erst veranlasst wird, wenn die Zahlenwerte auf dem Kennzeichnungsschild vom Anwender richtig interpretiert werden. Die zugehörige Dokumentation erhält hier einen hohen sicherheitstechnischen Stellenwert.

4.7.4 Konstruktive Maßnahmen zur Vermeidung übermäßiger Staubablagerungen

Alternativ oder zusätzlich zur Begrenzung ihrer Oberflächentemperatur können elektrische Betriebsmittel oft auch durch relativ einfache Maßnahmen konstruktiver Art vor übermäßiger Staubablagerung und deren Folgen geschützt werden. Wenn das Gerät selbst keine „staubabweisende", geneigte Oberfläche hat, genügt oft ein einfaches Schutzdach mit einer Neigung von maximal 40° gegenüber der Senkrechten, wie dies in **Bild 4.25** gezeigt wird.

Bild 4.24 *Getriebemotor mit unzulässig hoher Staubauflage in einer Mälzerei*
Foto: BGN

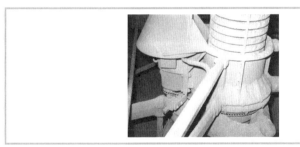

Bild 4.25 *Schutzdach über einem Getriebemotor zum Antrieb der Kratzeinrichtung in einem Silo*
Foto: Fa. Danfoss Bauer, Hersteller: NEUERO

4.8 Baubestimmungen für elektrische Betriebsmittel

Auf der Basis von IEC/EN 61241-0 (DIN EN 50281-1-1) werden in diesem Abschnitt einige der Anforderungen an *staubexplosionsgeschützte elektrische Betriebsmittel* zur Verwendung in den Zonen 20, 21 und 22 behandelt. Für die Zone 20 sind Betriebsmittel der Energietechnik nicht zulässig. Dieser Auszug (**Tabelle 4.7**) kann und soll das Studium der Norm nicht ersetzen. Die Anforde-

Tabelle 4.7 *Zusammenfassung der Anforderungen*

Anforderung an	Kategorien 1 + 2 Zonen 20 + 21	Kategorie 3 Zone 22
Schutz gegen Staubeintritt ins Gehäuse	IP6X	IP5X
Schutz gegen Staubeintritt an Einführungsteilen	IP6X	IP5X
Gleitstielbüschelentladungen müssen vermieden werden *(entspricht DIN VDE 0170/0171-13)*		Ableitwiderstand $\leq$ 1 GΩ Durchschlagspannung $\leq$ 4 kV Schichtdicke $\geq$ 8 mm
Laserstrahlung *(entspricht BGR 104 oder EX-RL)*		0,5 mW/mm^2, dauernd 0,1 mJ/mm^2, Impuls
Ultraschallstrahlung *(entspricht BGR 104 oder EX-RL)*		0,1 W/cm^2 bei 10 MHz, dauernd 0,2 mJ/cm^2, Impuls 0,1 W/cm^2, Mittelwert
Äußerer Anschluss für Potentialausgleich	wie „e"	wie „n"
Steckvorrichtungen und Steckverbinder *(entspricht weitgehend IEC/EN 60079-0; 20)*		Trennung spannungslos; Staub darf nicht in Öffnung fallen bis 10 A, 250 V; genügt IP6X bei Trennung
Leuchten *(entspricht weitgehend IEC/EN 60079-0; 21)*		Lichtquelle mit Abdeckung; Verriegelung oder Warnschild keine Natrium-Niederdrucklampen
Luft- und Kriechstrecken an Anschlussteilen	DIN VDE 0110	DIN VDE 0110
Zertifizierung durch benannte Stelle erforderlich	ja	nein
Kennzeichnung CE-Konformität mit Richtlinie 94/9/EG	CE	CE
Normen-Konformität nach Richtlinie 76/117/EWG	⟨Ex⟩	⟨Ex⟩
Oberflächentemperatur in °C (nicht Temperaturklasse)	T ... °C	T ... °C

rungen orientieren sich weitgehend an IEC/EN 60079-0 (speziell für Zündschutzart „e") und an EN 50021 für Zündschutzart „n".

Künftige Normenänderungen mit Anforderungen an die Stoßfestigkeit bei Kategorie 3 sind zu beachten.

Einige der Anforderungen werden in den folgenden Abschnitten näher erläutert.

4.8.1 Elektrostatische Aufladung

Die Vermeidung von Zündgefahren durch elektrostatische Aufladung in Zone 21 hat beim Staubexplosionsschutz einen besonders hohen Stellenwert. Zwar benötigen explosionsfähige Staub-Luft-Gemische im Vergleich zu Gasen eine hohe Zündenergie (siehe Abschnitt 4.2.4), doch können mit hoher Geschwindigkeit bewegte Staubteilchen (z. B. bei pneumatischer Förderung) auch zu besonders hohen Aufladungen führen.

Gleitstielbüschelentladungen müssen vermieden werden. Dies kann durch die Verwendung von Kunststoff mit mindestens einer der in **Bildern 4.26** bis **4.28** beschriebenen Eigenschaften erreicht werden.

Die **Bilder 4.29** und **4.30** verdeutlichen den optischen Unterschied zwischen einer Büschelentladung und einer Gleitstielbüschelentladung. Beim Experiment ist auch der akustische Unterschied eindrucksvoll [4.19] [C5].

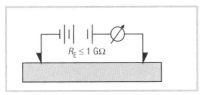 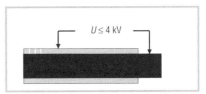

Bild 4.26 *Ableitwiderstand $\leq 1\ G\Omega$ gegen elektrostatische Ableitung zur Erde durch einen Isolierstoff oder entlang seiner Oberfläche, gemessen nach dem in HD 429 S1 beschriebenen Verfahren mit einer Wirkfläche der Ringelektrode von 20 cm²*

Bild 4.27 *Durchschlagspannung $\leq 4\ kV$, gemessen durch die Dicke des Isolierstoffs nach dem in EN 60243-1 beschriebenen Verfahren*

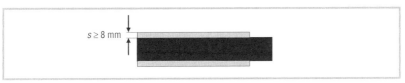

Bild 4.28 *Schichtdicke von äußeren Isolierungen auf Metallteilen $\geq 8\ mm$. Bei einer äußeren Kunststoffschicht von 8 mm Dicke oder mehr auf Metallteilen, z. B. Messsonden oder ähnlichen Anlageteilen, sind keine Gleitstielbüschelentladungen zu erwarten. Die zu erwartende Abnutzung ist zu berücksichtigen.*

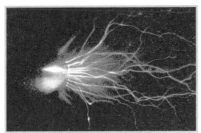 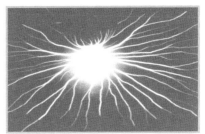

Bild 4.29 *Büschelentladung mit relativ niedriger Zündenergie (ausreichend für Gase)*
Bild: [4-15]

Bild 4.30 *Gleitstielbüschelentladung mit relativ hoher Zündenergie (ausreichend für Stäube)*
Bild: [4-15]

4.8.2 Außenbelüftung

Die Schutzart (IP) der Belüftungsöffnungen von Außenlüftern für drehende elektrische Maschinen mit Außenlüfter muss mindestens IP20 auf der Lufteintrittsseite / IP10 auf der Luftaustrittsseite nach EN 60034-5 sein.

Bei drehenden elektrischen Maschinen mit senkrechter Welle muss das Hineinfallen von Fremdkörpern in die Belüftungsöffnungen verhindert sein.

Lüfter, Lüfterschutzhauben und Schutzgitter müssen so ausgeführt sein, dass die Bestimmungen der Stoßprüfung nach Abschnitt 23.4.2.1 und die geforderten Ergebnisse nach Abschnitt 23.4.2.3 von IEC/EN 61241-0 eingehalten werden. Der Oberflächenwiderstand darf 1 GΩ nicht übersteigen.

Bei normalem Betrieb müssen die Abstände, einschließlich der konstruktionsbedingten Toleranzen, zwischen einem Außenlüfter, seiner Schutzhaube, den Schutzgittern und ihren Befestigungsteilen mindestens 1/100 des größten Lüfterdurchmessers sein, mit der Ausnahme, dass der Abstand nicht mehr als 5 mm betragen muss und auf 1 mm reduziert sein darf, wenn die sich gegenüberstehenden Teile in maßhaltiger Genauigkeit und Stabilität gefertigt sind. In keinem Fall darf der Abstand 1 mm unterschreiten.

Unabhängig von der Geschwindigkeit des Lüfters müssen Lüfter und benachbarte Bauteile (Haube, Schutzgitter) elektrostatisch leitfähig sein, ihr Oberflächenwiderstand darf also 1 GΩ nicht übersteigen. Diese Anforderung gilt für Motoren der Zonen 21 und 22 (in Zone 20 sind Motoren nicht zulässig). Wegen der bei Staub erhöhten Gefahr der elektrostatischen Aufladung ist diese Anforderung gegenüber der Zündschutzart „e" verschärft. Dort wird die elektrostatische Leitfähigkeit erst bei Umfangsgeschwindigkeiten > 50 m/s gefordert.

4.9 Auswahl, Errichten und Instandhalten

Die Kriterien für die Auswahl von Betriebsmitteln und das Errichten von Anlagen in staubexplosionsgefährdeten Bereichen sind in DIN EN 50281-1-2 (VDE 0165-2) oder neu in IEC/EN 61241-14 festgelegt. Zum Thema Prüfung und Instandhaltung gibt es vorläufig die staubspezifischen Bestimmungen DIN EN 61241-17; es wird eine gemeinsam für Gas und Staub geltende Norm IEC/EN 60079-17 angestrebt.

4.9.1 Auswahl nach Konstruktionsmerkmalen und Prüfungen

Das Betriebsmittel sollte unter Beachtung der folgenden Bedingungen ausgewählt werden:
- Glimmtemperatur einer Staubschicht, ermittelt bei 5 mm Schichtdicke,
- maximale Oberflächentemperatur, gemessen ohne Staubauflage,

4.9 Auswahl, Errichten und Instandhalten

- maximal zulässige Oberflächentemperatur für Betriebsmittel bei Anwesenheit einer Staubwolke und mit einer Staubauflage bis zu 5 mm Dicke,
- Gehäuse nach den Anforderungen in DIN EN 50281-1-1 oder neu in IEC/EN 61241-0 und -1,
- Staubdichtheit geprüft nach dem in EN 60529 für Gehäuse der Kategorie 1 festgelegten Verfahren mit künstlichem Unterdruck (**Tabelle 4.8**).

Tabelle 4.8 *Staubschutz in Abhängigkeit von Zone und Staubart*

Zone	Schutzart
21	IP6X
22 mit leitfähigem Staub	
22	IP5X

4.9.2 Errichten

Gegenüber den allgemeinen Errichtungsbestimmungen nach DIN VDE 0100 und EN 60079-14 ergeben sich aus [B25] und DIN EN 61241-14 einige *zusätzliche Anforderungen.* Maßgebend ist der vollständige Text der Norm.

4.9.3 Behandlung der Gefahren durch Staubablagerungen

Nach den jetzt geltenden Bestimmungen ist der Gefahr durch Staubablagerungen nicht durch eine Zoneneinteilung, sondern durch die *Begrenzung der Oberflächentemperatur* von Betriebsmitteln – abhängig von der Schichtdicke bis hin zur vollständigen Einschüttung – zu begegnen. **Bild 4.31** zeigt in Anlehnung an

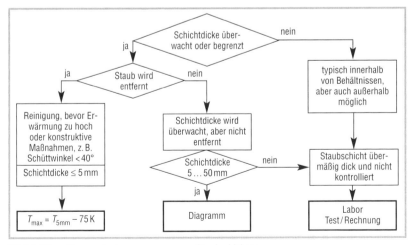

Bild 4.31 *Temperaturbegrenzung wegen Staubschichten*

EN 50281-3 und IEC/EN 61241-10, wie unter konsequenter Anwendung bereits bestehender Regeln die Gefahr durch Staubablagerungen ohne Änderung der Zoneneinteilung in den neuen Normen behandelt wird.

4.9.4 Gefahrlose Beseitigung von Staubablagerungen

Die dringend gebotene Reinhaltung der Anlage kann zur Gefahr werden, wenn der Staub bei der Beseitigung aufgewirbelt wird und mit einer Zündquelle in Berührung kommt. In diesem speziellen Zusammenhang wird auf die Veröffentlichungen [4-16] und [4-17] hingewiesen.

Nach [4-17] können Industriestaubsauger der Bauart 1, die den Anforderungen der Zone 11 entsprechen, in der Zone 22 weiterverwendet werden (**Bild 4.32**). Wenn der Betreiber durch organisatorische Maßnahmen sicherstellt, dass in der Zone 21 die für diese Klassifizierung maßgebenden Bedingungen abgestellt sind, ist eine zeitweilige Verwendung solcher Geräte auch in der Zone 21 vertretbar.

Die *Reinhaltung des Betriebs* hat im Staubexplosionsschutz einen hohen Stellenwert, weil – im Gegensatz zu Gasen – eine Folge von für sich allein unter der Explosionsgrenze liegenden Freisetzungen zu einer gefährlich hohen Staubmenge akkumulieren kann. Allgemeine Festlegungen in §3 der ElexV (alt) und in den EX-RL (BGR 104), Abschnitt E 1.5, weisen auf die Reinigungspflicht hin.

Bei der neuen „Einteilung von staubexplosionsgefährdeten Bereichen" nach IEC 61241-10 und EN 50281-3 wird der Grad der Reinhaltung quantifiziert und in die Klassifizierung der Bereiche einbezogen (**Tabelle 4.9**).

Bild 4.32 *Industriestaubsauger der Staubklasse M Bauart 1 (zündquellenfrei) mit BIA-GS-Prüfbescheinigung für Zone 22*
Quelle: Fa. RUWAC

Tabelle 4.9 *Klassifizierung von Bereichen nach dem Grad der Reinhaltung*

Grad der Reinhaltung	Dicke der Staubschicht	Bestand der Staubschicht	Brand- oder Explosionsgefahr
gut	keine oder vernachlässigbar	kein	keine
befriedigend	nicht vernachlässigbar	kürzer als eine Betriebsschicht	keine, falls Oberflächentemperatur der Betriebsmittel begrenzt nach Regel 1 im Anhang B [B-23]
schlecht	nicht vernachlässigbar	länger als eine Betriebsschicht	Brandgefahr und bei Aufwirbelung Zone 22

4.10 Staub-Zündschutzarten

Die **Tabelle 4.10** zeigt die derzeitigen Planungen. Die vorstehenden Ausführungen beziehen sich vorwiegend auf den „Staubexplosionsschutz durch Gehäuse tD", für den die Normungsarbeit am weitesten fortgeschritten ist und der bei elektrischen Betriebsmitteln vorwiegend zur Anwendung kommt.

Tabelle 4.10 *Staub-Zündschutzarten nach dem derzeitigen Stand der Normung*

Symbol	Prinzip	Zündschutzart	Bisheriger Stand bei IEC	Künftiger Stand bei IEC/EN	Überholter Stand bei CLC
tD		IP-Gehäuse und Temperaturbegrenzung (tightness and temperature control)	IEC 61241-1-1	IEC/EN 61241-0 IEC/EN 61241-1	EN 50281-1-1
pD		Überdruckkapselung (pressuration)	IEC 61241-4: 2001-03	IEC/EN 61241-4	–
iD		Eigensicherheit (intrinsic safety)	31H/160/NP	IEC/EN 61241-11	–
mD		Vergusskapselung (moulded compound)	Entwurf zu IEC 61241-18 (VDE 0170-15 bis -18): 2002-09	IEC/EN 61241-18	–

4.11 Struktur der Normen

Das Bezeichnungssystem bei IEC ist derzeit im Umbruch. Mit einer Angleichung der Struktur an die Bezeichnung der Normen für den Gasexplosionsschutz soll die Voraussetzung für eine bereits anlaufende *Zusammenführung der Normen* für Gas und Staub geschaffen werden.

In der Spalte „IEC" der **Tabelle 4.11** stehen die aktuellen Bezeichnungen an erster Stelle; ältere bestehende Normen (soweit vorhanden) sind in Klammer gesetzt.

Die hervorgehobenen europäischen Normen sind derzeit im Rahmen von ATEX verbindlich. Mittelfristig werden die Normen für Gas- und Staub-Explosionsschutz zusammengefasst, soweit dies möglich ist (vgl. Spalte „Gas+Staub").

Tabelle 4.11 *Struktur und Stand der Normenreihe zum Staubexplosionsschutz*

Thema	IEC (Staub)	IEC (Gas+Staub)	EN	DIN/VDE
Allgemeine Bestimmungen	61241-0	60079-0	EN 61241-0	0170 - 15-0
Schutz durch Gehäuse Zündschutzart "tD"	61241-1 (61241-1-1)		61241-1 50281-1-1	0170 - 15-1 0170 - 15-1-1
Auswahl und Errichten	61241-14 (61241-1-2)	60079-14 (Projekt für 2007)	61241-14 50281-1-2	0165 - 2
Prüfmethoden				
Mindestzündtemperatur	61241-20-1 (61241-2-1)		50281-2-1	0170 - 15-2-1
Widerstand von Staubschüttungen	61241-20-2 (61241-2-2)		61241-2-2 (50281-2-2)	0170 - 15-2-2
Mindestzündenergie	61241-20-3 (61241-2-3)		50281-2-3	künftig bei
Untere Explosionsgrenze	61241-2-4		50281-2-4	CEN
Zoneneinteilung	61241-10 (61241-3)		EN 61241-10 50281-3	0165 - 102
Prüfung und Instandhaltung	61241-17 Entw.gestoppt	60079-17 (Projekt für 2007)	EN 60079-17 (z. Zt. Projekt)	VDE 0165 - 10-2 (Entwurf)
Reparatur und Überholung	61241-19 Entw.gestoppt	60079-19 (Projekt für 2006)		-
Zündschutzart "pD"	61241-4 (61241-2 neue Nr.)		61241-4	0170 - 15-4
Zündschutzart "iD"	61241-11 Entwurf	60079-11 (Projekt offen)		0170 - 15-11
Zündschutzart „mD"	61241-18 Entw.gestoppt	60079-18 (Projekt bald)		0170 - 15-18

Elektroinstallation

Rundumschutz für Kabel und Leitungen

Herbert Schmolke
Auswahl und Bemessung von Kabeln und Leitungen
2004. 104 Seiten.
Mit CD-ROM.
Kartoniert. € 18,–
ISBN 3-8101-0202-4

Mit dem vorliegenden Buch wird eine professionelle Anleitung zur Berechnung von Kabeln und Leitungen bereitgestellt.

In didaktisch ausgereifter Form ermöglicht der Autor dem Lernenden ein tiefes Verständnis der Zusammenhänge und gibt ihm eine konzentrierte Zusammenfassung aller zu beachtenden Fakten.

Der gestandene Elektrofachmann kann anhand dieses Leitfadens überprüfen, ob seine Entscheidungen auch wirklich immer gerichtsfest sind.

Dem Buch beigelegt ist eine CD mit vier automatischen Tabellen zur Strom-, Kabel- und Leitungsberechnung sowie zur Festlegung des Nennstroms von Überstromschutzeinrichtungen. Damit ist es möglich, die meisten der behandelten Berechnungen sehr zeitsparend auszuführen.

Das Buch basiert auf den Neufassungen folgender Normen: DIN VDE 0100-482, DIN VDE 0100-520, Beiblatt 2 zu DIN VDE 0100-520, DIN VDE 0298-4.

HÜTHIG & PFLAUM
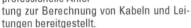
V E R L A G
Postfach 10 28 69 · D-69018 Heidelberg
Kontakt: Tel. 0 62 21/4 89-5 55
de-buchservice@de-online.info
Internet: www.de-online.info

Für explosionsgefährdete Bereiche
DK-Kabelabzweigkästen von Hensel

NEU!!

nach ATEX 100a

einsetzbar in Zone 2 und Zone 22

Aktuelles Informationsmaterial erhalten Sie unter **www.hensel-electric.de** oder direkt bei uns. Wir beraten Sie gerne!

Gustav Hensel GmbH & Co. KG

Gustav-Hensel-Straße 6
D-57368 Lennestadt

Telefon: 0 27 23/6 09-0
Telefax: 0 27 23/6 00 52
ATEX-Hotline: 0 27 23/6 09-2 00
E-Mail: info@hensel-atex.de
www.hensel-atex.de

Elektroinstallations- und Verteilungssysteme

4.12 Vorschriften in Nordamerika

In der neuen europäischen Norm EN 61241-1 wird als „Verfahren B" (im Original treffender: „Practice B") eine Variante zur Wahl gestellt, die in Nordamerika seit sieben Jahrzehnten verwendet wird. Bei der Übernahme der IEC 1241-1-1 als EN 50281-1-1:1998 konnte das Verfahren B zunächst eliminiert werden, da die Arbeiten ausschließlich auf europäischer CENELEC-Ebene abliefen.

Die neuen Normen für die Zündschutzart „tD" (IEC/EN 61241-1) wurden jedoch im Parallelverfahren zwischen IEC und CENELEC erstellt und enthalten daher zwangsläufig wieder den Konsens mit beiden Verfahren A und B, (siehe **Tabelle 4.12** und **Bild 4.33**).

Weitere Einzelheiten zu diesem Thema in [4-20].

Tabelle 4.12 *Vergleich der Verfahren A und B für Zündschutzart „tD" in EN 61241-1*

	Verfahren A	Verfahren B
Basis-Normen	EN 1127 und EN 60529	UL 674 und CSA C 222 No. 145
Staubauflage bei der Temperaturprüfung	ohne	mit
Glimmtemperatur, bezogen auf Schichthöhe	5 mm	12,5 mm (1/2 Zoll)
Kriterien für die Dichtheit	IP6X / IP5X	Spaltweite am Dichtspalt
Korngröße des Prüfstaubes	< 75 µm	< 150 µm
Konstruktive Festlegungen	keine	spezielle

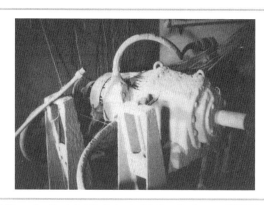

Bild 4.33 *Prüfung der Staubdichtheit durch 6 Zyklen Erwärmung/Abkühlung nach Verfahren B in IEC/EN 60241-1*
Foto: Fa. Danfoss Bauer

5 Elektrische Antriebe und ihre Schutzeinrichtungen

5.1 Elektrische Maschinen als Sonderfall des Explosionsschutzes

Für eine gesonderte Behandlung des Explosionsschutzes elektrischer Maschinen sprechen u. a. folgende Gründe:
- Elektromotoren arbeiten in relativ großen Stückzahlen in explosionsgefährdeten Bereichen, weil die an sich zu bevorzugende Aufstellung außerhalb des Gefahrenbereiches entweder nur mit hohem Aufwand (mechanische statt elektrische Energieübertragung) oder gar nicht zu realisieren wäre (**Bild 5.1**).
- So sind beispielsweise allein in den Werken der BASF fast 100 000 explosionsgeschützte Elektromotoren in Betrieb.
- Elektromotoren arbeiten unter sehr unterschiedlichen Belastungsbedingungen (Leerlauf – Nennlast – Überlast – Kurzschluss mit festgebremstem Läufer), so dass der Überlastungsschutz beispielsweise auf eine Stromaufnahme im Verhältnis 1 : 15 angemessen reagieren muss.
- Elektromotoren sind bestimmungsgemäß mit hoher Geschwindigkeit in Bewegung und können daher auch aus mechanischen Gründen (z. B. Streifen) einen Zündanlass bieten.

Bild 5.1 *Elektrische Antriebe in normaler, durchzugbelüfteter Ausführung außerhalb des explosionsgefährdeten Bereiches – eine Variante des „primären Explosionsschutzes", die in der modernen Antriebstechnik kaum mehr zu finden ist*
Aufnahme aus dem Jahr 1920 mit freundlicher Genehmigung der Fa. BASF

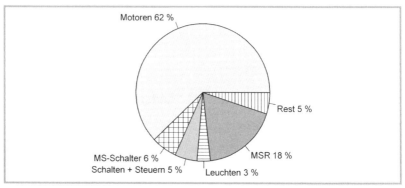

Bild 5.2 *Anteile der Betriebsmittelarten an den Prüfbescheinigungen der PTB* Mittelwert der Jahre 1990 bis 1999

5.2 Anwendbare Zündschutzarten

Für elektrische Maschinen sind folgende *Zündschutzarten* üblich:
- Erhöhte Sicherheit „e",
- Druckfeste Kapselung „d",
- Überdruckkapselung „p",
- Funkenfrei „n",
- Staubexplosionsgeschützt „tD".

Ihre Anwendung ergibt sich aus der Art der explosionsfähigen Atmosphäre und der Wahrscheinlichkeit ihres Auftretens (Zone). Innerhalb ihrer Anwendungsgruppe sind die Zündschutzarten „e", „d" und „p" nach den Normen und gesetzlichen Bestimmungen gleichwertig (**Tabellen 5.1** und **5.2** sowie **Bild 5.3**).

Für den praktischen Einsatz ergibt sich jedoch eine unterschiedliche Bewertung, die teilweise technisch oder wirtschaftlich zu begründen ist, teilweise jedoch auch durch bestimmte Betriebserfahrungen oder (z. B. im angelsächsischen Ausland) durch eine jahrzehntelange andere Normenpraxis zu erklären ist.

In den folgenden Abschnitten wird mit unterschiedlichen Gesichtspunkten versucht abzugrenzen, wo eine solche abweichende Bewertung der Zündschutzarten begründet ist.

Neben technischen und wirtschaftlichen Gründen spielt bei der Auswahl der Zündschutzart auch eine gewisse Rolle, in welchen Leistungsbereichen die Motoren überhaupt angeboten werden.

5.2 Anwendbare Zündschutzarten

Tabelle 5.1 *Zündschutzarten elektrischer Maschinen in Abhängigkeit von der Art der explosionsfähigen Atmosphäre und von der Zone*

Ex-Gefahr	Zone	Zulässige Betriebsmittel	Zugehörige Vorschriften Bau	Errichtung
Brennbarer Staub	20	Betriebsmittel der Energietechnik (Motoren) nur nach Sonderabnahme	EN 50281-1-1 (VDE 0170-15-1-1) + Anforderungen Kat. 1 EN 61241-0, -1 (VDE 0170-15-0, -1) + Anforderungen Kat. 1	EN 50281-1-2 (VDE 0165-2) EN 61241-14 (VDE 0165-2/A2)
	21	EEx tD + IP6X	EN 50281-1-1 (VDE 0170-15-1-1) EN 61241-0, -1 (VDE 0170-15-0, -1)	EN 50281-1-2 (VDE 0165-2) EN 61241-14 (VDE 0165-2/A2)
	22	EEx tD + IP5X	EN 50281-1-1 (VDE 0170-15-1-1) EN 61241-0, -1 (VDE 0170-15-0,-1)	EN 50281-1-2 (VDE 0165-2) EN 61241-14 (VDE 0165-2/A2)
Gase und Dämpfe	1	Allgemein EEx e II EEx d II EEx p II	EN 60079-0 / EN 50014 EN 60079-7 / EN 50019 EN 60079-1 / EN 50018 EN 60079-2 / EN 50016	DIN EN 60079-14 (VDE 0165-1)
	2	EEx nA II oder ausgewählt durch kompetente Person	EN 60079-15 / EN 50021 nach EN 60079-14, 5.2.3, c)	DIN EN 60079-14 (VDE 0165-1)
Schlagwetter	–	EEx d I	EN 60079-0 / EN 50014 EN 60079-1 / EN 50018	DIN VDE 0118
Explosivstoffe	E1 E2 E3	IP6X IP5X IP4X	prEN 50273:2000-10 (zz. Entwurf)	DIN VDE 0166 (zz. Entwurf)

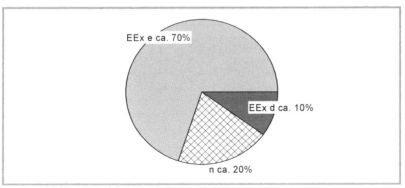

Bild 5.3 Anteile der Zündschutzarten „e" und „d" bei Elektromotoren in drei großen deutschen Chemiewerken
(Stückzahlen nach einer Erhebung 1990; aktualisiert durch die PTB 2005)
n „normal" ohne Explosionsschutz und „nA"

Tabelle 5.2 *Prinzip der für elektrische Maschinen anwendbaren Zündschutzarten*

Symbol und Prinzip	Zündschutzart
d	**Druckfeste Kapselung** (flameproof enclosure)
	Zündschutzart, bei der die Teile, die eine explosionsfähige Atmosphäre zünden können, in einem Gehäuse angeordnet sind, das bei der Explosion eines explosionsfähigen Gemisches im Innern deren Druck aushält und eine Übertragung der Explosion auf die das Gehäuse umgebende explosionsfähige Atmosphäre verhindert.
	übliche Anwendung: umrichtergespeiste Käfigläufermotoren, GS-Motoren
e	**Erhöhte Sicherheit** (increased safety)
	Zündschutzart, bei der zusätzliche Maßnahmen getroffen sind, um mit einem erhöhten Grad an Sicherheit die Möglichkeit unzulässig hoher Temperaturen und des Entstehens von Funken oder Lichtbögen im Innern und an äußeren Teilen elektrischer Betriebsmittel, bei denen diese im normalen Betrieb nicht auftreten, zu verhindern.
	übliche Anwendung: Drehstrom-Käfigläufermotoren
p	**Überdruckkapselung** (pressurization)
	Zündschutzart, bei der die Bildung einer explosionsfähigen Atmosphäre im Innern eines Gehäuses dadurch verhindert wird, dass durch ein Zündschutzgas ein innerer Überdruck gegenüber der umgebenden Atmosphäre aufrechterhalten wird und dass, wenn notwendig, das Innere des Gehäuses ständig so mit Zündschutzgas versorgt wird, dass die Verdünnung brennbarer Gemische erreicht wird.
	übliche Anwendung: große elektrische Maschinen aller Art
n	**Schwadensicher oder nicht funkend**
	Zone-2-Betriebsmittel (restricted breathing oder non-sparking)
	Zündschutzart, bei der für den normalen Betrieb und bestimmte anormale Bedingungen, wie sie in der Norm festgelegt sind, erreicht wird, dass die Betriebsmittel nicht in der Lage sind, eine umgebende explosionsfähige Atmosphäre zu zünden.
A	*übliche Anwendung:* Drehstrom-Käfigläufermotoren
i	**Eigensicherheit** (intrinsic safety)
	Eigensicher ist ein Stromkreis, in dem weder ein Funke noch ein thermischer Effekt, der unter den in der Norm festgelegten Bedingungen auftritt, die den ungestörten Betrieb und bestimmte Fehlerbedingungen umfassen, eine Zündung einer bestimmten explosionsfähigen Atmosphäre verursachen kann.
	übliche Anwendung: Tachogeneratoren

5.3 Allgemeine Anforderungen für Bauart und Prüfung

Aus DIN EN 60079-0 ergeben sich für elektrische Maschinen der Zündschutzarten „e" und „d" u. a. folgende Anforderungen:

5.3.1 Mechanische Anforderungen

- Elektrische Maschinen müssen normalerweise für die Anwendung im Umgebungstemperaturbereich −20 bis +40 °C ausgelegt sein; andernfalls ist das Zeichen X in der Baumusterprüfbescheinigung zu verwenden, und die Temperaturgrenzen sind anzugeben.
- Leichtmetall-Gehäuse und Leichtmetall-Lüfterräder für Gruppe ll dürfen nicht mehr als 6 % (Massenanteil) Magnesium enthalten.
- Zusätzlich zu dem Schutzleiteranschluss im Anschlusskasten muss bei Metallgehäusen ein äußeres Anschlussteil für den Potentialausgleich vorgesehen werden.
- In einem Anschlussraum, der einer besonderen Zündschutzart entspricht, müssen Anschlussteile zum Anschluss an äußere Stromkreise vorhanden sein.
- Der Abstand zwischen einem Außenlüfter und seiner Schutzhaube soll mindestens 1/100 des größten Lüfterdurchmessers, aber nicht weniger als 1 mm betragen (**Bild 5.4**).
- Lüfterrad, Haube und Schutzgitter müssen elektrostatisch leitfähig sein, wenn die Umfangsgeschwindigkeit des Lüfters 50 m/s oder mehr beträgt. Ableitwiderstand ≤ 1 GΩ (**Bild 5.5**).
- Gehäuseteile und Lüfterhauben müssen eine Stoßprüfung mit 7 J aushalten, ohne dass die Zündschutzart beeinträchtigt wird (**Bild 5.6**). Die Lüfterhaube darf sich nicht so verlagern oder verformen, dass es zum Streifen des Lüfterrades kommt.

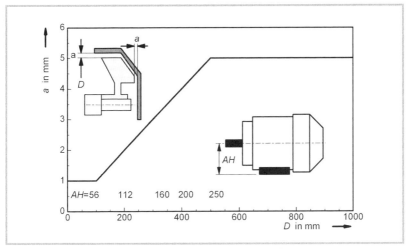

Bild 5.4 *Mindestabstände im Lüftungssystem von Motoren der Zündschutzarten „e" und „d" nach EN 60079-0, Abschnitt 17.4*

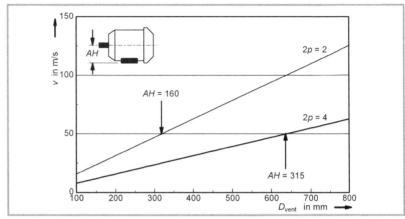

Bild 5.5 Elekrostatisch leitfähige Lüftungsteile 2- und 4-poliger Normmotoren bei 50 Hz; Ableitwiderstand $\leq 1\ G\Omega$ bei $v \geq 50\ m/s$ nach EN 60079-0, Abschnitt 17.5

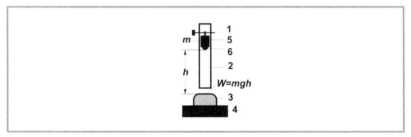

Bild 5.6 Schlagprüfung einer Lüfterhaube (3) mit einer Schlagenergie von 7 J; Schlagstück (5) mit 1 kg fällt aus 0,7 m Höhe (h) mit Halbkugel (6) 25 mm auf zwei Stellen
1 Auslöser; 2 Führungsrohr; 4 Unterlage

5.3.2 Grenztemperaturen

Tabelle 5.3 enthält die Grenztemperaturen in Abhängigkeit von Temperaturklasse und Zündschutzart für elektrische Maschinen der Isolierstoffklasse F (siehe auch Abschnitte 5.4 und 5.5).

5.3.3 IP-Schutzarten

Bei Motoren sind folgende Mindestschutzarten gefordert:
- für blanke, unter Spannung stehende Teile (z. B. Klemmen): IP54
- für isolierte Teile (übriges Motorgehäuse): IP44

5.3 Allgemeine Anforderungen für Bauart und Prüfung

- bei Aufstellung in sauberen Räumen mit regelmäßiger Überwachung durch Fachpersonal
  - in bergbaulichen Betrieben Gruppe l: IP23
  - in anderen Betrieben Gruppe ll: IP20
- an der Lufteintrittseite geschlossener Maschinen (**Bild 5.7**): IP2X
- an der Luftaustrittseite Gruppe l: IP2X
  - Gruppe ll: IP1X
- bei Vertikalmotoren muss das Hineinfallen von kleinen Fremdkörpern auf der Lufteintrittsseite durch ein Schutzdach oder durch entsprechenden Einbau verhindert sein (**Bild 5.8**).

Tabelle 5.3 *Grenztemperaturen elektrischer Maschinen der Zündschutzarten „e" und „d" in °C*

Temperaturklasse	T1	T2	T3	T4	T5	T6
Zündtemperatur EN 60079-14, Tab. 1	> 450	> 300	> 200	> 135	> 100	> 85
Oberfläche (innen oder außen) EN 60079-0, 26.5.1	440	290	195	130	95	80
Wicklung der Klasse F bei S1 EEx d = normal (EN 60034-1)	145	145	145	145	95	80
Wicklung der Klasse F bei S1 EEx e = reduziert EN 60079-7, Tab.3	130	130	130	130	95	80
Wicklung der Klasse F EEx e am Ende der Zeit t_E EN 60079-7, Tab. 3	210	210	195	130	95	80
Käfig am Ende der Zeit t_E PTB-Prüfregeln	290	290	195	130	95	80

☐ abhängig von der Temperaturklasse des Gases

☐ abhängig von der Wärmeklasse (Isolierstoffklasse) der Wicklung

Bild 5.7
Lüfterhaube für waagerechte Aufstellung mit Eintrittsgrill

Bild 5.8
Schutzhaube über der Lüfterhaube bei senkrechter Aufstellung mit nach unten zeigender Welle

5.4 Zündschutzart Erhöhte Sicherheit „e"

Grundgedanke der Zündschutzart „e" ist, durch besondere Schutzmaßnahmen die *Wahrscheinlichkeit eines Zündanlasses* so gering zu halten, dass ein Zusammentreffen mit dem ebenfalls nur gelegentlich auftretenden zündfähigen Gemisch unwahrscheinlich wird.

Ein wichtiges Element der Schutzmaßnahmen ist der *Überlastungsschutz* – in der Regel durch Motorschutzschalter – dessen Auswahl und Einstellung deshalb mit besonderer Sorgfalt erfolgen muss.

Motoren mit Käfigläufern werden sehr häufig in der Zündschutzart „e" ausgeführt, die in Deutschland entwickelt wurde und nicht zuletzt dank der engagierten Bemühungen von Prof. Dr. *H. Dreier* (früher PTB) internationale Anerkennung gefunden hat. Eine wichtige Voraussetzung für die internationale Verbreitung der Zündschutzart „e" war durch IEC 60079-7 Electrical apparatus for explosive gas atmospheres; Part 7: Construction and test of electrical apparatus, type of protection ‚e' im Jahr 1969 gegeben.

Ein Gehäuse mit hoher IP-Schutzart ist *schwadensicher* und bietet damit zusätzliche Sicherheiten im Sinne des Explosionsschutzes, obwohl dies in den Anforderungen für die Zündschutzart „e" nicht ausdrücklich verlangt ist.

5.4.1 Thermische Schutzmaßnahmen

Wichtiger Bestandteil der Zündschutzart „e" sind die thermischen Schutzmaßnahmen, da ja der Zündanlass von vornherein sicher vermieden werden soll.

Grenz-Übertemperatur der Wicklung

Die Grenz-Übertemperatur der Wicklung ist gegenüber den für normale Motoren gültigen Werten bei Wärmeklasse B um 10 K und bei Wärmeklasse F um 15 K (nach EN 60079-7, Tab. 3) herabgesetzt, was nach der Montsinger'schen Regel theoretisch etwa einer Verdopplung der Lebensdauer (= erhöhte Sicherheit) entspricht. Unter Beibehaltung der Paketabmessungen ist also im Allgemeinen die Leistungsabgabe gegenüber den Normalwerten zu reduzieren.

Die in **Tabelle 5.4** genannten Werte sind Übertemperaturen, die bei einer höchstzulässigen Umgebungstemperatur von 40 °C auftreten dürfen.

Tabelle 5.4 *Isolationsbedingte Grenz-Übertemperaturen für isolierte Wicklungen bei S1*

Wärmeklasse (Isolierstoffklasse)	Grenz-Übertemperatur in K
E	65
B	70
F	90
H	115

5.4 Zündschutzart Erhöhte Sicherheit „e"

Bedenkt man, dass viele Stoffe in die Temperaturklasse T4 für Gemische mit Zündtemperaturen von 135 bis 200 °C eingeordnet werden, so ist ersichtlich, dass die zulässige Wicklungstemperatur auch mit Rücksicht auf einen eventuellen Störungsfall begrenzt werden muss. Dem thermisch verzögerten Überstromrelais wird daher bei der Zündschutzart „e" bei allen Betriebszuständen eine außerordentlich *weitgehende Schutzfunktion* übertragen.

Bild 5.9 zeigt die in DIN 46673-1 und -2 festgelegten *Bemessungsleistungen* für Drehstrom-Asynchronmotoren (Leistungsabschläge bei T2 und T3 von 10 bis 25 %) sowie die in Katalogen üblichen Abschläge bei T4 (bis 45 %), soweit T4 überhaupt noch angeboten wird.

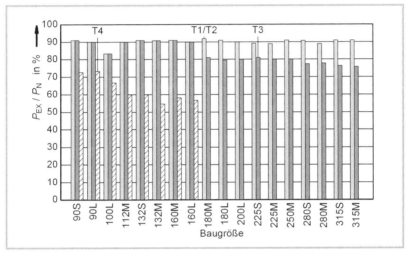

Bild 5.9 *Reduzierte Bemessungsleistung P von Motoren der Baugrößen 90S ... 315M Temperaturklassen T1/T2 bzw. T3 nach DIN 46673-1 und -2; T4 nach Katalogangaben von Herstellern*

Die Leistungsreduzierung der Motoren in Zündschutzart „e" hat unter dem Gesichtspunkt der Energieeinsparung einen Nebeneffekt: Das **Bild 5.10** zeigt am Beispiel der Katalogangaben eines Herstellers von Normmotoren, dass bei Auslegung für Temperaturklasse T3 etwa 2 bis 3 und für T4 bis zu 5 Prozentpunkte an Wirkungsgrad gegenüber der Normalauslegung gewonnen werden können.

Zeit t_E

Im Konzept der Zündschutzart „e" spielt dieser Begriff eine wichtige Rolle. Er ist in der Norm und im IEV unter 426-08-02 so definiert: *„Zeitspanne, innerhalb der sich eine Wechselstromwicklung durch ihren Anzugsstrom I_A von der Endtemperatur im Bemessungsbetrieb bei der höchstzulässigen Umgebungstemperatur bis zu ihrer Grenztemperatur erwärmt."*

Die Zeit t_E ist zusammen mit dem *Anzugsstromverhältnis* I_A/I_N ein wichtiges Kriterium für die Auswahl und Einstellung des *Motorschutzschalters*, mit dessen Hilfe der nicht auszuschließende Störungsfall „blockierter Läufer" erfasst werden kann. Das **Bild 5.11** macht die Definition deutlich: Beim Dauerbetrieb (S1 im Stundenmaßstab) mit Bemessungsleistung erreicht die Motorwicklung nach

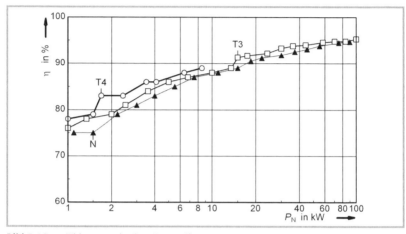

Bild 5.10   *Wirkungsgrade einer Typenreihe von Normmotoren*
N   Normalausführung
T3   explosionsgeschützt EEx e II T3 mit etwa 20 % verminderter Leistung
T4   explosionsgeschützt EEx e II T4 mit etwa 30 bis 40 % verminderter Leistung

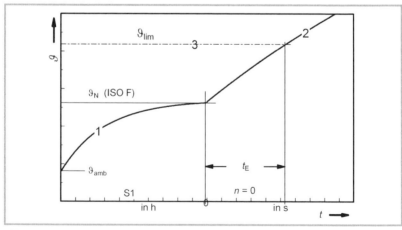

Bild 5.11   *Schematische Darstellung zur Definition der Zeit t_E*
Von der im Dauerbetrieb (S1) erreichten Nenntemperatur ϑ_N steigt die Wicklungstemperatur bei festgebremstem Läufer ($n = 0$) steil an. Der Motorschutzschalter muss spätestens innerhalb t_E vor dem Erreichen der Grenztemperatur ϑ_{lim} abschalten.

Kurve 1 die Bemessungstemperatur ϑ_N – bezogen auf die maximal zulässige Umgebungstemperatur ϑ_{amb}. Im Blockierungsfall ($n = 0$) steigt die Temperatur nach Kurve 2 rasch an – maßgebend ist der höhere Wert von Ständer oder Läufer. Bevor die Grenztemperatur ϑ_{lim} (3) erreicht wird – also innerhab der Zeit t_E – muss der Schutzschalter auslösen. Die Grenztemperatur ergibt sich entweder aus der Zündtemperatur entsprechend der Temperaturklasse oder der zulässigen Wicklungstemperatur am Ende der Zeit t_E entsprechend der Wärmeklasse der Wicklungsisolierung; der niedrigere Wert ist maßgebend.

Weiteres zur Bestimmung und Verwendung der Zeit t_E im Abschnitt 5.9.

Die Schutzeinrichtung muss EN 60947 entsprechen und ihre Funktion muss durch eine benannte Stelle überprüft und gekennzeichnet sein durch ⟨Ex⟩ II(2) G. (2) bedeutet: Relais ist im ungefährdeten Bereich aufgestellt; seine Schutzfunktion wirkt in Kategorie 2 (Zone 1) hinein gemäß RL 94/9/EG Artikel 1 (2) und ATEX-Leitlinien 11.2.1.

Einzelheiten zur Funktionsprüfung von Motorschutzeinrichtungen siehe Abschnitt 5.9.13.

5.4.2 Isolationstechnische Schutzmaßnahmen

Bei der Zündschutzart Erhöhte Sicherheit „e" spielt die Isolierung eine wichtige Rolle. Die Motorwicklung ist mit einem lösungsmittelfreien Tränkmittel einmal und bei lösungsmittelhaltigen Lacken zweimal zu tränken und zu trocknen. *Luft- und Kriechstrecken* – vor allem im Anschlussraum – müssen den genormten Mindestwerten entsprechen, die gegenüber normalen Betriebsmitteln wesentlich erhöht sind. Die früher geforderte Eignungsbestätigung für das Tränkmittel ist seit 1999 entfallen, kann aber noch auf freiwilliger Basis z. B. vom TÜV Nord erlangt werden.

Wicklungsdrähte mit einem Nenndurchmesser $< 0{,}25$ mm sind nicht zulässig. *Lackisolierte Leiter* müssen dem Grad 2 (z. B. nach EN 60317-3) entsprechen oder, falls der Lackauftrag nur den Grad 1 erfüllt, die Prüfwechselpannungen wie beim Grad 2 aushalten.

Alle *Leiteranschlüsse* müssen gegen Selbstlockern gesichert sein. Außerdem müssen nach DIN VDE 0609 die Klemmstellen für Leiter bis zu einem Querschnitt von 10 mm^2 das Klemmen ohne besonderes Herrichten des Leiters ermöglichen. Diese Forderungen werden durch genormte Klemmenplatten mit *Schlitzbolzen* nach DIN 46295 erfüllt.

Trotz einer in der Norm verankerten Verbesserung der mechanischen Festigkeit der Schlitzbolzen (nichtrostender Stahl statt Messing) wird diese Klemmenart von einer wichtigen Abnehmergruppe (VIK = Verband der Industriellen Energie- und Kraftwirtschaft) abgelehnt. Klemmenplatten mit Schlitzbolzen sind jedoch nur eine von mehreren normgerechten und zulassungsfähigen Lösungen für den Anschluss.

Als Beispiel gilt ein Klemmenbrett, bei dem ein H-förmiger Klemmbügel auf der Unterseite den Verdrehschutz übernimmt, während in die obere, U-förmige Hälfte eine dachförmige *Anschlussscheibe* nach DIN 46288 eingelegt wird. Das abisolierte gerade Ende des Netzleiters wird unter die Anschlussscheibe „gesteckt" und mit der Mutter festgeklemmt (**Bild 5.12**).

Die Anschlusstechnik unter Verwendung von Anschlussscheiben nach DIN 46288 hat sich bei Schaltschützen seit Jahrzehnten millionenfach auch unter betriebsmäßiger Erschütterung bewährt. Sie wurde nach einem langwierigen Prüfverfahren von der PTB für die Zündschutzart „e" akzeptiert.

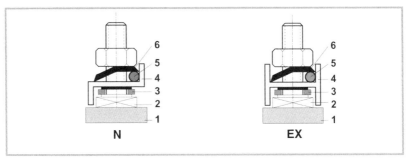

Bild 5.12 *Beispiele für Anschlusstechnik*
Quelle: Fa. Danfoss Bauer
links normal (N), rechts Zündschutzart „e" (EX)
1 Sockel; 2 Vierkant; 3 Kabelschuh an Wi-Ableitung; 4 Verdrehschutz
(N = Z, EX = U-Bügel); 5 Netzleiter; 6 Anschlussscheibe

5.4.3 Mechanische Schutzmaßnahmen

Neben den allgemeinen Anforderungen an Abstände und Stoßfestigkeit des Belüftungssystems (Abschnitt 5.3) werden die in **Bild 5.13** dargestellten Mindestwerte für den *radialen Luftspalt* zwischen Ständer und Läufer verlangt. Das Diagramm gilt für die Frequenz 50 Hz. Im Einzelfall sind die tatsächlichen Drehzahlen (z. B. bei 60 Hz oder variabler Frequenz) zu beachten.

Bei Vertikalmotoren muss das Hineinfallen von kleinen Fremdkörpern auf der Lufteintrittsseite durch ein Schutzdach oder durch entsprechenden Einbau verhindert sein (siehe Bild 5.8).

5.5 Zündschutzart Druckfeste Kapselung „d"

Es ist das Schutzziel der Zündschutzart „d", eine mögliche Zündung auf das *Innere des Motorgehäuses* zu beschränken und sie nicht auf die umgebende explosionsfähige Atmosphäre übergreifen zu lassen, also den *Zünddurchschlag* zu ver-

5.5 Zündschutzart Druckfeste Kapselung „d"

meiden. An der Oberfläche der Gehäuse darf die Temperatur den für die jeweilige Temperaturklasse zulässigen Grenzwert nicht übersteigen.

Vor allem in Nordamerika ist bei elektrischen Maschinen mit dem Begriff „Explosionsschutz" häufig die Zündschutzart Druckfeste Kapselung (flameproof bzw. explosionproof) verbunden (**Bilder 5.14** und **5.15**).

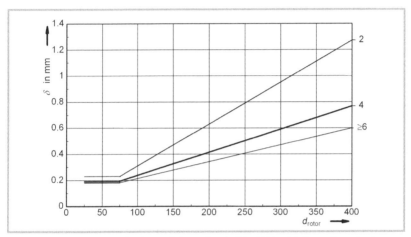

Bild 5.13   Mindestwerte für den radialen Luftspalt δ in Abhängigkeit von Rotordurchmesser d_{rotor} und den Polzahlen 2, 4, 6 und höher bei 50 Hz

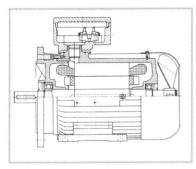 

Bild 5.14
Schnittbild eines druckfest gekapselten Drehstrom-Käfigläufermotors in Zündschutzart „de"
nach Unterlagen der Fa. ATB
(Fabrikat F&G)

Bild 5.15
Schnittmodell eines druckfest gekapselten Drehstrom-Käfigläufermotors in Zündschutzart „de"
nach Unterlagen der Fa. ATB
(Fabrikat F&G)

5.5.1 Schutzmaßnahmen gegen den Zünddurchschlag

Die Wandungen und Verschraubungen der Gehäuse müssen einem inneren *Explosionsüberdruck* standhalten, der mit dem Gehäuseinhalt abgestuft ist. Spaltlängen und Spaltweiten an Passflächen und Wellendurchführungen müssen mindestens den nach Gehäuseinhalt und Explosionsgruppen abgestuften Grenzwerten entsprechen (Tabelle 5.5), um einen *Zünddurchschlag* zu vermeiden.

Vor allem bei der Explosionsgruppe IIC sind die maximal zulässigen Spaltweiten an Wellendurchführungen so gering, dass ein erheblicher fertigungstechnischer Aufwand nötig ist (Bild 5.16).

Nichtisolierte unter Spannung stehende Teile und die zur Aufrechterhaltung des Explosionsschutzes erforderlichen Teile dürfen nur mit Hilfe von Werkzeugen abnehmbar sein. Nach der früher gültigen VDE 0171:1961-2 waren für diesen Zweck noch Sonderwerkzeuge (z. B. Dreikantschlüssel) vorgeschrieben. Nach EN 50018: 2000 genügen als „Sonderverschluss" Sechskantschrauben ohne Schlitz oder Zylinderkopfschrauben mit Innensechskant. Bei Verwendung in Gruppe I muss der Schraubenkopf in einer Einsenkung liegen oder von einem Schutzkragen umschlossen sein (Abschnitt 9.2 in EN 60079-0).

Tabelle 5.5 *Anforderungen an Spaltweiten und Spaltlängen für zünddurchschlagsichere Wellendurchführungen im Vergleich zur Grenzspaltweite MESG*

Explosions-gruppe nach IEC 60079-1	Grenzspalt-weite MESG in mm	Größte Spaltweite ΔD in mm	Temperaturklasse					
			T1 > 450 °C	T2 > 300 °C	T3 > 200 °C	T4 > 135 °C	T5 > 100 °C	T6 > 85 °C
I	< 0,9	≤ 0,75	Methan	–	–	–	–	–
IIA	> 0,9	≤ 0,60	Propan	Butan	Benzine	Acetaldehyd	–	–
IIB	0,5...0,9	≤ 0,30	Kokereigas	Ethylen	Schwefelwasserstoff	–	–	–
IIC	> 0,5	≤ 0,25	Wasserstoff	Acetylen	–	–	–	Schwefelkohlenstoff
MESG	Grenzspaltweite							
L	Spaltlänge (hier 25 mm)							
ΔD	Spaltweite (Durchmesserunterschied Flansch zu Welle in mm)							

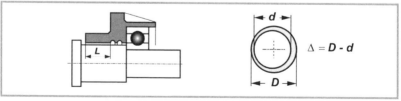

Bild 5.16 *Prinzip einer zünddurchschlagsicheren Wellendurchführung in Zündschutzart „d"* L Spaltlänge; Δ Spaltweite

5.5.2 Thermische Schutzmaßnahmen

Die Temperatur der Wicklung ist nur durch die thermische Stabilität und die Alterung der verwendeten Isolierstoffe begrenzt, kann also den Werten für normale, nicht explosionsgeschützte Motoren nach **Tabelle 5.6** entsprechen.

Für die Außenseite der Gehäuse ergeben sich Grenzwerte, die je nach Temperaturklasse aus der **Tabelle 5.7** ersichtlich sind.

Tabelle 5.6 *Zulässige Grenz-Übertemperaturen für isolierte Wicklungen bei Dauerbetrieb nach DIN EN 60034-1 (VDE 0530-1)*

Wärmeklasse	Grenz-Übertemperatur in K
E	75
B	80
F	105
H	125

Tabelle 5.7 *Grenztemperaturen für die Gehäuseoberfläche von Motoren in Zündschutzart „d"*

Temperaturklasse	Zündtemperatur des Gases in °C	Grenz-Oberflächentemperatur in °C[1]	Grenz-Oberflächentemperatur bei Messung mit U_N in °C
T1	> 450	440	–
T2	> 300	290	–
T3	> 200	195	180
T4	> 135	130	120
T5	> 100	95	90
T6	> 85	80	75

[1] bei ungünstigster Spannung im Bereich ±10 % nach EN 60079-0, Abschnitt 26.5.1.

Zur Einhaltung dieser Gehäusetemperaturen wird nach EN 60079-14 ein *Überlastungsschutz* vorgeschrieben. Für die Auswahl des Überstromschutzschalters sind die Bestimmungen DIN VDE 0660 und EN 60947, also die gleichen Kriterien wie für normale, nicht explosionsgeschützte Motoren, maßgebend. Gegenüber Antrieben in Zündschutzart „e", für die eine Funktionsprüfung der Schutzeinrichtung durch eine benannte Stelle und vor allem die Einhaltung der Abschaltbedingungen für die Zeit t_E verlangt wird, ist also die Zuordnung der Schutzeinrichtung vereinfacht.

Die *direkte Temperaturüberwachung* durch TMS ist bei der Zündschutzart „d" eine im gesamten Leistungsbereich anwendbare Alternative, von der zunehmend Gebrauch gemacht wird. Sie kann vom Hersteller als „TMS als Alleinschutz" nach Typprüfung zertifiziert werden. Durch diese Prüfung ist bei läuferkritischen Maschinen zu gewährleisten, dass außerhalb der druckfesten Kapselung liegende Wellenteile keine zündgefährlichen Temperaturen erreichen. Das TMS-Auslösegerät muss eine Baumusterprüfbescheinigung haben (s. Abschnitt 5.9.13).

Da im Sinne der Vorschriften für den Explosionsschutz nur die Oberflächentemperatur des Gehäuses zu überwachen ist, entfällt im Allgemeinen eine Unterscheidung nach thermisch ständer- und läuferkritischen Maschinen, so dass die in der Ständerwicklung eingebetteten Temperaturfühler im Allgemeinen alle Norm-Motorgrößen und Betriebsarten erfassen können. Verhältnismäßig aufwändig ist allerdings die Herausführung der Anschlussenden zum Klemmenkasten, der vom Innenraum des Motors meist druckfest getrennt ist.

5.5.3 Anschlusstechnik

Nach den früheren deutschen Bestimmungen ist der Anschlussraum in Zündschutzart „e" vom druckfest gekapselten Innenraum des Motors getrennt (**Bild 5.17**). Die Stromzuführung zur Wicklung erfolgt über druckfeste Durchführungsbolzen oder Mehrfachdurchführungen (2). Diese Konstruktion wird auch als *indirekte Einführung* bezeichnet. Sie wird in Deutschland bevorzugt, weil es schwierig erscheint, am Aufstellungsort anstelle von (1) eine druckfeste Leitungseinführung herzustellen und unter den wechselnden Einflüssen des Betriebs aufrechtzuerhalten.

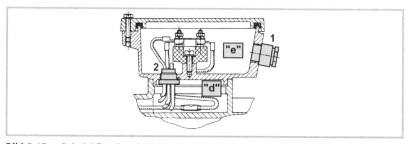

Bild 5.17 *Beispiel für eine „indirekte Einführung" in den Anschlussraum der Zündschutzart „e" mit druckfesten Mehrfachdurchführungen (2) zum „d"-Raum*
Einführungsteil (1) erfüllt mechanische Anforderungen und IP, jedoch nicht „d"

Nach den europäischen Normen ist es zulässig, den Anschlussraum in die druckfeste Kapselung einzubeziehen. Diese beispielsweise in Frankreich und Nordamerika gebräuchliche Anschlussart wird als *direkte Einführung* bezeichnet. Die Netzleiter müssen über geprüfte und bescheinigte druckfeste Einführungsteile in den Klemmenraum geführt werden (**Bild 5.18**).

Da diese in Deutschland wenig gebräuchliche Anschlusstechnik in hohem Maße von der fachgerechten und sorgfältigen Ausführung abhängt, wurde in den Errichtungsbestimmungen zunächst eine Abnahme durch einen Sachverständigen verlangt. Seit die Hersteller von Bauteilen verbesserte Einführungsteile anbieten, konnte diese Forderung entfallen. Nach wie vor gilt jedoch, dass die ausführlichen Anforderungen in EN 60079-14, Abschnitt 10.4.2, und die Montagerichtlinien des Herstellers zu beachten sind.

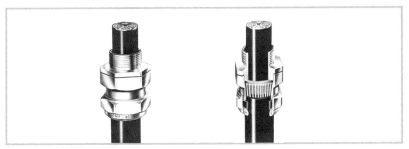

Bild 5.18 *Beispiel einer druckfesten Leitungseinführung in den Klemmenkasten nach den u. a. in Frankreich und in den USA angewandten Bestimmungen, die auch in EN Eingang gefunden haben*
Foto: Fa. STAHL

5.5.4 Pauschale Konformitätsbescheinigung

Für Drehstrommotoren in der Zündschutzart EEx d oder EEx de wird die EG-Baumusterprüfbescheinigung nach ATEX bis Temperaturklasse T6 ausgestellt (**Bild 5.19**). Sie kann bis zur Temperaturklasse T4 „pauschal", d. h. in Eigenverantwortung des Herstellers für verschiedene elektrische Motorauslegungen verwendet werden. Bei den Temperaturklassen T5 und T6 ist sie durch ein von der benannten Stelle zertifiziertes Datenblatt zu ergänzen.

Damit ergibt sich eine wesentliche Verminderung der Anzahl der Bescheinigungen. Es wird im eigentlichen Sinne der *Explosionsschutz durch die druckfeste Kapselung* bescheinigt.

In den pauschalen Konformitätsbescheinigungen kann auch die Ausführung von Motoren mit Temperaturfühlern als Alleinschutz enthalten sein. Im Weiteren können Motoren für erhöhte Umgebungstemperatur bis 60 °C, Motoren für die Betriebsarten S2 bis S7 bzw. S8 (Schutz durch Temperaturfühler) sowie Speisung der Motoren aus statischen Frequenzumformern im Rahmen dieser pauschalen Konformitätsbescheinigung für die Zündgruppen T1 bis derzeit T4 ausgeführt werden.

Allerdings ist der Hersteller nach wie vor verpflichtet, an allen verschiedenen Motorausführungen, die im Rahmen dieser pauschalen Konformitätsbescheinigung erstellt werden, die notwendigen experimentellen Prüfungen durchzuführen und als *Typprüfungen* in Protokollen festzuhalten und zu dokumentieren. Nachprüfungen durch eine benannte Stelle sind vorbehalten.

Die Überwachung der Herstellung ist auch im Gesetzeswerk verankert. Damit ist gewährleistet, dass die Sicherheit bezüglich des Explosionsschutzes wie bei der bisherigen Verfahrensweise im gleichen Maße vorhanden ist.

Physikalisch-Technische Bundesanstalt
Braunschweig und Berlin

(1) **EG-Baumusterprüfbescheinigung**

(2) Geräte und Schutzsysteme zur bestimmungsgemäßen Verwendung in explosionsgefährdeten Bereichen - **Richtlinie 94/9/EG**

(3) EG-Baumusterprüfbescheinigungsnummer

PTB 99 ATEX 1105

(4) Gerät: Drehstrommotoren Typen ../DN.XD05.. - ../DN.XD35..

(5) Hersteller: Danfoss Bauer GmbH

(6) Anschrift: D- Esslingen

(7) Die Bauart dieses Gerätes sowie die verschiedenen zulässigen Ausführungen sind in der Anlage zu dieser Baumusterprüfbescheinigung festgelegt.

(8) Die Physikalisch-Technische Bundesanstalt bescheinigt als benannte Stelle Nr. 0102 nach Artikel 9 der Richtlinie des Rates der Europäischen Gemeinschaften vom 23. März 1994 (94/9/EG) die Erfüllung der grundlegenden Sicherheits- und Gesundheitsanforderungen für die Konzeption und den Bau von Geräten und Schutzsystemen zur bestimmungsgemäßen Verwendung in explosionsgefährdeten Bereichen gemäß Anhang II der Richtlinie.

Die Ergebnisse der Prüfung sind in dem vertraulichen Prüfbericht PTB Ex 99-19183 festgelegt.

(9) Die grundlegenden Sicherheits- und Gesundheitsanforderungen werden erfüllt durch Übereinstimmung mit

EN 50014:1997   EN 50018:1994   EN 50019:1994

(10) Falls das Zeichen „X" hinter der Bescheinigungsnummer steht, wird auf besondere Bedingungen für die sichere Anwendung des Gerätes in der Anlage zu dieser Bescheinigung hingewiesen.

(11) Diese EG-Baumusterprüfbescheinigung bezieht sich nur auf Konzeption und Bau des festgelegten Gerätes gemäß Richtlinie 94/9/EG. Weitere Anforderungen dieser Richtlinie gelten für die Herstellung und das Inverkehrbringen dieses Gerätes.

(12) Die Kennzeichnung des Gerätes muß die folgenden Angaben enthalten:

⟨Ex⟩ II 2 G   EEx d IIC T3...T6 bzw. EEx de IIC T3...T6

Zertifizierungsstelle Explosionsschutz   Braunschweig, 12. August 1999
Im Auftrag

Dr.-Ing. U. Eng..
Regierungsdirektor

Seite 1/2

EG-Baumusterprüfbescheinigungen ohne Unterschrift und ohne Siegel haben keine Gültigkeit.
Diese EG-Baumusterprüfbescheinigung darf nur unverändert weiterverbreitet werden.
Auszüge oder Änderungen bedürfen der Genehmigung der Physikalisch-Technischen Bundesanstalt.
Physikalisch-Technische Bundesanstalt • Bundesallee 100 • D-38116 Braunschweig

Bild 5.19 *Beispiel einer vereinfachten („pauschalen") EG-Baumusterprüfbescheinigung für Drehstrommotoren der Zündschutzart „d" oder „de", Achshöhen 56 ... 355 bis T4 unter Verzicht auf elektrische Daten; bei T5/T6 ergänzt durch ein PTB-zertifiziertes Datenblatt*

5.6 Zündschutzart Überdruckkapselung „p"

Bei dieser Zündschutzart wird die Bildung einer explosionsfähigen Atmosphäre im Innern eines Gehäuses dadurch verhindert, dass durch ein Zündschutzgas ein innerer Überdruck gegenüber der umgebenden Atmosphäre aufrechterhalten wird und dass, wenn notwendig, das Innere des Gehäuses ständig so mit Zündschutzgas versorgt wird, dass die Verdünnung brennbarer Gemische erreicht wird.

Als *Zündschutzgas* wird Luft oder inertes Gas verwendet, das für die Vorspülung und die Aufrechterhaltung eines inneren Überdrucks und, falls erforderlich, zur Verdünnung benutzt wird.

Das Kennzeichen „p" ist abgeleitet von dem englischen Begriff „pressurization". Es hat das Kennzeichen „f" für „Fremdbelüftung" abgelöst (**Bild 5.20**).

Die besonderen Bestimmungen nach DIN EN 50016 (VDE 0170-3) oder künftig DIN EN 60079-2 (VDE 0170-2) betreffen – dem Schutzgedanken entsprechend – weniger die Konstruktion und Auslegung des Motors, sondern mehr das Zubehör für die Fremdbelüftung (Strömungswächter, Steuerung, Verriegelung und Kapselung der Luftführung). Einzelheiten im Abschnitt 3.3.2.

Wegen des relativ großen Aufwandes für das Zubehör wird das Prinzip der Überdruckkapselung vor allem für Maschinen größerer Leistung, bei hohen Temperaturklassen und Explosionsgruppen sowie bei Maschinen mit betriebsmäßiger Funkenbildung (Kommutator oder Schleifring) angewendet.

Da solche Maschinen ohnedies meist durchzugbelüftet in Kühlart IC1X, IC2X oder IC3X konzipiert werden, bietet sich die Erweiterung auf Überdruckkapselung an.

Bei der Errichtung von Anlagen in Zündschutzart „p" sind u. a. folgende Einzelbestimmungen zu beachten:

- Das Schutzgas (Luft, inertes Gas oder ein anderes geeignetes Gas) darf nicht brennbar sein.
- Die Schutzgasleitungen müssen den 1,5fachen Betriebsdruck aushalten und beständig gegen das Schutzgas sein.
- Die Kapselung mit den angeschlossenen Schutzgasleitungen muss der Schutzart IP40 genügen. Das Austreten von Flammen oder Funken muss verhindert sein.

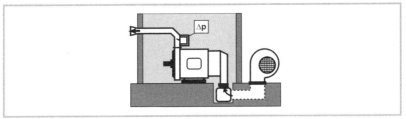

Bild 5.20 *Prinzip der Zündschutzart Überdruckkapselung „p" bei einem Drehstrom-Kommutatormotor mit Überdrucküberwachung Δp*

- Bei ständiger Durchspülung muss das Schutzgas entweder in den nicht explosionsgefährdeten Bereich abgeführt werden, oder es sind Maßnahmen zu treffen – z. B. Einbau von Funkenfängern –, die ein Herausschleudern von Funken oder glühenden Teilen verhindern.
- Durch Sicherheitsmaßnahmen, z. B. Verwendung von Zeitrelais, Strömungswächtern, muss gewährleistet sein, dass das überdruckgekapselte Betriebsmittel erst nach mehrfacher, ausreichender – mindestens aber 5facher – Vorspülung des freien Gehäusevolumens einschließlich der Zu- und Ableitung eingeschaltet werden kann.
- Es muss eine selbsttätige Einrichtung vorgesehen sein, die sicherstellt, dass die im Gehäuse eingebauten Betriebsmittel abgeschaltet werden, wenn
  - der Druck unter den vorgeschriebenen Mindestwert fällt oder
  - die vorgeschriebene Mindestdurchsatzmenge an Schutzgas unterschritten wird.
- Wenn ein Abschalten zu einem gefährlicheren Betriebszustand der Anlage führen kann, darf die Auslösung eines Warnsignals vorgesehen werden.
- Die Einhaltung der Errichtungsbestimmungen ist durch einen Fachmann unter Beachtung der Betriebsanleitung zu überprüfen (EN 60079-14:2004, Abschnitt 13).

5.7 Zündschutzart „n" für explosionsgefährdete Bereiche der Zone 2

Nach einer Bearbeitungszeit von mehr als zehn Jahren ist mit Ausgabedatum April 1999 die europäische Norm EN 50021 Elektrische Betriebsmittel für explosionsgefährdete Bereiche; Zündschutzart „n" erschienen. Die entsprechende nationale Norm heißt DIN EN 50021 (VDE 0170-16) [B10]. Sie gilt befristet bis zum 1.7.2006; dann wird sie abgelöst von der schon jetzt gleichzeitig anwendbaren Norm DIN EN 60079-15 (VDE 0170-16).

Der Umfang der Norm (74 Seiten) entspricht der Bearbeitungszeit; sie löst die „Anforderungen für das Errichten in Zone 2" aus der früheren deutschen Norm DIN VDE 0165:1991 ab, die für dieses Thema mit zwei Seiten ausgekommen war. Die internationale Norm IEC 60079-15 [B10] ist Ersatz für den IEC-Report 79-15 (1987).

Obwohl die Anforderungen für drehende elektrische Maschinen in den beiden parallel gültigen Normen weitgehend übereinstimmen, ist eine klare Abgrenzung bei der Auftragsabwicklung ratsam.

Die Errichtungsbestimmungen DIN EN 60079-14 lassen im Abschnitt 5.2.3 für den Einsatz in Zone 2 neben der Zündschutzart „n" auch elektrische Betriebsmittel zu, die den Anforderungen einer anerkannten Norm für industrielle elektrische Betriebsmittel entsprechen, sofern sie u. a.

- im bestimmungsgemäßem Betrieb keine zündfähigen heißen Oberflächen haben und keine Lichtbögen oder Funken erzeugen,
- eine für den Einsatzort ausreichende IP-Schutzart aufweisen,
- durch eine kompetente Person beurteilt worden sind.

5.7.1 Zündschutzmethoden der Zündschutzart „n"

Beim Beginn der internationalen Arbeiten an der Norm für Zone-2-Betriebsmittel wurden von deutscher Seite zunächst vor allem zwei Anforderungen eingebracht:
- betriebsmäßig keine Funken, Lichtbögen oder unzulässige Temperaturen,
- gute Industriequalität.

Diese durch DIN VDE 0165:1991 noch näher festgelegte Grundanforderung hatte sich in der Praxis gut bewährt und war mit dem Begriff „non-sparking" gut zu umschreiben.

Vor allem unter britischem Einfluss wurden in die Norm EN 50021 jedoch eine ganze Reihe weiterer, teilweise sehr unterschiedlicher und für die deutsche Anwendungspraxis auch neuer Methoden aufgenommen. Es gibt die Methoden A, C, R, L und P und bei der Methode C zusätzlich fünf verschiedene Konzepte (siehe Abschnitt 5.7.2 und **Tabelle 5.8**).

Das Kurzzeichen „n" erinnert zwar noch an eine dieser Methoden („non-sparking"), in der wörtlichen Umschreibung für die Zündschutzart „n" wurde jedoch der weitergehende und etwas umständliche Begriff *Zone-2-Betriebsmittel* eingeführt.

Definition der Zündschutzart „n"
„Zündschutzart elektrischer Betriebsmittel, bei der für den normalen Betrieb und bestimmte anormale Bedingungen erreicht wird, dass die Betriebsmittel nicht in der Lage sind, eine umgebende explosionsfähige Atmosphäre zu zünden."

Definition „normaler Betrieb"
„Der elektrische und mechanische Betrieb eines Betriebsmittels im Rahmen seiner Auslegungsdaten und innerhalb der Grenzen, wie sie vom Hersteller festgelegt wurden.
Anmerkung 1: Die vom Hersteller festgelegten Grenzen können andauernde betriebliche Bedingungen einschließen, z. B. den Betrieb eines Motors mit einer bestimmten Schalthäufigkeit.
Anmerkung 2: Die Veränderung der Versorgungsspannung innerhalb der festgelegten Grenzen und jede andere betriebliche Toleranz ist Teil des normalen Betriebes."

Tabelle 5.8 *Zündschutzmethoden bei der Zündschutzart „n"*

Symbol Kurzbeschreibung	Prinzip	Anwendung bei Motoren	Anwendung bei anderen Betriebsmitteln (Beispiele)
nA nicht funkend (keine Funken oder heißen Oberflächen)		Käfigläufermotoren	Klemmenkästen, Sicherungen, Leuchten, Transformatoren, Steckvorrichtungen, Zellen, Batterien, MSR
nC funkend (Funken und/oder heiße Oberflächen) (*sparking contacts*)		–	
nR schwadensicher (*restricted breathing*)		–	$\Delta\vartheta \leq 10$ K (daher nicht für Motoren)
nL energiebegrenzt (*limited energy*)		–	Prinzip „i" mit Vereinfachungen
nP vereinfachte Überdruckkapselung (*simplified pressurization*)		Schleifringläufermotoren, Kommutatormotoren	Überwachung von Druck und Vorspülung vereinfacht, DIN EN 60079-15, Schaltkästen und Schaltschränke

5.7.2 Allgemeine Anforderungen bei der Zündschutzart „nA"

Die folgende, stichwortartig verkürzte, auszugsweise und teilweise kommentierte Auflistung kann das Studium der Norm nicht ersetzen.

Potentielle Zündquellen

Im üblichen Betrieb und unter bestimmten, in der Norm festgelegten anormalen Bedingungen muss verhindert sein, dass die Temperatur jeder äußeren und inneren Oberfläche den Grenzwert überschreitet.

Maximale Oberflächentemperatur

Die maximale Oberflächentemperatur ist bevorzugt als Temperaturklasse, wahlweise als tatsächlich auftretende Temperatur anzugeben (**Tabelle 5.9**).

Sie ist unter den ungünstigsten Bedingungen und bei der ungünstigsten Spannung im genormten Toleranzbereich (bei Ex-Motoren Bereich „A" 95 bis 105 % der Bemessungsspannung) zu messen. Bei Motoren, die läuferkritisch sind, gilt selbstverständlich die Käfigtemperatur.

Tabelle 5.9 *Maximale Oberflächentemperatur bei der Zündschutzart „nA"*

Temperaturklasse	Maximale Oberflächentemperatur bei der Typprüfung in °C
T1	440
T2	290
T3	195
T4	130
T5	95
T6	80

Mechanische Festigkeit

Die Anforderungskriterien für die Stoßprüfung nach Bild 5.6 sind gegenüber den Anforderungen bei der Zündschutzart „e" auf 50 % reduziert.

Nichtmetallische Gehäuse

Die Dauergebrauchstemperatur muss um mindestens 10 K über der höchsten Temperatur des Gehäuses liegen (bei Zündschutzart „e" ist der Abstand 20 K).

Zur Vermeidung von elektrostatischen Aufladungen darf der Oberflächenwiderstand 1 GΩ nicht übersteigen (gleicher Wert wie bei „e").

Anschlussteile

Die Anforderungen der Norm für den Anschluss externer Leiter entsprechen weitgehend den allgemeinen Anforderungen für nicht explosionsgeschützte Elektromotoren in üblicher Industrieausführung.

Wie bei der Zündschutzart „e" muss an der Außenseite des Gehäuses ein Schutzleiteranschluss vorgesehen werden; Abstufung mit der Größe des Außenleiters, mindestens jedoch 4 mm^2.

Kabeleinführungen

Die Einführungsteile müssen entweder einer europäischen Norm für Industriekabel- und -leitungseinführungen oder den Anforderungen der DIN EN 60079-0 oder EN 50014 für Motoren der Zündschutzart „e" entsprechen.

Luftstrecken

Die Anforderungen sind gegenüber der Zündschutzart „e" auf etwa 2/3 reduziert (**Bild 5.21**).

Kriechstrecken

Die Anforderungen sind gegenüber der Zündschutzart „e" ebenfalls deutlich reduziert (**Bild 5.22**).

Isoliervermögen

Die Anforderungen entsprechen weitgehend den üblichen Werten nach EN 60034-1; neu und ungewöhnlich ist die Angabe einer Toleranz auf die Prüfspannung.

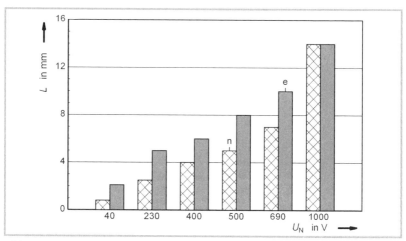

Bild 5.21 Vergleich der erforderlichen Luftstrecken L bei üblichen Bemessungsspannungen U_N für die Zündschutzarten „e" und „n"

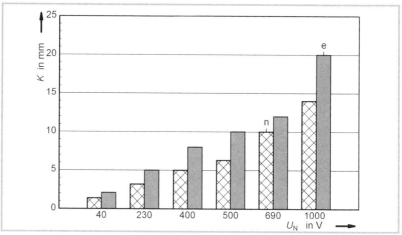

Bild 5.22 Vergleich der erforderlichen Kriechstrecken K bei üblichen Bemessungsspannungen U_N für die Zündschutzarten „e" und „n"

5.7.3 Ergänzende Anforderungen für drehende elektrische Maschinen

Die folgenden Anforderungen treffen auf drehende elektrische Maschinen im Geltungsbereich von EN 60034 zu.

IP-Schutzart
Die Mindestschutzart für das Gehäuse ist IP54, bei Aufstellung in sauberen und trockenen Bereichen IP20 mit Kennzeichnung „X" (besondere Bedingungen).

Klemmenkästen an Motoren mit Bemessungsspannungen bis 1 000 V müssen nach außen mindestens die Schutzart IP54 haben; sie können zum Innern der Maschine offen sein, wenn die Maschine mindestens die Schutzart IP44 hat.

Wenn die Schutzart des Gehäuses von einer Dichtung abhängt und dieses Gehäuse für Installations- oder Wartungszwecke geöffnet werden soll, sind die Dichtungen an einer der beiden zusammengehörigen Oberflächen anzubringen bzw. so zu sichern, dass Verlust, Beschädigung oder ein nicht korrekter Zusammenbau verhindert wird. Das Dichtungsmaterial darf nicht an der gegenüberliegenden Oberfläche kleben.

Radialer Luftspalt
Die Formel für den Mindestluftspalt und die daraus resultierenden Werte entsprechen den Werten für Maschinen der Zündschutzart „e".

Lüftungsöffnungen für Außenlüfter
Übereinstimmend mit den Anforderungen bei der Zündschutzart „e" müssen die Belüftungsöffnungen auf der Lufteintrittseite mindestens IP20 und auf der Luftaustrittseite mindestens IP10 entsprechen. Bei Anordnung mit senkrechter Welle muss das Hineinfallen von Fremdkörpern in die Belüftungsöffnungen verhindert sein.

Belüftungssystem
Lüfter, Schutzhauben und Belüftungsöffnungen müssen die gegenüber der Zündschutzart „e" auf 50 % reduzierten Werte der Stoßprüfung aushalten.

Die Abstände entsprechen den Anforderungen für Maschinen der Zündschutzarten „e" und „d".

Wenn die Umfangsgeschwindigkeit des Lüfters 50 m/s überschreitet, müssen Lüfter und benachbarte Bauteile (Haube, Schutzgitter) elektrostatisch leitfähig sein, dürfen also einen Oberflächenwiderstand von 1 GΩ nicht übersteigen.

Bauteile der Belüftungseinrichtung aus Leichtmetall dürfen nicht mehr als 6 % (Massenanteil) Magnesium enthalten.

Lager und Wellendichtungen
Bei Wälzlagern darf der radiale oder axiale Mindestabstand zwischen den festen

und den sich drehenden Teilen einer Dichtung oder eines Labyrinths nicht kleiner als 0,05 mm sein. Für Gleitlager beträgt dieser Mindestabstand 0,1 mm. Dieser Mindestabstand ist für alle denkbaren Positionen der Welle innerhalb der Lager anzuwenden.

Anmerkung 1: Das Axialspiel eines typischen Kugellagers ist annähernd 10-mal größer als das radiale Spiel.

Anmerkung 2: Lager, die vom Lagerhersteller mit integrierten Deckscheiben geliefert werden, sind von den oben genannten Anforderungen ausgenommen.

Wenn Gleitdichtungen verwendet werden, müssen sie entweder geschmiert sein oder aus einem Material mit einem niedrigen Reibungskoeffizienten, z.B. PTFE, hergestellt sein. Im ersten Fall ist die Konstruktion des Lagers so auszuführen, dass die Schmierung der Dichtung jederzeit aufrechterhalten wird.

Die maximal zulässige Oberflächentemperatur gilt auch für Gleitdichtungen.

Um Übertemperaturen im üblichen Betrieb zu vermeiden, sollten vom Hersteller alle Informationen für erforderliche Wartungsmaßnahmen zur Verfügung gestellt werden.

Käfigläufer aus einzelnen Stäben, die mit Endringen verbunden werden
Als Vorsichtsmaßnahme gegen das Auftreten von zündfähigen Lichtbögen oder Funken sind hochwertige Verbindungen (Hartlöten oder Schweißen) zwischen Stäben und Ringen herzustellen.

Die Stäbe sollen gegen das Blechpaket festgelegt werden. Die Läuferkonstruktion soll das Risiko eines Bruchs von Stäben, Ringen oder Verbindungsstellen minimieren. Imprägnierung als Befestigung soll für die Betriebsbedingungen geeignet sein.

Gusskäfigläufer
Gusskäfigläufer sind in Druckguss, Zentrifugalguss oder gleichwertigen Techniken herzustellen, um sicherzustellen, daß die Nut vollständig ausgefüllt ist.

Begrenzung der Oberflächentemperatur
Die Temperatur jeder äußeren oder inneren Oberfläche, die mit explosionsfähiger Atmosphäre in Berührung kommen kann, darf unter üblichen Betriebsbedingungen die Grenztemperatur nicht übersteigen. Bei Auslegung für die Betriebsarten S1 oder S2 braucht die Temperaturerhöhung während des Anlaufs nicht berücksichtigt zu werden. Bei den Betriebsarten S3 bis S10 sind der Anlauf und die Lastwechsel zu berücksichtigen.

Betrieb am Umrichter
Motoren zur Speisung durch Umrichter mit veränderlicher Spannung und Frequenz müssen für diesen Betrieb als Einheit mit dem in den beschreibenden Unterlagen festgelegten Umrichter geprüft werden – im Allgemeinen durch den Hersteller des Motors. Aus EN 60079-14, 7b) und 11.2.2 ergibt sich, dass direk-

te Temperaturüberwachung (TMS) erforderlich ist. Die **Prüfung als Einheit** bedeutet eine deutliche Erschwerung der Abwicklung im Vergleich zu einem Motor der Zündschutzart „d" – vor allem, wenn Motor und Umrichter von verschiedenen Lieferanten kommen.

5.7.4 Kennzeichnung

Das elektrische Betriebsmittel ist auf seinen Hauptteilen an einer sichtbaren Stelle zu kennzeichnen. Die Kennzeichnung muss lesbar und dauerhaft sein, wobei mögliche chemische Korrosionserscheinungen zu berücksichtigen sind.

Beispiel bei Übereinstimmung mit der Richtlinie 94/9/EG und mit EN 50021

Erläuterung:

CE	CE-Kennzeichnung; bescheinigt die Konformität mit allen relevanten EU-Richtlinien
Ex	spezielles Kennzeichen zur Verhütung von Explosionen nach ATEX 95, 1.0.5
II	Gerätegruppe für Explosionsschutz außerhalb des Bergbaues
3	Gerätekategorie nach ATEX 95, Anhang I
G	Explosionsgefahr durch Gase, Dämpfe, Nebel („Gasexplosionsschutz")
EEx	Explosionsschutz nach europäischen Normen
n	Zündschutzart „n" für Zone-2-Betriebsmittel
A	Zündschutzmethode „nicht funkendes Betriebsmittel"
II	explosionsgefährdete Bereiche außerhalb schlagwettergefährdeter Grubenbaue
T3	Temperaturklasse

Betriebsmittel zur Verwendung in Zone 2 (Kategorie 3) benötigen weder nach ATEX 95 noch nach den Normen eine Zertifizierung durch eine benannte Stelle. Durch die Kennzeichnung und eine Konformitätserklärung bestätigt der Hersteller in alleiniger Verantwortung die Übereinstimmung mit der Richtlinie.

5.8 Explosionsgefahr durch Schlagwetter oder Explosivstoffe

Neben der Explosionsgefahr durch die in der Chemie und in der Petrochemie auftretenden Gase, Nebel und Dämpfe gibt es auch eine Gefährdung durch Schlagwetter (Grubengas), Explosivstoffe und brennbare Stäube. Letztere sind im Abschnitt 4 behandelt; Schlagwetter und Explosivstoffe in diesem Abschnitt.

5.8.1 Bereiche mit Explosionsgefahr durch Schlagwetter

In schlagwettergefährdeten Grubenräumen unter Tage waren früher nach den „Vorschriften für die Errichtung elektrischer Anlagen in Bergwerken unter Tage" VDE 0118 nur Motoren in „schlagwettergeschützter Ausführung (Sch)" gemäß den „Vorschriften für schlagwettergeschützte Betriebsmittel" VDE 0170 einzusetzen. Gemäß internationaler Vereinbarung trat in den europäischen Normen für diesen Anwendungsbereich das Kennzeichen „I" an die Stelle von „Sch". Das Kurzzeichen lautet also z. B. EEx d I statt früher (Sch) d.

Bei der Zündschutzart EEx d I bzw. (Sch) d entsprechen die wichtigsten Bau- und Prüfbestimmungen der Ausführung EEx d II A T1 (vgl. Abschnitt 5.5).

Eine Unterscheidung nach Explosionsgruppen und Temperaturklassen entfällt beim Schlagwetterschutz, da es sich stets um den Schutz gegen die gleiche Gasart, nämlich *Grubengas (Methan)*, handelt. Falls jedoch auch andere Gase frei werden können, ist wie für Gruppe II zu prüfen und zu bezeichnen.

Betriebsmittel für den Anwendungsbereich I unterliegen vor allem erhöhten *mechanischen* Anforderungen und Prüfbedingungen (**Bild 5.23**).

Für Bereiche unter Tage wurden in den neuen EG-Richtlinien die Kategorien „M1" und „M2" eingeführt. Elektrische Maschinen werden üblicherweise nur in der Kategorie M2 verwendet.

Bild 5.23 *Typischer Betrieb unter Tage*
(mit freundlicher Genehmigung der Fa. LOHER)

5.8.2 Bereiche mit Explosionsgefahr durch Explosivstoffe

Der Entwurf DIN VDE 0166:1996 für das Errichten elektrischer Anlagen in durch explosionsgefährliche Stoffe gefährdeten Bereichen [4-1] und der neuere europäische Normentwurf prEN 50273:2000 stellen eine gravierende Änderung gegenüber der formal noch gültigen Ausgabe DIN 57166 / VDE 0166:1981 dar.

Explosionsgefährliche Stoffe im Sinne dieser Norm sind feste, flüssige, pastenförmige oder gelatinöse Stoffe und Zubereitungen, die auch ohne Beteiligung von Luftsauerstoff exotherm und unter schneller Entwicklung von Gasen reagieren können und die unter festgelegten Prüfbedingungen detonieren, schnell deflagrieren (verpuffen) oder beim Erhitzen unter teilweisem Einschluss explodieren.

Die *Zersetzungstemperatur* ist definiert als die Temperatur, bei der eine bestimmte Menge des Stoffes unter festgelegten Bedingungen sich gerade noch entzündet, verpufft oder explodiert (siehe Abschnitt 3.4 in [4-1]).

Im Anhang A der Norm sind explosionsgefährliche Stoffe mit ihren Zersetzungstemperaturen (Werte von 53 bis 355 °C) aufgelistet.

In Anlehnung an den Gasexplosionsschutz werden jetzt drei *Bereiche* (Zonen) festgelegt, die durch explosionsgefährliche Stoffe gefährdet sind. Dies sind Bereiche, in denen beim Herstellen, Bearbeiten, Verarbeiten oder Aufbewahren explosionsgefährlicher Stoffe Zündgefahren durch elektrische Einrichtungen entstehen können.

Die Bereiche werden vom Betreiber der Anlage festgelegt.

Zone E 1
Bereiche, in denen explosionsgefährliche Stoffe
- konstruktions- oder verfahrensbedingt mit elektrischen Einrichtungen in Berührung kommen,
- als Staub, Dampf, Kondensat, Sublimat oder in anderen Zustandsformen in beachtenswertem Umfang auftreten können.

Zone E 2
Bereiche, in denen explosionsgefährliche Stoffe
- konstruktions- und verfahrensbedingt mit elektrischen Einrichtungen nicht in Berührung kommen,
- als Staub, Dampf, Kondensat, Sublimat oder in anderen Zustandsformen nur gelegentlich auftreten können.

Zone E 3
Bereiche, in denen explosionsgefährliche Stoffe konstruktions- und verfahrensbedingt mit elektrischen Einrichtungen nicht in Berührung kommen und als Staub, Dampf, Kondensat, Sublimat oder in anderen Zustandsformen weder konstruktions- noch verfahrensbedingt auftreten können, z.B. bei Lagerung in Versandverpackungen oder in anderen geschlossenen Verpackungen.

Die *Oberflächentemperatur* von elektrischen Betriebsmitteln, deren Oberfläche mit solchen Stoffen *bestimmungsgemäß* in Berührung kommt (Zone E1), muss mindestens 100 K unter der Zersetzungstemperatur liegen.

Die Oberflächentemperatur von elektrischen Betriebsmitteln, deren Oberfläche mit solchen Stoffen in Berührung kommen *kann* (Zone E2), muss mindestens 40 K unter der Zersetzungstemperatur liegen. Die Temperaturgrenzen gelten als eingehalten, wenn explosionsgeschützte elektrische Maschinen mindestens der *Temperaturklasse T3* verwendet werden.

Darüber hinaus ist im Abschnitt 4.8.2 der Norm für elektrische Maschinen u. a. festgelegt:

- Elektrische Maschinen sind gegen unzulässige Erwärmung infolge *Überlastung* zu schützen. Motoren, die ihren Anzugsstrom I_A bei Nennspannung und Nennfrequenz oder Generatoren, die ihren Kurzschlussstrom I_K ohne unzulässige Erwärmung dauernd aushalten können, bedürfen keines Überlastungsschutzes. Als Schutzeinrichtungen kommen in Betracht:
- *Überstromschutzeinrichtungen* mit stromabhängig verzögerter Auslösung, z. B. Motorstarter nach EN 60947-4-1 in allen Außenleitern, die auf höchstens den Nennstrom der Maschine einzustellen sind, Einrichtungen zur *direkten Temperaturüberwachung* mit Hilfe von Temperaturfühlern oder andere Einrichtungen, die in einer der vorerwähnten Schutzeinrichtungen gleichwertigen Weise den geforderten Schutz gegen unzulässige Erwärmung bewirken.
- Stromabhängig verzögerte Schutzeinrichtungen dürfen nur bei Motoren für Dauerbetrieb mit leichten und nicht häufigen Anläufen, die keine nennenswerte zusätzliche Erwärmung hervorrufen, verwendet werden.
- Es müssen Vorkehrungen getroffen sein, dass der Betrieb eines Drehstrommotors bei Ausfall einer Phase verhindert wird.
- Motoren, die mit *veränderlicher Frequenz* und Spannung, z. B. durch einen Umrichter, gespeist werden, müssen eine an diese Betriebsart angepasste Schutzeinrichtung erhalten. Im Allgemeinen ist eine Einrichtung zur direkten Temperaturüberwachung unumgänglich.
- Stromabhängig verzögerte Schutzeinrichtungen müssen bei Motoren mit *Sanftanlauf* einer besonderen Bewertung unterzogen werden.
- *Umlaufende Teile,* z. B. Lüfter, müssen so angeordnet oder zusätzlich geschützt sein, dass keine Zündgefahr durch unzulässige Temperaturen oder Funken auftreten kann.
- Die *IP-Schutzart* richtet sich nach der Zone:
Zone E1: IP6X
Zone E2: IP5X
Zone E3: IP4X
- *Belüftungsöffnungen* müssen mindestens dem Schutzgrad IP20 auf der Lufteintrittseite und IP10 auf der Luftaustrittseite entsprechen.

5.9 Wahl von Zündschutzart und Motorschutz nach der Betriebsart

Die Entscheidung für eine bestimmte Zündschutzart, z. B. „e" oder „d", kann auch von der Betriebsart des elektrischen Betriebsmittels beeinflusst werden. Elektromotoren kleiner Leistung werden relativ häufig im Schalt- und Bremsbetrieb eingesetzt. Dieser Trend ist auch bei Antrieben für explosionsgefährdete Bereiche – wenn auch in abgeschwächter Form – zu beobachten. Aus dieser Betriebsart ergeben sich einige besondere Anforderungen an Auswahl und Einsatz explosionsgeschützter Drehstrommotoren.

Explosionsgeschützte Drehstrommotoren werden meist für die *Betriebsart S1* ausgelegt, zertifiziert und projektiert. Sie sind ohne Änderung der Auslegung und der Schutzeinrichtung auch für die *Betriebsarten S2* (Kurzzeitbetrieb) und *S3* (Aussetzbetrieb) verwendbar. Eine spezielle Auslegung für S2 oder S3 und die entsprechende Anpassung der Schutzeinrichtung gemäß den Abschnitten 5.9.10.1 und 5.9.10.2 ist nur zu empfehlen, wenn aus Platz- oder Kostengründen (bei Serienbedarf) die technisch mögliche Verkleinerung der Typgröße erwünscht oder notwendig ist.

Bei der *Betriebsart S4* (Aussetz-Schaltbetrieb) wird die thermische Bemessung dagegen überwiegend durch den Schaltbetrieb bestimmt und deshalb durch eine Auslegung für S1 nicht abgedeckt. Die Errichtungsbestimmungen EN 60079-14 enthalten im Abschnitt 11.2.1 eine Anweisung zu diesem Thema (sinngemäß auch in VDE 0165 (alt), Abschnitt 6.1.4.3.5): *„Im Allgemeinen sind Motoren mit stromabhängig verzögerten Überlastschutzeinrichtungen zulässig für Dauerbetrieb mit leichten und nicht häufigen Anlaufvorgängen, die keine nennenswerte zusätzliche Erwärmung hervorrufen. Motoren, die häufigen oder schweren Anlaufvorgängen ausgesetzt sind, sind nur dann zulässig, wenn geeignete Schutzeinrichtungen sicherstellen, dass die Grenztemperatur nicht überschritten wird."*

5.9.1 Überlastungsschutz bei Elektromotoren

Aus der Betriebsweise eines Motors ergeben sich besondere Anforderungen an den Überlastungsschutz, die am Beispiel eines Schrappers (**Bilder 5.24** und **5.25**) deutlich gemacht werden können. Dieser Antriebsfall hat zwar nichts mit dem Explosionsschutz zu tun, ist dafür aber allgemein bekannt.

Beim Einschalten im Vorfeld des Materials (Sand, Kiesel, Schotter) nimmt der Motor den *Anzugsstrom* I_A auf, bewegt dann die Schaufel fast im Leerlauf (I_0), bis sie zum Eingriff kommt. Der Laststrom I_L steigt mit der Schaufelfüllung bis auf den *Bemessungsstrom* I_N an. Gerät die Schaufel an einen unvorhergesehenen, extrem hohen Widerstand (z. B. an einen großen Steinbrocken), so kann der Motor abgewürgt werden und den *Anzugsstrom (Kurzschlussstrom)* I_A aufnehmen.

Bild 5.24 *Anwendungsbeispiel für wechselnde Belastung während eines Arbeitsspiels*

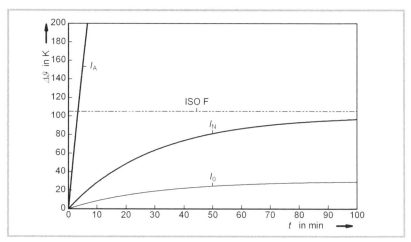

Bild 5.25 *Temperaturanstieg $\Delta\vartheta$ bei Leerlauf (I_0), Nennlast (I_N) und im Kurzschluss (I_A) im Vergleich zum Grenzwert für Wärmeklasse F (ISO F)*

Während eines typischen Spielverlaufs ändert sich der Strom im Verhältnis $I_0 : I_A$, d. h. etwa 1 : 12.

Die thermische Auswirkung unterschiedlicher Lastzustände wird aus Bild 5.25 deutlich; dabei ist vorausgesetzt, dass der jeweils angegebene Strom (I_A, I_0, I_N) in gleichbleibender Höhe fließt. Die Ströme stehen bei dem für Bild 5.25 gewählten Beispiel etwa im Verhältnis $I_0 : I_N : I_A = 0{,}6 : 1 : 4$; die Erwärmungen etwa im Verhältnis 0,35 : 1 : 15. Bei dem als Beispiel gezeigten Schrapper würde die Temperatur im Blockierungsfall mit I_A so rasch ansteigen, dass sie sich bei dem hier gewählten Zeichenmaßstab nicht mehr darstellen lässt.

5.9.2 Überlastungsschutz bei den Zündschutzarten „d" und „e"

Der Überlastungsschutz für elektrische Maschinen hat bei den beiden überwiegenden Zündschutzarten einen unterschiedlichen Stellenwert (**Bilder 5.26** und **5.27**).

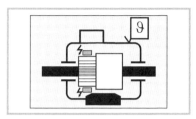

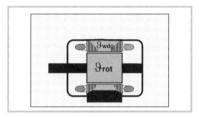

Bild 5.26 *Motor in der Zündschutzart Druckfeste Kapselung „d"*
Für den Explosionsschutz ist nur die äußere Gehäusetemperatur, nicht aber die Temperatur der Wicklung oder des Läufers zu beachten. Bei einem Kommutatormotor dürfen sogar betriebsmäßig Funken entstehen.

Bild 5.27 *Motor in der Zündschutzart Erhöhte Sicherheit „e"*
„Zusätzliche Maßnahmen" sollen unzulässig hohe Temperaturen im Innern verhindern; z. B. ein angepasster Überlastungsschutz, der bei allen Betriebsarten eine für den Explosionsschutz unzulässig hohe Erwärmung ϑ_{rot} auch innerhalb des Gehäuses, also auch im Läufer, verhindert.

5.9.3 Dauerbetrieb S1

Abgesehen von speziellen Antrieben (z. B. Hebezeuge) sind listenmäßige Motoren stets für Dauerbetrieb bemessen. Wird der Antrieb mit hoher Schalthäufigkeit betrieben, so kann dies die Wahl eines vergrößerten Motormodells in Sonderauslegung erforderlich machen, während umgekehrt bei ausgesprochenem Kurzzeitbetrieb oft ein wesentlich kleineres Modell gewählt werden kann.

Die Beharrungstemperatur Θ_{max} stellt sich ein, wenn die Wärmeabfuhr gleich der verlustbedingten Wärmezufuhr ist. Die Stromaufnahme ist – mit gewissen Einschränkungen bei kleinen Maschinen bis etwa 1 kW – repräsentativ für die Verluste und die Erwärmung (**Tabelle 5.10**). Der Überlastungsschutz kann deshalb von *stromabhängig thermisch verzögerten Überlastschutzeinrichtungen* (Bimetallrelais oder Motorschutzschalter) nach [B51] übernommen werden. Diese auch Motorstarter genannten Schaltgeräte müssen den Normen der Reihe DIN VDE 0660 [B51] entsprechen. Beim Schutz von Motoren der Zündschutzart „e" muss die angegebene Auslösezeit mit einer zulässigen Abweichung von ± 20 % eingehalten werden, und das Schutzsystem muss durch eine benannte Stelle funktionsgeprüft sein. Da solche Schutzschalter inzwischen am Markt sind, empfiehlt sich ihre Verwendung auch bei Motoren der Zündschutzart „d".

Tabelle 5.10 *Beschreibung des Dauerbetriebs*

Vereinfachtes Schema	Kurzzeichen und Definition nach Norm
	S1
	Dauerbetrieb
	Betrieb mit einer konstanten Belastung, die so lange ansteht, dass die Maschine den thermischen Beharrungszustand erreichen kann.
	M Belastung; V elektrische Verluste; t Zeit; t_N Betriebszeit mit konstanter Belastung

5.9.3.1 Kleinmotoren mit $I_0/I_N > 0{,}7$

Motoren mit kleiner Bemessungsleistung sind meist magnetisch hoch gesättigt und weisen daher einen relativ hohen Leerlaufstrom auf. Bild **5.28** zeigt eine typische Stromkennlinie eines Motors mit der Bemessungsleistung 0,25 kW in relativer Darstellung im Vergleich zu einem Motor mit 11 kW.

Die PTB-Prüfregeln [5-1] legen für derartige Motoren der Zündschutzart „e" fest:

„Motoren, deren Leerlaufstrom I_0 nur wenig kleiner als ihr Nennstrom I_N ist, sind durch Motorschutzschalter nicht in allen Fällen ausreichend geschützt. Gemäß VDE 0660 sind die Auslöser so justiert, dass der Einstellstrom (Motornennstrom) dauernd fließen kann, während bei 1,2fachem Nennstrom der Auslöser innerhalb von zwei Stunden (vom betriebswarmen Zustand ausgehend) ansprechen muss. Hieraus ergibt sich ein so genannter „Grenzstrom" für den Auslöser, der etwa bei dem 1,15fachen Einstellstrom liegt. Es muss also damit gerechnet werden, dass der Motorschutzschalter eine dauernde Belastung des Motors mit

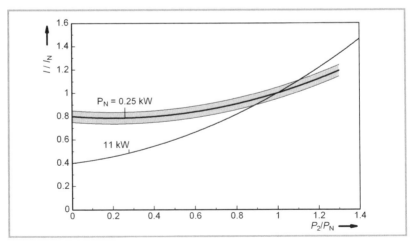

Bild 5.28 *Relative Stromaufnahme I/I_N in Abhängigkeit von der relativen Belastung P_2/P_N bei Käfigläufermotoren mit Bemessungsleistungen $P_N = 0{,}25$ und 11 kW*

dem 1,15fachen Nennstrom zulässt. Solche Motoren können nun einen fast waagerechten Verlauf der Belastungskennlinie $I = f(P_2)$ aufweisen. Das bedeutet, dass ein solcher Motor auch bei Überlast kaum mehr Strom aufnimmt als bei Nennlast.

Gleichzeitig steigt aber hierbei die Läufererwärmung durch zunehmenden Schlupf stark an, und auch die Ständerwicklung wird durch Rückwirkung vom Läufer her stärker erwärmt, als es nur unter Berücksichtigung der relativ geringen Stromzunahme zu erwarten wäre. Mit einem solchen Verhalten ist vor allem bei Motoren zu rechnen, bei denen der Leerlaufstrom I_0 mehr als das 0,7fache des Nennstromes I_N beträgt. Die Voraussetzung für ein sicheres Ansprechen des thermischen Überstromauslösers bei Überlast ist bei diesen Maschinen also oftmals nicht mehr erfüllt und der thermische Schutz der Maschinen nicht mehr voll gewährleistet. Dieses besondere Verhalten bedingt, dass bereits beim Entwurf der Motoren auf die Möglichkeit eines wirksamen Schutzes Rücksicht genommen werden muss. Um eine Entscheidung darüber zu ermöglichen, ob ein Motor noch durch Motorschutzschalter sicher geschützt werden kann und damit die Forderungen des Explosionsschutzes erfüllt, sind folgende Untersuchungen durchzuführen:

a) Prüfung der Maschine mit Nennleistung zur Ermittlung der elektrischen Nenndaten und der Nennbetriebs-Übertemperaturen von Ständerwicklung und Läuferkäfig.

b) Ermittlung der Dauerbetriebs-Übertemperaturen von Ständerwicklung und Läuferkäfig bei Überlastung der Maschine mit 1,15fachem Nennstrom.

c) Die nach b) ermittelten Dauerbetriebs-Übertemperaturen dürfen die Grenzwerte der Wärmeklasse und Temperaturklasse um nicht mehr als 40% überschreiten (siehe Abschnitt 5.3.2).

Für die Bestimmung der Erwärmungszeiten sind die nach dem herkömmlichen Verfahren unter a) ermittelten Dauerbetriebs-Übertemperaturen einzusetzen.

Unter Berücksichtigung dieses Prüfverfahrens ist ein ausreichender Schutz auch durch die üblichen Motorschutzschalter gewährleistet.

Die eingangs aufgezeigten Probleme hinsichtlich des Motorschutzes würden sich bei Verwendung der direkten Temperaturüberwachung umgehen lassen."

5.9.3.2 Schaltung der Auslöser

In früheren PTB-Prüfungsscheinen war festgelegt, dass bei Wicklungen in Dreieckschaltung die Bimetallrelais oder -auslöser mit den Wicklungssträngen in Reihe zu schalten und auf den Strangstrom, also den $1/1,73 = 0,58$fachen Motorbemessungsstrom, einzustellen sind (**Bild 5.29**). Diese Forderung ist zwar entfallen, ist aber als Empfehlung nach wie vor sinnvoll:

- Bei Y-△-Anlauf ist die Wicklung geschützt, wenn nicht von Stern auf Dreieck weitergeschaltet wird.
- Bei Ausfall eines Netzleiters („Zweileiterbetrieb", s. Abschnitt 5.9.5) besteht eine bessere Schutzwirkung für die Wicklung.

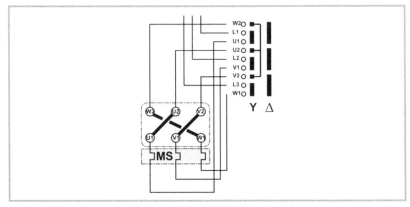

Bild 5.29 *Schaltbild für* Y-$\triangle$-*Einschaltung mit Anordnung und Bemessung der Bimetallschalter MS für den Strangstrom* $I_{ph} = I_N / 1{,}73$

Tabelle 5.11 Zusammenfassung der Anforderungen bei Betriebsart S1

Zündschutzart	e	d
Relais oder Auslöser allpolig	x	x
Getrennte Relais für alle Drehzahlstufen bei Polumschaltung	x	x
Thermische Sonderprüfung bei Zertifizierung, falls $I_0 / I_N > 0{,}7$	x	–
Maximale Abweichung der Auslösezeit vom Nennwert ± 20 %	x	–
Zertifizierung für Alleinschutz durch Thermistoren	B	H
Auslösung innerhalb Erwärmungszeit t_E (s. Abschn. 5.9.4)	x	–
Phasenausfallempfindlichkeit (s. Abschn. 5.9.5)	x	x

x erforderlich
B benannte Stelle
– nicht erforderlich
H Hersteller

Bei polumschaltbaren Motoren sind für jede Drehzahlstufe getrennte Relais vorzusehen, die gegeneinander zu verriegeln sind. Sowohl nach [B9], Abschnitt 7 a, wie auch nach VDE 0165:1991, Abschnitt 6.1.4.1 a, sind die Ströme in allen drei Außenleitern zu überwachen.

5.9.4 Zeit t_E bei Zündschutzart „e"

Ein kritischer Betriebsfall ergibt sich, wenn ein Drehstrom-Asynchronmotor aus betriebswarmem Zustand mit festgebremstem Läufer an voller Spannung – also im „Kurzschluss" – steht. Die Temperatur in Ständer und Läufer steigt unter dem Einfluss des Anzugsstromes rasch an und erreicht nach einer messtechnisch oder – bei großen Maschinen – rechnerisch zu ermittelnden Erwärmungszeit t_E die zulässige Grenztemperatur. Das thermisch verzögerte Überstromrelais muss so ausgewählt werden, dass der Antrieb innerhalb dieser Zeit t_E vom Netz getrennt wird.

5.9.4.1 Bestimmung der Zeit t_E

Bild 5.30 zeigt die Verhältnisse schematisch am Beispiel eines Motors, der – ausgehend von einer Umgebungstemperatur $\vartheta_{amb} = 40\,°C$ – im Dauerbetrieb S1 in der in Isolierstoffklasse F ausgeführten Wicklung eine Temperatur von $\vartheta_N = 130\,°C$ erreicht (vgl. Tabelle 5.3). Wenn nun durch eine Betriebsstörung der Läufer blockiert wird ($n = 0$), so steigt die Temperatur in der Wicklung steil an. Sie erreicht nach kurzer Zeit die Zündtemperatur von 200 °C für Gase der Temperaturklasse T3: Dies ist die Zeit t_E für T3.

Die Zeit (t_E) bis zum Erreichen der kritischen Temperaturen für Gase der Temperaturklassen T2 (300 °C) und T 1 (450 °C) wäre erheblich länger, doch wird vorher die nach **Tabelle 5.12** zulässige Wicklungstemperatur ϑ_W von 210 °C überschritten. Die Erwärmungszeiten t_E für die Temperaturklassen T1 und T2 sind daher in diesem Fall nicht durch die Zündtemperatur des Gases, sondern durch die nur kurzzeitige Temperaturüberlastbarkeit der Wicklung bestimmt.

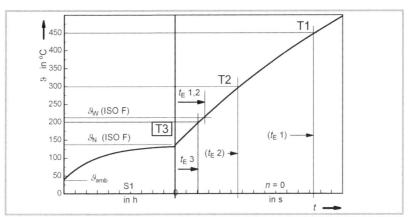

Bild 5.30 *Schematische Darstellung zur Berechnung der Erwärmungszeit t_E für die Ständerwicklung*
Von der im Dauerbetrieb S1 erreichten Nenntemperatur ϑ_N steigt die Wicklungstemperatur bei festgebremstem Läufer ($n = 0$) steil an.
Für die Temperaturklassen T1 und T2 bestimmt die Temperaturgrenze der Wicklung ϑ_W die Zeit t_E, für die Temperaturklasse T3 die Zündtemperatur des Gases.

Tabelle 5.12 *Grenztemperatur einer isolierten Wicklung am Ende der Erwärmungszeit t_E nach EN 60079-7, Tabelle 3*

Wärmeklasse (Isolierstoffklasse)	Zulässige Temperatur am Ende der Erwärmungszeit t_E in °C
E	≤ 175
B	≤ 185
F	≤ 210
H	≤ 235

In ähnlicher Weise ist der Temperaturanstieg des Käfigläufers auszuwerten. Hierbei sind die Grenztemperaturen für nichtisolierte Wicklungen zu berücksichtigen. Die Erwärmungszeiten des Ständers und des Läufers werden für die einzelnen Temperaturklassen getrennt ermittelt; die jeweils kürzere wird unter Berücksichtigung von Sicherheitsabschlägen und Rundungsregeln als Zeit t_E festgelegt. Über die hierbei einzuhaltenden Mindestzeiten geben die PTB-Prüfregeln [5-1] Auskunft.

Für die Beurteilung „ständerkritisch" und „läuferkritisch" sind neben dem Kurzschlussversuch noch andere Gesichtspunkte maßgebend (Abschnitt 5.9.8).

5.9.4.2 Auslösekennlinie

EN 60079-14 fordert:

„Um den Anforderungen ... zu entsprechen, müssen abhängig verzögerte Überlastschutzeinrichtungen so ausgelegt sein, dass nicht nur der Motorstrom überwacht, sondern auch der festgebremste Motor innerhalb der auf dem Leistungsschild angegebenen Zeit t_E abgeschaltet wird. Die Strom-Zeit-Kennlinien, die Verzögerungszeit des Überlastrelais oder Überlastauslösers als eine Funktion des Anlaufstromes zum Bemessungsstrom angeben, sollten beim Betreiber verfügbar sein."

Die Kurven (**Bild 5.31**) geben den Wert der Verzögerungszeit aus dem Kaltzustand, der auf eine Umgebungstemperatur von 20 °C bezogen ist, und für einen Anlaufstromverhältnisbereich von mindestens 3 bis 8 an. Die Auslösezeit der Schutzeinrichtungen muss diesen Verzögerungswerten ± 20 % entsprechen.

Der waagerechte Ast der Kennlinie in Bild 5.31 berücksichtigt die Forderung $t_E \geq 5\,s$. Der natürliche weitere Verlauf einer Auslösekennlinie mit Bimetallrelais bei Werten $I_A / I_N < 2{,}5$ ist in der Norm nicht dargestellt.

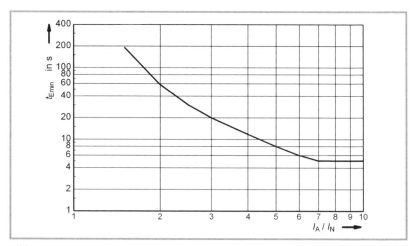

Bild 5.31 *Mindesterwärmungszeit t_{Emin} nach EN 60079-7*

5.9.4.3 Sonderforderungen des Verbandes der industriellen Energie- und Kraftwirtschaft (VIK)

Die Kennlinie stellt gleichzeitig Höchstwerte für die Auslösezeiten dar, die im kalten Zustand erreicht werden. In betriebswarmem Zustand gehen die Auslösezeiten auf etwa 1/3 bis 1/4 der Kaltwerte zurück, in der genormten Kennlinie in Bild 5.31 also teilweise bis etwa 1 s.

Bei gewissen Antriebsarten – vor allem für Pumpen, Verdichter, Ventilatoren – reicht diese Zeit für einen sicheren Hochlauf nicht aus. Im Hinblick auf solche Antriebe fordert daher die Großchemie oft Zeiten t_E und relative Anzugsströme gemäß der Grenzlinie nach **Bild 5.32**.

Diese Forderung geht über die Normen hinaus, so dass für gewisse Grenzfälle (vor allem bei Temperaturklasse T4) Neuabnahmen mit geänderter und teilweise aufwändigerer Auslegung notwendig werden. Abgesehen von Sonderfällen – z. B. Ventilatorantrieben – kann bei langsamlaufenden Antrieben mit Getriebemotoren ein relativ niedriger Trägheitsfaktor FI vorausgesetzt werden, so dass der Hochlauf selten länger als etwa 0,5 ... 1 s dauert. Es ist daher von Fall zu Fall zu prüfen, ob die VIK-Grenzwerte bei Getriebemotoren angewendet werden sollen, sofern nicht die innerbetriebliche Normung und Lagerhaltung der Relais eine einheitliche Ausrichtung des Motors nach dem Schaltgerät erzwingt.

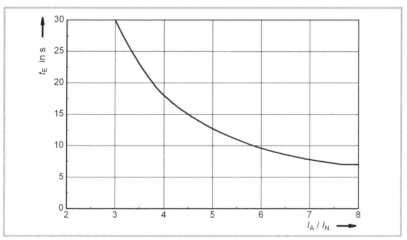

Bild 5.32 Mindestwerte für t_{Emin} und Höchstwerte für I_A/I_A nach VIK-Empfehlung

5.9.5 Zweileiterbetrieb

Zweileiterbetrieb oder Einphasenlauf ist der gestörte Betrieb einer Drehstrommaschine nach Ausfall eines Außenleiters [5-3]. Im englischen Sprachgebrauch wird dieser Störungsfall zutreffend als „single-phasing" bezeichnet.

5.9.5.1 Ursachen für den Zweileiterbetrieb

Beim Betrieb von Drehstrom-Kurzschlussläufermotoren kommt es immer wieder vor, dass einer der drei Außenleiter ausfällt. Die Ursache hierfür ist meist das Ansprechen einer Schmelzsicherung beim Einschaltstromstoß, gelegentlich auch schlechter Kontakt in der Leitungsführung oder eine Leitungsunterbrechung.

Bekanntlich bleibt ein Drehstrom-Asynchronmotor auch bei Zweileiteranschluss mit nahezu voller Drehzahl – wenn auch bei verminderter Kippleistung – in der Drehrichtung in Betrieb, in der ihm ein Bewegungsimpuls erteilt wurde oder in der er sich vor der Störung befand.

5.9.5.2 Auswirkung auf Stromaufnahme und Wicklungserwärmung

Der Strom in den beiden aktiven Netzleitern steigt gegenüber dem ungestörten Betrieb etwa um den Faktor 1,2 bis 2 an (**Bild 5.33**). Die Stärke des Anstiegs ist u. a. abhängig von
- Größe und Auslegung des Motors,
- Auslastung (in der Regel niedriger als Nennmoment, da bei Zweileiterbetrieb das Kippmoment erheblich reduziert ist).

Im Gegensatz zum ungestörten Betrieb ist der Strom in den beiden verbliebenen Außenleitern kein Maßstab für die Erwärmung des Motors:
- Bei Dreieckschaltung findet eine vom normalen Verhältnis abweichende Stromaufteilung statt:
  ungestörter Betrieb: $1 : 1/\sqrt{3} = 1 : 0{,}58$,
  gestörter Betrieb: $1 : 2/3 = 1 : 0{,}67$.
- Das gegenläufige (inverse) Drehfeld verursacht zusätzliche Verluste im Läufer, so dass vor allem bei größeren Motoren mit ausgeprägter Stromverdrängung

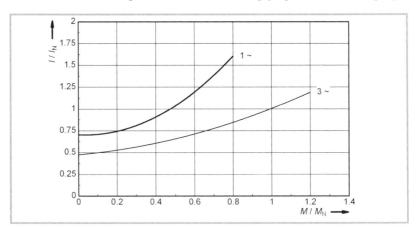

Bild 5.33 *Relativer Strom in der Zuleitung I/I_N bei verschiedener Belastung M/M_N, jeweils bezogen auf den Bemessungswert im ungestörten Betrieb*
3 ~ bei Dreiphasenbetrieb (3 Leiter)
1 ~ bei Einphasenbetrieb (2 Leiter)

Läufertemperaturen auftreten können, die bis zum doppelten Nennwert und höher ansteigen können. Die Läufertemperaturen heizen vor allem bei geschlossenen, oberflächengekühlten Maschinen (z. B. Kühlart IC 411) die Ständerwicklung entsprechend auf.

■ Entlastend wirkt, dass Teile der Ständerwicklung entweder gar nicht direkt erwärmt werden (bei Sternschaltung ist ein Strang ohne Strom) oder nur mit reduziertem Strom beschickt werden (bei Dreieckschaltung liegen zwei Stränge in Reihenschaltung).

Eine allgemein gültige Aussage über die Wicklungstemperaturen im Zweileiterbetrieb ist daher nicht möglich. Wicklungen in Sternschaltung wären nicht gefährdet, wenn das Überstromrelais einen Stromanstieg über den Einstellwert verhindern könnte.

5.9.5.3 Auswirkungen auf die Ströme in den Wicklungssträngen

Für die Stromverteilung in den drei Wicklungssträngen des Motors und für die Wirksamkeit des normalen Motorschutzrelais ergeben sich bei den beiden üblichen Schaltungen der Drehstrom-Ständerwicklung unterschiedliche Gesichtspunkte.

Sternschaltung

Bei Sternschaltung der Wicklung liegen die in der Netzleitung angeordneten Relais in Reihe mit den zugehörigen Wicklungssträngen, überwachen also direkt den für die Ständererwärmung maßgebenden Strom (**Bild 5.34**). Obwohl dieser Strom im ungünstigsten Fall um bis zu 32 % höher sein kann als der Nennstrom, besteht im Allgemeinen keine besonders hohe Gefahr für die Wicklung, da ja ein Wicklungsstrang (also ein Drittel des bewickelten Raumes) ohne Strom ist und einen erheblichen Wärmeausgleich übernehmen kann [D4] [D5].

Dreieckschaltung

Fällt bei der Dreieckschaltung eine Netzleitung aus, so bleibt ein Wicklungsstrang an voller Spannung, während die beiden anderen Stränge jeweils nur die halbe Nennspannung erhalten. Entsprechend ist auch die Stromaufteilung auf die beiden Zweige wie 2 : 1 bzw. $2/3 \cdot I_N : 1/3 \cdot I_N$.

Selbst wenn das auf I_N eingestellte Motorschutzrelais nicht mehr als diesen Sollwert dauernd zulassen würde, wäre im gefährdeten Wicklungsstrang mit einem Dauerstrom von $2/3 \cdot I_N = 0,67 \cdot I_N$ zu rechnen, während dieser Strang nur für $1/\sqrt{3} \cdot I_N = 0,58 \cdot I_N$ dauernd bemessen ist. Tatsächlich darf im gestörten Betrieb ein Ansprechstrom bis zu $1,32 \cdot I_N$ fließen, d.h., im gefährdeten Wicklungsstrang können dauernd bis zu $1,32 \cdot 0,67 \cdot I_N = 0,88 \cdot I_N$ auftreten, ohne dass das Relais anspricht. Der Wicklungsstrang wird also mit dem $0,88/0,58 = 1,5$fachen zulässigen Strangstrom belastet, was selbst bei einem guten Wärmeausgleich mit den nur zu etwa 75 % ihres Nennwertes belasteten beiden anderen Strängen eine beachtliche Gefährdung darstellt (**Bild 5.35**).

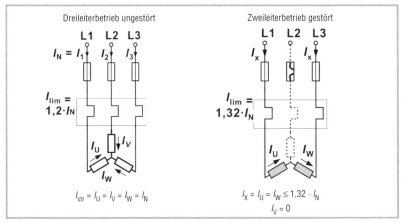

Bild 5.34 Stromaufnahme bei Dreiphasen- und Einphasenbetrieb in Sternschaltung

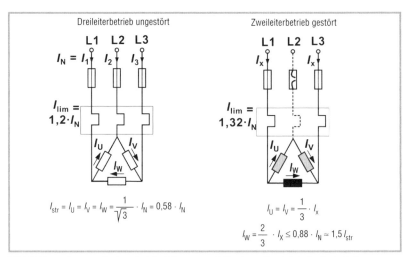

Bild 5.35 Stromaufnahme bei Dreiphasen- und Einphasenbetrieb in Dreieckschaltung

Es wurden Wicklungstemperaturen bis zu 140 % der Nennwerte gemessen, wenn der Außenleiterstrom dem Nennstrom entspricht. Es können jedoch im Rahmen der zulässigen, genormten Ansprechtoleranzen der Relais weit höhere Ströme auftreten, sofern auf spezielle Phasenausfallempfindlichkeit verzichtet wird.

5.9.5.4 Ansprechwerte von Bimetallauslösern

Für Überlastrelais sind Prüfströme und ihre Toleranzen in DIN EN 60947-4-1 / VDE 0660-102 [B51] festgelegt (**Tabelle 5.13**).

5.9 Wahl von Zündschutzart und Motorschutz nach der Betriebsart

Tabelle 5.13 *Prüfströme für Überlastrelais*

Überlastrelais	Faktor A	Faktor B
3-polig belastet	1,05	1,2
2-polig belastet, nicht phasenausfallempfindlich	1,05	1,32
2-polig belastet, phasenausfallempfindlich	1,0	1,15

Kenndaten für das Auslösen von 3-poligen Überlastrelais, temperaturkompensiert, bei 20 °C (Auszug aus DIN EN 60947-1-1 (VDE 0660-102) Tabellen 3 und 4):
A Prüfstrom als Vielfaches des Einstellstromes, bei dem das Relais, ausgehend vom kalten Zustand, innerhalb von 2 h nicht auslösen darf,
B Prüfstrom als Vielfaches des Einzelstromes, bei dem das Relais anschließend an Test A innerhalb von 2 h auslösen muss.

5.9.5.5 Phasenausfallempfindlichkeit von Motorschutzrelais

Die geschilderte Gefährdung von Drehstrom-Ständerwicklungen (vor allem in Dreieckschaltung) und die relativ hohe Ausfallquote haben schon in den 20er und 30er Jahren des 20. Jh. zur Entwicklung von „Phasenwächtern" oder „Asymmetrierelais" geführt, die meist zusätzlich zum Überstromrelais installiert werden mussten. Erst seit Einführung der *Phasenausfallempfindlichkeit* in Form einer relativ einfachen und preisgünstigen Zusatzeinrichtung am Bimetallauslöser in den 60er Jahren wurde der so genannte *Phasenausfallschutz* etwas häufiger verwendet. Die ausführliche Diskussion bei der Einführung von erweiterten Bestimmungen für den Schutz von explosionsgeschützten Motoren der Zündschutzart „e" hat zu einer breiteren Anwendung dieser Schutzmöglichkeit beigetragen.

Stellvertretend für die verschiedenen am Markt angebotenen Lösungen wird nachstehend das Motorschutzrelais Z der Fa. Moeller (**Bild 5.36**) beschrieben. Wenn sich die Bimetalle im Hauptstromteil des Relais infolge dreiphasiger Motorbelastung ausbiegen, wirken sie alle drei auf eine Auslöse- und eine Differentialbrücke. Ein gemeinsamer Auslösehebel schaltet bei Erreichen der Grenzwerte den Hilfsschalter um. Auslöse- und Differentialbrücke liegen eng und gleichmäßig an den Bimetallen an. Wenn nun z. B. bei Ausfall eines Leiters ein Bimetall nicht so stark ausbiegt wie die beiden anderen oder zurückläuft, dann legen Aus-

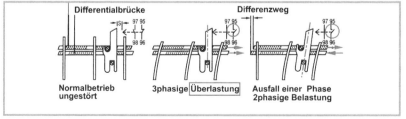

Bild 5.36 *Prinzip der Phasenausfallempfindlichkeit eines Bimetallrelais*
Motorschutzrelais Z der Fa. Moeller; [5-6]

löse- und Differentialbrücke unterschiedliche Wege zurück. Dieser Differenzweg wird im Gerät durch eine Übersetzung in zusätzlichen Auslöseweg umgewandelt, und die Auslösung erfolgt schneller.

Die Auswirkungen der Phasenausfallempfindlichkeit werden an den Auslösekennlinien (**Bild 5.37**) deutlich: Die Mittelwerte der Auslösezeiten bei symmetrischer 3-poliger Belastung aus kaltem Zustand nach Kennlinie 1 erhöhen sich deutlich bei 2-poliger Belastung, wenn keine Phasenausfallempfindlichkeit vorgesehen ist (Kennlinie 2). Bei Relais mit Phasenausfallempfindlichkeit (Kennlinie 3) hingegen gehen die Auslösezeiten sehr stark zurück.

Inzwischen werden phasenausfallempfindliche Bimetallrelais allgemein verwendet. **Bild 5.38** zeigt die positive Auswirkung auf die Schadensstatistik (nach einer internen Erhebung bei Vertragswerkstätten der Fa. Danfoss Bauer).

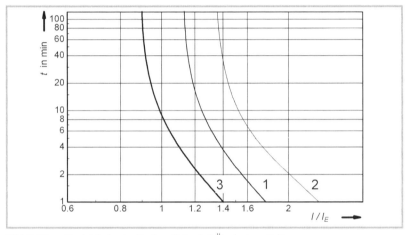

Bild 5.37 Vergleich der Auslösekennlinien bei Überlastung I/I_E
1 symmetrisch 3-polig; 2 2-polig ohne PAE; 3 2-polig mit PAE;
PAE Phasenausfallempfindlichkeit

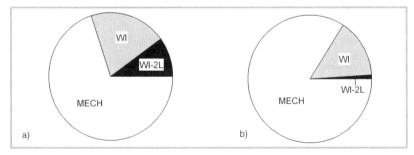

Bild 5.38 *Ausfallquoten*
MECH mechanische Schäden; WI Wicklungsschäden; WI-2L Wicklungsschäden im Zweileiterbetrieb
a) vor, b) nach allgemeiner Einführung der PAE

5.9.5.6 Phasenausfallschutz bei Motoren der Zündschutzarten „e" und „d"

In DIN VDE 0165:1991 waren die Festlegungen in Abschnitt 6.1.4.3.1 nur auf die Zündschutzart „e" bezogen:

„Bei Motoren sind Schutzeinrichtungen vorzusehen, die einen Motorschutz auch bei Ausfall eines Außenleiters sicherstellen. Stromabhängig verzögerte thermische Überstromrelais oder -auslöser sind z.B. geeignet, wenn sie mit Phasenausfallschutz nach DIN VDE 0660-104:1982-09 versehen sind.

Schutzeinrichtungen für Motoren in △-Schaltung müssen bei zweipoliger Belastung ausgehend vom kalten Zustand bei Auslöseströmen > 3 x Einstellstrom bei dem 0,87fachen Anzugsstrom des Motors innerhalb der Erwärmungszeit t_E auslösen. Hierzu sind Kennlinien für die Schutzeinrichtungen für zweipolige Belastung analog Abschnitt 6.1.4.3.2 zu beachten." (Die Abschnittsnummer 6.1.4.3.2 bezieht sich auf DIN VDE 0165:1991.)

Diese Formulierung lässt verschiedene Lösungsmöglichkeiten offen, soweit sie von einer anerkannten Prüfstelle als ausreichend angesehen werden. Beispielhaft wurde nur eine – relativ einfache und daher wahrscheinlich die gebräuchlichste – Lösungsmöglichkeit genannt.

In EN 60079-14 heißt es zu diesem Thema in Abschnitt 7 sinngemäß für alle Zündschutzarten:

Die Überlastschutzeinrichtung sollte stromabhängig zeitverzögert sein und alle drei Außenleiter überwachen. Es müssen Vorkehrungen getroffen sein, damit der Betrieb eines Drehstrommotors bei Ausfall einer Phase verhindert wird.

Zusätzlich wird in Abschnitt 5.9.2.1 für Motoren der Zündschutzart „e" verlangt:

„Bei Wicklungen in Dreieckschaltung ist die Auslösezeit bei festgebremstem Motor und bei Phasenausfall mit dem 0,87fachen Motoranzugsstrom zu prüfen."

Bezüglich der *Phasenausfallempfindlichkeit* besteht zwischen der „alten" und der „neuen" Vorschrift bei streng wörtlicher Auslegung eine Diskrepanz: Die alte Vorschrift verlangt nur, dass der Schutz des Motors sichergestellt ist. Die neue Vorschrift könnte so interpretiert werden, dass der Betrieb unterbunden werden muss – z.B. durch Überwachung der Phasensymmetrie.

Nach einer Stellungnahme der PTB genügt tatsächlich ein Bimetallrelais mit Phasenausfallempfindlichkeit [5-13].

5.9.6 Einsatzgrenzen für den stromabhängigen Motorschutz

Die Entscheidung für eine bestimmte Zündschutzart, z.B. „e" oder „d", kann auch von der Betriebsart des elektrischen Betriebsmittels beeinflusst werden.

Elektromotoren kleiner Leistung werden relativ häufig im Schalt- und Bremsbetrieb eingesetzt. Dieser Trend ist auch bei Antrieben für explosionsgefährdete Bereiche – wenn auch in abgeschwächter Form – zu beobachten. Aus dieser Betriebsart ergeben sich einige besondere Anforderungen an die Auswahl und den Einsatz explosionsgeschützter Drehstrommotoren.

In den Errichtungsbestimmungen EN 60079-14 heißt es im Abschnitt 11.2.1 zu diesem Thema:

„Im Allgemeinen sind Motoren mit stromabhängig verzögerten Überlastschutzeinrichtungen zulässig für Dauerbetrieb mit leichten und nicht häufigen Anlaufvorgängen, die keine nennenswerte zusätzliche Erwärmung hervorrufen. Motoren, die häufigen oder schweren Anlaufvorgängen ausgesetzt sind, sind nur dann zulässig, wenn geeignete Schutzeinrichtungen sicherstellen, dass die Grenztemperatur nicht überschritten wird."

Die Errichtungsbestimmungen DIN VDE 0165:1991 enthielten im Abschnitt 6.1.4.3.5 eine klare Anweisung zu diesem Thema:

„Stromüberwachte Maschinen dürfen im Allgemeinen nur für Dauerbetrieb mit leichten und nicht häufig wiederkehrenden Anläufen verwendet werden, bei denen keine wesentlichen Anlauferwärmungen auftreten.

Motoren für schwere Anlaufbedingungen oder für hohe Schalthäufigkeiten dürfen nur mit besonders angepassten Schutzeinrichtungen verwendet werden, die sicherstellen, dass die zulässige Höchsttemperatur nicht überschritten wird. Auch während des Anlaufs dürfen die Grenztemperaturen nicht überschritten werden."

Bei der praktischen Anwendung ergeben sich zwangsläufig zwei Fragen:
- Was sind *schwere* Anläufe? Dieser Teilaspekt wird in Abschnitt 5.9.11 behandelt.
- Was *sind häufig wiederkehrende* Anläufe?

Diese Frage kann weder von der Norm noch vom Antriebstechniker mit einer einfachen, quantitativen Regel beantwortet werden. Allgemein lässt sich lediglich sagen, dass die Schalthäufigkeit zu hoch ist,
- wenn die durch Wärmeklasse (Isolierstoffklasse) und Temperaturklasse gesetzten Grenzen für Wicklung, Läufer und Oberfläche des Motors überschritten werden,
- wenn stromabhängig verzögerte Auslöser oder Relais einer Überlastungsschutzeinrichtung ansprechen.

Das Motorschutzrelais soll bei allen Betriebszuständen ein möglichst gutes thermisches Abbild der Motorwicklung sein. Wegen der sehr unterschiedlichen Massen von Motor und Relais, also der verschieden großen Zeitkonstanten, lässt sich diese Aufgabe aber nur sehr unvollkommen lösen: Das Relais wird in der Regel seine Ansprechtemperatur erreichen, bevor der Motor an seine Grenztemperatur kommt. Für ein bestimmtes Beispiel sind in **Bild 5.39** die relativen Temperaturanstiege bei Belastung mit Bemessungsstrom gezeigt.

Zwangsläufig wird das Relais immer „zu früh" ansprechen, was einerseits vom Standpunkt der Sicherheit zu begrüßen ist, andererseits jedoch oft auch die volle thermische Ausnutzung der kurzzeitigen Überlastbarkeit oder der zulässigen Schalthäufigkeit eines Motors unterbindet.

Hier werden die Grenzen eines *stromabhängigen Überlastungsschutzes* deutlich, der ein wichtiges Element der Zündschutzart „e" ist.

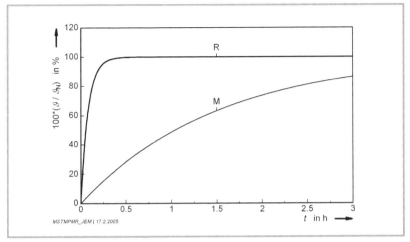

Bild 5.39 Temperaturanstieg $\vartheta(t)$ in Motor (M) und Relais (R) bei Belastung mit Bemessungsstrom

5.9.7 Temperaturüberwachung durch thermischen Motorschutz TMS

Für den Überlastungsschutz explosionsgeschützter Motoren sind neben Überstromauslösern auch andere, gleichwertige Einrichtungen zulässig. Hier bietet die direkte Temperaturüberwachung durch *Thermistoren* (TMS) eine gute Möglichkeit.

In EN 60079-14 (7 b) und Abschnitt 11.2.2) ist sinngemäß festgelegt:
Als Überlastschutzeinrichtung muss wahlweise ... eine Einrichtung zur direkten Temperaturüberwachung mit Temperaturfühlern ... eingesetzt werden.

Um diesen Anforderungen zu entsprechen, müssen die Wicklungstemperaturfühler in Verbindung mit den Schutzeinrichtungen für den thermischen Schutz auch bei festgebremster Maschine geeignet sein. Der Einsatz von eingebetteten Temperaturfühlern zur Überwachung der Maschinen-Grenztemperatur ist nur zulässig, wenn in der Maschinendokumentation ein solcher Einsatz festgelegt ist. Der Typ des eingebauten Temperaturfühlers oder der zugehörigen Schutzeinrichtung ist auf der Maschine anzugeben.

Das nationale PTB-Prüfzeichen für die Funktion (nicht für den Explosionsschutz) auf dem TMS-Auslösegerät wird spätestens seit dem 1.7.2003 durch ein international gebräuchliches Kennzeichen abgelöst, das ATEX-konform ist:

⟨Ex⟩ II (2) G.

Die Angabe der Kategorie in Klammern – hier (2) – soll darauf hinweisen, dass das Auslösegerät in einem ungefährdeten Bereich aufzustellen ist und mit seiner Schutzfunktion in die Kategorie 2 (Zone 1) hineinwirkt.

Einzelheiten zur Funktionsprüfung von Motorschutzeinrichtungen siehe Abschnitt 5.9.13.
Einzelheiten zu Auslösecharakteristik, Nenn-Ansprechtemperaturen (NAT), Farbcodierung u. a. siehe [5-3].

5.9.8 Ständerkritische und läuferkritische Maschinen

Da die Temperaturfühler eines TMS in die Ständerwicklung eingebettet werden, können sie die Läufertemperatur nicht oder nur in ihrer Rückwirkung auf den Ständer erfassen. Für alle „thermisch läuferkritischen" Motoren – das sind vor allem die mittleren und größeren Einheiten – scheidet der TMS daher als *alleinige* Schutzeinrichtung bei der Zündschutzart „e" im Allgemeinen aus. Eine zusätzliche Prüfbescheinigung ist nicht erforderlich, wenn der TMS *zusätzlich* zu einer herkömmlichen Überstromschutzeinrichtung verwendet wird. Diese Kombination hat sich in der Praxis gut bewährt und erhöht den Schutzumfang.

Die **Bilder 5.40** und **5.41** zeigen den Temperaturanstieg im Ständer und Läufer beim Kurzschlussversuch. Das Thermoelement in der Ständerwicklung wurde nur als zusätzliche Messstelle angebracht; es ist bei der Abnahmeprüfung nicht erforderlich. Der verzögerte Temperaturverlauf W-T soll lediglich zeigen, dass eine direkte Messung mit Thermoelementen wegen der Wärmedämmung keine brauchbaren Ergebnisse für die Ständerwicklung liefert. Für die Beurteilung „ständerkritisch" und „läuferkritisch" sind neben dem Kurzschlussversuch auch noch andere Gesichtspunkte maßgebend.

Soll der Motorschutz ausschließlich durch eine direkte Temperaturüberwachungseinrichtung mit Hilfe von Temperaturfühlern vorgenommen werden, so muss die Ausführung des Motors hierfür gesondert geprüft und bei „e" durch eine benannte Stelle, bei „d" durch den Hersteller zertifiziert sein – übliche Bezeichnung: **TMS als Alleinschutz**. Es ist jedoch zu beachten, dass die Anwendung dieser thermischen Motorschutzeinrichtung (TMS) auf Motoren beschränkt ist, bei denen die Erwärmung der Ständerwicklung maßgebend ist. Die meist „läuferkritischen" größeren Einheiten der Zündschutzart „e" können nicht mit Thermistoren als *alleinigem* Motorschutz geschützt werden.

Zusätzlich ist zu beachten, dass ein großer Teil der im Dauerbetrieb ständerkritischen Motoren wegen der vorwiegend im Läufer entstehenden Verluste im Schaltbetrieb läuferkritisch wird und daher in der Zündschutzart „e" nicht mit TMS in der Ständerwicklung geschützt werden kann.

Die Grenzen von ständerkritischen und läuferkritischen Motoren einer Typenreihe hängen von der Definition und von der Auslegung der Reihe ab, können also nicht verallgemeinert werden. Gültig ist jedoch der allgemeine Trend: Motoren mit niedrigen Bemessungsleistungen (z. B. < 3 kW) sind im Allgemeinen ständerkritisch, Motoren mit höheren Leistungen eher läuferkritisch.

Bei der Zündschutzart „e" beschränkt sich die Anwendung von TMS als Alleinschutz auf Motoren mit niedrigen Bemessungsleistungen.

5.9 Wahl von Zündschutzart und Motorschutz nach der Betriebsart 169

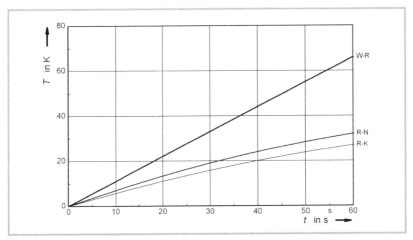

Bild 5.40 Temperaturanstieg im Ständer und Läufer eines „ständerkritischen" Drehstrom-Kurzschlussläufermotors beim Kurzschlussversuch

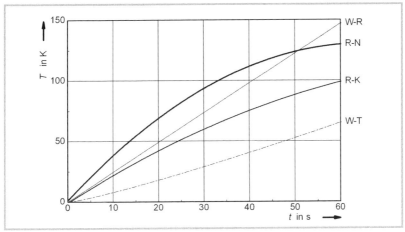

Bild 5.41 Temperaturanstieg in einem „läuferkritischen" Drehstrom-Kurzschlussläufermotor
Messstellen:
R-N Läuferstäbe
R-K Kurzschlussring
W-T Ständerwicklung mit Thermoelement
W-R Ständerwicklung mit Widerstandsmethode

5.9.9 Einsatzgrenzen des Thermistorschutzes

Der Thermistor-Temperaturfühler muss elektrisch isoliert in die Wicklung eingebaut werden. Die elektrische Isolierung behindert auch die Wärmeübertragung.

5.9.9.1 Thermische Ankopplung

Die elektrische Isolierung und eine unzureichende Einbettung in den Wickelkopf erschwert den Wärmeübergang vom Wickeldraht zum Thermistor und führt zwangsläufig zu einer Temperaturdifferenz zwischen Kupfer und Temperaturfühler, die bei Dauerbetrieb (S1) durch Wahl der Nennansprechtemperatur (NAT) kompensiert werden muss (**Bild 5.42**).

Beim raschen Temperaturanstieg im Kurzschlussfall (blockierter Läufer n_{Rotor} = 0) bestehen je nach thermischer Ankopplung eine mehr oder weniger ausgeprägte Verzögerung und ein Temperaturüberlauf, die sich gemäß den **Bildern 5.43** und **5.44** durch die *Kopplungszeitkonstante* T_K und die Temperaturdifferenz $\Delta\vartheta$ darstellen lassen und für deren Überprüfung die *Ansprechzeit* t_A einen wichtigen, auf einem Zusatzschild (Abschnitt 5.9.9.3) anzugebenden Maßstab darstellt. Eine Toleranz von ± 20 % wird als akzeptabel betrachtet (vgl. [5-1]).

Erläuterung zu den Bildern 5.42 bis 5.44:
CU Wicklungskupfer
TMS thermischer Maschinenschutz (Thermistor)
NAT Nennansprechtemperatur des Thermistors
T_K Kopplungszeitkonstante
$\Delta\vartheta$ Temperaturüberlauf
t_A Ansprechzeit des TMS als Maßstab für die Güte der Ankopplung
t_x unzulässig verlängerte Ansprechzeit (Explosionsschutz beeinträchtigt)

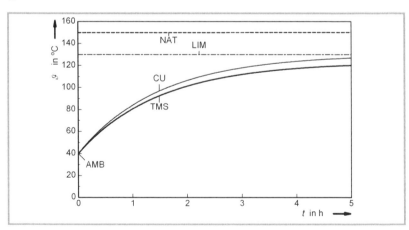

Bild 5.42 *Temperaturverlauf $\vartheta(t)$ in Kupfer (CU) und Thermistor (TMS) im Vergleich zur Grenztemperatur (LIM) und Nennansprechtemperatur (NAT)*
Daten: Dauerbetrieb S1 – Zündschutzart EEx e II T3 – Wärmeklasse F
– Umgebungstemperatur (AMB) 40 °C

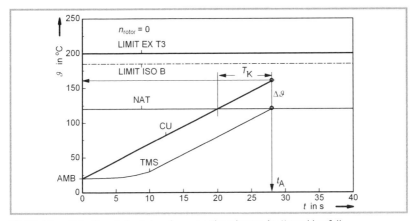

Bild 5.43 Gute thermische Ankopplung von Thermistoren im Kurzschlussfall

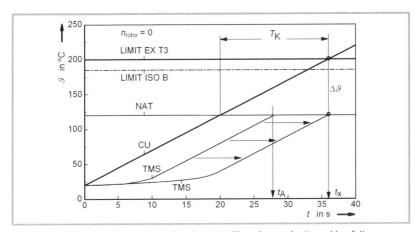

Bild 5.44 Schlechte thermische Ankopplung von Thermistoren im Kurzschlussfall

5.9.9.2 Einfluss der Stromdichte

Die *Anstiegsgeschwindigkeit v* der Wicklungstemperatur hängt direkt von der *Kurzschlussstromdichte* i_A ab (Richtwerte **Bild 5.45**).

Bei einer üblichen Ankopplungszeit $T_K = 8\,\text{s}$ ergibt sich

- bei *üblichen* Stromdichten von etwa $30\,\text{A/mm}^2$ ein Temperaturüberlauf von etwa 40 K (**Bild 5.46**),
- bei *extremer* Stromdichte von z. B. etwa $60\,\text{A/mm}^2$ ein Temperaturüberlauf von etwa 120 K (**Bild 5.47**).

Stromdichten über etwa $40\,\text{A/mm}^2$ führen zu einem Temperaturüberlauf $\Delta\vartheta > 50\,\text{K}$. Höhere Werte stellen eine Gefährdung für die Wicklungsisolierung und den Explosionsschutz dar.

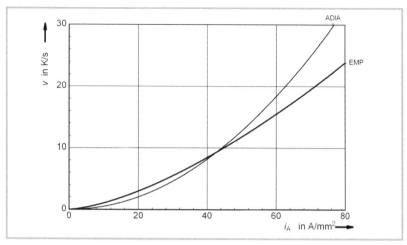

Bild 5.45 Temperaturanstieg v in Abhängigkeit von der Kurzschlussstromdichte i_A
ADIA theoretisch aus adiabatischer Erwärmung [5-7]
EMP empirisch aus vielen Messungen (Quelle: Fa. Danfoss Bauer)

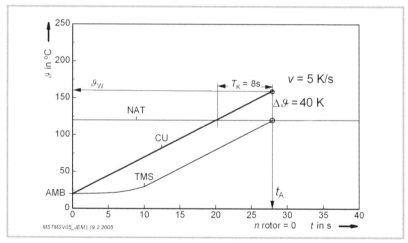

Bild 5.46 Temperaturüberlauf $\Delta\vartheta$ in der Wicklung (CU) bei üblichem Anstieg (v = 5 K/s) über Nennansprechtemperatur (NAT) des Thermistors (TMS), Ankopplungszeit (T_K) etwa 8 s

5.9.9.3 Berechnung und Kennzeichnung

Die Sonderausführung „TMS als Alleinschutz" bedarf einer sorgfältigen Prüfung beim Hersteller und bei Zündschutzart „e" einer Zertifizierung durch eine benannte Stelle. Bei der Zündschutzart „d" kann der Hersteller die Konformität erklären.

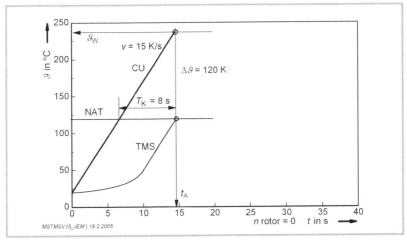

Bild 5.47 *Temperaturüberlauf $\Delta\vartheta$ in der Wicklung (CU) bei extremem Anstieg (v = 15 K/s) über Nennansprechtemperatur (NAT) des Thermistors (TMS), Ankopplungszeit (T_K) etwa 8 s*

Die *Instandsetzung* einer Wicklung mit TMS als Alleinschutz sollte möglichst vom Hersteller vorgenommen werden. Wenn eine für diese Arbeiten zugelassene Reparaturwerkstatt die Ersatzwicklung anfertigt, ist die Einbauanweisung des Herstellers genau zu befolgen und die Funktion des Thermistorschutzes durch eine anerkannte befähigte Person oder eine unabhängige „Zugelassene Überwachungsstelle ZÜS" zu überprüfen. Die *Ansprechzeit* t_A ist eine wichtige Kenngröße für die Funktion des TMS, sie ist deshalb z. B. nach **Bild 5.48** auf einem Zusatzschild anzugeben (vgl. [5-1], Abschnitt 6.3.3).

Von der Möglichkeit des Alleinschutzes durch Thermistoren wird vor allem bei Motoren der Zündschutzart „d" Gebrauch gemacht, weil sich diese für den Einsatz bei Schalt- und Bremsbetrieb oder als Umrichterantriebe anbieten (s. Abschnitte 5.9.10.3 und 5.10). Auf dem Hauptschild dieser Motorenart ist – im Gegensatz zu Motoren der Zündschutzart „e" – die Kenngröße I_A/I_N nicht erforderlich, wohl aber auf dem Zusatzschild oder als zusätzliche Kennzeichnung:

Thermistor PTC DIN 44081/82-145

Relais funktionsgeprüft / function tested ⟨Ex⟩ II (2) GD

t_A 28 s / 20 °C U_N I_A/I_N 5,0

Bild 5.48 *Beispiel für das Zusatzschild zur Kennzeichnung eines TMS als Alleinschutz (2) bedeutet: Relais ist im ungefährdeten Bereich aufgestellt; seine Schutzfunktion wirkt in Kategorie 2 (Zone 1 oder 21) hinein; gemäß RL 94/9/EG Artikel 1 (2) und ATEX-Leitlinien 5.9.2.1*

Die Ansprechzeit t_A bezieht sich auf die Prüfung mit festgebremstem Läufer; sie ist bei Bemessungsspannung U_N bei einer Umgebungstemperatur von 20 °C und beim angegebenen relativen Anzugsstrom zu erwarten. Sie ist ein Maß für die thermische Ankopplung zwischen Fühler und Kupfer.

Nach einer ab 1.7.2003 verbindlichen europäischen Regelung ist auf dem Motor eine zusätzliche Kennzeichnung anzubringen (Bild 5.48); Dieses Schild ist bei der Auswahl der Schutzeinrichtung zu beachten. Einzelheiten zur neuen Funktionsprüfung siehe Abschnitt 5.9.13.

5.9.10 Besondere Betriebsarten

Betriebsarten, die vom S1 (Dauerbetrieb) abweichen, sind bei explosionsgeschützten Antrieben eher die Ausnahme. Die grundsätzlichen Ausführungen im Abschnitt 5.9 sind zu beachten.

5.9.10.1 Betriebsart S2

Tabelle 5.14 *Beschreibung des Kurzzeitbetriebs*

Vereinfachtes Schema	Kurzzeichen und Definition nach Norm
	S2
	Kurzzeitbetrieb
	Betrieb mit konstanter Belastung, dessen Dauer nicht ausreicht, den thermischen Beharrungszustand zu erreichen, und einer nachfolgenden Zeit im Stillstand mit stromlosen Wicklungen von solcher Dauer, dass die wieder abgesunkenen Maschinentemperaturen nur noch weniger als 2 K von der Temperatur des Kühlmittels abweichen.
	Kennzeichnung S2, ergänzt durch Betriebsdauer.
	Beispiel: S2 – 60 min

Tabelle 5.15 *Zusammenfassung der zusätzlichen Anforderungen bei Betriebsart S2*

Zündschutzart	e	d
Zertifizierung des Motors für S2	B	H
Zertifizierung der für S2 angepassten Schutzeinrichtung	B	H
z. B. Zertifizierung für Alleinschutz mit Thermistoren	B	H
z. B. Überwachung von Strom, Laufzeit und Pause	B	H
Verwendung von S1-Antrieb und S1-Schutzeinrichtung für S2	▲	▲

▲ zulässig
B benannte Stelle
H Hersteller

5.9.10.2 Betriebsart S3

Tabelle 5.16 *Beschreibung des periodischen Aussetzbetriebs*

Vereinfachtes Schema	Kurzzeichen und Definition nach Norm
	S3
(Schema mit M, t_{cyc}, t_N, t_0, V, t)	**Periodischer Aussetzbetrieb** Betrieb, der sich aus einer Folge identischer Spiele zusammensetzt, von denen jedes eine Betriebszeit mit konstanter Belastung und eine Stillstandszeit mit stromlosen Wicklungen umfasst, wobei der Anlaufstrom die Übertemperatur nicht merklich beeinflusst. Kennzeichnung S3, ergänzt durch relative Einschaltdauer. Beispiel: S3 – 25 %

Tabelle 5.17 *Zusammenfassung der zusätzlichen Anforderungen bei Betriebsart S3*

Zündschutzart	e	d
Zertifizierung des Motors für S3	B	H
Zertifizierung für Alleinschutz durch Thermistoren	B	H
Verwendung von S1-Antrieb und S1-Schutzeinrichtung für S2	▲	▲

▲ zulässig
B benannte Stelle
H Hersteller

5.9.10.3 Betriebsart S4

Tabelle 5.18 *Beschreibung der Betriebsart S4*

Vereinfachtes Schema	Kurzzeichen und Definition nach Norm
	S4
(Schema mit M, t_{cyc}, t_a, t_N, t_0, V, t)	**Periodischer Aussetzbetrieb mit Einfluss des Anlaufvorgangs** Betrieb, der sich aus einer Folge identischer Spiele zusammensetzt, von denen jedes eine merkliche Anlaufzeit, eine Betriebszeit mit konstanter Belastung und eine Stillstandszeit mit stromlosen Wicklungen umfasst. Kennzeichnung ist S4, ergänzt durch die relative Einschaltdauer, das Massenträgheitsmoment des Motors (J_M) und das Massenträgheitsmoment der Belastungsmaschine (J_{ext}), beide auf die Motorwelle bezogen. Beispiel: S4 – 25 % J_M = 0,15 kgm^2 J_{ext} = 0,7 kgm^2

Stromabhängig verzögerte thermische Überstromauslöser eignen sich **nicht** als Überlastungsschutz, da sie kein thermisches Abbild der Wicklung darstellen. Sie würden unter dem Einfluss hoher Schalthäufigkeit viel zu früh auslösen. Die Relaishersteller nennen in Katalogen 25 bis 60 c/h als maximal zulässige Schalthäufigkeit. Dieser Richtwert kann im Einzelfall deutlich überschritten werden, wie die an [5-5] angelehnte Betrachtung in den **Bildern 5.49** und **5.50** zeigt.

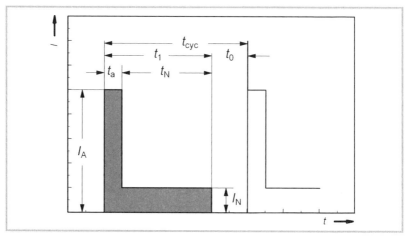

Bild 5.49 *Kenngrößen beim Aussetz-Schaltbetrieb*
t_{cyc} Spielzeit
t_1 gesamte Laufzeit
t_N Laufzeit mit Bemessungsstrom I_N
t_a Anlaufzeit mit Anzugsstrom I_A
t_0 Pause ohne Strom

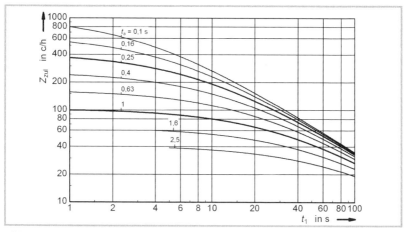

Bild 5.50 *Thermisch zulässige Schalthäufigkeit Z_{zul} von Bimetallrelais*
Erläuterungen siehe Bild 5.49

Mit diesen Richtwerten soll lediglich eine Abschätzung der zulässigen Schalthäufigkeit des Relais ermöglicht werden. Empfohlen wird bei der Betriebsart S4 für explosionsgefährdete Bereiche mit Temperaturklassen bis maximal T4 die Verwendung eines Motors in *Zündschutzart „d"*, zertifiziert mit thermischem Maschinenschutz (TMS) *als Alleinschutz*. In einer Herstellererklärung ist zu bestätigen, dass der Motor thermisch für die genau zu spezifizierende Betriebsart S4 (Tabelle 5.18) geeignet ist; d.h. dass die für die Wärmeklasse zulässige Wicklungstemperatur und die für die Temperaturklasse zulässige Oberflächentemperatur nicht überschritten werden.

Tabelle 5.19 *Zusammenfassung der zusätzlichen Anforderungen bei Betriebsart S4 und Temperaturklasse bis maximal T4*

Zündschutzart	e	d
Zertifizierung des Motors für S4	B	H
Zertifizierung für Alleinschutz durch Thermistoren	B	H
Herstellererklärung für die Eignung für S4	0	▲
Verwendung von Antrieb und Schutzeinrichtung für S1	0	0

▲ zulässig
0 nicht zulässig
B benannte Stelle
H Hersteller

5.9.11 Schweranlauf

Zur Frage, was ein „schwerer" Anlauf ist, gibt EN 60079-14 im Abschnitt 11.2.1 Auskunft:

„*Schweranlaufbedingungen liegen dann vor, wenn eine ... ordnungsgemäß ausgewählte, stromabhängig verzögerte Überlastschutzeinrichtung den Motor abschaltet, bevor dieser seine Bemessungsdrehzahl erreicht. Dies ist im Allgemeinen der Fall, wenn die Gesamtanlaufzeit länger als 1,7 t_E ist.*"

Trifft diese Voraussetzung zu, so sind „angepasste Schutzeinrichtungen" zu verwenden. Die hierzu in VDE 0165:1961-02 enthaltenen Einzelfestlegungen wurden in die späteren Fassungen nicht übernommen. Im Prinzip handelt es sich um eine Überwachung von Temperatur und/oder Zeit während des Hochlaufs, wobei der stromabhängige Auslöser überbrückt sein kann.

Tabelle 5.20 *Zusammenfassung der zusätzlichen Anforderungen bei Schweranlauf*

Zündschutzart	e	d
Zertifizierung des Motors für Schweranlauf	B	H
Zertifizierung für Alleinschutz durch Thermistoren	B	H
Herstellererklärung für die Eignung für Schweranlauf	0	▲
Angepasste Schutzeinrichtung für Schweranlauf	x	x

x erforderlich
▲ zulässig
0 nicht zulässig
B benannte Stelle
H Hersteller

5.9.12 Sanftanlauf

Zu diesem Thema enthält DIN EN 60079-14 in Abschnitt 11.2.3 folgende Anweisung:

"Der Überlastschutz für Motoren, bei denen der Anlauf durch spezielle Verfahren erfolgt, die die elektrischen, mechanischen und thermischen Beanspruchungen elektrisch begrenzen, muss vom Anwender einer speziellen Beurteilung der Einsatzbedingungen unterzogen werden, sofern die Anforderungen (für die thermische Überwachung) nicht erfüllt werden können."

Tabelle 5.21 Zusammenfassung der zusätzlichen Anforderungen bei Sanftanlauf

Zündschutzart	e	d
Beurteilung durch den Anwender	x	x
Zertifizierung, falls Alleinschutz durch TMS erforderlich	B	H
Überwachung von Zeit und/oder Drehzahl	x	x

x erforderlich
B benannte Stelle
H Hersteller

5.9.13 Funktionsprüfung von Überlastungsschutzeinrichtungen

Nach ATEX dürfen seit dem 1.7.2003 für den Überlastungsschutz elektrischer Maschinen nur noch Schutzeinrichtungen in Verkehr gebracht werden, deren *sichere Funktion* nachgewiesen ist. Als Nachweis dient in der Kategorie 2 die EG-Baumusterprüfbescheinigung einer benannten Stelle und in der Kategorie 3 ein Hinweis in der EG-Konformitätserklärung oder in der Betriebsanleitung des Herstellers.

In der Richtlinie 94/9/EG heißt es im Artikel 1 (2) zu diesem Thema:

"Unter den Anwendungsbereich dieser Richtlinie fallen auch Sicherheits-, Kontroll- und Regelvorrichtungen für den Einsatz außerhalb von explosionsgefährdeten Bereichen, die im Hinblick auf Explosionsgefahren jedoch für den sicheren Betrieb von Geräten und Schutzsystemen erforderlich sind oder dazu beitragen."

In den ATEX-Leitlinien vom Mai 2000 sind im Abschnitt 4.4.1, d) auf den Seiten 21/22 Beispiele für solche Sicherheitseinrichtungen genannt; ausdrücklich auch Überlastschalter für Elektromotoren der Schutzart EEx e erhöhte Sicherheit.

Weitere Beispiele bei sinngemäßer Auslegung, z.B. nach dem PTB-Merkblatt „EG-Baumusterprüfbescheinigungen für Motorschutzgeräte":
- Überlastrelais mit thermischen Bimetallauslösern,
- elektronische Überlastrelais,

▌ TMS-Auslösegeräte für PTC-Fühler,
▌ PT 100-Fühler,
▌ Sanftanlaufgeräte mit integriertem oder getrenntem TMS,
wenn sie als *Alleinschutz* für Motoren in den *Zonen 1* und *21* verwendet werden.

Eine EG-Baumusterpüfbescheinigung einer benannten Stelle ist nach allgemeinem Verständnis für eine solche Einrichtung *nicht zwingend erforderlich*, wenn sie *zusätzlich* zu einer anderen, zugelassenen Schutzeinrichtung verwendet wird oder wenn sie einen Antrieb in der *Zone 2* oder *22* schützt, der eine *EG-Konformitätserklärung* des Herstellers hat und dessen Schutzeinrichtung in der Betriebsanleitung beschrieben ist. Es ist jedoch zu empfehlen und bei entsprechender Entwicklung des Marktes auch zu erwarten, dass zertifizierte Geräte auch in den Zonen 2 oder 22 verwendet werden.

In den folgenden Abschnitten werden einige Beispiele für die Anforderungen und Kennzeichnung von funktionsgeprüften Überlastungsschutzeinrichtungen beschrieben.

Bild 5.51 zeigt die Kennzeichnung eines ATEX-konformen Motorschutzrelais, wie es seit dem 1.7.2003 in Verkehr gebracht werden muss.

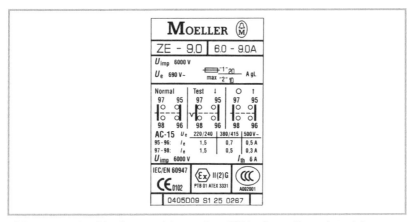

Bild 5.51 *Beispiel für die Kennzeichnung eines ATEX-konformen Motorschutzrelais für einen explosionsgeschützten Motor der Zündschutzart „e"*
Gerät darf in Zone 1 (Kategorie 2) hineinwirken;
Aufstellung des Gerätes außerhalb der Zone

5.10 Umrichtergespeiste Drehstromantriebe

Wie in vielen anderen Bereichen wird auch in der chemischen Verfahrenstechnik zunehmend die Forderung nach *stufenloser Verstellung der Drehzahl* gestellt. Wegen des Explosionsschutzes kommt hier der Wahl des Antriebssystems eine besondere Bedeutung zu.

Grundsätzliche Gesichtspunkte zur Wahl der Drehzahlverstellung sind:
- Anpassung der Verarbeitung an wechselnde Produkte,
- Verbesserung des Verfahrens,
- Einsparung von Energie,
- Betriebssicherheit,
- Umweltschutz,
- Wartungsarmut,
- Explosionsschutz.

5.10.1 Festlegungen in den Normen

Zündschutzart „d"

In den europäischen Errichtungsbestimmungen DIN EN 60079-14:2004 wird zu diesem Thema in Abschnitt 10.5 für Motoren der Zündschutzart „d" festgelegt:
„Motoren, die mit veränderlicher Frequenz und Spannung gespeist werden, erfordern entweder:
a) Mittel (oder Ausrüstung) für die direkte Temperaturüberwachung durch eingebettete Temperaturfühler, welche in der Motor-Dokumentation beschrieben sind, oder andere wirksame Methoden zur Begrenzung der Motorgehäuse-Oberflächentemperatur. Durch die Schutzeinrichtung muss der Motor abgeschaltet werden. Die Kombination von Motor und Umrichter braucht nicht zusammen geprüft zu werden, oder
b) der Motor muss für diese Betriebsart mit der vorgesehenen Schutzeinrichtung und in Verbindung mit dem Umrichter, der in den nach IEC 60079-0 geforderten Beschreibungen festgelegt ist, als Ganzes einer Baumusterprüfung unterzogen worden sein.
Anmerkung 1: In einigen Fällen entsteht die höchste Oberflächentemperatur an der Motorwelle.
Anmerkung 2: Bei Motoren mit Anschlusskästen in der Zündschutzart „e" ist bei Anwendung von Umrichtern mit Hochfrequenzimpulsen sorgfältig darauf zu achten, dass Überspannungsspitzen und Übertemperaturen in den Anschlussgehäusen in Betracht gezogen werden.
Anmerkung 3: Eine stromabhängige, zeitverzögerte Schutzeinrichtung nach Abschnitt 7a der Norm (gemeint ist ein Bimetallrelais) wird nicht als eine andere wirksame Maßnahme angesehen."

Zündschutzart „e"

Hierzu heißt es in Abschnitt 11.2.4 der Norm DIN EN 60079-14:2004:
„Motoren, die von einem Umrichter mit veränderlicher Frequenz und Spannung gespeist werden, müssen für diese Betriebsart in Verbindung mit dem Umrichter, der in den nach IEC 60079-0 geforderten Unterlagen technisch beschrieben ist, und zusammen mit der vorgesehenen Schutzeinrichtung als

Ganzes einer Baumusterprüfung unterzogen worden sein oder müssen nach IEC 60079-7 bewertet werden."

In verkürzter Form folgt aus diesen Festlegungen :

▌ Motoren der Zündschutzart „e" müssen zusammen mit dem zugehörigen Umrichter durch eine benannte Stelle geprüft und bescheinigt werden. Die Umrichtersteuerung übernimmt Begrenzungsfunktionen, deren Einzelheiten im Prüfungsschein festzulegen sind, ausgenommen bei Überwachung der Motoren durch selbstüberwachte oder redundante UMS.
UMS sind Umrichter-Schutzeinrichtungen, z. B.
– frequenzabhängige Stromüberwachung,
– Zeitbegrenzung unterhalb der Minimalfrequenz,
– kein Betrieb oberhalb der Maximalfrequenz,
– Überwachung.

▌ Motoren der Zündschutzart „d" dürfen ohne zusätzliche Zertifizierung durch eine benannte Stelle am Umrichter betrieben werden, sofern der Motorhersteller die Eignung in einer Werksprüfung festgestellt hat und sofern der Motor in einer pauschalen Konformitätsbescheinigung für die Temperaturklassen T1 bis derzeit T4 mit thermischem Motorschutz (TMS) als Alleinschutz durch den Motorhersteller entsprechend geprüft ist.

Im „Vorschlag für ein neues Zulassungskonzept für Ex-geschützte Antriebe mit Frequenzumrichter" eines Mitarbeiters der PTB [5-11] wird ein Verfahren beschrieben, das es ermöglicht, Motoren der Zündschutzart „e" ohne Festlegung auf einen bestimmten Umrichtertyp zuzulassen. Voraussetzung ist, die Grenzwerte für die innerhalb der Temperaturgrenzen zulässigen Verluste oder den repräsentativen Strom zu ermitteln und als Parameter im Umrichter zu hinterlegen. Dieses Zulassungskonzept wird derzeit in verschiedenen Gremien diskutiert; das Ergebnis und die formale Umsetzung angesichts der oben beschriebenen Festlegungen in Normen bleiben abzuwarten.

5.10.2 Begrenzung der Spannungsspitzen

Wenn der Motorhersteller in seiner Betriebsanleitung die *maximal zulässigen Spitzenwerte* der Spannung angibt, sind diese vom Errichter oder Betreiber am Aufstellungsort unter Betriebsbedingungen zu beachten.

Bei den meisten Empfehlungen handelt es sich um „Sekundärmaßnahmen", mit denen die Motoren für die offenbar zwangsläufig entstehenden Spannungsspitzen des Umrichters fit gemacht werden sollen.

Nur an einer Stelle ist eine „Primärmaßnahme" empfohlen: In IEC 60034-17 heißt es am Schluss von Abschnitt 9:

„Im Hinblick auf die komplexen Zusammenhänge wird eine sorgfältige Projektierung des Gesamtantriebs empfohlen. Mitunter ist der Einsatz von Filtern am Umrichterausgang unerlässlich."

Diese Empfehlung ist nachdrücklich zu unterstützen; sie wird von den meisten Anwendern der Großchemie zur internen Regel gemacht.
Der Aufwand für das Ausgangsfilter bietet einen hohen Gegenwert:
- erhöhte Sicherheit gegen vorzeitige Wicklungsschäden,
- verminderte Geräuschemission,
- günstigere Voraussetzungen für die Einhaltung der EMV-Richtlinien, auch ohne geschirmte Motorzuleitungen,
- verminderte Gefahr von Wellenströmen.

Bei Preisvergleichen ist zu prüfen, ob diese obligatorische Sicherheitsmaßnahme zur Grundausstattung des Umrichters gehört.

5.10.3 Motoren mit integriertem Umrichter

Umrichtergespeiste explosionsgeschützte Drehstrommotoren haben schon jetzt mit einem geschätzten Anteil von 10 % aller Ex-Motoren eine beachtliche wirtschaftliche Bedeutung; ihr Anteil wird wegen der automatischen Steuerung von Prozessen und dem Zwang zur Energieeinsparung weiter zunehmen.

Einige Hersteller haben Elektromotoren mit angebautem Frequenzumrichter (**Bild 5.52**) entwickelt.

Kenndaten je nach Fabrikat:

Motor-Achshöhen:	90, 100, 112, 132, 160
Leistungsabgabe:	0,75 bis 11 kW
Anschlussspannung:	400 oder 500 V
Zündschutzart:	EEx de IIC T4
Drehzahlen:	0 bis 6000 min^{-1}

Bild 5.52 *Elektromotor mit integriertem Frequenzumrichter*
Zündschutzart EEx de IIC T4
Foto: LOHER

Für den Anwender ergeben sich u. a. folgende Vorteile:
- Ersatz für mechanische Verstelleinheiten,
- flexible und kompakte Anpassung an die Bedingungen vor Ort,
- einfache Planung,
- Verminderung der Gefahr durch Spannungsspitzen,
- Sicherstellung der EMV,
- kein Betriebsraum für den Umrichter erforderlich,
- Integration in Regelsysteme.

5.10.4 Konformitätserklärung für Ex-Zündschutzarten (Zusammenfassung)

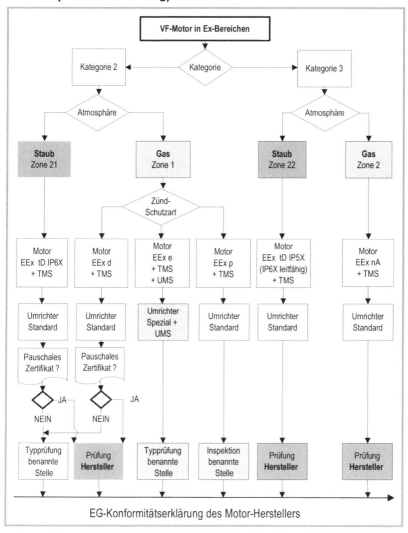

Bild 5.53 *Konformitätserklärung für Ex-Zündschutzarten (Zusammenfassung)*
VF variable Frequenz (Umrichterbetrieb)
UMS im Umrichter integrierter Motorschutz
IP6X (leitfähig) bei leitfähigem Staub
TMS thermischer Motorschutz (PTC-Thermistoren)
mit Funktionsprüfung des Auslöserelais
bei Kategorie 2 durch benannte Stelle
bei Kategorie 3 durch Hersteller

5.11 Weiterbetrieb an 400 V nach IEC 38

Die Bemühungen um *weltweite Normspannungen* haben im Jahr 1983 mit IEC 60038 (frühere Bezeichnung: IEC 38) einen vorläufigen Abschluss gefunden. Die identische nationale Norm DIN IEC 38 ist 1987 erschienen. In einer zunächst auf 20 Jahre veranschlagten und inzwischen auf 25 Jahre verlängerten Übergangszeit sollten die in 50-Hz-Netzen üblichen Spannungen 380, 415, 420 und 440 V durch die Normspannung 400 V abgelöst werden. Für Einphasennetze gilt dann sinngemäß 230 V. Die neuen Nennwerte sollten bis zum Jahr 2003 übernommen werden. Im CENELEC-Memorandum Nr. 14 war sogar empfohlen, die neuen Bemessungsspannungen bis 1993 einzuführen. Da aber Großbritannien (Spannungen 415, 420 und 440 V) erst 1993 formal zugestimmt hat und dort die Umstellung erst beginnt, konnte das eigentliche Ziel einer Welt-Normspannung bei 50 Hz vorerst noch nicht erreicht werden. Die Frist für die Anpassung der Toleranz wurde um fünf Jahre bis zum Jahr 2008 verlängert. Es gilt für die Netzspannung eine Toleranz von +6/−10 %; danach ±10 % oder eventuell eine engere Toleranz, was aus der Sicht des Elektromaschinenbaus erstrebenswert wäre.

5.11.1 Zulässige Spannungsschwankung für elektrische Maschinen

Für elektrische Maschinen gilt nach wie vor DIN EN 60034-1 (VDE 0530-1), die mit IEC 60034-1 harmonisiert ist und in der im Abschnitt 7.3 eine zulässige Spannungsschwankung von ±5 % im Bereich A genormt ist.

Diese Toleranz bezieht sich auf die jeweils auf dem Leistungsschild genannte Spannung, d. h., ein Motor für die *Bemessungsspannung* 380 V kann verwendet werden für *Betriebsspannungen* 361 bis 399 V, ein Motor für die *Bemessungsspannung* 400 V kann verwendet werden für *Betriebsspannungen* 380 bis 420 V.

Für einen Betrieb mit Spannungsschwankungen, die über die derzeit genormten ±5 % hinausgehen (**Bild 5.54**), ist in der Norm vorgesehen, dass die Motoren funktionstüchtig sein sollen: Sie können ihr Bemessungsdrehmoment abgeben, wobei die übrigen Kenndaten (z. B. auch die Erwärmung) größere Abweichungen von den für die Bemessungsspannung festgelegten Daten haben dürfen.

Der Toleranzbereich B ist für *normale, nicht explosionsgeschützte* Maschinen eine Konzession, von der Hersteller und Betreiber eigenverantwortlich nach Abwägung der Auswirkung auf die Betriebsdaten und die Lebensdauer der Wicklungsisolierung Gebrauch machen können.

Eine ausführliche Darstellung der Problematik findet sich in [5-15]. Da bei *explosionsgeschützten* Motoren die Sicherheit tangiert ist, muss hier die Umstellung auf die Spannung 400 V unter Beachtung der einschlägigen Normen und der speziellen Motorauslegung vorgenommen und dokumentiert werden (vgl. [5-8] und [5-14]).

5.11 Weiterbetrieb an 400 V nach IEC 38

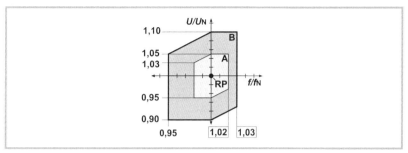

Bild 5.54 *Spannungs- und Frequenzgrenzen nach DIN EN 60034-1 (VDE 0530-1)*
  RP   Bemessungspunkt (rating point)
  A   Motor soll im Bereich A im Dauerbetrieb funktionstüchtig sein, Erwärmung darf höher sein als im Bemessungspunkt
  B   Motor soll im Bereich B (außerhalb A) funktionstüchtig sein (Bemessungsdrehmoment abgeben können); ein Betrieb über längere Zeit wird nicht empfohlen, Erwärmung höher als in A
  U/U_N bezogene Spannung
  f/f_N bezogene Frequenz

Sowohl bei der *Neubeschaffung* als auch beim *Weiterbetrieb* ergibt sich für die Zündschutzarten „d" und „e" eine sehr unterschiedliche Betrachtungsweise.

Zündschutzart „e":
Betrieb im Bereich A zulässig. Erwärmungsprüfung für die *Wicklung* im Bemessungspunkt RP (vgl. EN 60079-0:2004, Abschnitt 26.5.1).

Zündschutzart „d":
Betrieb im Bereich B zulässig. Erwärmungsprüfung für die *Oberfläche* an den Eckpunkten des Bereiches B (vgl. EN 60079-0:2004, Abschnitt 26.5.1).

Die Einstellung des *Motorschutzrelais* (MR) als elementarem Bestandteil des Explosionsschutzes ist zu beachten.

5.11.2 Weiterbetrieb

Zündschutzart „d" und „e"

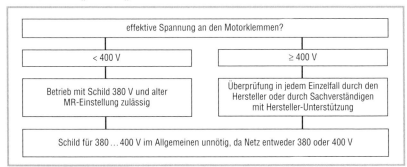

Bild 5.55 Weiterbetrieb von Motoren in den Zündschutzarten „d" und „e"

Zündschutzart „d"

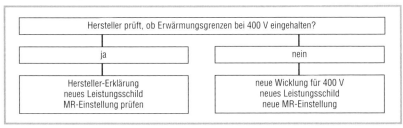

Bild 5.56 Weiterbetrieb von Motoren in Zündschutzart „d"

Zündschutzart „e"

Bild 5.57 Weiterbetrieb von Motoren in Zündschutzart „e"

5.11.3 Vorentscheidung nach dem Leistungsfaktor

Im Abschnitt 5.11.2 ist vorgeschlagen, dass der Hersteller anhand seiner aus der Typprüfung vorliegenden Messprotokolle nachprüft, ob ein Betrieb an Spannungen $\geq 400\,\text{V}$ zulässig ist. Eine durch umfangreiche empirische Untersuchungen belegte Vorentscheidung ist anhand des Leistungsfaktors auf dem Leistungsschild möglich.

Hieraus lassen sich folgende Regeln für das voraussichtliche Ergebnis der in jedem *Einzelfall obligatorischen Prüfung* durch den Hersteller ableiten:

Voraussetzungen:
Wicklung 380 V, 50 Hz
Ex d: Pauschale Konformitätsbescheinigung für T4
Ex e: Erwärmungszeit t_E deutlich größer als 5 s

Tabelle 5.22 *Vorentscheidung über den Weiterbetrieb eines 380-V-Motors an 400 V*

Gruppe	cos φ	Nennstrom bei 400 V	Weiterbetrieb
A	> 0,85	100 %	möglich
B	0,70 ... 0,85	105 %	wahrscheinlich möglich
C	< 0,70	–	nicht möglich, neue Wicklung für 400 V

5.11.4 Funktion der anerkannten befähigten Person

Schon in einer sehr frühen Veröffentlichung von Mitarbeitern der PTB [5-8] war zur Umstellung der Leistungsschilder von in Betrieb befindlichen 380-V-Motoren auf die neue Bemessungsspannung 400 V ausgesagt worden:

„*Wegen der zu erwartenden Vielzahl der betroffenen Motoren entsteht hier ein weites Betätigungsfeld für die Sachverständigen der Hersteller, gegebenenfalls auch der Betreiber.*"

Zur Klarstellung der Rechtslage hat das BMA (Bundesministerium für Arbeit und Sozialordnung) am 22.3.1995 mit Zeichen IIIb6-35472 in einem Schreiben an die für den Arbeitsschutz zuständigen obersten Behörden der Länder, den Hauptverband der gewerblichen Berufsgenossenschaften und den DExA festgelegt (siehe auch 6013 in [A19]):

„*Betreff: Verordnung über elektrische Anlagen in explosionsgefährdeten Räumen (ElexV)*
hier: Normspannungsumstellung nach DIN IEC 38
Der in der DExA-Sitzung am 26. Oktober 1994 ins Leben gerufene Arbeitskreis hat folgendes Ergebnis erarbeitet:
Mit der Umstellung der Normspannung nach DIN IEC 38 können im Geltungsbereich der Verordnung über elektrische Anlagen in explosionsgefährdeten

Räumen (ElexV) sicherheitstechnische Bedenken auftreten. Die Normspannungsumstellung hat hinsichtlich des elektrischen Explosionsschutzes nach Auffassung der in der Besprechung anwesenden Fachleute für Elektromotoren vor allem der Zündschutzart e Bedeutung.

Die durch die Normspannungsumstellung bedingte Änderung der Anschlussdaten bei den elektrischen Betriebsmitteln sind mit einer Änderung des Betriebsmittels nach § 9 Abs. 3 zu vergleichen. § 9 Abs. 3 impliziert, dass eine Änderung als Sonderanfertigung nach § 10 zu behandeln ist.

Soll ein Motor der Zündschutzart e mit einer von seinen Nenndaten abweichenden Netzspannung betrieben werden, so darf er erst in Betrieb genommen werden, nachdem der Sachverständige festgestellt hat, dass das Betriebsmittel den Anforderungen der ElexV entspricht und nachdem er über das Ergebnis dieser Prüfung eine Bescheinigung erteilt hat.

§15 ElexV legt fest, wer Sachverständiger i. S. der Verordnung ist. Den Sachverständigen eines Unternehmens (§15 Abs. 1 Nr 3) stehen Sachkundige eines Unternehmens gleich, soweit sie von der zuständigen Behörde für die Prüfung der installierten, geänderten oder instand gesetzten elektrischen Anlagen anerkannt sind. Diese Bestimmung sollte nach Auffassung des Arbeitskreises im vorliegenden Fall genutzt werden. Da besondere Fachkenntnisse nötig sind, können sich die Behörden u. a. bei der Anerkennung mit der PTB in Verbindung setzen.

Sollten weder beim Hersteller oder Betreiber noch bei den Prüfstellen Unterlagen von der ursprünglichen Prüfung vorhanden sein, so ist eine neue Baumusterprüfung durchzuführen, oder der Betreiber entscheidet sich für eine andere technische Lösung, falls dies möglich ist (Beispiel: Vorschalten eines Trafos oder Neuwicklung für die geänderte Spannung).

Werden elektrische Betriebsmittel für eine neue Spannung freigegeben, für die sie ursprünglich nicht spezifiziert wurden, so wird grundsätzlich empfohlen, neben den technischen Unterlagen auch das Typenschild zu aktualisieren.

Das BMA wird die Empfehlung des DExA-Arbeitskreises dem Hauptverband der gewerblichen Berufsgenossenschaften und den Ländern zur Kenntnis geben. Dabei wird es den Hauptverband und die Bundesländer bitten, Hersteller und Betreiber in geeigneter Weise über die Konsequenzen der Spannungsumstellung für den Explosionsschutz zu informieren."

Eine aktualisierte Fassung dieses Schreibens ist zurzeit durch die zuständige Behörde in Vorbereitung.

6 Schaltgeräte und Schaltanlagen

6.1 Einleitung

Schaltgeräte haben die Aufgabe, elektrische Stromkreise zu schließen oder zu unterbrechen. Beim Ausschalten wird der Stromkreis in einer mehr oder weniger kurzen Zeit unterbrochen. Dieser Schaltvorgang ist immer vom Auftreten eines *Lichtbogens* oder *Funkens* begleitet. Auch beim Einschalten kommt es durch das Prellen der Kontakte oder durch Vorzündungen zu Funkenbildungen. Diese betriebsbedingten Funken- und Lichtbogenerscheinungen können bei ausreichender Energie im Stromkreis eine explosionsfähige Atmosphäre zünden.

Zusätzlich treten an den Schaltkontakten und den Anschlusskontakten *Übergangswiderstände* auf. Die dort entstehende Verlustleistung führt zu einer Temperaturerhöhung im Schaltgerät, welche bei unzureichender Dimensionierung oder bei Überlastung zu einer Zündquelle werden kann.

Sind die Schaltgeräte in größere Kunststoffgehäuse eingebaut, so muss auch die Möglichkeit *elektrostatischer Entladungen* in Betracht gezogen werden. Die dabei freigesetzten Energien sind häufig ebenfalls groß genug, um eine explosionsfähige Atmosphäre zu entzünden.

Durch konstruktive Maßnahmen ist deshalb dafür zu sorgen, dass explosionsgeschützte Schaltgeräte nicht zu einer Zündquelle werden können. Entweder muss die Zündung einer Explosion sicher verhindert oder die Auswirkungen einer inneren Explosion auf ein ungefährliches Maß begrenzt werden.

6.2 Explosionsschutz

Schaltgeräte für explosionsgefährdete Bereiche müssen als funkende Betriebsmittel explosionsgeschützt ausgeführt werden. Dies gilt für Zone 0, Zone 1 und Zone 2 ebenso wie für die durch brennbare Stäube gefährdeten Bereiche Zone 20, Zone 21 und Zone 22. Von den genormten Zündschutzarten sind allerdings nur einige sinnvoll für Schaltgeräte anwendbar. In früheren Jahren hatte die Zündschutzart Ölkapselung für Schaltgeräte eine gewisse Bedeutung (siehe Abschnitt 3.3.1). Heute wird diese Zündschutzart wegen des sehr hohen Wartungsaufwandes und auch aus Gründen des Umweltschutzes nicht mehr verwendet.

Bei der Zündschutzart Erhöhte Sicherheit werden definitionsgemäß Maßnahmen getroffen, um mit einem hohen Grad an Sicherheit das Entstehen von Zündquellen zu vermeiden (siehe Abschnitt 3.3.5). Da Schaltgeräte jedoch betriebsmäßig Zündquellen erzeugen, können sie nicht allein in Erhöhter Sicherheit explosionsgeschützt ausgeführt werden. In Verbindung mit der Druckfesten Kapselung jedoch spielt die Erhöhte Sicherheit auch für Schaltgeräte und -anlagen eine wichtige Rolle.

6.2.1 Druckfest gekapselte Schaltgeräte

Die bei Schaltgeräten wichtigste Zündart ist die Druckfeste Kapselung (siehe Abschnitt 3.3.4). Bei dieser Zündschutzart werden alle Teile, die zündfähig sein können, in ein Gehäuse eingebaut, das die Wirkung einer inneren Explosion sicher begrenzt. Das Gehäuse muss hierzu dem bei einer Explosion im Innern auftretenden Explosionsdruck standhalten und das Durchzünden der Explosion nach außen auf eine das Gehäuse umgebende explosionsfähige Atmosphäre sicher verhindern (druckfest und zünddurchschlagsicher). Der Explosionsdruck im Gehäuse hängt vom freien inneren Volumen und vom inneren Aufbau ab. Durch eine entsprechende Auslegung muss das Gehäuse widerstandsfähig gebaut werden. Die ausreichende Zünddurchschlagsicherheit wird dadurch erreicht, dass die Gehäusespalte, die nach außen führen, in ihrer Länge bestimmte Werte nicht unterschreiten und in ihrer Weite nicht überschreiten *(zünddurchschlagsicherer Spalt)*. Dies muss in Versuchen im Rahmen der obligatorischen Typprüfungen nachgewiesen werden. Außerdem darf die *Oberflächentemperatur* an der Gehäusewand wegen der Gefahr einer Wärmezündung die zugeordnete Grenztemperatur der Temperaturklasse nicht überschreiten.

Schaltgeräte in dieser Zündschutzart lassen sich in drei unterschiedlichen Bauweisen verwirklichen (**Bild 6.1**):

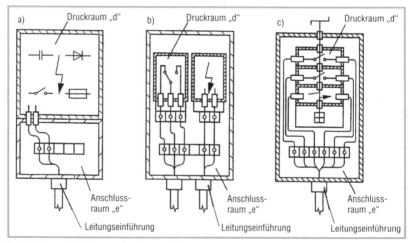

Bild 6.1 *Schaltgeräte in der Zündschutzart Druckfeste Kapselung*
a) Gehäusekapselung; b) Komponentenkapselung; c) Einzelkontaktkapselung

6.2 Explosionsschutz

▌ Gehäusekapselung,
▌ Komponentenkapselung,
▌ Einzelkontaktkapselung.

6.2.1.1 Gehäusekapselung

Bei der Gehäusekapselung werden übliche Industrieschaltgeräte, z. B. Relais, Schütze, Leistungsschalter, Leitungsschutzschalter, in ein universell verwendbares Gehäuse, bestehend aus dem Geräteeinbauraum in Druckfester Kapselung und dem Anschlussraum in Erhöhter Sicherheit eingebaut (**Bild 6.2**).

Die Spalte, die an der Deckelöffnung, der Antriebsachse und der Stromdurchführung des Einbauraumes vorhanden sind, sind so ausgebildet, dass die durch die Explosion im Gehäuseinnern entstehenden heißen Gase eine explosionsfähige Atmosphäre außen nicht zünden können (zünddurchschlagsichere Spalte).

Beim Einbau der Schaltgeräte bzw. Schalgerätekombinationen in den druckfesten Raum sind mechanische, elektrische und thermische Randbedingungen zu beachten.

Elektrische Grenzbedingungen sind die maximal zulässige Spannung, bedingt durch die eingebauten Geräte, die Kriech- und Luftstrecken an den Stromdurchführungsteilen und der maximale Strom, bedingt durch die Stromtragfähigkeit und Erwärmung der Stromzuführungen. Die maximale Verlustleistung, die im Gehäuse umgesetzt werden darf, ergibt sich aus der Grenztemperatur der Temperaturklasse und den thermischen Grenzeigenschaften des Materials. Bei der Betrachtung der Verlustleistung und der Erwärmung sind immer zwei Aspekte zu beachten: zum einen der Explosionsschutz, der die maximal zulässige Temperatur im Hinblick auf die Zündtemperatur bestimmt, zum andern die Funktions-

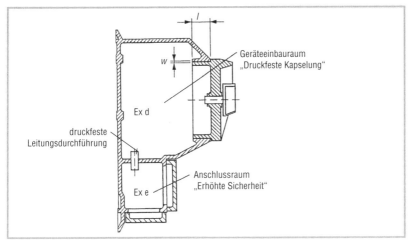

Bild 6.2 *Prinzip einer Gehäusekapselung*
l Spaltlänge; *w* Spaltweite

sicherheit, die die Einhaltung der thermischen Grenzwerte für die eingebauten Komponenten erforderlich macht. Innerhalb dieser in der EG-Baumusterprüfbescheinigung oder in deren Anlage festgelegten Bedingungen ist der Einbau von Geräten weitgehend frei gestaltbar (**Bild 6.3**).

Die bei einer Explosion im Innern des Gehäuses *freigesetzte Energiemenge* ist proportional zum freien Volumen des Gehäuses. Daher können in großen druckfesten Gehäusen hohe Explosionsdrücke entstehen. Da die Gehäuse durch die Druckbelastung nicht bleibend verformt werden dürfen, müssen sie ihrer Größe entsprechend stabil sein. Durch einen ungünstigen mechanischen Einbau (Bildung von Teilräumen im druckfesten Gehäuse) kann es zu Überhöhungen des Explosionsdrucks kommen. Die Unterteilung in Teilräume ist daher zu vermeiden. Die Handhabung bei der Errichtung und auch im Betrieb sind dadurch erschwert.

Außerdem kann der außenliegende Ex-Spalt durch *Korrosion* beeinträchtigt werden. Die Spaltflächen dürfen nicht mit Farbe oder Pulverbeschichtung oberflächenbehandelt werden. Andere Beschichtungstechniken sind zulässig, wenn für den Werkstoff und das Anwendungsverfahren nachgewiesen wurde, dass sie die Zünddurchschlagsicherheit des Gehäuses nicht negativ beeinflussen. Die Spaltflächen werden üblicherweise durch leichtes Einfetten (säurefreies Fett) vor Korrosion geschützt. Die Gehäuse sind deshalb nicht wartungsfrei, sondern müssen regelmäßig überprüft und gewartet werden.

Abhängig von den in der Anlage vorkommenden brennbaren Flüssigkeiten oder Gasen und dem daraus entstehenden explosionsfähigen Gas-Luft-Gemisch unterscheidet man die *Explosionsgruppen* IIA, IIB und IIC (siehe Abschnitt 2.2). In Bezug auf die Gehäusekapselung ergeben sich daraus unterschiedliche Anforderungen an die Art des zünddurchschlagfesten Spaltes am Deckel.

Bild 6.3   *Druckfest gekapselte IIB-Steuerungskombination mit Flachspalt*

Für die überwiegende Zahl der Einsatzfälle, in denen Gase vorkommen, die in die Explosionsgruppen IIA und IIB eingestuft werden können, werden Gehäuse mit *gewindelosen Spalten* eingesetzt. Diese können als Flachspalte (Bild 6.3), Zylinderspalte oder Kombinationen aus beiden ausgebildet sein.

Für IIC-Anwendungen sind die Anforderungen an ebene Spalte sehr hoch, und das Gehäusevolumen ist auf maximal 500 cm^3 beschränkt. Aus diesem Grund verwendet man für Einsatzfälle mit der Explosionsgruppe IIC überwiegend druckfeste Gehäuse mit Gewindespalten (**Bild 6.4**).

Für die Gehäusekapselung stehen die im Abschnitt 3.3.4 beschriebenen Einführungstechniken
- indirekte Einführung,
- direkte Einführung und
- Rohrleitungstechnik (Conduit-System)

zur Verfügung.

6.2.1.2 Komponentenkapselung

Die zweite Bauform, in der ein betriebsmäßig funkendes elektrisches Gerät in der Zündschutzart Druckfeste Kapselung ausgeführt wird, ist die Komponentenkapselung. Das elektrische Gerät, z. B. ein Leitungsschutzschalter, wie in **Bild 6.5** dargestellt, wird in einem speziell für diesen Anwendungsfall konstruierten Gehäuse einzeln gekapselt. Die Betätigungsachsen werden herausgeführt und die elektrische Verbindung durch die druckfeste Wand an angebaute äußere Klemmen geführt. Diese offenen Klemmen erfüllen die Anforderungen der Zündschutzart Erhöhte Sicherheit (nach Einbau). Bei der Komponentenkapselung findet also, genau wie bei der Einzelkontaktkapselung, nur die indirekte Einführungstechnik Verwendung. Der Hersteller muss sicherstellen, dass die

Bild 6.4   *Druckfest gekapselte IIC-Steuerung mit Gewindespalt und Anschlussraum „Ex e" (geöffnet)*

Bild 6.5   *Sicherungsautomat in Komponentenkapselung*

Funktions- und Nennwerte der gekapselten Geräte durch den Einbau nicht unzulässig beeinflusst werden. Dies kann bedeuten, dass die Einbaugeräte in ihrer Leistung oder ihrem Nennstrom heruntergestuft werden müssen (Derating).

Für den Sicherungsautomaten existiert eine EG-Baumusterprüfbescheinigung als unvollständiges Betriebsmittel (früher: U-Schein). Durch den Einbau in ein Gehäuse der Zündschutzart Erhöhte Sicherheit entsteht ein vollständig explosionsgeschütztes elektrisches Betriebsmittel, für das eine EG-Baumusterprüfbescheinigung ausgestellt werden kann.

Diese Technik der Komponentenkapselung bietet bei Geräten, die in hohen Stückzahlen benötigt werden, eine wirtschaftliche Lösung des Explosionsschutzes. Da das äußere Gehäuse eng an die Bauform des eingebauten Gerätes angepasst wird, ist es möglich, das freie Volumen im Innern und damit den erzeugten Explosionsdruck relativ klein zu halten.

Daher kann das Außengehäuse anstatt aus Metall aus Kunststoff hergestellt werden. Das Gerät ist dadurch leichter, und die Handhabung bei der Errichtung und im Betrieb ist so einfach wie bei nicht explosionsgeschützten Schaltgeräten. Die funkenerzeugenden Teile liegen innerhalb der Druckfesten Kapselung, das gekapselte Schaltgerät ist somit in sich explosionsgeschützt und kann daher in ein Ex-e-Gehäuse eingebaut werden. Durch die im Gerät umgesetzte Leistung und die dadurch erzeugte Erwärmung sind dieser Technik jedoch hinsichtlich ihrer Strom- und Leistungsaufnahme Grenzen gesetzt.

Solche Komponenten stehen als Leistungsschutzschalter, Schmelzsicherungen, thermische Überstromauslöser, Schütze, Relais, Fehlerstromschutzschalter, Hauptschalter, Steuerschalter, Messgeräte usw. zur Verfügung. In Gehäusen der Zündschutzart Erhöhte Sicherheit lassen sich mit solchen Komponenten elektrische Verteilungen und Steuerungen bauen, die in ihrer einfachen Handhabung nicht explosionsgeschützten Verteilungen kaum nachstehen (**Bild 6.6**).

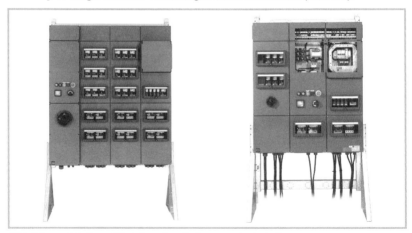

Bild 6.6 *Schalt- und Verteileranlage in Komponententechnik*

6.2.1.3 Einzelkontaktkapselung

Bei der Einzelkontaktkapselung wird nur die *Schaltkammer*, in welcher der Zündfunke oder der Schaltlichtbogen auftritt, druckfest gekapselt. Die elektrischen Anschlüsse sind wie bei der Komponentenkapselung als angebaute Klemmen in der Zündschutzart Erhöhte Sicherheit herausgeführt. **Bild 6.7** zeigt einen Paketnockenschalter in dieser Bauweise, bei dem jede einzelne Schaltkammer einen in sich abgeschlossenen druckfest gekapselten Raum bildet. Wegen der offenen Klemmen existiert auch für diesen Schalter eine Teilbescheinigung. Der Schalter muss deshalb in ein Gehäuse der Zündschutzart „e" eingebaut werden. In dieser Bauweise werden Schalter mit Nennspannungen bis 690 V und -strömen bis 160 A verwirklicht.

Neben der kompakteren Bauweise ist ein weiterer Vorteil dieser Bauart die vollständige Phasentrennung der Schaltkammern und damit die sichere Verhinderung eines Phasenkurzschlusses innerhalb des Schaltgerätes.

Weitere typische Anwendungsfälle der Einzelkontaktkapselung sind explosionsgeschützte Steckvorrichtungen (**Bild 6.8**). Nach IEC 60079-0 müssen diese entweder elektrisch oder mechanisch so verriegelt sein, dass sie nicht getrennt werden können, wenn die Kontakte unter Spannung stehen, und dass die Kontakte nicht unter Spannung gesetzt werden können, wenn die Steckverbindungen getrennt sind, oder sie müssen mit Hilfe von Sonderverschlüssen zusammengehalten und entsprechen gekennzeichnet werden. Letzteres findet in der Praxis wenig Anwendung.

Das Funktionsprinzip einer Steckvorrichtung mit mechanischer Verriegelung ist in **Bild 6.9** dargestellt. Durch einen mechanischen Verriegelungsmechanismus ist gewährleistet, dass das Stecken und Ziehen nur im spannungslosen Zustand möglich ist. Die Steckerstifte bilden im gesteckten Zustand mit den Lamellenkontakten der Kontaktbuchsen Kontakte in Erhöhter Sicherheit, auch die

Bild 6.7 *Paketnockenschalter in Einzelkontaktkapselung*

Bild 6.8 *Explosionsgeschützte Steckvorrichtungen*

Anschlussklemmen von Stecker und Steckdose sind in dieser Zündschutzart ausgeführt. Soll der Stecker gezogen werden, so gibt ihn die Verriegelung erst frei, nachdem die Kontakte in druckfest gekapselten Schaltkammern getrennt wurden und die Schaltlichtbögen gelöscht sind.

Bei Strömen bis maximal 10 A und Spannungen von AC 250 V oder DC 60 V können nach IEC 60079-0 Steckvorrichtungen auch abweichend von diesen Anforderungen ausgeführt werden, wenn die Steckverbindung den Bemessungsstrom mit einer Zeitverzögerung unterbricht, so dass bei der Trennung kein Lichtbogen auftreten kann, und wenn die Steckverbindung während der Phase der Lichtbogenlöschung eine druckfeste Kapselung bleibt.

Bei der in **Bild 6.10** dargestellten Kleinsteckvorrichtung wird man diesen Anforderungen durch einen Dreistufen-Trennmechanismus gerecht. In der ersten Stufe werden die Steckerhälften bis zu einem Anschlag auseinander gezogen. Dabei kommt es innerhalb von kleinen druckfest gekapselten Räumen zur Kontakttrennung und zur Lichtbogenlöschung. Danach müssen beide Steckerhälften um 30° gegeneinander verdreht werden (Stufe 2), und erst jetzt ist die komplette Trennung der beiden Steckerhälften möglich.

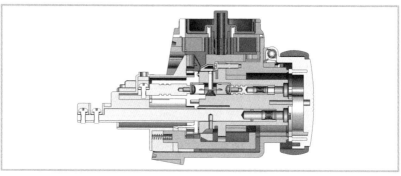

Bild 6.9 *Längsschnitt durch eine elektrische Steckvorrichtung*

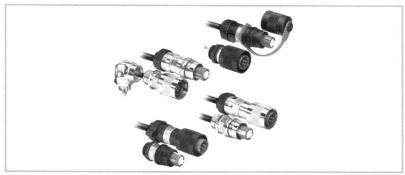

Bild 6.10 *Kleinsteckvorrichtung für Ströme bis 10 A und Spannungen von 250 V AC / 60 V DC*

MENNEKES®
Plugs for the world

EX-ZONE 22

**Staubdicht.
Geprüft.
Steckvorrichtungen bis 63A.**

- MENNEKES Steckvorrichtungen 16A, 32A und 63A jeweils in 3-, 4- und 5polig
- Steckdosen abschaltbar, verriegelt
- Hohe Schutzart IP 67
- Gute chemische Beständigkeit
- Robuste Gehäuse

MENNEKES Elektrotechnik GmbH & Co. KG
Postfach 13 64
D-57343 Lennestadt
Tel.   02723/41-1
Fax   02723/41-214
E-Mail   info@MENNEKES.de
Internet www.MENNEKES.de

Alles aus einer Hand:

Das komplette Programm für Elektrofachleute

de -die Zeitschrift
Organ des ZVEH und aller Landesinnungsverbände – bietet 20 mal im Jahr fundiertes,technisches Fachwissen, topaktuelle Meldungen und Trends aus der Branche sowie direkt umsetzbare Tipps.

Jahrbücher

Internet-Angebote

Fachbücher

Sonderhefte

CD-ROMs

Ausführliche Informationen zu allen Produkten finden Sie unter: **www.de-online.info**

Tel. 06221/489-555
Fax. 06221/489-443
E-Mail: kundenservice@de-online.info

HÜTHIG & PFLAUM
V E R L A G
Postfach 10 28 69, D-69018 Heidelberg

Der Vorteil dieser Kleinsteckvorrichtungen ist, dass sie ein Öffnen und Schließen von Stromkreisen mit elektrischen Werten erlauben, die die Grenzwerte der Eigensicherheit übersteigen, ohne dass deren vorheriges Abschalten erforderlich ist. Dies vereinfacht in vielen Fällen die Installation und Wartung und eröffnet neue Möglichkeiten für Feldbusapplikationen in der Automatisierungstechnik.

6.2.2 Überdruckkapselung

Die druckfeste Kapselung stellt sehr hohe Anforderungen an die mechanische Festigkeit, so dass mit zunehmendem Gehäusevolumen auch die Kosten ansteigen. Auch in Hinblick auf die Kühlung der Einbauten ergeben sich bei dieser Zündschutzart wenige Möglichkeiten.

Hier bietet sich die Zündschutzart Überdruckkapselung als interessante Alternative an, wenn es sich um den Explosionsschutz großer Schaltgeräte oder Schaltanlagen (aber auch Motoren) handelt, die eine hohe Verlustleistung freisetzen. Typische Anwendungsfälle sind beispielsweise Frequenzumrichter. Der Vorteil einer Überdruckkapselung gegenüber einer druckfesten Steuerung besteht in diesen Anwendungsfällen darin, dass das Gehäuse lediglich bestimmte Dichtheitsanforderungen erfüllen muss, um den Überdruck im Innern sicherzustellen. Außerdem wird infolge der Durchspülung mit dem Zündschutzgas ein Teil der freigesetzten Verlustleistung abgeführt.

Die technischen Grundlagen für die Zündschutzart Überdruckkapselung sind in Abschnitt 3.3.2 enthalten. **Bild 6.11** zeigt eine überdruckgekapselte Großsteuerung. Man erkennt, dass sämtliche Anlagenteile, die bereits vor dem Anliegen des erforderlichen inneren Überdrucks in Betrieb sein müssen, durch eine andere Zündschutzart zu schützen sind. Die Beleuchtung ist separat explosionsgeschützt, genau wie die Steuerelektronik, die in ein großes druckfestes Gehäuse eingebaut ist (links Mitte).

Bild 6.11 *Steuerung in der Zündschutzart Überdruckkapselung*

Die Zündschutzart Überdruckkapselung erfordert Überwachungs- und Steuereinrichtungen, um sicherzustellen, dass durch das Vorhandensein des Zündschutzgases das Eindringen einer explosionsfähigen Atmosphäre in das Innere des Gerätes sicher verhindert wird. Das vollständige Abschalten der Anlage bei einem Fehler in der Schutzgasversorgung oder bei der Wartung und die Wartezeit beim Wiedereinschalten, bis die Anlage ausreichend vorgespült ist, sind für den Betrieb einer Schaltanlage meistens akzeptabel.

Aus diesen Gründen beschränkt sich das Einsatzgebiet der Überdruckkapselung hauptsächlich auf die eingangs erwähnten Fälle.

6.2.3 Klemmen und Klemmenkästen

Aus der Sicht der Begriffsdefinition von Schaltgeräten stellen Klemmen und Klemmenkästen eine Besonderheit dar, da sie nicht zum betriebsmäßigen Öffnen und Schließen von elektrischen Stromkreisen eingesetzt werden. Wegen ihrer engen Verbindung zu den klassischen Schaltgeräten und Schaltanlagen sollen sie aber an dieser Stelle kurz erwähnt werden.

Explosionsgeschützte Anschlussklemmen werden fast ausschließlich in der Zündschutzart Erhöhte Sicherheit ausgeführt. Mittlerweile gibt es auch hier Anschlussklemmen mit den verschiedenen, aus dem nicht explosionsgefährdeten Industriebereich, z. B.:

- **Schraubanschlusstechnik (Bild 6.12):** Diese Technik bietet die Möglichkeit des Mehrleiteranschlusses und erlaubt die höchsten Kontaktkräfte. Sie ist weltweit bekannt und überall einsetzbar.
- **Zugfederanschlusstechnik (Bild 6.13):** Diese Klemme zeichnet sich durch das Anliegen einer gleichbleibenden und konstanten Federkraft aus. Dies hat Vorteile bei hohen und andauernden Vibrations- und Erschütterungsbeanspruchungen und verringert den in explosionsgefährdeten Bereichen notwendigen Wartungsaufwand.
- **Direktanschlusstechnik (Bild 6.14):** Hierbei wird der starre Leiter einfach direkt in die Klemme gesteckt. Wie bei der Zugfederanschlusstechnik besteht der Vorteil in der Unabhängigkeit vom Bediener und darüber hinaus im extrem geringen Platzbedarf.
- **Schnellanschlusstechnik (Bild 6.15):** Bei dieser Anschlussart wird der Leiter, ohne vorher abisoliert zu werden, direkt in die Klemme gesteckt. Durch eine Drehbewegung mit dem Schraubendreher wird die Leiterisolierung durchschnitten und der Kontakt erzeugt. Damit ergeben sich bis zu 60 %ige Verkürzungen der Montagezeiten.

Explosionsgeschütze Anschlussklemmen müssen für die verwendeten Leitungen ausreichend bemessen sein. Durch die Konstruktion wird sichergestellt, dass es selbst bei Temperaturwechseln mit Temperaturdifferenzen von mehr als 60 K nicht zu einem Selbstlockern kommen kann. Der Kontaktdruck muss gleichblei-

6.2 Explosionsschutz

Bild 6.12
Schraubanschlusstechnik

Bild 6.13
Zugfederanschlusstechnik

Bild 6.14
Direktanschlusstechnik

Bild 6.15
Schnellanschlusstechnik

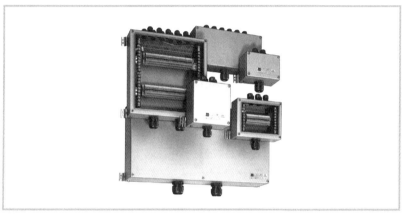

Bild 6.16 *Explosionsgeschützter Klemmenkasten*

bend sein und darf nicht zur Beschädigung der Leiter führen. Anschlussklemmen, die für den Anschluss mehrdrähtiger Leiter bestimmt sind, müssen mit einem elastischen Zwischenglied ausgestattet sein.

Für *Klemmenkästen* (**Bild 6.16**) ergeben sich die gleichen Anforderungen wie an die anderen explosionsgeschützten Schaltgerätekombinationen. Besonders zu beachten sind hier allerdings die durch Temperaturmessungen während der Zulassungsphase festgelegten Maximalbestückungen mit Klemmen unterschiedlichen Querschnitts, die in der Betriebsanleitung dokumentiert sind.

6.2.4 Schaltgeräte und Schaltanlagen für Zone 2

Zone 2 ist ein explosionsgefährdeter Bereich, in dem explosionsfähige Atmosphäre nur selten und wenn, dann nur während eines kurzen Zeitraumes auftritt. Daher sind die Anforderungen an Zone-2-Betriebsmittel (Gerätekategorie 3 nach EG-Richtlinie 94/9/EG) nicht so hoch wie die für Zone-1-Geräte (Gerätekategorie 2 nach EG-Richtlinie 94/9/EG). Dennoch müssen Zone-2-Betriebsmittel bestimmte Anforderungen hinsichtlich ihrer Bauart und Kennzeichnung erfüllen und unterliegen den gleichen Rechtsvorschriften wie alle anderen explosionsgeschützten Betriebsmittel. Betriebsmäßig funkende Betriebsmittel, wie Schaltgeräte, bedürfen einer besonderen Zündschutzmethode, damit sie in Zone 2 eingesetzt werden dürfen. Verwendbar sind selbstverständlich Schaltgeräte und Schaltanlagen, die für die Zone 1 geprüft und bescheinigt sind. Bestimmte Erleichterungen ergeben sich dadurch, dass in der Zone 2 bei der Risikobetrachtung hinsichtlich des Explosionsschutzes nur der Normalbetrieb, nicht aber Fehlerfälle betrachtet werden müssen.

6.3 Fabrikfertige Schaltgerätekombinationen (FSK)

Die Anforderungen an explosionsgeschützte Schaltgeräte und -anlagen unterscheiden sich funktionell nicht von denen im Normalbereich. Die Anwendungsbereiche sind jedoch verschoben. Typische Anwendungen in explosionsgefährdeten Bereichen sind Vorortgeräte, Steuergeräte mit direkter Anzeige, handbetätigte Schalter, Klemmenkästen usw., seltener große Verteileranlagen, weil diese – soweit möglich – im nicht explosionsgefährdeten Bereich errichtet werden. Bei FSK unterscheidet die Norm zwischen *typgeprüften* (TSK) und *partiell typgeprüften* (PTSK) Schaltgerätekombinationen.

Auch für die explosionsgeschützten Ausführungen der FSK ist natürlich als Basisvorschrift DIN EN 60439-1 zu beachten. Diese sieht vor:

Typprüfungen:
- Erwärmungsprüfungen,
- Spannungsprüfungen,
- Nachweis der Kurzschlussfestigkeit,
- Prüfung der Kriech- und Luftstrecken,
- mechanische Funktionsprüfung.

Stückprüfungen:
- mechanische Prüfungen,
- Spannungsprüfung,
- Überprüfen der Kriech- und Luftstrecken,
- Überprüfen der Schutzmaßnahmen gegen Berühren,
- Überprüfen der Maßnahmen des IP-Schutzes,
- Überprüfen der Dokumentation,
- elektrische Funktionsprüfung.

Die Typprüfungen nach DIN VDE 0660 werden von der für den Explosionsschutz zuständigen Prüfstelle nicht durchgeführt. Der Hersteller muss jedoch gegenüber der Prüfstelle die erfolgreich durchgeführte Typprüfung nachweisen. In Deutschland werden diese Typprüfungen beispielsweise durch die „Gesellschaft zur Prüfung und Zertifizierung von Niederspannungsgeräten e. V. alpha" als unabhängige Prüfstelle durchgeführt.

Die Stückprüfungen nach DIN EN 60439-1 sind wie die Stückprüfungen der Explosionsschutzmaßnahmen nach IEC 60079-0 ff. vom Hersteller eigenverantwortlich durchzuführen und zu dokumentieren.

6.3.1 Begrenzung von Störungen

Störungen in Schaltanlagen sind nicht absolut auszuschließen. Durch richtige Auswahl der Geräte, Berücksichtigung der Grenzbelastung, Beachtung der Wartungsvorgaben und schließlich durch rechtzeitigen Austausch von Geräten wird die Anzahl solcher Störungen verringert. Hinsichtlich der Explosionsgefahr ist in der Zone 1 sicherzustellen, dass solche Störungen nicht zu einer Zündgefahr werden können. Dazu ist es erforderlich, dass die Anforderungen an Kurzschlussschutz und Überlastschutz entsprechend DIN VDE 0100-430/523 und gemäß den Randbedingungen der Geräte sorgfältig beachtet werden.

Gravierende Störungen für die Anlage sind *Lichtbogenkurzschlüsse* (Störlichtbögen). Es ist entweder dafür zu sorgen, dass das Auftreten solcher Störungen ausgeschlossen wird (z. B. durch Einzelkontaktkapselung) oder dass die durch einen inneren Störlichtbogen entstehenden Wärme- und Druckbeanspruchungen auf für das Gehäuse unkritische Werte begrenzt werden. Druckfeste Gehäuse sind deshalb immer gegen Kurzschluss abzusichern. Die vorgeschriebene Sicherung ist bei gegebener Größe und Bauart des Gehäuses abhängig von der an der Einbaustelle mögliche Kurzschlussleistung.

Je kleiner die an der Einbaustelle verfügbare Kurzschlussleistung ist, umso kleiner muss der Nennstrom der Sicherung sein, um die Durchlassenergie beim Kurzschluss sicher zu begrenzen.

Da die Ansprechdauer der Sicherung oder Kurzschlussschutzeinrichtung sehr stark die Höhe des Druckanstiegs beeinflusst, kann die Absicherung bei kleinen Kurzschlussleistungen am Einbauort schwierig sein. Eine zu lange Schmelzzeit der Sicherung kann zur Kurzschlussexplosion des Gehäuses führen.

Bei der Auslegung des Überlastschutzes sind die engen Einbauverhältnisse und die möglichen zusätzlichen Bedingungen durch die Temperaturklasse zu beachten. Bei der Beurteilung der thermischen Verhältnisse einer Schaltanlage spielen der *Gleichzeitigkeitsfaktor* und ggf. das *Anlaufverhalten* eine wichtige Rolle. Während z. B. bei gegenseitig verriegelten Motorabgängen von einem Gleichzeitigkeitsfaktor < 1 (z. B. 0,6) bei der Berechnung der Verluste ausgegangen werden kann, muss bei Lichtverteilungen und bei Heizungsverteilungen mit dem Faktor 1 gerechnet werden. Bei Heizungsverteilungen ist auch zu beachten, dass für eine längere Anlaufzeit das 1,25fache des Nennstromes fließen kann. Oft ist daher ein zeitlich gestaffeltes Einschalten sinnvoll. Bei selbstregulierenden Heizbändern kann über mehrere Minuten sogar ein Vielfaches des Nennstromes fließen.

Die leichte *Zugänglichkeit* der elektrischen Betriebsmittel muss gewährleistet sein. Sie müssen identifiziert werden können, möglichst ohne die Verdrahtung zu bewegen. Betriebsmittel, die gelegentlich ausgewechselt oder betätigt werden müssen, sollten so gut zugänglich sein, dass dies möglich ist, ohne dass hierfür andere Teile der Anlage abgebaut werden müssen.

In jedem Fall sind eine enge Abstimmung und Zusammenarbeit zwischen Hersteller und Betreiber erforderlich.

6.3.2 Schaltanlagen für Be- und Verarbeitungsmaschinen

Für Schaltgeräte und -anlagen, die dem Betrieb von Be- und Verarbeitungsmaschinen dienen, sind die Anforderungen in DIN EN 60024 zu beachten.

Der *Hauptschalter* muss folgende Bedingungen erfüllen:
- Trennereigenschaften,
- Lastschaltvermögen,
- handbetätigbar,
- nur Ein- und Aus-Stellung,
- sichtbare Trennstrecke oder zuverlässige Schaltstellungsanzeige,
- in Aus-Stellung abschließbar,
- alle nicht geerdeten Leiter trennen.

Wenn durch die Betätigung des Hauptschalters bei laufender Maschine eine Gefahr entstehen könnte, darf die Handhabe des Schalters nicht rot, gelb oder grün sein.

6.3.3 Eigensichere Stromkreise in Schaltanlagen

Bei Schaltanlagen und Steuerungen, die auch eigensichere Stromkreise enthalten, sind die Anforderungen in IEC 60079-14 bezüglich der getrennten Verlegung dieser Stromkreise zu beachten. Getrenntes Führen in Leiterbündeln, die Kennzeichnung (üblicherweise blaue Leitungen), der Abstand zwischen den Anschlussklemmen und die Kennzeichnung dieser Klemmen sind die wichtigsten Maßnahmen, um eine Spannungsverschleppung auf den eigensicheren Stromkreis zu verhindern (siehe Abschnitt 8.8.3.2).

Beim Einbau von zugehörigen elektrischen Betriebsmitteln in ein druckfest gekapseltes Gehäuse sind die sicherheitstechnischen Kenngrößen dieses Gerätes außen auf dem druckfest gekapselten Gehäuse zu dokumentieren. Nur so kann bei der Errichtung des eigensicheren Stromkreises einfach überprüft werden, ob die Zusammenschaltung mit den eigensicheren Betriebsmitteln zulässig ist (siehe Abschnitt 8.6.5).

7 Beleuchtung

7.1 Anforderung an die Beleuchtungsanlage

Der Mensch orientiert sich vorrangig visuell; 80 % aller Informationen nimmt er über die Augen wahr. Darum ist eine gute Beleuchtung sehr wichtig. Die Anforderungen an gute Beleuchtungskonzepte sind ständig gewachsen und wurden in den Gütemerkmalen guter Beleuchtung definiert. Hoher Sehkomfort beeinflusst das Handeln, Denken und das Wohlbefinden des Menschen positiv. Eine gute Sehleistung, sicheres Kontrastsehen, hohe Sehschärfe und Wahrnehmungsgeschwindigkeit führen zum schnellen Erkennen und Handeln und sind Voraussetzung für die Arbeitssicherheit (**Bild 7.1**).

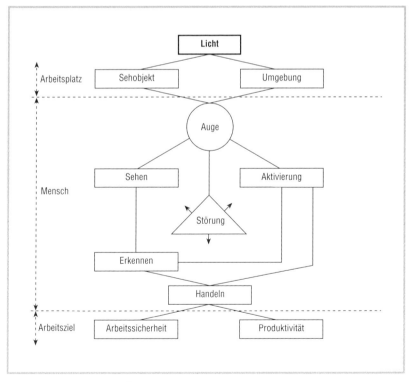

Bild 7.1 *Schematische Übersicht über den Einfluss des Lichtes auf den arbeitenden Menschen*
Quelle: Handbuch der Beleuchtung

7.1.1 Merkmale guter Beleuchtung

Die Einhaltung von Mindestanforderungen ist eine Grundvoraussetzung für eine gute Beleuchtung. Die Qualität der Planung und Ausführung ist ausschlaggebend für die Güte der künstlichen Beleuchtung, die in DIN 12464-1 durch *Gütemerkmale* beschrieben wird. So unterschiedlich die beruflichen Tätigkeiten sind, so differenziert sind auch die Anforderungen an die Sehaufgaben, und deshalb kommt auch den Gütemerkmalen unterschiedliche Gewichtung zu. Die Hauptkriterien für eine gute Beleuchtung zeigt **Bild 7.2**.

Das Beleuchtungsniveau und damit die Nennbeleuchtungsstärke richten sich nach den zu erfüllenden Sehaufgaben (**Tabelle 7.1**). Die Helligkeit eines Raumes wird nicht nur durch die Beleuchtungsstärke bestimmt, sondern auch durch die Reflexionseigenschaften von Decke, Wänden und Fußboden.

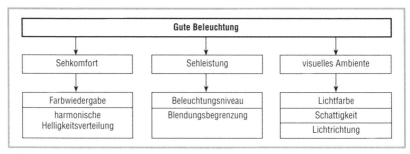

Bild 7.2 *Gütemerkmale der Beleuchtung von Arbeitsstätten nach DIN EN 12464-1*

Tabelle 7.1 *Nennbeleuchtungsstärke und Zuordnung der Sehaufgabe*

Stufe	Nennbeleuchtungsstärke in lx	Zuordnung von Sehaufgaben
1	20	Orientierung; nur vorübergehender Aufenthalt
2	50	
3	100	leichte Sehaufgabe; große Details mit hohen Kontrasten
4	200	
5	300	normale Sehaufgaben; mittelgroße Details mit geringen Kontrasten
6	500	
7	750	schwierige Sehaufgaben; kleine Details mit geringen Kontrasten
8	1000	
9	1500	sehr schwierige Sehaufgaben; sehr kleine Details mit sehr geringen Kontrasten
10	2000	

7.1.2 Begriffe der Lichttechnik

Es sollen hier schematisch die lichttechnischen Größen und Einheiten dargestellt werden (nach FGL-Publikation „Die Beleuchtung mit künstlichem Licht".)

Lichtstrom Φ (lm) Lumen	Lichtstärke I (cd) Candela	Leuchtdichte L (cd/m^2) Candela pro Quadratmeter	Beleuchtungsstärke E (lx) Lux

7.1.3 Normung in der Beleuchtungstechnik

Mit Erscheinen der Norm DIN EN 12464-1 im März 2003 „Licht und Beleuchtung; Beleuchtung von Arbeitsstätten in Innenräumen" als deutsche Fassung der europäischen Norm gilt in Deutschland und in den übrigen CEN-Mitgliedsländern erstmals ein einheitlicher Standard für die Beleuchtung von Arbeitsstätten in Innenräumen. Damit werden die zum Teil großen Unterschiede in den bisherigen nationalen Normen zur Innenbeleuchtung überwunden und die Voraussetzungen für gleiche Arbeits- und Sehbedingungen für alle Menschen in Europa geschaffen.

Mit der Veröffentlichung der DIN EN 12464-1 sind einige DIN-Normen bzw. Teile davon ungültig geworden. Inhalte nationaler Normen, die nicht durch DIN EN 12464-1 abgedeckt sind, gelten jedoch weiterhin in Deutschland als allgemein anerkannter Stand der Technik. So werden nur einige Inhalte der Norm DIN 5035 „Beleuchtung mit künstlichem Licht" ungültig.

7.1.4 Beleuchtung von Arbeitsstätten

Bei der Beleuchtungsplanung geht es darum, Gesamtumfeld und Arbeitsplatz visuell so zu gestalten, dass eine hohe Arbeitsproduktivität, Arbeitssicherheit und Qualität möglich sind. In den Produktionsanlagen der chemischen bzw. petrochemischen Industrie dient die Beleuchtung in erster Linie dem unfallfreien Aufenthalt und der sicheren Führung des Betriebs. Schlechte Beleuchtung überanstrengt den Menschen bei der Arbeit und beeinträchtigt die Arbeitssicherheit. Selbst wenn keine manuelle Arbeit zu leisten ist, muss eine sichere Orientierung in der Anlage möglich sein.

In **Tabelle 7.2** sind Richtwerte für die Beleuchtung von Arbeitsstätten aufgeführt. Gültig sind die Anforderungen nach der neuen Norm DIN EN 12464-1, als Vergleich sind jedoch die bisherigen Richtwerte nach DIN 5035 ebenfalls aufgeführt – eventuell zum besseren Verständnis und zur Hilfestellung.

Tabelle 7.2 Richtwerte für die lichttechnische Planung in Innenräumen

Arbeitsstätten	Art des Raumes, Aufgabe oder Tätigkeit	nach DIN EN 12464-1			nach DIN 5035 ASR 7/3 und BGR 131			
		$\bar{E}_m$ (lx)	UGR$_L$	R_a	E_n (lx)	LF	FW	GK
Chemische Industrie	Verfahrenstechnische Anlagen							
	- mit Fernbedienung	50	-	20	50	ww, nw	3	3
	- mit gelegentlich manuellen Eingriffen	150	28	40	100	ww, nw	3	3
	- ständig besetzte Arbeitsplätze	300	25	80	200	ww, nw	3	3
	- Präzisionsmessräume	500	19	80	300	ww, nw	2A	2
	- Arzneimittelherstellung mit erhöhten Sehaufgaben	500	22	80	500	ww, nw	2A	1
	- Farbprüfung	1000	16	90	1000	tw	1A	1
	- Kontrollarbeiten	750	19	80	750	ww, nw, tw	2A	1
Sonstige Ex- Räume	- Lackieren, Spritzkabinen	750	22	80	1000	ww, nw, tw	3	-
	- Messstände, Steuerbühnen, Prozessleitwarten	500	19	80	300	ww, nw	2A	1
	- Kesselhäuser	100	28	80	100	ww, nw	3	3
	- Maschinenhallen	200	25	60	100	ww, nw	3	2
	- Pumpenräume, Schaltanlagen in Gebäuden	200	25	60	100	ww, nw	2A	2
	- Schaltwarten	500	16	80	300	ww, nw	2A	1
	- Außen-Schaltanlagen	20	-	20	-	-	-	-
	- Kraftstoffversorgungsanlagen	50	-	20	50	ww, nw	3	3
Regallager	- Fahrwege ohne Personenverkehr	20	-	40	20	ww, nw	3	3
	- Fahrwege mit Personenverkehr	150	22	60	100	ww, nw	3	3
	- Leitstand	150	22	60	200	ww, nw	2A	1
Verkehrszonen	- Verkehrsflächen und Flure	100	28	40	50	ww, nw	3	3
	- Verkehrsflächen mit Fahrzeugen	150	28	40	100	ww, nw	3	3
	- Treppen, Fahrbänder	150	25	40	100	ww, nw	3	2
	- Laderampen, Ladebereiche	150	25	40	100	ww, nw	3	3

Abkürzungen nach DIN EN 12464-1
$\bar{E}_m$ Wartungswert der mittleren Beleuchtungsstärke
UGR$_L$ Grenzwert für die Bewertung der Blendung
R_a allgemeiner Farbwiedergabeindex

Abkürzungen nach DIN 5035
E_n Nennbeleuchtungsstärke
LF Lichtfarbe (siehe Tabelle 7.15)
FW Stufe der Farbwiedergabeeigenschaften
GK Güteklasse der Blendungsbegrenzung

7.1.5 Beleuchtung von Arbeitsstätten im Freien

Zu den Arbeitsstätten im Freien zählen unter anderem:
- chemische/petrochemische Großanlagen,

- Arbeitsplätze auf dem Betriebsgelände,
- Baustellen, auch Rohrleitungsbau,
- Verkehrswege und Verkehrszonen auf dem Werksgelände und Werksstraßen.

Ein wichtiges Kriterium für die Wahrnehmung von Personen und Gegenständen ist die *Gleichmäßigkeit* der Beleuchtungsstärke, damit das menschliche Auge sich nicht laufend anpassen muss (Adaptation) (**Tabelle 7.3**).

Tabelle 7.3 *Zusammenhang zwischen den Beleuchtungsstärken des Umgebungsbereiches und des Bereiches der Sehaufgabe*

Beleuchtungsstärke des Bereiches der Sehaufgaben in lx	Beleuchtungsstärke der Umgebungsbereiche in lx
≥ 500	100
300	75
200	50
150	30
$50 \leq E_{Aufgabe} \leq 100$	20

Nach den Sicherheitsregeln der Berufsgenossenschaft BGR 131 werden an ortsfesten Arbeitsplätzen im Freien die gleichen Anforderungen an die Beleuchtung gestellt wie für die Tätigkeit im Innenraum, dies ist besonders für die Beleuchtungsstärke zu beachten.

Der Entwurf der DIN EN 12464-2 „Beleuchtung von Arbeitsplätzen im Freien" legt erstmals auch die Beleuchtungsanforderungen für Bereiche, Aufgaben und Tätigkeiten im Freien fest (**Tabelle 7.4**).

7.2 Leuchtenauswahl für explosionsgefährdete Bereiche

7.2.1 Allgemeinbeleuchtung

Die Leuchten sind so auszuwählen, dass sowohl der Explosionsschutz als auch die lichttechnischen Anforderungen und die vorgesehenen Betriebsbedingungen erfüllt werden (**Tabelle 7.5**). Zur Auswahl der Leuchten nach den Anforderungen des Explosionsschutzes ist zuvor eine gründliche Gefährdungsanalyse der explosionsgefährdeten Bereiche durchzuführen. Zu den lichttechnischen Anforderungen gehören eine günstige Lichtstärkeverteilung, ein hoher Leuchtenwirkungsgrad und ein ausreichender Blendschutz. Weitere Auswahlkriterien sind die Wartungsfreundlichkeit und die Wirtschaftlichkeit.

Explosionsgefährdete Bereiche werden gemäß der Betriebssicherheitsverordnung nach dem Grad der Gefährdung in *Zonen* eingeteilt: Zone 0, Zone 1 und Zone 2 für die Bereiche mit brennbaren Gasen, Nebeln und Dämpfen; Zone 20, Zone 21 und Zone 22 für die Bereiche mit brennbaren Stäuben. Weitere Festlegungen betreffen die zulässigen Temperaturklassen der Gase oder die maximal zulässige Oberflächentemperatur an der Leuchte für unterschiedliche Stäube. Bei

Tabelle 7.4 Richtwerte für die lichttechnische Planung von Arbeitsstätten im Freien

Arbeitsstätten	Art der Außenanlage	nach DIN EN 12464-2 $\bar{E}_m$ (lx)	U	GR_L	R_a
Allgemeine Verkehrswege	auf dem Werksgelände: Fußwege	5	0,25	50	20
	Verkehrswege für langsame Fahrzeuge (≤ 10 km/h, auch Fahrräder)	10	0,40	50	20
	normaler Fahrzeugverkehr (max. 40 km/h)	20	0,40	45	20
	Fußgänger-Durchgangsbereiche	50	0,40	50	20
Industrieanlagen	kurzzeitiges Hantieren mit großen Bauteilen	20	0,25	55	20
	ständige Handhabung von großen Bauteilen, Aktionsbereiche von Kränen	50	0,40	50	20
	Lesen von Beschriftungen und Anweisungen	100	0,50	45	20
	Messgeräte-Ablese-Bereiche	150	0,40	45	20
Erdölchemische und andere gefährliche Industrieanlagen	Betätigung von Handventilen, Ein- und Ausschalten von Motoren	20	0,25	55	20
	Inspektion von Leckagen, Rohrleitungen und Dichtungen	50	0,40	50	20
	Ablesen von Messinstrumenten, Be- und Entladeplätze	100	0,50	45	40
Gas- bzw. Ölbohr- und Förderanlagen	Bohrboden, Bohrfläche, Plattform am Bohrturm	300	0,50	40	40
	Drehtisch	500	0,50	40	40
	Rohrleitungsdepot, Deck	150	0,50	45	40
	Bohrturm	100	0,50	45	40
	Schlammraum, Probennahme	300	0,50	40	40
	Prüfraum, Rüttler, Bohrkopf	200	0,50	45	40
Verfahrensbereiche	Pumpenbereich	200	0,50	45	40
	Rohölpumpen	300	0,50	45	40
	Behandlungsbereich	100	0,50	45	40
	Leitern, Treppen, Gehwege	100	0,25	45	20
	Anlagen-Bereiche	300	0,50	40	40
	Bootslandebereich, Transportbereich	100	0,25	50	20
	Rettungsbootsbereich	200	0,40	50	20
	Meeresoberfläche unter der Plattform	30	0,25	50	20
	Hubschrauberlandeplatz	100	0,40	45	20
Tanklager		50	0,2	50	40
Beleuchtungsanforderung hinsichtlich Betriebssicherheit und Anlagenschutz					
Sehr geringes Sicherheitsrisiko	gelegentlich benutzte Wartungsgänge und Treppen	5	0,25	55	20
Geringes Sicherheitsrisiko	Bereiche, in denen gefahrlose Arbeiten verrichtet werden, gelegentlich benutzte Bühnen und Treppen in der petro-chemischen und anderen gefährdeten Industrieanlagen	10	0,40	50	20
Mittleres Sicherheitsrisiko	Fahrzeug-Abstell-Flächen und Förderanlagen in petro-chemischen und anderen gefährdeten Industrieanlagen Tanklager in Kraftwerken, häufig benutzte Treppen in Kläranlagen	20	0,40	50	20
Hohes Sicherheitsrisiko	Feuer-, Explosions- Vergiftungsgefährdete Bereiche in Industrieanlagen und Lagerflächen Tanklager, Kühltürme, Kessel -, Verdichtungs-, Pumpen- und Absperranlagen, Rohrleitungen, Arbeitsbühnen, häufig benutzte Treppen, Förderanlagen, elektrische Schaltanlagen in petrochemischen und anderen gefährdeten Industrieanlagen, Schaltanlagen in Kraftwerken, Förderanlagen, feuergefährdete Bereiche in Sägewerken	50	0,40	45	20

Leuchten in druckfester Kapselung muss noch zusätzlich die Explosionsgruppe IIA...IIC berücksichtigt werden (**Tabelle 7.6**).

Auf den Schutz gegen das *Eindringen von Staub und Wasser* ist bei explosionsgeschützten Leuchten ein besonderes Augenmerk zu legen, nicht nur wegen des Funktionserhalts, sondern aus Gründen des Explosionsschutzes. So müssen Leuchten in den Zündschutzarten Erhöhte Sicherheit und Non-sparking (nA, Zone 2) mindestens die Schutzart IP54 einhalten, für den Einsatz bei brennbaren Stäuben die Schutzart IP6X oder IP5X. Die IP-Kennzeichnung wird nach DIN EN 60529 vorgenommen, wobei die erste Kennziffer den Fremdkörper- und die zweite den Wasserschutz beschreibt (**Tabelle 7.7**).

7.2 Leuchtenauswahl für explosionsgefährdete Bereiche

Tabelle 7.5 *Auswahlkriterien für Leuchten*

Auswahl der Leuchten nach	Auswahlkriterien (Beispiele)
dem Explosionsschutz	Gefahrbereich (Zone 0...2, Zone 20...22), Art der Gase, Stäube usw.
den lichttechnischen Eigenschaften	minimale Beleuchtungsstärke, Lichtfarbe, Lichtstromverteilung
der Art und Anzahl der Lampen	z. B. Leuchtstofflampen, Entladungslampen
dem Verwendungszweck	Punktbeleuchtung, Flächenstrahler
dem Einsatzort	Innenleuchten, Außenleuchten
der Bauart	Langfeldleuchten, Hängeleuchten
den Materialeigenschaften	Metall, Kunststoff, Glas
der Montageart	Einbau-, Anbau-, Mast- oder Hängeleuchten
den Umweltbedingungen	Temperatur, Feuchtigkeit, chemische und mechanische Einflüsse usw.
den Kostengesichtspunkten	Anschaffungs- und Betriebskosten, Lebensdauer, Installations- und Wartungsaufwand

Tabelle 7.6 *Leuchtenauswahl nach Gefährdungskategorien*

bei Gasen

Kategorie	Ex-Gefahr	Zone	Explosionsgruppe	Temperaturklasse
⟨Ex⟩ II 1G	ständig	0		
⟨Ex⟩ II 2G	zeitweilig	1	IIA, IIB, IIC	T1 ... T6
⟨Ex⟩ II 3G	selten	2		

bei brennbaren Stäuben

Kategorie	Ex-Gefahr	Zone	maximale Oberflächentemperatur
⟨Ex⟩ II 1D	ständig	20	
⟨Ex⟩ II 2D	zeitweilig	21	T_{Omax}
⟨Ex⟩ II 3D	selten	22	

Tabelle 7.7 *IP-Kennzeichnung – Schutz gegen äußere Einflüsse*

Kennziffer	Schutz gegen Fremdkörper und Berührung (1. Kennziffer)	Schutz gegen Wasser (2. Kennziffer)	Kennziffer
0	ungeschützt	ungeschützt	0
1	Fremdkörper > 50 mm	Tropfwasser senkrecht	1
2	Fremdkörper > 12 mm	Tropfwasser schräg	2
3	Fremdkörper > 2,5 mm	Sprühwasser	3
4	Fremdkörper > 1 mm	Spritzwasser	4
5	staubgeschützt	Strahlwasser	5
6	staubdicht	starkes Strahlwasser	6
		Eintauchen	7
		Untertauchen	8

Beispiel: IP65 bedeutet: 6 = staubdicht; 5 = gegen Strahlwasser geschützt.

Für das Einhalten der Schutzart der Leuchte ist sowohl der Errichter bei der Montage als auch der Betreiber der Beleuchtungsanlage verantwortlich. Um bei der Montage die angegebene Schutzart der Leuchte einhalten zu können, ist besonders auf die korrekte *Leitungseinführung* zu achten. Es ist sicherzustellen, dass das Dichtungsvermögen der Leitungseinführungen dem Außendurchmesser der Leitung entspricht. Die angegebene Schutzart bezieht sich auch auf die bestimmungsgemäße *Gebrauchslage* der Leuchte, dabei darf sie nicht „verwunden" montiert werden – was bei unebenem Untergrund schnell passieren kann. Nach der Montage muss die Auflage der Leuchtenwanne auf dem Gehäusedichtungsprofil nochmals sorgfältig geprüft werden. Sonstige Hinweise zur Montage sind oft aus der Montageanleitung des Herstellers ersichtlich.

Befestigungsbauteile von Leuchten sind besonders bei Außenanlagen in feuchtwarmer Atmosphäre gegen *Korrosion* zu schützen. Dabei müssen die Befestigungsteile so konzipiert sein, dass sie bei einer Belastung mit dem 5fachen Leuchtengewicht keine gefahrbringende Veränderung aufweisen. Bei schräger Montagelage ist die Leitung von unten einzuführen.

Im Außenbereich sind die Leuchten zumeist höheren Temperaturschwankungen und wechselnden Atmosphären und Windlasten ausgesetzt. Die Mindestschutzart IP65 ist bei Außenanwendung der Leuchten sicherlich sinnvoll. Ein Nachteil von sehr dichten Gehäusesystemen ist die Ansammlung von *Kondensationsfeuchte* bei extremen Temperaturschwankungen und hoher Luftfeuchtigkeit. Ist die Leuchte in Betrieb, so entsteht dadurch ein Überdruck aufgrund der erwärmten Innenluft. Dieser Überdruck bewirkt ein Ausblasen von Luft aus dem Leuchteninnern. Beim Abschalten der Leuchte und der darauf folgenden Abkühlung der Luft fehlt diese während der Betriebsphase abgegebene Luft, und es entsteht ein Unterdruck. Durch diesen Unterdruck wird feuchte Luft oder auf den äußeren Dichtflächen abgelagertes Regenwasser ins Leuchteninnere gesaugt. Sehr dichte Leuchten können diese Druckdifferenzen zwischen innerer und äußerer Atmosphäre schlecht ausgleichen. Bei ihnen treten die geschilderten Effekte besonders stark auf. Als wirksame Gegenmaßnahme hat sich der Einbau eines *Klimastutzens* erwiesen. Er gestattet bei Einhaltung der Mindestschutzart den schnellen Luftaustausch und vermindert dadurch den beschriebenen „Pumpeffekt".

Explosionsgeschützte Leuchten sind für Umgebungstemperaturen von $-20\,°C$ bis $+40\,°C$ zugelassen. Andere Umgebungstemperaturen sind beim Hersteller anzufragen und müssen auf dem Typschild dokumentiert sein. Neben den besonderen Umgebungstemperaturen sind oft noch weitere erschwerende chemische oder physikalische Einflüsse zu berücksichtigen, z. B. Salznebel, Gase, Säuren, Lösungsmittel, UV-Strahlung, aber auch extreme Vibrationen (**Bild 7.3**). Hinsichtlich der Auswirkung besonderer Betriebsbedingungen sollte unbedingt der Hersteller gefragt werden.

7.2 Leuchtenauswahl für explosionsgefährdete Bereiche

in Freianlagen	in Innenräumen
Explosionsschutz	Explosionsschutz
mechanische Festigkeit	Schutzart ≥ IP54/IP65
Schutzart ≥ IP65	chemische Beständigkeit
chemische Beständigkeit	Korrosionsbeständigkeit in Feuchträumen
Korrosionsbeständigkeit (Leuchte/Befestigungsmaterial)	Beleuchtungsstärke
Windlast (Berücksichtigung)	hoher Farbwiedergabeindex
Klimastutzen	Blendungsbegrenzung
vibrationsfest	
Beleuchtungsstärke	

Bild 7.3   *Hauptsächliche Anforderungen an Ex-Leuchten*

7.2.2 Not- und Sicherheitsbeleuchtung

Nach der Arbeitsstättenverordnung (ArbStättV) und der Gewerbeordnung ist der Unternehmer verpflichtet, eine Sicherheitsbeleuchtung zu installieren, wenn bei Ausfall der allgemeinen Beleuchtung eine Gefahr für die Arbeitnehmer entstehen kann. Es muss deshalb zunächst geprüft werden, ob eine Sicherheitsbeleuchtung erforderlich ist. Ist sie notwendig, dann ist sie so zu errichten, dass sie beleuchtungstechnisch DIN EN 1838 Notbeleuchtung und elektrotechnisch DIN VDE 0108-1 und -7 entspricht. Selbstverständlich sind dann auch die in DIN VDE vorgeschriebenen Prüfungen durchzuführen und die entsprechenden Prüffristen einzuhalten.

Notbeleuchtung (**Bild 7.4**) ist die Beleuchtung, die bei einer Störung der Stromversorgung der künstlichen Allgemeinbeleuchtung rechtzeitig wirksam wird. Sie ist der Oberbegriff für Sicherheitsbeleuchtung und Ersatzbeleuchtung.

Bei der *Sicherheitsbeleuchtung* unterscheidet man erstens die Sicherheitsbeleuchtung von Rettungswegen und für das gefahrlose Verlassen von Räumen und zweitens die Sicherheitsbeleuchtung für Arbeitsplätze mit besonderer Gefährdung, für das gefahrlose Beenden von Tätigkeiten und das sichere Verlassen des Raumes.

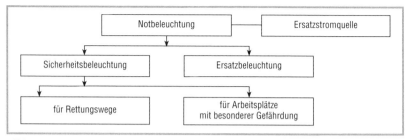

Bild 7.4 *Unterteilung der Notbeleuchtung*

Die *Ersatzbeleuchtung* dient dem Weiterführen der laufenden Tätigkeit, die aus speziellen Gründen nicht abgebrochen werden kann. Im industriellen Bereich werden durchaus auch Ersatzbeleuchtungsanlagen installiert, die bei Ausfall der allgemeinen Beleuchtung wirksam werden, obwohl durch den Ausfall keine Gefährdung für die Arbeitnehmer gegeben ist. Diese Anlagen unterliegen nicht DIN VDE 0108, wohl aber DIN EN 1838 Ersatzbeleuchtung.

Rettungswege in Arbeitsstätten müssen beleuchtet und gekennzeichnet werden. Die Beleuchtungsstärke muss auf der Mittellinie des Rettungsweges 0,2 m über dem Fußboden oder Treppenstufen $E \geq 1\,\mathrm{lx}$ erreichen. Dieser Wert gilt für den ungünstigsten Punkt der Anlage am Ende der Nennbetriebsdauer.

Die *Gleichmäßigkeit* der Beleuchtungsstärke bezieht sich auf die Mittellinie des Rettungsweges und soll

$$g_2 = \frac{E_{\min}}{E_{\max}} \leq \frac{1}{40}$$

betragen. Diese Forderung ist speziell bei lichtstarken Notleuchten und gleichzeitig geringer Aufhängehöhe zu beachten.

Wichtig ist auch die *Blendungsbegrenzung*. DIN EN 1838 definiert die maximal zulässigen Werte der Lichtstärke in Abhängigkeit von der Montagehöhe der Leuchte über dem Fußboden (**Tabelle 7.8**).

Rettungswege werden durch *Rettungszeichenleuchten* gekennzeichnet. Bei Ausfall der allgemeinen Stromversorgung schaltet deren Stromversorgung automatisch auf eine Ersatzenergiequelle um. Sie werden grundsätzlich dauernd, also

Tabelle 7.8 *Maximale Lichtstärken bei Sicherheitsleuchten für Rettungswege*

Aufhängehöhe h in m	Maximale Lichtstärke $I_{\max}$ in cd
< 2,5	500
3,0	900
3,5	1600
4,0	2500
4,5	3500
> 4,5	5000

auch am Tage, beleuchtet (Dauerschaltung). Die Leuchten tragen ein Rettungszeichen (Bildzeichen nach DIN 4844 bzw. VBG 125). Die Größe der Bildzeichen bestimmt sich aus der *Erkennungsweite* (**Bild 7.5**), die nach der Formel $h = e/z$ berechnet werden kann.

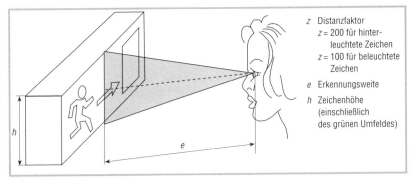

Bild 7.5 *Erkennungsweite*
Quelle: FGL

Die Sicherheitsfarbe des Hintergrundes ist grün, das Zeichen selbst als Kontrastfarbe weiß.

Rettungszeichen müssen nach § 19 der ArbStättV angeordnet werden.

In kleinen Räumen (bis 100 m²) genügt es, Rettungszeichenleuchten an den Ausgängen anzubringen. Um das Rettungszeichen erkennen zu können, muss es der jeweiligen Erkennungsweite entsprechende Abmessungen haben. So wird z. B. bei einem genormten Bildzeichen von 15 cm Höhe und 30 cm Breite eine Erkennungsweite von 30 m erreicht. Größere Erkennungsweiten sind nicht erforderlich, da der Brandabschnitt nicht größer als 30 m sein darf.

Die *Sicherheitsbeleuchtung* für Arbeitsplätze mit besonderer Gefährdung ist dort einzurichten, wo bei Ausfall der Allgemeinbeleuchtung eine unmittelbare Unfallgefahr besteht oder besondere Gefahren für andere Arbeitnehmer entstehen können, z. B.

- Schalt- oder Leitstände in chemischen Betrieben,
- Bedienplätze an Aggregaten, welche eine sicherheitstechnisch bedeutsame Funktion haben, oder
- Arbeitsplätze an Absperr- und Regeleinrichtungen, die betriebsmäßig oder bei Betriebsstörungen zur Vermeidung von Gefahren bedient werden müssen, um Produktionsvorgänge gefahrlos zu beenden bzw. zu unterbrechen.

Die Beleuchtungsstärke muss mindestens 10% der geforderten Nennbeleuchtungsstärke betragen, mindestens jedoch 15 lx. Bezüglich der Blendungsbegrenzung dürfen die Lichtstärken die in **Tabelle 7.9** enthaltenen Werte nicht übersteigen.

Die lichttechnischen Anforderungen an die Sicherheitsbeleuchtung im Vergleich zur Allgemeinbeleuchtung sind in **Tabelle 7.10** gegenübergestellt.

Tabelle 7.9 Maximale Lichtstärken bei Sicherheitsleuchten für Arbeitsplätze mit besonderer Gefährdung

Aufhängehöhe h in m	Maximale Lichtstärke I_{max} in cd
< 2,5	1000
3,0	1800
3,5	3200
4,0	5000
4,5	7000
> 4,5	10000

Tabelle 7.10 Lichttechnische Anforderungen im Vergleich   Quelle: FGL

Allgemeinbeleuchtung	Sicherheitsbeleuchtung	Sicherheitsbeleuchtung für Rettungswege	Sicherheitsbeleuchtung für Arbeitsplätze mit besonderer Gefährdung
Beeinflussung der Sehleistung	gefahrloses Verlassen von Räumen und Anlagen, grobe Detailerkennung	Erkennen von groben Details	Detailerkennung (Maschine abschalten, Arbeitsvorgang beenden)
Beeinflussung der Aktivierung	Erkennen von Rettungszeichen	Erkennen der Rettungswegkennzeichnung	Messgeräte sicher ablesen
Beeinflussung der Arbeitssicherheit	gefahrloses Beenden notwendiger Tätigkeiten (auch kleine Details müssen erkannt werden)	grobe Orientierung (z. B. Treppen, Hindernisse)	Erkennen von Sicherheitsfarben
Beeinflussung des Wohlbefindens	gefahrloses Verlassen des Arbeitsplatzes		

In **Tabelle 7.11** sind sämtliche lichttechnischen Anforderungen an die Sicherheitsbeleuchtung dargestellt, und zwar als Gegenüberstellung von DIN 5035-5 zur harmonisierten EN-Norm DIN EN 1838.

In explosionsgefährdeten Bereichen müssen die Sicherheitsleuchten den Anforderungen entsprechen, die in DIN VDE 60079 (VDE 0170) angegeben sind. Dies gilt sowohl für die Sicherheitsbeleuchtung als auch für die Ersatzbeleuchtung.

In der Praxis werden im Wesentlichen zwei Systeme von Sicherheitsbeleuchtungen angewendet: *einzelbatterieversorgte Leuchten* und von einer *Zentralbatterieanlage* versorgte Leuchten. Für welches System sich der Anwender entscheidet, bleibt ihm überlassen. In manchen europäischen Ländern kennt man nur einzelversorgte Sicherheitsleuchten; eine zentrale Versorgung dieser Leuchten ist nicht üblich. Die Vor- und Nachteile der jeweiligen Systeme zeigt **Tabelle 7.12** auf, sie kann als Entscheidungshilfe dienen. Für einzelversorgte Sicherheitsleuchten spricht die Redundanz, da jede für sich arbeitet und im Notbetrieb leitungsunabhängig ist. Sie werden vor allem dort angewendet, wo die benötigte Leuchtenanzahl gering ist oder die Leuchten sehr weit von der Lichtverteilung entfernt zu installieren sind. Für die Zentralbatterieanlage spricht der hohe Komfort, dagegen spricht eigentlich nur der erhöhte Installationsaufwand.

Praktischer Aufbau und Darstellung der Sicherheitsleuchten bzw. Rettungszeichenleuchten siehe Abschnitt 7.4.

Tabelle 7.11 *Übersichtstabelle der lichttechnischen sowie funktionstechnischen Daten bei der Sicherheitsbeleuchtung*

	DIN 5035-5	DIN EN 1838	
Sicherheitsbeleuchtung für Rettungswege			
E_{min}	1 lx	1 lx	
$E_{min} : E_{max}$	$\geq 1 : 40$	$\geq 1 : 40$	
Blendungsbegrenzung	I_{max} (h)	I_{max} (h), siehe Tabellen 7.8 und 7.9	
Nennbetriebsdauer	1 h	1 h	
Einschaltverzögerung	15 s	5 s	50 % Beleuchtungsstärke
		60 s	100 % Beleuchtungsstärke
Farbwiedergabe		$R_a \geq 40$	
Sicherheitsbeleuchtung für Arbeitsplätze mit besonderer Gefährdung			
E_{min}	10 % E_n	10 % (Wartungswert)	
E_{min}	15 lx	15 lx	
Gleichmäßigkeit		> 1 : 10	
Blendungsbegrenzung	$2 \cdot I_{max}$ (h)	$2 \cdot I_{max}$ (h), siehe Tabellen 7.8 u. 7.9	
Farbwiedergabe	$40 \leq R_a < 60$	$R_a \geq 40$	
Einschaltverzögerung	0,5 s	0,5 s	
Brenndauer	≥ 1 min, solange eine Gefährdung ansteht	solange eine Gefährdung ansteht	

Tabelle 7.12 *Vor- und Nachteile von einzelbatterieversorgten Leuchten zu zentralversorgten Leuchten*

Vorteile der Einzelversorgung	Vorteile der Zentralversorgung
geringer Installationsaufwand – insbesondere bei großer Distanz zur Lichtverteilung	hoher Komfort durch zentrale Bedienung
erhöhte Funktionssicherheit durch Redundanz	zentrale Funktionsüberwachung der Leuchten
geringe Start-Investitionskosten	automatische Ereignisdokumentation mit Zweijahresspeicher
Preisvorteil bei geringer Leuchtenstückzahl	lange Nutzungsdauer der Zentralbatterie (≥ 10 Jahre)
wartungsfreie NiCd-Batterie	geringer Wartungsaufwand
Aufteilung der Sicherheitsleuchten auf unterschiedliche Phasen der Stromkreise	keine Leistungsbegrenzung
geringer Aufwand bei Erweiterung	Störungsmeldung an beliebige Stelle möglich

7.3 Lampen

7.3.1 Lampensysteme und Eigenschaften

Die für Beleuchtungszwecke gebräuchlichen Lampen erzeugen das Licht entweder durch Temperaturstrahlung oder durch Gasentladung, deren Strahlung entweder direkt sichtbar ist oder durch Umwandlung im Leuchtstoff sichtbar wird (**Bild 7.6**). Aus wirtschaftlichen Gründen werden für die technische Beleuchtung

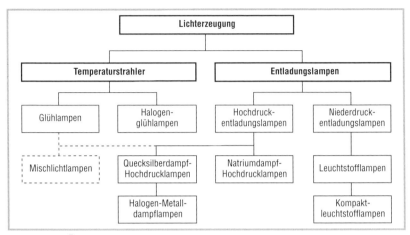

Bild 7.6 Übersicht über die Lampensysteme für allgemeine Beleuchtungszwecke

hauptsächlich Entladungslampen eingesetzt. Wegen ihrer hohen Lichtausbeute werden in mehr als 70 % aller Beleuchtungsanlagen Leuchtstofflampen verwendet.

Eine optimale Beleuchtung setzt die Auswahl der für den Anwendungsfall geeigneten Lampen voraus. Die wichtigsten Auswahlkriterien sind:
- Art der Lampe bzw. Lichterzeugung,
- Form und Abmessungen,
- Lampenleistung und Lampenlichtstrom,
- Systemlichtausbeute und Lebensdauer,
- Lichtfarbe und Farbwiedergabe.

Wenn die Leuchtenart festgelegt oder vorhanden ist, kann man natürlich nicht mehr frei entscheiden, welche Lampe die optimale ist, hierbei geht es dann oft nur noch um eventuelle Qualitätsverbesserungen und Lebensdauerfragen. Hat man freie Leuchtenwahl, so kann die Lampe zu einer Systemscheidung führen, z. B. Langfeldleuchten oder Hängeleuchten.

Die wichtigsten Entladungslampen sind in **Tabelle 7.13** aufgeführt und im Folgenden beschrieben.

Die **Leuchtstofflampen** haben eine hohe Lichtausbeute, sehr gute Farbwiedergabe-Eigenschaften und eine lange Lebensdauer sowie eine sehr gute Wirtschaftlichkeit. Mit elektronischen Vorschaltgeräten werden Lichtkomfort und Lebensdauer nochmals deutlich erhöht. Mit Hilfe des Leuchtstoffs sowie unterschiedlicher Gas-Grundfüllungen lassen sich eine Vielzahl von Varianten herstellen und die lichttechnischen Eigenschaften beeinflussen. Leuchtstofflampen gibt es in den Lichtfarben warmweiß (ww), neutralweiß (nw) und tageslichtweiß (tw) sowie in nahezu allen Farben. Die Lichtausbeute beträgt 65 bis 96 lm/W.

7.3 Lampen

Tabelle 7.13 *Übersicht Entladungslampen (Abkürzungen wichtiger Lampenhersteller sowie gemäß ZVEI-Lampenbezeichnungssystem LBS)*

Lampenart		LBS	Osram	Philips	Sylvania
Leuchtstofflampen	T5, mit Ø 16 mm, stabförmig	T16	–	–	–
	T8, mit Ø 26 mm, stabförmig	T26	–	–	–
	T12, mit Ø 38 mm, stabförmig	T38	–	–	–
Kompaktleuchtstofflampen	mit eingebautem Vorschaltgerät	TC-SE	–	–	–
	für externe Vorschaltgeräte	TC	–	–	–
Halogen-Metall-	mit Ellipsoidkolben	HIE	HQI-E	HPI	HSI-SX
dampflampen	in Röhrenform	HIT	HQI-T	HPI-T	HSI-TSX
Quecksilberdampf-Hochdrucklampen	mit Ellipsoidkolben	HME	HQL	HPL	HSL
Mischlichtlampen	mit Ellipsoidkolben	LME	HWL	ML	HSB
Natriumdampf-	mit Ellipsoidkolben	HSE	NAV-E	SON	SHP-S
Hochdrucklampen	in Röhrenform	HST	NAV-T	SON-T	SHP-TS

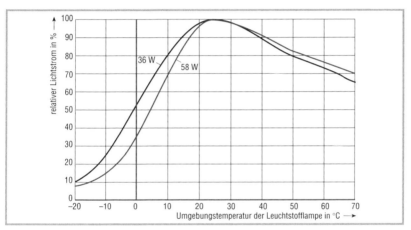

Bild 7.7 *Temperaturabhängigkeit des Lichtstromes als Funktion der Umgebungstemperatur der Leuchtstofflampen 36 W und 58 W*

Der Lichtstrom von Leuchtstofflampen ist stark *temperaturabhängig*. Eine 36-W-Lampe gibt bei 0 °C nur noch 1/3 des Nennlichtstromes bei 20 °C ab. Bei Temperaturen unter 0 °C sinkt er auf weniger als 10 % (**Bild 7.7**). Zwar ist in einer geschlossenen Leuchte eine gewisse Eigenerwärmung vorhanden, durch die große Oberfläche des Leuchtengehäuses wird die Wärme jedoch auch großflächig abgeführt, so dass die Verbesserung der Verhältnisse sich in Grenzen hält. Bei so genannten *Thermolampen* ist über dem Glasrohr der Lampe ein zweites Rohr angebracht. Durch das Luftpolster zwischen den beiden Rohren wird eine thermische Isolierung und damit eine höhere Lampentemperatur bewirkt. Der Kurvenverlauf nach Bild 7.7 wird dann um 20 bis 30 % verbessert. Auf diese starke Temperaturabhängigkeit muss der Planer bei der Leuchtenauswahl für tiefe Umgebungstemperaturen achten!

7.3.2 Lichtfarbe und Farbwiedergabe

Die Farbqualität einer Lampe mit annähernd weißem Licht wird durch zwei Eigenschaften gekennzeichnet:
- die Lichtfarbe der Lampe,
- die Farbwiedergabe, welche das farbige Aussehen von Gegenständen und Personen beeinflusst, die von der Lampe beleuchtet werden.

Die Lichtfarbe einer Lampe bezieht sich auf die wahrgenommene Farbe des von ihr abgestrahlten Lichtes. Sie wird durch ihre *ähnlichste Farbtemperatur* T_{CP} beschrieben (**Tabelle 7.14**).

Die **Tabelle 7.15** zeigt Beispiele typischer Lampen mit entsprechendem Farbwiedergabe-Index.

Tabelle 7.14 *Lichtfarben von Lampen*

Lichtfarbe	Gruppe (DIN 5035)	Ähnlichste Farbtemperatur T_{CP} in K
warmweiß	ww	< 3300
neutralweiß	nw	3300 bis 5300
tageslichtweiß	tw	> 5300

Tabelle 7.15 *Stufen des allgemeinen Farbwiedergabe-Index R_a nach DIN EN 12464-1 und Beispiele typischer Lampen*

R_a	Stufe nach DIN 5035	Beispiele typischer Lampen
≥ 90	1A	Leuchtstofflampen Kompaktleuchtstofflampen Glühlampen, Halogenglühlampen Halogen-Metalldampflampen
80 bis 90	1B	Dreibanden-Leuchtstofflampen Kompaktleuchtstofflampen
70 bis 80	2A	Standard-Leuchtstofflampen, universalweiß
60 bis 70	2B	Standard-Leuchtstofflampen, hellweiß Halogen-Metalldampflampen
40 bis 60	3	Standard-Leuchtstofflampen, Warmton Quecksilberdampf-Hochdrucklampen
20 bis 40	4	Natriumdampf-Hochdrucklampen

7.3.3 Lampenlebensdauer

Bei Glühlampen wird die statistische *mittlere Lebensdauer* angegeben. Sie beträgt für Glühlampen 1000 Brennstunden und für Halogenglühlampen 2000 bis 3000 Brennstunden. Nach dieser Zeit sind statistisch noch 50 % der Lampen funktionsfähig.

Bei Leuchtstofflampen sowie bei Hochdrucklampen spricht man von der *Nutzlebensdauer* (**Bild 7.8**). Das ist die Zeitdauer, nach der der Anlagenlichtstrom 70 oder 80 % des Anfangswertes neuer Lampen erreicht hat, wobei der Definition ein bestimmter Schaltzyklus der Lampen zugrunde liegt. Bei Leuchtstofflampen liegt ein Schaltzyklus von 3 h (165 min ein und 15 min aus) zugrunde. Bei Hochdrucklampen ist der Schaltzyklus auf 12 h festgelegt (11 h ein und 1 h aus).

Eine exakte Lebensdauerangabe ist verständlicherweise nicht möglich, sie hängt von zu vielen Einflussgrößen ab und ist als statistischer Wert zu sehen (**Tabelle 7.16**). In der Praxis wird der Lampenwechsel nicht unbedingt am Ende der Nutzlebensdauer durchgeführt, sondern durch betriebliche Erfordernisse bestimmt, etwa durch zyklische Wartungsprozeduren, in Abhängigkeit von den Zugangsmöglichkeiten zur Beleuchtungsanlage oder durch Nachmessungen der Beleuchtungsstärke. Nach diesen und auch ergänzenden Kriterien wird in den Betrieben festgelegt, ob Gruppenaustausch oder Einzelaustausch der Lampen vorgenommen wird.

Die in der neuen DIN EN 12464 festgelegten Beleuchtungsstärkewerte dürfen zu keinem Zeitpunkt unterschritten werden. Sie werden auch als *Wartungs-*

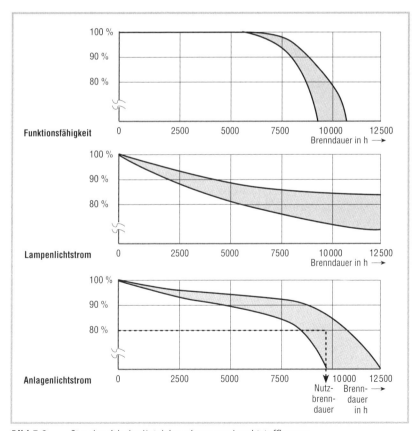

Bild 7.8   *Streubereich der Nutzlebensdauer von Leuchtstofflampen*

Tabelle 7.16 *Nutzlebensdauer unterschiedlicher Lampen (Orientierungswerte)*

Lampenart	Rückgang des Anlagenlichtstromes auf %	Nutzlebensdauer KVG/VVG in h	EVG in h
Leuchtstofflampen	80	8000	bis 16 000
Leuchtstofflampen „long life"	80	bis 30 000	bis 45 000
Kompaktleuchtstofflampen	80	6000	bis 9000
Halogen-Metalldampflampen	70	7000 bis 15 000	
Quecksilberdampf-Hochdrucklampen	70	von 15 000 bis 29 000	
Mischlichtlampen	70	5000	
Natriumdampf-Hochdrucklampen, Standard	70	von 12 000 bis 30 000	
Natriumdampf-Doppelbrennerlampen	70	55 000	
Induktionslampen	70	–	bis 60 000

KVG konventionelles Vorschaltgerät
VVG verlustarmes induktives Vorschaltgerät
EVG elektronisches Vorschaltgerät

werte bezeichnet. Schon bei der Planung muss die allmähliche Abnahme der Beleuchtungsstärke mit einem Wartungsfaktor erfasst werden. Außerdem muss ein umfassender Wartungsplan erstellt werden, der das Intervall für den Lampenwechsel, das Intervall für die Reinigung der Leuchten und des Raumes sowie die Reinigungsmethoden enthalten muss.

7.3.4 Lampenbezeichnung

Leider verwenden die Lampenhersteller firmenspezifische Bezeichnungen für identische Lampentypen, die in der Praxis schwer überschaubar sind. Ein einheitliches System nach dem Vorschlag des Zentralverbandes der Elektrotechnik- und Elektronikindustrie e. V. (ZVEI), das *Lampenbezeichnungssystem* (LBS), findet nun teilweise Anwendung bei den Leuchtenherstellern, da es kurze, ausreichende und die für die Lampenart wichtigsten Daten zur Orientierung bietet. Das LBS nach **Tabelle 7.17** besteht aus drei Kennbuchstaben, die die Lichterzeugungsart, die Materialart bei Glühlampen bzw. das Medium zur Lichterzeugung bei Entladungslampen sowie die Kolbenform charakterisieren.

Die Leuchtstofflampen sind Quecksilberdampf-Niederdrucklampen und sollten mit LM bezeichnet werden, gefolgt von der Angabe über die Kolbenform. Dies wird der Einfachheit wegen meist weggelassen. So wird die international als T8 bezeichnete Leuchtstofflampe (T8, weil ihr Durchmesser 8/8 Zoll beträgt) im LBS-System als LM T26 bezeichnet, da der Röhrendurchmesser 26 mm beträgt.

Hinsichtlich *Lichtfarbe* und *Farbwiedergabe* haben sich die Lampenhersteller auf eine einfache Art der Kennzeichnung geeinigt. Sie besteht aus drei Ziffern, wobei die 1. Kennziffer den Farbwiedergabeindex angibt. Aus der 2. und 3. Ziffer erkennt man die Lichtfarbe über die Farbtemperatur in Kelvin (**Tabelle 7.18**).

Tabelle 7.17 *Aufbau des ZVEI-Lampenbezeichnungssystems LBS*

1. Kennbuchstabe Lichterzeugung		2. Kennbuchstabe Material		3. Kennbuchstabe Kolbenform	
I	Glühlampen, Halogenglühlampen (Incandescent Lamp)	G	Glas (Glass)	A	Allgebrauchslampe (All Purpose)
		Q	Quarz (Quartz)	R	Reflektorlampe (Reflector)
H	Hochdrucklampen (High Pressure)	M	Quecksilber (Mercury)	E	Ellipsoid-Lampe (Elliptical)
		I	Jodid (Iodine)	T	Röhrenform-Lampe (Tubular)
		S	Natrium (Sodium)	M	Pilzform-Lampe (Mushroom)
L	Niederdrucklampen (Low Pressure)	M	Quecksilber (Mercury)	TC	Kompaktlampe (Tubular Compact)
		S	Natrium (Sodium)	T16	Röhrenform 16 mm Ø
				T26	Röhrenform 26 mm Ø
				T38	Röhrenform 38 mm Ø

Tabelle 7.18 *Kennzeichnung von Leuchtstofflampen*

Farbwiedergabe			Lichtfarbe über die Farbtemperatur		
1. Ziffer	R_a-Bereich DIN EN 12464	Stufe DIN 5035	2. und 3. Ziffer	Farbtemperatur in K	Wahrnehmung
9	90 bis 100	1A	27	2700	glühlampenähnliches Licht
8	80 bis 89	1B	30	3000	warmweißes Licht
7	70 bis 79	2A	40	4000	neutralweißes Licht
6	60 bis 69	2B	50	5000	Tageslicht
5	50 bis 59	3	60	6000	weißes Licht
4	40 bis 49	3	65	6500	weißes Licht

Beispiel: Die Lichtfarbe 9 30 bedeutet:
(9) Farbwiedergabeindex R_a > 90 mit der (30) Farbtemperatur 3000 K (warmweiß).

7.4 Explosionsgeschützte Leuchten

Die Konstruktion und die Bauform der explosionsgeschützten Leuchten hängen entscheidend von der Beleuchtungsaufgabe und dem Einsatzgebiet ab. Im Rahmen der Bauvorschrift DIN EN 60079 (VDE 0170) für explosionsgeschützte Betriebsmittel zum Einsatz in Zone 1 oder der Bauvorschrift DIN EN 60079-15 für Zone-2-Betriebsmittel kann der Hersteller die Entwicklung einer Leuchte frei gestalten. Ist dagegen für den Staubexplosionsschutz hauptsächlich auf die Gestaltung der Oberfläche und die Oberflächentemperatur sowie auf die Dichtigkeit und das Material der Leuchte zu achten, so sieht die Konstruktion einer Leuchte für den Einsatz einer Gasentladungslampe in Zone-1-Bereichen völlig anders aus. Hier kommen hauptsächlich die Zündschutzarten Erhöhte Sicherheit, Druckfeste Kapselung oder Kombinationen der beiden zur Anwendung.

Da diese gas- bzw. staubexplosionsgeschützten Leuchten schon von der Anwendung her nur geschlossene Leuchten sein können und da die mechanische Festigkeit nur durch hochwertige Materialien erreicht wird, sind diese Spezialleuchten immer Qualitätsleuchten mit einer hohen Lebensdauer und Sicherheit, neben der Gewährleistung der Normenkonformität.

Es gibt heute eine Vielzahl explosionsgeschützter Leuchten für die unterschiedlichsten Anwendungen.

7.4.1 Kompaktleuchten für die Zonen 1 und 2

Unter Kompaktleuchten versteht man Leuchten in kompakter Bauweise für allgemeine Beleuchtungszwecke mit geringem Lichtstrom zum Einsatz in Gängen und kleinen Räumen, z. B. Wand- und Deckenleuchten oder Hinweisleuchten.

Aufgrund des niedrigen Lichtstromes und der damit verbundenen niedrigen elektrischen Leistung können Lampen verwendet werden, deren marginale Temperatur unterhalb der Zündtemperatur der entsprechenden Gasgruppen liegt. Damit können Leuchten in der Zündschutzart Erhöhte Sicherheit ausgeführt werden, deren Handhabungskomfort vergleichbar mit dem normaler Industrieleuchten ist.

Das Leuchtengehäuse muss einer Schlagenergie von 7 J widerstehen, der lichtdurchlässige Teil einer Schlagenergie von 4 J. Dies ist ein Vielfaches von dem, was normale Leuchten aushalten müssen. Um elektrostatische Aufladungen der Leuchtengehäuse zu vermeiden, besteht für Betriebsmittel mit Kunststoffgehäusen die Möglichkeit, z. B. durch Graphiteinmischungen den Oberflächenwiderstand auf ein ungefährliches Maß von $< 1 \text{ G}\Omega$ zu reduzieren. Bei Leuchten ist dies aus optischen Gründen (Transparenz) nur eingeschränkt möglich. Deshalb muss auf dem Leuchtengehäuse der Hinweis „Nur mit feuchtem Tuch reinigen!" deutlich sichtbar angebracht sein. Das Leuchtengehäuse muss für die Einbaukomponenten einen Wasser- und Staubschutz $\geq$ IP54 gewährleisten. Ist der Verschluss mit einer Schalteinrichtung gekoppelt, so wird die Leuchte beim Öffnen allpolig spannungsfrei geschaltet. Der unter Spannung verbleibende Klemmanschluss muss der Schutzart IP30 entsprechen. Ist eine solche Zwangsabschaltung nicht gegeben, dann ist außen auf der Leuchte ein Warnhinweis „Nicht unter Spannung öffnen!" angebracht.

Lampenfassungen stellen über die Lampensockel die elektrische Verbindung zur Lampe her. Da sowohl bei den Schraubfassungen als auch bei den Steckfassungen Übergangsfunken auftreten können, z. B. durch Lockerung, sind die Fassungen in der Zündschutzart Ex d ausgeführt.

Bei der Fassung für den *Einstiftsockel* Fa 6 ist die Paarung Fassung – Sockel eine druckfeste Kapselung, d. h., der Einstiftsockel der Lampe bildet zusammen mit der Fassungsbuchse einen zünddurchschlagsicheren Zylinderspalt (**Bild 7.9**).

Bei den *Zweistiftsockelfassungen* (**Bild 7.10**) G 5 und G 13 sind die Prinzipien

7.4 Explosionsgeschützte Leuchten   225

der Zündschutzart Erhöhte Sicherheit angewendet, die sich als gleichwertig sicher erwiesen haben.

Auch die *Anschlussklemmen* sind in der Zündschutzart „e" gefertigt und müssen so konzipiert sein, dass ein Verdreh- und Selbstlockerungsschutz gegeben ist. Der Kontaktdruck ist auch bei Temperaturwechsel im Betrieb sicherzustellen. Der Klemmsockel selbst muss am Leuchtengehäuse befestigt sein.

Für *Glühlampen* (**Bild 7.11**) können Leuchten nur für die Temperaturklassen T1 und T2 gebaut werden, da die Temperatur an der Oberfläche für die höheren Temperaturklassen zu hoch ist. Da die maximale Oberflächentemperatur der

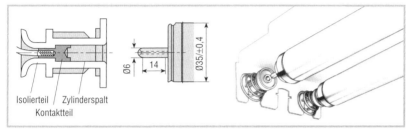

Bild 7.9   *Explosionsgeschützte Fassung für Einstiftsockellampen Fa6 in Zündschutzart EEx de IIC*

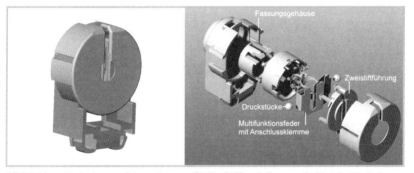

Bild 7.10   *Explosionsgeschützte Fassung für Zweistiftsockellampen G5/G13 in Zündschutzart Erhöhte Sicherheit EEx e II*
Foto: R. STAHL

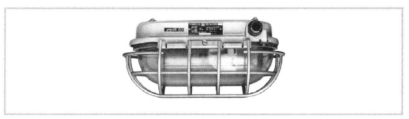

Bild 7.11   *Wand- und Deckenleuchte für Glühlampen in Zündschutzart Erhöhte Sicherheit mit einer Ex d-Lampenfassung*

Glühlampen von der Brennlage abhängig ist (stehend, liegend oder hängend), kann es sein, dass die Leuchten abhängig von der Montagelage unterschiedliche Temperaturklassen haben. Dies ist dann auf dem Typschild der Leuchte angegeben.

7.4.2 Leuchten für Leuchtstofflampen

Die Langfeldleuchten für Leuchtstofflampen der Lampenleistungen 18, 36 und 58 W werden überwiegend in der Zündschutzart Erhöhte Sicherheit gebaut, da diese sehr viele Handhabungs- und Wartungsvorteile gegenüber druckfest gekapselten Langfeldleuchten bieten. Die Langfeldleuchten haben sich gerade deshalb, aber auch wegen des günstigen Preis-Leistungs-Verhältnisses und des guten Leuchtenwirkungsgrades als hauptsächliches Beleuchtungsmittel in explosionsgefährdeten Bereichen in Europa durchgesetzt.

7.4.2.1 Leuchten für Leuchtstofflampen für die Zonen 1 und 2

Früher konnten Langfeldleuchten in der Zündschutzart Erhöhte Sicherheit ausschließlich mit Einstiftsockellampen (Fa6) mit integriertem Zündstreifen und speziellem induktivem Vorschaltgerät gebaut werden. Mit der Möglichkeit, *elektronische Vorschaltgeräte* (EVG) druckfest kapseln zu können, war das Betreiben von handelsüblichen Zweistiftsockellampen (G13) gegeben. Aus Sicherheitsgründen wird die Lampenwendel überbrückt; mit einer erhöhten Zündspannung wird die Lampe auch unter diesen Kaltstartbedingungen sicher gezündet. Das EVG muss auf unvorhersehbare Betriebszustände, wie Leerlaufbetrieb bei fehlender Lampe, Lampendefekt, deaktivierte Lampe oder Luftzieher und Lampenbruch, reagieren. Dies erfolgt über eine integrierte Lampenüberwachung, die ein rechtzeitiges und sicheres Abschalten des EVG bei diesen Störungen gewährleistet. Sei dem Jahr 2005 müssen EVGs in den Leuchten der Zündschutzart Erhöhte Sicherheit außerdem eine Schutzbeschaltung nach IEC 61347 enthalten, die verbrauchte, überalterte Lampen vor dem Erreichen sicherheitskritischer Betriebszustände abschaltet. Es hat sich nämlich in den letzten Jahren gezeigt, dass sich durch den Emitterverbrauch der Elektroden in der Lampe die Brennspannung stark erhöhen kann und sich durch den erhöhten Leistungsumsatz die Lampensockel erhitzen, so dass die vorgegebene Temperaturklasse überschritten werden kann. Durch die Sicherheitsabschaltung am Ende der Lebensdauer der Lampe wird dieser anormale Zustand sicher vermieden. Man spricht von der *End-of-Life-(EOL)-Abschaltung.*

Ältere induktive Vorschaltgeräte dürfen wegen ihrer hohen Verlustleistung in Europa nicht mehr eingesetzt werden. Elektronische Vorschaltgeräte haben gegenüber den induktiven Vorschaltgeräten eine wesentlich geringere Verlustleistung und sind damit in die Energieklassifizierung EEI = A2 eingeordnet. Infolge der hohen Arbeitsfrequenz von > 30 kHz der EVGs wird eine etwa

7.4 Explosionsgeschützte Leuchten

12 % höhere Lichtausbeute erzielt. Dies wird jedoch nicht für eine Lichtstromerhöhung der Lampe genutzt, sondern für einen leistungsreduzierten Lampenbetrieb. Die Systemleistung der Leuchte ist so deutlich geringer als bei konventionell betriebenen Leuchten – bei gleichem Lichtstrom.

Elektronische Vorschaltgeräte (**Bild 7.12**) bieten einen hohen Lichtkomfort und viele weitere Vorteile. Aufgrund der hohen Anzahl elektronischer Bauelemente bestimmen die Schaltungstechnik und die richtige Bauteileauswahl maßgeblich ihre mittlere Lebensdauer. Hochwertige EVGs haben eine mittlere Lebensdauer von $\geq$ 50 000 h bei vorgegebenen Umgebungsbedingungen.

Die freie Auswahlmöglichkeit der einzusetzenden Lampen, z. B. hochwertige Dreibandenlampen mit gleichzeitigem EVG-Betrieb, ermöglicht heute auch in explosionsgefährdeten Bereichen ein sehr gutes Beleuchtungsniveau. Die Leuchten sind aus den besten Werkstoffen gefertigt: der Leuchtenkörper aus glasfaserverstärktem Polyesterharz und die Leuchtenwanne aus schlagfestem Polycarbonat, das oft mit einer Prismenstruktur versehen ist, was der Blendungsbegrenzung dienlich ist. Die meisten für die Zone 1 angebotenen Langfeldleuchten (**Bild 7.13**) haben einen sehr bedienerfreundlichen Zentralverschluss, der in Kombina-

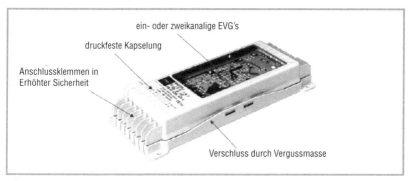

Bild 7.12 *Druckfest gekapseltes elektronisches Vorschaltgerät in Zündschutzart EEx de IIC (Schnittmodell)*

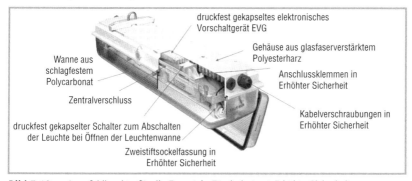

Bild 7.13 *Langfeldleuchte für die Zone 1 in Zündschutzart Erhöhte Sicherheit*

tion mit einem zwangsgeführten Schaltelement die Leuchte vor dem Öffnen spannungsfrei schaltet. Dies ist gerade im explosionsgefährdeten Bereich – neben dem Schutz der Person – nicht unwichtig.

Es gibt auch Bereiche, in denen Kunststoffleuchten nicht geeignet sind, z.B. in Lackieranlagen wegen Lösungsmitteldämpfen oder in Reinräumen der pharmazeutischen Industrie. Hier bieten sich Leuchten aus Edelstahl oder lackiertem Stahlblech an. Der Lichtaustritt erfolgt durch eine temperaturwechselbeständige, bruchsichere Glasscheibe, die mittels Scharnieren über einen Zentralverschluss abgeklappt werden kann. Dadurch ist die Leuchte einfach zu öffnen. Die Stahlblechleuchten gibt es als Hängeleuchten, schwenkbare Leuchten und als Deckeneinbauleuchten.

Unterschiedliche *Lichtstärkeverteilungskurven* sind durch entsprechende Gestaltung der Innenreflektoren möglich. Die meisten Ex-Leuchten haben in der Standardausführung eine breitstrahlende Lichtverteilung der Klassifikation B 31.2. Hochglanzreflektoren wandeln die Lichtverteilung in eine tief-breitstrahlende Charakteristik um. Dies kann bei höheren Aufhängehöhen oder bei Punktbeleuchtung von Nutzen sein (**Bild 7.14**).

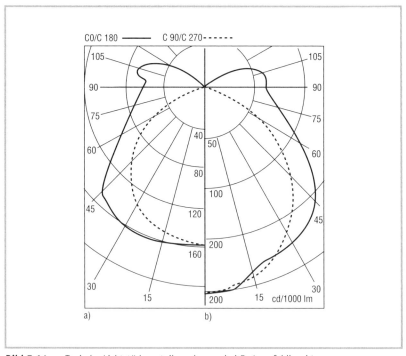

Bild 7.14 *Typische Lichtstärkeverteilungskurven bei Ex-Langfeldleuchten*
a) flacher Reflektor für breitstrahlende Lichtverteilung
b) Zusatzreflektor für tief-breitstrahlende Lichtverteilung

7.4.2.2 Sicherheitsleuchten und Sicherheitskompaktleuchten für Leuchtstofflampen für die Zonen 1 und 2

Die Langfeldleuchte kann durch den Einbau von weiteren Funktionselementen, z. B. einer Notlichtelektronik und dem Batteriesatz, zu einer Sicherheitsleuchte gestaltet werden. Nach der Arbeitsstättenverordnung ist eine Sicherheitsbeleuchtung zu installieren, wenn bei Ausfall der allgemeinen Beleuchtung eine Gefahr für die Arbeitnehmer entstehen kann. So wird man sinnvollerweise anstelle der Allgemeinbeleuchtung mehrere Sicherheitsleuchten installieren, die diese Aufgabe sicher erfüllen können.

Bei der *einzelbatterieversorgten Sicherheitsleuchte* (**Bild 7.15**) übernimmt eine in die Leuchte integrierte, meist druckfest gekapselte Elektronik mehrere Funktionen des Notlichtbetriebs. Neben der Umschaltfunktion von der Allgemeinbeleuchtung zum Notlichtbetrieb aus der Batterie sind auch die Ladetechnik, ein automatischer Funktionstest bzw. Brenndauertest sowie die Ansteuerung einer Funktionsanzeige (LED-Anzeige) dieser Notlichtelektronik gegeben. Ist die Leuchte zweilampig, so wird im Notlichtbetrieb nur eine Lampe betrieben. Dabei ist es üblich, den Lichtstrom der Lampe durch Reduzierung der Lampenleistung herabzusetzen, um Batteriekapazität zu sparen.

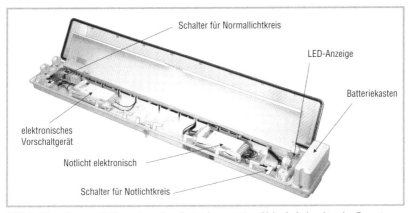

Bild 7.15 *Innerer Aufbau einer einzelbatterieversorgten Sicherheitsleuchte der Zone 1*

Die Batterie ist entweder in die Leuchte integriert oder in einem separat angeflanschten Batteriegehäuse untergebracht (**Bild 7.16**). In einem separaten Batteriegehäuse ist sie vom Lampengehäuse mit der darin entstehenden Verlustwärme thermisch entkoppelt. Dies wirkt sich günstig auf die Lebensdauer der Batterie aus und erleichtert den Batteriewechsel. Um eine permanente Dauerladung des Akkus zu gewährleisten, muss bei den Sicherheitsleuchten eine nicht schaltbare Ladeleitung vorhanden sein. Diese Ladeleitung muss entsprechend den Vorschriften gegenüber Überlast und Kurzschluss geschützt sein, darf aber

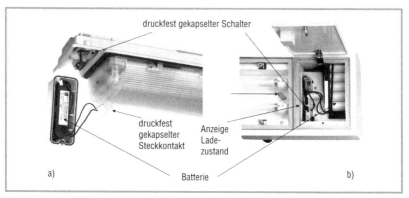

Bild 7.16 *Angeflanschter Batteriekasten bei Sicherheitsleuchten, separat zu öffnen und mit Spannungsfreischalter*
a) Kunststoffleuchte
b) Stahlblechleuchte

nicht über den Lichtschalter geführt werden. Wünscht der Anwender beim Öffnen der Leuchte eine Spannungsfreischaltung, so müssen sowohl die Netzversorgung als auch die Ladeleitung und der Batteriekreis durch Schaltelemente getrennt werden. Bei etlichen Leuchtenherstellern ist diese Ausführung standardmäßig vorgesehen.

Die im Abschnitt 7.4.1 beschriebenen Kompaktleuchten können ebenfalls als einzelbatterieversorgte Leuchten gebaut werden. Häufig sind sie mit Rettungszeichen kombiniert. Im **Bild 7.17** sind solche Kompaktleuchten für 8-W-Leuchten dargestellt. Sie zeichnen sich aus durch Selbsttestfunktion, Tiefentladeschutz und Ladespannungsbegrenzung, 1,5 h Notlichtbetrieb, LED-Funktionsanzeige, automatischen Brenndauertest sowie Zentralverschluss mit Spannungsfreischaltung.

Die einzelbatterieversorgten Sicherheitsleuchten sind durchaus wettbewerbsfähig mit anderen Notlichtsystemen, wenn man die Redundanzen betrachtet. Im Notlichtbetrieb sind sie leitungsunabhängig und autark gegenüber anderen Systemen.

Bild 7.17 *Kompaktsicherheitsleuchte aus Stahlblech mit/ohne Rettungskennzeichen als einzelversorgte Leuchte oder als Sicherheitsleuchte an Gruppen- oder Zentralbatterieanlagen*

Die Alternative zu den einzelversorgten Sicherheitsleuchten sind normale Langfeldleuchten und Kompaktleuchten ohne oder mit Rettungszeichen (Bild 7.17), die von *Zentralbatterieanlagen* im AC-Betrieb und im DC-Notlichtbetrieb versorgt werden. Von dort aus werden die Leitungen zu den Leuchten verlegt, wobei Brandabschnitte und ein 30-minütiger Funktionserhalt, d. h. F30-Installation, berücksichtigt werden müssen. Die Leuchten werden im störungsfreien Betrieb von der Stromversorgung der allgemeinen Beleuchtung gespeist und schalten bei einer Störung auf die Sicherheitsstromversorgung aus der Zentralbatterieanlage um. Die Umschaltung erfolgt nicht in der Leuchte, sondern in der Zentralbatterieanlage.

Bei vielen Sicherheitsleuchten bietet sich eine Zentralbatterieanlage aus wirtschaftlichen Gründen und aus Gründen des Wartungskomforts an. Sehr komfortabel ist die zentrale Überwachungsmöglichkeit jeder einzelnen Leuchte durch den zusätzlichen Einbau eines *Überwachungs-* bzw. *Adressmoduls* in der Sicherheitsleuchte. Dieses Überwachungsmodul kommuniziert mittels aufmodulierter Signale auf der Netzzuleitung der Leuchten mit der Zentralbatterieanlage und meldet, ob die Leuchte in Ordnung ist oder nicht. Dieser Überwachungsbaustein liegt in Reihe zum elektronischen Vorschaltgerät und ist wie alle Funktionselemente in einem druckfest gekapselten Gehäuse untergebracht (**Bild 7.18**). Zentralbatterieanlagen werden üblicherweise nicht explosionsgeschützt ausgeführt und müssen daher im sicheren Bereich, z. B. in einem Schaltraum, installiert werden.

Bild 7.18 *Kompaktsicherheitsleuchte mit einem Überwachungsbaustein zur zentralen Überwachung der Leuchte zum Anschluss an eine Zentralbatterieanlage*

7.4.2.3 Leuchten und Sicherheitsleuchten für Leuchtstofflampen für die Zonen 2 und 21/22

Leuchten für Leuchtstofflampen zählen zu den Betriebsmitteln, bei denen betriebsmäßig keine Funken, Lichtbögen oder unzulässige Temperaturen auftreten. Die Zündschutzmethode bezieht sich deshalb bei den *Zone-2-Leuchten* nur darauf, dass die Temperatur eingehalten wird und keine schädlichen Beeinträchtigungen infolge mechanischer Beanspruchung oder eingedrungener Feuchtigkeit auftreten. Dies wird üblicherweise durch Standard-Industriefunktionselemente, z. B. elektronische Vorschaltgeräte und Standard-G13-Fassungen, erreicht. Werden VVGs, also verlustarme induktive Vorschaltgeräte, eingesetzt, was durch die Möglichkeit des Warmstarts der Zweistiftsockellampe gegeben ist, so müssen diese temperaturgesichert sein. Die Leuchtengehäuse müssen eine Schutzart > IP54 aufweisen und einer Schlagenergie von 7 J (Gehäuse) bzw. 4 J (Leuchtenwanne) erfolgreich widerstehen. Diese explosionsgeschützten Langfeldleuchten erfüllen die Zündschutzmethode nach DIN EN 60079-15 mit der Kennzeichnung EEx nA T4 für Zone-2-Bereiche oder Kategorie ⓔx II 3G. Im Gegensatz zu den Zone-1-Leuchten haben sie meist keinen Zentralverschluss, sondern sind, wie bei den Industrieleuchten üblich, mit Schnellspannverschlüssen versehen. Auch haben sie standardmäßig keinen Spannungsfreischalter, allerdings bieten mehrere Hersteller diesen als Option an.

Wie schon beschrieben, wird für *staubexplosionsgeschützte Langfeldleuchten* nur das Leuchtengehäuse betrachtet: zum einen die maximale Oberflächentemperatur im Betrieb, zum andern der mechanische Schutz und die Dichtigkeit des Gehäuses gegen Staubeintritt. Je nach Kategorie und Art des Staubes wird IP5X oder IP6X verlangt. An die mechanische Festigkeit werden dieselben Anforderungen gestellt wie an Leuchten für Zone 1 und 2.

Für die Sicherheitsleuchten gelten die gleichen Anforderungen wie an Leuchten zum Einsatz in Zone 2 sowie Zone 21/22. Die Funktion sowie der Aufbau sind selbstverständlich identisch mit den im Abschnitt 7.4.2.2 beschriebenen Zone-1-Sicherheitsleuchten.

7.4.3 Hängeleuchten

7.4.3.1 Hängeleuchten für die Zonen 1 und 2

Werden Lampen beim Betrieb sehr heiß oder behalten nach einem eventuellen Kolbenbruch Teile der Lampe sehr hohe Temperaturen, wie es z. B. bei Gasentladungslampen der Fall ist, dann sind nur Leuchtengehäuse in druckfester Kapselung (Ex d) möglich (**Bild 7.19**).

Im druckfest gekapselten Hauptgehäuse sind normale Industriebetriebsgeräte, die Lampenfassung und die Gasentladungslampe untergebracht sowie eventuell ein zweipoliges Schaltelement, das die Spannungsfreiheit beim Öffnen des Gehäuses gewährleistet. Geöffnet wird das Gehäuse, indem man den lichtdurchlässigen Teil – eine in einen Glashaltemetallring eingebettete Glashaube – abschraubt. Dieser Glashaltering bildet mit dem Gehäusemittelteil einen zünddurchschlagsicheren Gewindespalt. Diese bewegliche Glashaube wird durch eine Sicherungsschraube gegen Verdrehen gesichert. An dem Ex d-Gehäuse ist häufig ein Klemmenanschlusskasten in der Zündschutzart Erhöhte Sicherheit angebracht, in dem der Betreiber die Leuchte sehr einfach anschließen kann. Die elektrische Verbindung zwischen Ex e-Anschlusskasten und Ex d-Gehäuse wird

7.4 Explosionsgeschützte Leuchten

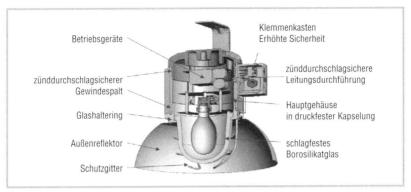

Bild 7.19 *Schnitt durch eine druckfest gekapselte Hängeleuchte in Zündschutzart EEx de IIC T4*

durch eine zünddurchschlagsichere Leitungsdurchführung bewerkstelligt. Da das Ex d-Gehäuse einschließlich der Glashaube einen statischen Druck bis zu 18 bar aushalten muss, sind die Bauteile dieses Ex d-Leuchtengehäuses sehr dickwandig und dementsprechend schwer.

Die Hängeleuchten können mittels Ringösen oder Montagewinkels montiert werden. In Bereichen mit erhöhter Gefahr vor mechanischen Beschädigungen kann ein Schutzkorb zum Schutz der Glashaube sinnvoll sein. Durch das Anbringen eines Außenreflektors lässt sich die breitstrahlende Lichtverteilungskurve in eine tiefstrahlende verändern (**Bild 7.20**).

Hängeleuchten werden vorzugsweise dort installiert, wo viel Licht für eine Allgemeinbeleuchtung in großen, hohen Hallen benötigt wird, aber auch im Außenbereich sind sie oft die ideale Beleuchtung. Leuchten mit Gasentladungslampen haben hohe Leuchtdichten, deshalb sind sie höher aufzuhängen, um der Blendung entgegenzuwirken. Die Lampen haben zudem eine hohe Lebensdauer, was weniger Wartungsaufwand bedeutet. Diese explosionsgeschützten Hängeleuchten sind für den Einsatz von Halogen-Metalldampflampen, Natriumdampf-

Bild 7.20 *Druckfest gekapselte Hängeleuchten in Zündschutzart EEx de IIC T2...T6 für Gasentladungslampen*

lampen oder Quecksilberdampflampen geeignet und meist bis zu einer Nennleistung von 400 W verfügbar. Welche der Lampen Verwendung findet, entscheidet die Beleuchtungsanforderung, nicht zuletzt durch Vorgabe des Farbwiedergabeindexes. Auch mit Induktionslampen können die Hängeleuchten bestückt werden. Eine Alternative wäre, sämtliche Lampen ohne Betriebsgeräte zu betreiben, z. B. Halogenglühlampen, Kompaktlampen mit integriertem Vorschaltgerät oder auch Mischlichtlampen.

7.4.3.2 Hängeleuchten für die Zonen 2 und 21/22

Hängeleuchten für den Einsatz in der Zone 2 werden wegen der hohen Erwärmung der Gasentladungslampen aus Metall gefertigt. *Schwadensichere Leuchtengehäuse* sind so konstruiert, dass das Eindringen von Gas, Dampf und Nebel so weit eingeschränkt wird, dass die in Zone 2 nur kurzzeitig vorhandene Gasatmosphäre nicht in einem solchen Ausmaß in das Gehäuse eindringen kann, dass eine Explosionsgefahr entsteht. Das ist gewährleistet, wenn die Zeit, die ein innerer Unterdruck im Gehäuse benötigt, um sich von 3 kPa (300 mm Wassersäule) auf 1,5 kPa (150 mm WS) zu ändern, nicht unter 3 min ist (**Bild 7.21**). Dieser Wert gilt für Leuchten ohne Einrichtung für die Stückprüfung der Schwadensicherheit. Bei Leuchten mit einer Einrichtung für die Stückprüfung darf die Zeit, die ein innerer Unterdruck benötigt, um sich von 300 Pa (30 mm WS) auf 150 Pa (15 mm WS) zu ändern, nicht unter 80 s sein.

Außerdem wird sowohl unter normalen als auch unter den festgelegten anormalen Bedingungen an einem beliebigen Teil der äußeren Oberfläche einer

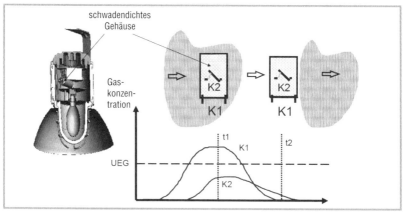

Bild 7.21 *Prinzip der Schwadensicherheit „nR"; Gaskonzentration in einem schwadensicheren Gehäuse während des Zeitraumes eines vorbeiziehenden Schwadens. Das Eindringen von Gas wird beschränkt, so dass zu den Zeitpunkten t1 und t2 die Gaskonzentration K2 immer unterhalb der UEG liegt.*
UEG untere Explosionsgrenze des Gases
K1 Konzentration außerhalb des Gehäuses
K2 Konzentration innerhalb des Gehäuses

schwadensicheren Leuchte die festgelegte Temperaturklasse oder die festgelegte höchste Oberflächentemperatur nicht überschritten. Die Zündschutzart für diese Leuchten ist die Schwadensicherheit („nR") nach DIN EN 60079-15.

Der Schutz gegen das Eindringen von Wasser und Schmutz ist auch bei schwadensicheren Leuchten Bestandteil der Zündschutzart. Die IP-Schutzart muss mindestens IP54 sein.

Hängeleuchten für die Zone 2 und die Zonen 21/22 werden wie folgt gekennzeichnet:

Zone 2: ⟨Ex⟩ II 3G EEx nR II T3/4

Zone 21/22: ⟨Ex⟩ II 2D IP66 T_{Omax}

Die Oberflächentemperatur bzw. die Temperaturklasse werden durch die jeweils einsetzbare Lampenart bestimmt und vom Hersteller auf dem Typschild und in der Betriebsanweisung angegeben. Möglich ist der Einsatz von Gasentladungslampen bis 400 W, aber auch Halogenglühlampen oder Mischlichtlampen sind einsetzbar. Die Leuchten unterscheiden sich durch unterschiedliche Montagemöglichkeiten, sie können bei mechanischer Gefährdung mit Schutzkörben versehen werden, auch Außenreflektoren zur Lichtlenkung sind möglich.

Die Norm schließt den Einsatz von Leuchten aus, die mit Lampen bestückt sind, welche freies metallisches Natrium enthalten, z. B. Natriumdampf-Niederdrucklampen. Der Einsatz von Natriumdampf-Hochdrucklampen ist dagegen generell erlaubt.

7.4.4 Scheinwerfer

7.4.4.1 Scheinwerfer und Schauglasleuchten für Zone 1

Da die Scheinwerfer für die Zone 1 mit Hochdruck-Gasentladungslampen bestückt sind, werden sie in der Zündschutzart Druckfeste Kapselung (Ex d) ausgeführt. Betriebsgeräte, Fassung, Lampe und Reflektor sind in ein schweres, dickwandiges, meist aus Aluminiumguss gefertigtes Leuchtengehäuse eingebaut. Der Deckel, der aus einem Glashalterahmen mit eingebettetem temperaturwechselbeständigem Flachglas besteht, schließt das Gehäuse mit einem zünddurchschlagsicherem Flachspalt ab. Zum sicheren, zünddurchschlagfesten Verschluss der druckfesten Kapselung muss der Deckel mit einer Vielzahl von Deckelschrauben, die über den Flachspalt verteilt angebracht sind, befestigt werden. Aufgrund der Gehäusegröße und des Flachspalts eignen sich die Scheinwerfer meist nur für die Explosionsgruppe IIB, was aber in der Mehrzahl der Anwendungen ausreichend ist. Der Scheinwerferdeckel kann zur Reparatur und Wartung des Scheinwerfers durch Lösen der Schrauben geöffnet werden, dies ist jedoch sehr zeitaufwändig. Deshalb wird oft seitlich in das Gehäuse eine Öffnung mit einem kleinen Schraubdeckel mit zünddurchschlagsicherem Gewindespalt eingebracht, durch die man den Lampenwechsel sehr einfach durchführen kann.

Über ein seitlich angebrachtes Ex e-Anschlussgehäuse wird der Scheinwerfer angeschlossen. Die elektrische Verbindung zwischen Ex d- und Ex e-Gehäuse wird über eine zünddurchschlagsichere Leitungsdurchführung hergestellt.

Auf dem Markt erhältliche explosionsgeschützte Scheinwerfer sind aus Wirtschaftlichkeitsgründen bei der Lampenbestückung leistungsbegrenzt. Mit 1000-W-Halogenglühlampen, 600-W-Natriumdampf-Hochdrucklampen sowie 400-W-Halogen-Metalldampflampen ist die Grenze erreicht.

Hauptbestandteil der kleinen leistungsbegrenzten *Schauglasleuchten* (**Bild 7.22**) ist ein druckfest gekapseltes korrosionsbeständiges Leichtmetallgehäuse. Dieses ist sowohl mit Anschlussraumgehäuse als auch mit Direkteinführung und vorkonfektioniertem Anschlusskabel erhältlich. Die Leuchten werden mit Glühlampen oder Halogenglühlampen von 5 bis 100 W bestückt.

Oft werden die Schauglasleuchten auch als „Kesselanbauleuchten" bei beheizten Kesseln einer höheren Temperatur ausgesetzt. Deshalb sind sie für eine Umgebungstemperatur von 60 °C ausgelegt. An der Einbaustelle muss geprüft werden, ob die Temperatur nicht höher als 60 °C ist, damit der Explosionsschutz sichergestellt ist. Der zur Lichtlenkung eingebaute Reflektor darf nicht dazu führen, dass über eine Brennpunktbildung im Innern des Kessels zu hohe Temperaturen entstehen. Da diese Leuchten nur temporär gebraucht werden, etwa bei Kontrollgängen, werden sie oft mit einem Zeitschalter geschaltet.

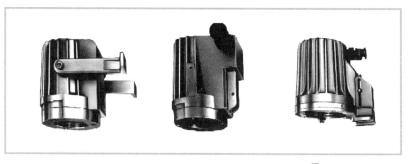

Bild 7.22 *Druckfest gekapselte Schauglasleuchten in Zündschutzart ⟨Ex⟩ II 2G EEx d(e) IIC T2...T6*
Foto: Fa. Max Müller

7.4.4.2 Scheinwerfer für die Zonen 2 und 21/22

Die Scheinwerfer für den Einsatz in diesen Zonen werden in der Zündschutzart Schwadensicherheit (Ex nR) gebaut, die in Abschnitt 7.4.3.2 beschrieben ist.

Die Leuchtengehäuse bestehen aus Aluminiumguss oder Stahlblech (meist Edelstahl) und müssen den mechanischen Anforderungen und den Dichtheitsanforderungen genügen. Die Deckel haben aus Sicherheitsgründen ein Scharnier. Die Flachglasscheibe besteht aus temperaturwechselbeständigem, schlagfestem Borosilikatglas (**Bild 7.23**).

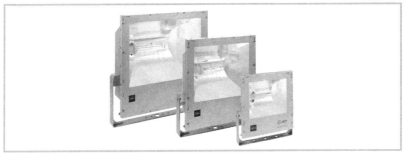

Bild 7.23 *Explosionsgeschützte Scheinwerferreihe für Zone 2 bzw. Zone 21/22 in Zündschutzart ⟨Ex⟩ II 3G EEx n RII T2...T4 oder ⟨Ex⟩ II 2D IP66 T 140°C*

7.4.5 Handleuchten und Handscheinwerfer

Handleuchten und Handscheinwerfer für explosionsgefährdete Bereiche werden, wie in anderen Industriebereichen auch, für kurzzeitige Beleuchtung eingesetzt, wie sie für Kontrollgänge oder bei kleinen Reparaturen typisch ist. Es gibt eine Vielzahl von Handleuchten für die Ex-Bereiche mit unterschiedlicher Brenndauer und Lichtstärke, netzunabhängig oder mit Anschlusskabel. Die Handleuchten sollten durchgängig für die Zone-1-Anwendung konzipiert sein, da der Anwender aufgrund der Flexibilität der Handhabung und der leichten Transportfähigkeit der Leuchte schnell wechseln kann. Somit ist es sinnvoll, Handscheinwerfer oder Handleuchten zu verwenden, die in sämtlichen gas- und staubexplosionsgefährdeten Bereichen verwendbar sind.

Werden Handleuchten mit Netzanschluss naturgemäß bei Reparaturen eingesetzt, so ist eine richtige Flexibilität erst bei Batterieleuchten gegeben. Der Anwender kann auf dem Markt unter einfachsten Taschenlampen mit auswechselbaren Batterien (**Bild 7.24**) oder komfortablen Handscheinwerfern auswählen.

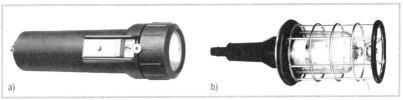

a)   b)

Bild 7.24 *Einfache explosionsgeschützte Taschenlampe sowie Ex-Handleuchte für Glühlampen mit Anschlussleitung*

    a) Taschenlampe mit auswechselbaren Batterien
        in ⟨Ex⟩ II 2G EEx i b e IIC T4   ⟨Ex⟩ II 2D IP66 T95°C
    b) Handleuchte für Glühlampen 25, 40 und 60 W
        in ⟨Ex⟩ II 2G EEx ed IIC T2/3   ⟨Ex⟩ II 2D IP65 T145°C

Letztere bieten eine hohe Lichtleistung mit Halogen- bzw. Xenonglühlampen und eine lange Brenndauer von mehreren Stunden durch wieder aufladbare, wartungsfreie Akkus.

Diese Handscheinwerfer (**Bild 7.25**) werden außerhalb des explosionsgefährdeten Bereiches in stationär angebrachten Ladestationen geparkt und dabei geladen. Während des Betriebs sind sie oft fokussierbar auf breitstrahlendes Licht oder Punktlicht. Über die Ladestation wird eine Notlichtfunktion erreicht, d. h., im geparkten Zustand leuchtet der Handscheinwerfer auf, wenn das Netz ausfällt. Dabei wird der Raum erleuchtet, der Scheinwerfer ist dann einfach auffindbar.

Neben den funktionellen und lichttechnischen Leistungen müssen die Handscheinwerfer dem Explosionsschutz genügen. Sie werden meist in der Zündschutzart Erhöhte Sicherheit in Kombination mit der Beschaltung der Stromkreise durch Maßnahmen der Zündschutzart Eigensicherheit hergestellt. Die mechanische Festigkeit und die Dichtheit werden bei transportablen Betriebsmitteln durch eine Fallprüfung getestet. Dabei darf keine Beschädigung eintreten, die die Zündschutzmaßnahmen beeinträchtigt.

Bild 7.25 *Explosionsgeschützte Handscheinwerfer mit Ladestation zum Parken der Handscheinwerfer und Laden der Akkus*
Fotos: R. STAHL
a) in ⓔⓧ II 2G EEx e ib II T4   ⓔⓧ II 2D IP66 T135°C
b) in ⓔⓧ II 2G EEx ib IIC T4   ⓔⓧ II 2D IP65 T95°C

7.4.6 Signalleuchten

Warn- und Signalleuchten gibt es auch für den explosionsgefährdeten Bereich in unterschiedlichster Ausführung: als Blitzleuchten mit unterschiedlicher Blitzenergie (5 bis 15 J) oder als Rundumkennleuchten bzw. Drehspiegelleuchten, wobei die Blitzlampen mit der Steuerelektronik bzw. die Drehspiegelarmaturen in einem druckfest gekapselten Gehäuse untergebracht sind (**Bild 7.26**). Die lichtdurchlässigen Hauben sind je nach Ausführung unterschiedlich eingefärbt. Der Anschluss wird in einem zugehörigen Anschlussgehäuse (Ex e) durchgeführt.

7.4 Explosionsgeschützte Leuchten

Explosionsgeschützte *Ampeln* werden überwiegend dort eingesetzt, wo man bestimmte Eingänge bzw. Einfahrten in gefährdete Bereiche freigeben oder blockieren möchte, aber auch die Signalisierung eines Prozesszustandes vor Ort ist durchaus denkbar (**Bild 7.27**).

Explosionsgeschützte Ampeln werden ebenfalls in den Zündschutzarten Druckfeste Kapselung oder Erhöhte Sicherheit ausgeführt mit den jeweiligen Vor- und Nachteilen, wie oben erläutert.

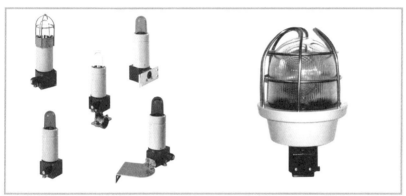

Bild 7.26 *Explosionsgeschützte Signalleuchten als Blitzleuchten, Rundumkennleuchten oder Drehspiegelleuchten in Zündschutzart ⟨Ex⟩ II 2G EEx ed IIC T4/T6 bzw. ⟨Ex⟩ II 2D IP66 T85°C*

Bild 7.27 *Signalisieren und Anzeigen in der Anlage mit explosionsgeschützter Ampel in Zündschutzart ⟨Ex⟩ II 2G EEx ed IIC T1 ... T6 bzw. ⟨Ex⟩ II 3D EEx T_{0max}*

7.4.7 Spezialleuchten – meist in der Zone 0

Wenn am vorgesehenen Verwendungsort der Leuchte keine elektrische Energie vorhanden ist oder wenn beabsichtigt ist, in unmittelbarer Umgebung der Leuchte eine technische Lüftung vorzunehmen, kann man eine Leuchte in der Zündschutzart Überdruckkapselung (EEx p) einsetzen (**Bild 7.28**).

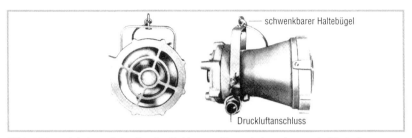

Bild 7.28 *Scheinwerferleuchte für Glühlampen/Gasentladungslampen in Zündschutzart EEx p*
Foto: Fa. CEAG

Die Luft, die hierbei als Zündschutzgas verwendet wird, dien- die elektrische Energie für den Betrieb der Lampe liefert. Während des Betriebs der Lampe wird in der Leuchte ein Überdruck von mindestens 0,5 mbar aufrechterhalten. Wird der lichtdurchlässige Teil des Gehäuses zerstört, so geht der Generator außer Betrieb. Die Luft dient auch zur Kühlung der Lampe und die Generatorwicklung ist gleichzeitig das Vorschaltgerät für die Gasentladungslampe. Anwendungsgebiet ist häufig das Beleuchten des Innern von Kesseln und Behältern, die als Zone 0 eingestuft wurden.

Eine weitere Spezialleuchte ist die *Inspektions-* oder *Fassleuchte*. Der Leuchtenkopf dieser Leuchte passt durch jede Öffnung eines handelsüblichen Fasses oder Behälters. Die Fassleuchte ist so konzipiert, dass die Betriebsteile einschließlich der Halogenlampe in einem druckfest gekapselten Gehäuse untergebracht sind und die Lichtführung über einen Lichtleiter in einem Edelstahlrohr in den Leuchtenkopf erfolgt. Das Ex d-Gehäuse entspricht den Bedingungen der Zone 1, nur das Rohr und der Leuchtenkopf sind für den Einsatz in Zone 0 konzipiert, d.h., nur diese Teile dürfen in den Behälter eingeführt werden. Um in diesen sensiblen Bereichen beim Hantieren eine statische Aufladung zu vermeiden, müssen mit einer Erdungszange alle Metallteile auf das gleiche Potential gebracht werden (**Bild 7.29**).

In der Zone 0 dürfen nur Leuchten eingesetzt werden, für die eine besondere Bescheinigung durch eine Prüfstelle vorliegt. Das Gleiche gilt auch für den Einsatz bei brennbaren Stäuben der Zone 20. Da in der Zone 20 Staubwolken langzeitig oder ständig vorhanden sind, ist der Einsatz von Leuchten dort allerdings nicht sinnvoll, weil eine 40-W-Glühlampe bereits in 1 m Entfernung nicht mehr erkannt wird und die Lichtstärke einer Lampe bereits nach 5 cm um 50 % abgenommen hat.

Ortsfeste Leuchten werden in den Zonen 0 und 20 aus vorgenannten Gründen nicht verwendet. Ortsveränderliche Leuchten, wie Handleuchten oder Fassleuchten, gibt es jedoch für diese besonderen Bereiche.

Die erforderliche Zündschutzmethode für Betriebsmittel für die Zone 0 ist die Kombination zweier, voneinander unabhängiger Zündschutzarten (**Bild 7.30**).

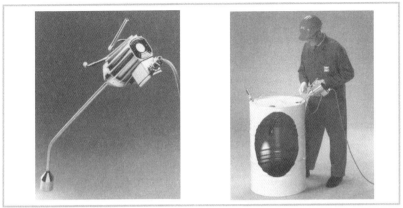

Bild 7.29 Inspektions- oder Fassleuchte zum Einsatz in Zone-0-Bereichen in Zündschutzart EEx de IIC T4
Foto: Fa. Papenmeier

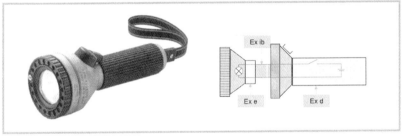

Bild 7.30 Handleuchte zum Einsatz in Zone-0-Bereichen in Zündschutzart ⟨Ex⟩ II 1G ib ed IIC T6 mit zwei überlagerten Zündschutzarten
Foto: Fa. CEAG

7.4.8 Kennzeichnung der Leuchten

Die Kennzeichnung einer Leuchte in Form des Typschildes ist als identifizierendes Dokument zu betrachten. Neben den allgemeinen Angaben gemäß der Leuchtennorm DIN EN 60598 sind natürlich die Angaben bezüglich des Explosionsschutzes für die Auswahl und Installation der Leuchte vor Ort elementar. Auf den Leuchten müssen neben herstellerspezifischen Angaben auch Hinweise zu den Betriebsbedingungen und zum Explosionsschutz (**Tabelle 7.19**) angegeben sein.

Die Leuchte ist an einer gut sichtbaren Stelle zu kennzeichnen. Die Aufschriften müssen gut lesbar und dauerhaft aufgebracht sowie bei der Installation und Wartung deutlich erkennbar sein, wobei der Hersteller mögliche chemische Korrosionserscheinungen zu berücksichtigen hat. Anhand eines Beispiels soll die Kennzeichnung nochmals dargestellt werden (**Bild 7.31**).

Tabelle 7.19 Typschild-Aufschriften nach DIN EN 60598 sowie Zusatzangaben für explosionsgeschützte Leuchten (Beispiele in Klammern)

Kennzeichnung gemäß DIN EN 60598	Zusatzangabe für Ex-Leuchten
Ursprungszeichen, Herstellername	Ex-Kennzeichnung nach ATEX
Typ- und Bestellnummer	Kategorie-Angabe (II 2G)
Nennspannung (230 V)	Kennzeichnung des Explosionsschutzes (EEx ed IIC)
Nennfrequenz (50/60 Hz)	Temperaturklasse (T4 Gas)
Lampennennleistung (2 x 36 W)	Oberflächentemperatur (T80°C Staub)
Schutzklasse, sofern abweichend von Schutzklasse 1	EG-Baumusterprüfbescheinigung eventuell mit U oder X (PTB 97 ATEX 2119)
Schutzart (IP65)	
Nenn- und Umgebungstemperatur, falls abweichend von 40 °C[1] (50 °C)	

[1] Temperaturbasis für Ex-Betriebsmittel

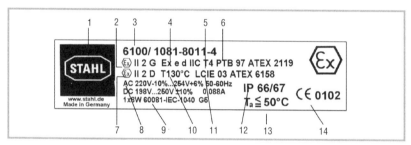

Bild 7.31 Typschild einer explosionsgeschützten Leuchte für die Zone 1, Kategorie 2G, und die Zone 21, Kategorie 2D
1 Name des Herstellers
2 ATEX-Ex-Betriebsmittel mit Kategorie-Angabe 2G (Gas)
3 Typbezeichnung
4 Kennzeichnung des Explosionsschutzes (Gas)
5 Temperaturklasse (Gas)
6 EG-Baumusterprüfbescheinigung (Gas)
7 ATEX-Ex-Betriebsmittel mit Kategorie-Angabe 2D (Staub)
8 elektrische Anschlussdaten
9 einsetzbare Lampen
10 maximale Oberflächentemperatur
11 EG-Baumusterprüfbescheinigung (Staub)
12 Schutzart
13 maximale Umgebungstemperatur
14 CE-Kennzeichnung mit Ex-Prüfstellenkennnummer

Produkte, die auf dem europäischen Binnenmarkt in Verkehr gebracht werden sollen, müssen die *CE-Kennzeichnung* tragen. Sie wird vom Hersteller nach einem Konformitätsbewertungsverfahren in Eigenverantwortung angebracht. Bei den explosionsgeschützten Leuchten (Betriebsmittel) hat das CE-Kennzeichen noch ein „Zahlenanhängsel", z. B. 0102 im Bild 7.31. Dies ist eine harmonisierte europäische Erkennungszahl für die benannte Prüfstelle, im Beispiel die Physikalisch-Technische Bundesanstalt in Braunschweig (PTB). Die Anerkennung des

QM-Systems gilt grundsätzlich für alle Leuchten, auch wenn die eine oder andere Leuchte bei einer anderen Zertifizierungsstelle zugelassen wurde.

Der Betreiber ist verpflichtet, nur zertifizierte Leuchten zu installieren und sich vor der Installation davon zu überzeugen, dass die Leuchte eine gültige Zulassung hat. Dies wird ihm durch die Konformitätserklärung des Herstellers bestätigt, die mit jedem zugelassenen Betriebsmittel mitgeliefert wird. Die EG-Baumusterprüfbescheinigung ist ein Dokument und muss für die Überwachungsstellen zugänglich aufbewahrt werden.

7.5 Wartung und Instandhaltung von Ex-Leuchten

Explosionsgeschützte Leuchten müssen – wie jedes andere Betriebsmittel – regelmäßig entsprechend der Betriebssicherheitsverordnung überprüft und gewartet werden. Dabei sind die Angaben des Herstellers in der Betriebsanleitung zu beachten.

Ziel der Wartung ist die Sicherstellung des Explosionsschutzes und der vorgegebenen Mindestbeleuchtungsstärke.

Die Wartung sollte in der Regel auch den Lampenwechsel und die Reinigung der Leuchten umfassen. Dabei muss strikt darauf geachtet werden, dass nur solche Lampen verwendet werden, die in der Betriebsanleitung bzw. im Typschild der Leuchte angegeben sind. Eine Fehlbestückung kann den Verlust des Explosionsschutzes zur Folge haben.

Das Gehäuse sollte auf Beschädigungen geprüft werden. Dabei sollte ein besonderes Augenmerk auf die Funktion der Gehäusedichtungen und der Kabeleinführungsdichtungen gelenkt werden. Starke Verfärbungen von Kunststoffteilen deuten auf thermische Beanspruchung oder auch chemische Einflüsse hin. Gegebenenfalls müssen solche Teile gegen Originalersatzteile ausgetauscht werden. Stark verschmutzte Leuchtenwannen können den Lichtstrom erheblich reduzieren. Es empfiehlt sich, solche Wannen gegen neue Originalersatzteile auszutauschen.

Bei Leuchten der Schutzart Druckfeste Kapselung sind die Gehäusespalte auf Beschädigung und Korrosion zu untersuchen (siehe auch Kapitel 11).

Elektroinstallation

Rundumschutz für Kabel und Leitungen

NEU! 2. Auflage

Heinz-Dieter Fröse
Brandschutz für Kabel und Leitungen
2., neu bearbeitete Auflage. 168 Seiten. € 26,–
ISBN 3-8101-0219-9

Der Schwerpunkt dieses Buches liegt im vorbeugenden baulichen Brandschutz. Es wird gezeigt, welche gesetzlichen und normativen Vorgaben hinsichtlich der Durchdringung von Brandabschnitten durch Kabel und Leitungen, des Funktionserhaltes von Kabel- und Leitungsanlagen sowie der Brandlasthöhe von Kabeln und Leitungen in Flucht- und Rettungswegen zu beachten sind.

In der Planung und Ausführung tätige Fachkräfte erhalten die Möglichkeit, die technischen Zusammenhänge gemeinsam mit den Forderungen des Baurechts für Gebäude kennen zu lernen. In die Fülle der am Markt vorhandenen Produkte sowie in deren fachgerechte Auswahl, Weiterverarbeitung bzw. Installation werden sie eingewiesen.

Das Buch enthält u. a. Aussagen zu: Grundsätzen und Anwendung der Musterleitungsanlagenrichtlinie (MLAR), Brandverhalten von Kabel- und Leitungsmaterialien, Verlegesystemen und Befestigungsmitteln, Verkleidungen von Kabel- und Leitungstrassen (auch bauseits erstellte), Brandschutzbeschichtungen, Brandlastberechnungen (halogene u. halogenfreie Kabel), Schottungen, Klemmkästen und Stromkreisverteilern mit Funktionserhalt (u. a. Einhausen), Umhüllungen von Verteilungen in Flucht- und Rettungswegen, Querschnittsberechnungen im Brandfall, Anforderungen an die Stromversorgung von Sprinklerpumpen.

Die 2. Auflage berücksichtigt die aktuellen Normen, wie z. B. DIN 4102, DIN VDE 0100 Teil 520, neue baurechtliche Regelungen sowie wichtige Produktinnovationen.

Postfach 10 28 69 · D-69018 Heidelberg
Kontakt: Tel. 0 62 21/4 89-5 55
de-buchservice@de-online.info
Internet: www.de-online.info

8 Eigensichere Stromkreise

8.1 Grundprinzip der Eigensicherheit

Die Zündschutzart Eigensicherheit basiert auf der Tatsache, dass zur Zündung einer explosionsfähigen Atmosphäre eine bestimmte Mindestzündenergie erforderlich ist. Eigensichere Stromkreise dürfen weder im normalen Betrieb noch unter Berücksichtigung bestimmter Fehlerfälle in der Lage sein, diese Zündenergie bereitzustellen. Gemäß EN 50020 wird ein Stromkreis als *eigensicher* definiert, wenn
- kein Funke und
- kein thermischer Effekt (Erwärmung von Betriebsmitteln, Bauteilen und Leitungen),

die betriebsmäßig oder im Fehlerfall in diesem Stromkreis auftreten, unter festgelegten Prüfbedingungen die Zündung einer explosionsfähigen Atmosphäre verursachen können.

In Bezug auf die *Funkenzündung* bedeutet dies, dass weder die beim betriebsmäßigen Öffnen und Schließen des Stromkreises entstehenden Funken (z. B. an einem im eigensicheren Stromkreis liegenden Schaltkontakt) noch solche, die im Fehlerfall (z. B. bei einem Kurzschluss oder Erdschluss) auftreten, zündfähig sein dürfen (**Bild 8.1**).

Außerdem muss sowohl für den normalen Betrieb als auch für den Fehlerfall eine *Wärmezündung* durch zu hohe Erwärmung der im eigensicheren Stromkreis befindlichen Betriebsmittel, Bauteile und Leitungen ausgeschlossen werden können. Um dies zu gewährleisten, wird durch Schaltungsmaßnahmen sichergestellt, dass selbst im Kurzschluss- oder Leerlauffall nur bestimmte Höchstwerte von Strom und Spannung in den eigensicheren Stromkreis gelangen können. Gleichzeitig wird damit die zugeführte Leistung begrenzt.

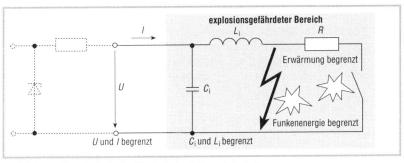

Bild 8.1 *Grundprinzip der Zündschutzart Eigensicherheit*

Natürlich muss im eigensicheren Stromkreis auch die durch induktive, kapazitive oder auch thermische *Energiespeicher* speicherbare Energie begrenzt werden.

Grundsätzlich ist damit die Zündschutzart Eigensicherheit „i" auf Stromkreise begrenzt, in denen relativ kleine Leistungen erforderlich sind. Dies ist z. B. in Stromkreisen der Mess- und Regelungstechnik oder der Fernmeldetechnik der Fall.

8.2 Besonderheiten der Eigensicherheit

Die durch die Begrenzung der im Stromkreis verfügbaren Energie erreichbare Eigensicherheit bezieht sich – im Gegensatz zu anderen Zündschutzarten – nicht auf einzelne Geräte, sondern auf den gesamten Stromkreis. Daraus resultieren einige erhebliche Vorteile gegenüber den anderen Zündschutzarten.

Zum einen sind für die im Feld eingesetzten elektrischen Betriebsmittel *keine aufwändigen Sonderkonstruktionen,* z. B. druckfeste Kapselung oder Einbetten in Gießharz, notwendig, woraus sich wesentlich wirtschaftlichere Problemlösungen ergeben. Zum anderen erlaubt die Eigensicherheit dem Anwender als einzige Zündschutzart, im explosionsgefährdeten Raum ohne Beeinträchtigung des Explosionsschutzes freizügig an allen eigensicheren Anlagen *unter Spannung* zu arbeiten. Justierungen, Funktionstests und sogar Erweiterungen können also ohne Betriebsunterbrechung durchgeführt werden. Die Handhabung in Betrieb und Wartung unterscheidet sich kaum von der in nicht explosionsgeschützten Anlagen. Hinzu kommt, dass auch die Leitungen eigensicherer Anlagen mit in den Explosionsschutz einbezogen sind.

Allerdings stellt die Eigensicherheit auch höhere Anforderungen an den Planer bzw. Errichter einer Anlage als andere Zündschutzarten. Die Eigensicherheit eines Stromkreises ist nämlich nicht nur abhängig von der Einhaltung der Baubestimmungen für die einzelnen Betriebsmittel, sondern auch von

- der richtigen Zusammenschaltung aller Betriebsmittel im eigensicheren Stromkreis und von
- der korrekten Installation, insbesondere dem Schutz vor dem Einschleppen fremder Energie in den eigensicheren Stromkreis.

Begünstigt durch international weitgehend vergleichbare Anforderungen hat die Eigensicherheit weltweit Verbreitung gefunden.

8.3 Bau- und Errichtungsbestimmungen

Bei den für die Zündschutzart „Eigensicherheit Ex i" relevanten Normen können Bau- und Errichtungsbestimmungen unterschieden werden.

Die **Baubestimmungen**, d. h. die Anforderungen an den Bau und die Prüfung von elektrischen Betriebsmitteln für eigensichere Stromkreise, sind zu finden in

DIN EN 50020 (VDE 0170-7) 3. Ausgabe: 2003-08
Elektrische Betriebsmittel für explosionsgefährdete Bereiche; Eigensicherheit „i" [B8]

Auf internationaler Ebene wird derzeit eine Neufassung der Baubestimmungen als IEC 60079-11 erarbeitet, die dann als europäische Norm übernommen werden soll und die EN 50020 ersetzen wird.

Für elektrische Betriebsmittel zum *Einsatz in der Zone 0* gelten besondere Anforderungen, die gewährleisten sollen, dass sie selbst bei selten auftretenden Betriebsstörungen nicht zur Zündquelle werden können:

DIN EN 60079-26 / IEC 60079-26 (VDE 0170-12-1):2005-06
Elektrische Betriebsmittel für explosionsgefährdete Bereiche – Teil 26: Konstruktion, Prüfung und Kennzeichnung elektrischer Betriebsmittel für Gruppe II Kategorie 1 G [B15]

Ein Konzept für *eigensichere Feldbusse,* das auf Forschungsarbeiten der PTB basiert, wurde zunächst als Technische Spezifikation von IEC übernommen:

IEC 60079-27:2002-11
Fieldbus intrinsically safe concept (FISCO) [B16]

Diese Spezifikation wird derzeit ergänzt um Anforderungen für eine Zone-2-Ausführung (FNICO) und soll dann als IEC-Standard und gleichzeitig als europäische Norm erscheinen.

Für **eigensichere Systeme,** die sich aus der Zusammenschaltung (evtl. mehrerer) eigensicherer und zugehöriger elektrischer Betriebsmittel in einem eigensicheren Stromkreis ergeben, wurden in den letzten Jahren neue Normen erarbeitet, die die DIN EN 50039 (VDE 0170-10) aus dem Jahre 1982 ersetzen. Leider sind dabei getrennte Normen für Gruppe I und Gruppe II entstanden. Es ist aber bereits geplant, die beiden Systemnormen zukünftig wieder in einem gemeinsamen IEC-Standard zusammenzuführen. Aktuell gilt für eigensichere Systeme der Gruppe II

DIN EN 60079-25 / IEC 60079-25 (VDE 0170-10-1):2004-09
Elektrische Betriebsmittel für gasexplosionsgefährdete Bereiche – Teil 25: Eigensichere Systeme [B14]

und für die Gruppe I

DIN EN 50394-1 (VDE 0170 Teil 10-2):2004-09
Elektrische Betriebsmittel für explosionsgefährdete Bereiche – Gruppe I:
Eigensichere Systeme – Teil 1: Konstruktion und Prüfung [B17]

Als **Errichtungsbestimmung** für explosionsgeschützte elektrische Anlagen in explosionsfähigen Gasatmosphären ist

DIN EN 60079-14 / IEC 60079-14 (VDE 0165-1):2004-07
Elektrische Betriebsmittel für gasexplosionsgefährdete Bereiche; Teil 14:
Elektrische Anlagen für gefährdete Bereiche (ausgenommen Grubenbaue)
[B9]

zu beachten. Sie gilt nicht für Anlagen in schlagwettergefährdeten Grubenbauen, in durch zündfähige Stäube oder Fasern gefährdeten Bereichen, in medizinischen Bereichen und bei Gefährdung durch Explosivstoffe und enthält speziell für das Errichten von Anlagen mit eigensicheren Stromkreisen sehr detaillierte Anforderungen.

Bestimmungen für die Errichtung elektrischer Anlagen in durch *brennbare Stäube* explosionsgefährdeten Bereichen sind zu finden in

DIN EN 61241-14 / IEC 61241-14 (VDE 0165-2): 2005-06
Elektrische Betriebsmittel zur Verwendung in Bereichen mit brennbarem
Staub – Teil 14: Auswahl und Errichten [B25].

8.4 Funkenzündverhalten eigensicherer Stromkreise

Zur *Vermeidung der Funkenzündung* in eigensicheren Stromkreisen ist es notwendig zu wissen, bis zu welchen Grenzwerten von Strom und Spannung die im eigensicheren Stromkreis entstehenden Funken noch nicht zündfähig sind. Zusätzlich müssen die Maximalwerte von Kapazität und Induktivität ermittelt werden, die im eigensicheren Stromkreis enthalten sein dürfen.

Grundsätzlich kann dazu jeder Stromkreis einer experimentellen Prüfung der Eigensicherheit mit dem nach EN 50020 genormten *Funkenprüfgerät* unterzogen werden. Um aber bei einfach überschaubaren Stromkreisen nicht jedes Mal eine Prüfung mit dem Funkenprüfgerät durchführen zu müssen, wurden experimentell so genannte *Zündgrenzkurven* ermittelt. Sie sind als Anhang A in EN 50020 aufgenommen und können für die Beurteilung zugrunde gelegt werden. Sie gelten allerdings nur für eigensichere Stromkreise, die Quellen mit ohmscher Strombegrenzung und linearen Strom-Spannungs-Kennlinien entsprechend **Bild 8.2** enthalten, welche durch die maximale Ausgangsspannung (Leerlaufspannung) U_0 und den maximalen Ausgangsstrom (Kurzschlussstrom) I_0 als Eckpunkte gekennzeichnet sind.

8.4 Funkenzündverhalten eigensicherer Stromkreise

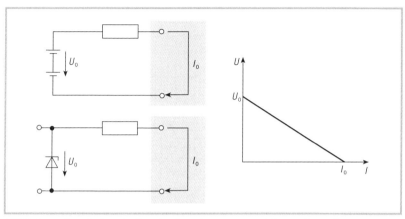

Bild 8.2 *Stromkreise mit ohmscher Strombegrenzung und linearer Strom-Spannungs-Kennlinie*

8.4.1 Zündgrenzkurven für ohmsche Stromkreise

Bild 8.3 zeigt solche Zündgrenzkurven für ohmsche Stromkreise (d. h. Stromkreise mit vernachlässigbar kleiner Induktivität und Kapazität) in den Koordinaten I und U. Jeder Punkt der Zündgrenzkurven entspricht dabei einer durch das Wertepaar I_0/U_0 definierten linearen Strom-Spannungs-Kennlinie.

Aus der Zündgrenzkurve kann nun z. B. bei vorgegebener Leerlaufspannung U_0 der zugehörige Zündgrenzstrom (Kurzschlussstrom) ermittelt werden. Den für den eigensicheren Stromkreis zulässigen Kurzschlussstrom I_0 erhält man durch Division des Zündgrenzstromes durch einen *Sicherheitsfaktor* 1,5.

Beispiel: $U_0 = 30$ V

$$I_0 = \frac{150 \text{ mA}}{1{,}5} = 100 \text{ mA}$$

(unter Verwendung der Zündgrenzkurve für Explosionsgruppe IIC)

Damit ist die zulässige Strom-Spannungs-Kennlinie gemäß Bild 8.2 für den eigensicheren Stromkreis bzw. seine Quelle festgelegt. Kleinere Werte von U_0 und I_0 sind natürlich jederzeit möglich. Obwohl die Zündgrenzkurven nichtlinear sind, ist erkennbar, dass für kleine Spannungen relativ große Ströme und für größere Spannungen kleinere Ströme erlaubt sind.

Die *Mindestzündenergie* einer explosionsfähigen Atmosphäre bei Funkenzündung ist stark stoffabhängig. Ursprünglich wurden eigensichere Stromkreise grundsätzlich für Wasserstoff-Luft-Gemische ausgelegt, d. h. für die niedrigste Zündenergie. Da dies für viele Anwendungsfälle, bei denen nur weniger gefährliche Gase auftreten können, zu unnötig hohen Restriktionen für den eigensicheren Stromkreis führt, hat man auch für die Zündschutzart Eigensicherheit eine Einteilung der Gase in Explosionsgruppen I, IIA, IIB und IIC – nach dem Grad ih-

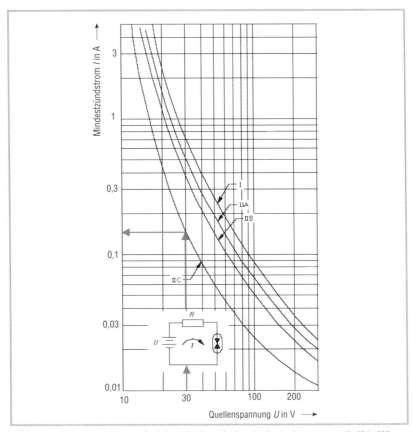

Bild 8.3 *Zündgrenzkurven für ohmsche Stromkreise der Explosionsgruppen I, IIA, IIB und IIC (nach EN 50020, Anhang A) [B8]*

rer Gefährlichkeit – eingeführt. Bei der Prüfung mit dem Funkenprüfgerät wird für jede Explosionsgruppe das gefährlichste Gas der Gruppe in der zündwilligsten Mischung mit Luft als Prüfgemisch verwendet. Entsprechend können die Anforderungen an eigensichere Stromkreise für Anwendungsfälle der Explosionsgruppen IIB und IIA reduziert werden. Damit ergeben sich Zündgrenzkurven, die höhere Strom- bzw. Spannungswerte zulassen (siehe Bild 8.3). Anwendungstechnisch wichtig sind oft nicht die erhöhten zulässigen Kurzschlussströme, als vielmehr der erniedrigte Innenwiderstand der Strombegrenzungen.

Die Zündgrenzkurven sind für eine *Zündwahrscheinlichkeit* von etwa $W = 10^{-3}$ aufgenommen, d.h., im statistischen Mittel führen Stromkreise mit den als Zündgrenzwerte ermittelten Kennlinienparametern U_o und I_o bei 1000 Funken einmal zur Zündung. Die zusätzliche Berücksichtigung des Sicherheitsfaktors führt jedoch zu einer um 2 bis 3 Zehnerpotenzen niedrigeren Zündwahrscheinlichkeit. Außerdem sind die praxisnahen Zündbedingungen kaum so optimal wie die Prüfbedingungen. Dies betrifft z. B. Kontaktwerkstoffe als auch Art und Konzentration des Gases im Gemisch mit Luft. Daraus ergeben sich weitere Sicherheitsfaktoren.

Zu beachten ist allerdings, dass sich die in EN 50020 angegebenen Zündgrenzkurven auf Normaldruck (0,8 bis 1,1 bar) beziehen. Steht das explosionsfähige Gemisch unter höherem Druck, so sinkt die notwendige Zündenergie. So können u. U. schon bei einigen Bar Druck Zündungen auftreten bei Strömen von nur 1/3 der üblichen Stromwerte. In der Praxis kann dieser Effekt beim Anfahren von Rohrleitungen, die üblicherweise unter Druck stehen, eine Rolle spielen.

8.4.2 Zündgrenzkurven für induktive und kapazitive Stromkreise

Enthält ein Stromkreis Induktivitäten oder Kapazitäten, so ist zu berücksichtigen, dass in solchen Stromkreisen Energie gespeichert werden kann. Diese Energiespeicher müssen ebenfalls begrenzt werden, da sie dem Funken zusätzliche Energie zur Verfügung stellen.

Hat der Stromkreis einen kapazitiven Anteil, so ist die zulässige Kapazität abhängig von der höchsten im Stromkreis auftretenden Spannung – normalerweise der Leerlaufspannung – und lässt sich mit Hilfe der *Zündgrenzkurven für kapazitive Stromkreise* aus EN 50020 ermitteln (**Bild 8.4**).

Für die Anwendung der Zündgrenzkurven für kapazitive Stromkreise ist der Spannungswert U_0 zunächst mit dem Sicherheitsfaktor 1,5 zu multiplizieren und für diesen Wert die zugehörige Kapazität aus der Zündgrenzkurve abzulesen.

Beispiel: $U_0 = 20$ V

$U_0 \cdot 1{,}5 = 30$ V $\Rightarrow C_0 = 200$ nF (IIC)

Für Stromkreise, die Komponenten mit induktivem Verhalten enthalten, ist die zulässige Induktivität L_0 abhängig vom sicherheitstechnisch maximalen Strom im Kurzschlussfall I_0. Die in **Bild 8.5** gezeigten *Zündgrenzkurven für induktive Stromkreise* können zur Beurteilung von Stromkreisen mit einer maximalen Spannung bis 24 V herangezogen werden. Für kleinere Spannungen enthält die EN 50020 detailliertere Kurven für Explosionsgruppe IIC, die höhere Induktivitätswerte zulassen.

Auch hier ist wieder der Sicherheitsfaktor zu berücksichtigen, indem der Maximalstrom I_0 mit 1,5 multipliziert und für den resultierenden Stromwert die zugehörige Induktivität aus der Zündgrenzkurve abgelesen wird.

Beispiel: $I_0 = 100$ mA

$I_0 \cdot 1{,}5 = 150$ mA $\Rightarrow L_0 = 3{,}5$ mH (IIC)

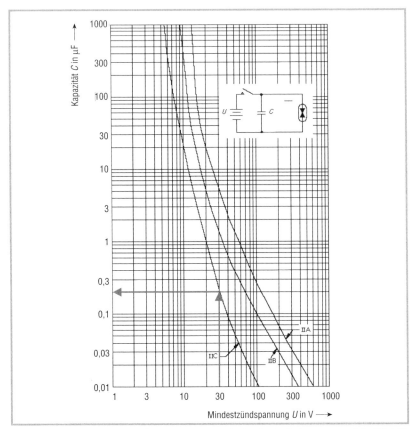

Bild 8.4 *Zündgrenzkurven für kapazitive Stromkreise der Explosionsgruppen IIA, IIB, IIC (nach EN 50020, Anhang A) [B8]*

EN 50020 beschreibt außerdem die Zündgrenzkurven für ohmsche und kapazitive Stromkreise in Tabellenform, so dass Ableseungenauigkeiten eliminiert werden. Für induktive Stromkreise fehlt die tabellarische Darstellung leider noch – obwohl sie hier am wichtigsten wäre.

Es sei ausdrücklich darauf hingewiesen, dass es sich bei den in den Zündgrenzkurven auftretenden Strom- und Spannungswerten um den Kurzschlussstrom I_0 bzw. die Leerlaufspannung U_0 handelt, die bei zugrunde gelegter ohmscher Ausgangskennlinie nie gleichzeitig auftreten können. Die tatsächlichen Betriebswerte im eigensicheren Stromkreis liegen daher zwangsläufig niedriger.

8.4.3 Gemischte Stromkreise

Bei gemischten Stromkreisen, die sowohl Kapazitäten als auch Induktivitäten enthalten, können sich durch das Zusammenwirken von Induktivitäten und Ka-

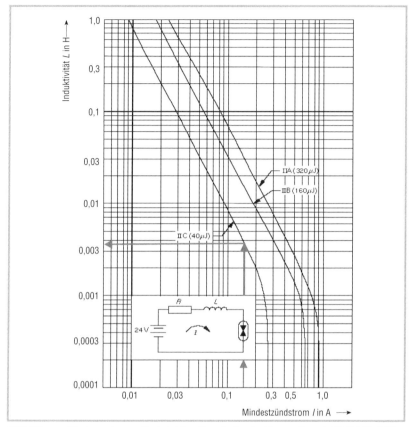

Bild 8.5 *Zündgrenzkurven für induktive Stromkreise der Gruppe II nach EN 50020 [B8]*
Anmerkung 1: Die Prüfspannung des Stromkreises beträgt 24 V.
Anmerkung 2: Die angegebenen Energieniveaus beziehen sich auf den Kurvenabschnitt konstanter Energie.

pazitäten niedrigere Zündgrenzwerte ergeben. Dieser Effekt wirkt sich besonders stark bei Stromkreisen mit elektronischer Strombegrenzung aus, kann aber in Extremfällen selbst bei ohmscher Strombegrenzung eine Reduzierung des Sicherheitsfaktors zur Folge haben.

Bei Quellen mit elektronischer Strombegrenzung sind bereits in der Baumusterprüfbescheinigung entsprechend niedrigere C_o- und L_o-Werte angegeben, die auch für gemischte Stromkreise gelten. Für Quellen mit ohmscher Strombegrenzung werden aber entsprechend internationaler Praxis auch für Betriebsmittel mit Schutzniveau ia die normalen C_o- und L_o-Werte aus den Zündgrenzkurven in EN 50020 bescheinigt.

Die Errichtungsbestimmung EN 60079-14 selbst enthält zu einer eventuell notwendigen Reduzierung der zulässigen C_o- und L_o-Werte zwar keine Aussage, jedoch wollte man in Deutschland die bisher gewonnenen Erkenntnisse nicht einfach unter den Tisch fallen lassen und hat deshalb in einem nationalen Vorwort der deutschen Ausgabe einen entsprechenden Hinweis gegeben.

Insbesondere für eigensichere Stromkreise, die in die Zone 0 führen und die sowohl Kapazitäten als auch Induktivitäten in konzentrierter Form enthalten, sollte geprüft werden, ob die C_o- und L_o-Werte reduziert werden müssen. Bei neueren Betriebsmitteln sind teilweise in den Betriebsanleitungen bereits reduzierte C_o- und L_o-Werte für diesen Anwendungsfall angegeben. Es sei jedoch darauf hingewiesen, dass bei Ausnutzung der C_o- und/oder L_o-Werte ausschließlich für Leitungsreaktanzen eine Reduzierung der zulässigen Grenzwerte nicht erforderlich ist.

8.4.4 Grenzkurvendiagramme für Stromkreise mit nichtlinearen Quellen

Die in EN 50020 angegebenen Zündgrenzkurven bzw. die Werte der Tabellen beziehen sich auf die bei *ohmscher Strombegrenzung* auftretenden linearen Ausgangskennlinien. Schaltungen mit nichtlinearen Ausgangskennlinien, wie die Schaltungsvarianten b) und c) in **Bild 8.6**, können danach nicht beurteilt werden. Sie zünden schon bei wesentlich niedrigeren Wertekombinationen von Strom I_o und Spannung U_o. Dies hängt damit zusammen, dass aufgrund der unterschiedlichen Ausgangskennlinien dieser Trennstufen die maximal abgebbare Ausgangsleistung P_o höher ist. Bei *elektronischer Strombegrenzung* mit rechteckförmiger Kennlinie ist beispielsweise die Ausgangsleistung P_o viermal höher als bei ohmscher Strombegrenzung.

Die Art der Kennlinie bzw. die Kennlinie selbst sind normalerweise nicht in der Baumusterprüfbescheinigung angegeben. Aus der Angabe der maximalen Ausgangsleistung P_o in Relation zu den Werten von U_o und I_o kann aber mit den in **Bild 8.6** angegebenen Formeln für die Leistung zumindest abgeleitet werden, ob die Quelle eine lineare oder nichtlineare Strom-Spannungs-Kennlinie hat.

Die PTB hat Untersuchungen zum Zündverhalten mit elektronischen Strombegrenzungseinrichtungen als PTB-Bericht W 16, 1979 [8-1], veröffentlicht. Darauf aufbauend, wurden weitere Untersuchungen durchgeführt und schließlich für die praktische Anwendung im PTB-Bericht ThEx-10 [8-2] *Grenzkurvendiagramme* entwickelt, die für Stromkreise mit nichtlinearen Quellen gelten.

Im Gegensatz zu den Zündgrenzkurven in EN 50020 geben die Grenzkurvendiagramme die Grenzen für Wertepaare von U und I vor, die **gleichzeitig** im eigensicheren Stromkreis auftreten können. Damit bieten sie bei nichtlinearen Kennlinien der Quellen bzw. deren Zusammenschaltung die Möglichkeit, einfach die Kennlinie in das ausgewählte Grenzkurvendiagramm einzuzeichnen und

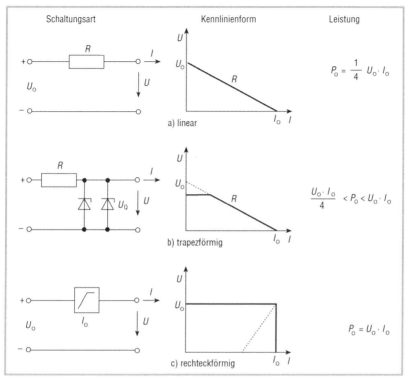

Bild 8.6 Typische Schaltungen und Kennlinienformen linearer und nichtlinearer Quellen

grafisch über den gesamten Kennlinienverlauf zu prüfen, ob keines der möglichen Wertepaare (U, I) die Grenzwerte überschreitet. Der geforderte Sicherheitsfaktor 1,5 ist bereits in den Diagrammen enthalten.

Es gibt 10 verschiedene Diagramme für die Explosionsgruppen IIC und IIB und jeweils für bestimmte Induktivitätswerte L_o (0,15 mH, 0,5 mH, 1 mH, 2 mH und 5 mH). Diese enthalten jeweils die Grenzkurven, aus denen zusätzlich Kurvenscharen mit der Kapazität C_o als Parameter herauslaufen. Die gestrichelten Kurven gelten für rein lineare Quellen bzw. Zusammenschaltungen, die durchgezogenen Kurven bei nichtlinearen Quellen mit z. B. rechteckförmigen Kennlinien. Ein Beispiel zeigt **Bild 8.7**.

Neben den Grenzwerten für Strom und Spannung können den Grenzkurvendiagrammen auch die zulässigen Induktivitäten und Kapazitäten entnommen werden. Diese Werte gelten auch bei gleichzeitigem Auftreten von Induktivitäten und Kapazitäten im eigensicheren Stromkreis, d. h., das Zusammenwirken von Induktivität und Kapazität in einem so genannten gemischten Stromkreis ist berücksichtigt.

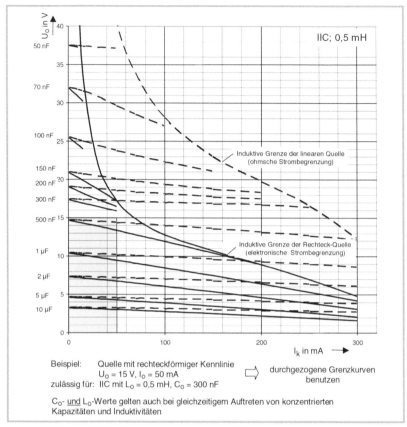

Bild 8.7 *Grenzkurvendiagramm für nichtlineare Quellen nach PTB-Bericht ThEx10 [8-2]*

8.5 Wärmezündung durch heiße Oberflächen

Um eine *Wärmezündung* durch zu hohe Erwärmung der im eigensicheren Stromkreis befindlichen Betriebsmittel und Leitungen ausschließen zu können, muss deren Erwärmungsverhalten geprüft werden. Für Betriebsmittel, bei denen eine zu hohe Erwärmung nicht von vornherein ausgeschlossen werden kann, muss die maximale Übertemperatur an der Gehäuseoberfläche bzw. allen Bauteilen, die mit explosionsfähiger Atmosphäre in Berührung kommen können, ermittelt werden. Bei vergossenen Baugruppen ist die maximale Temperatur an der Vergussoberfläche zu bestimmen. Die Messungen müssen den Fehlerfall berücksichtigen, d. h., es sind Fehler entsprechend der Betrachtung nach EN 50020 zu simulieren. Auf der Basis der gemessenen maximalen Oberflächentemperaturen wird die *Temperaturklasse* des Betriebsmittels festgelegt.

8.5 Wärmezündung durch heiße Oberflächen

Natürlich ist die Erwärmung eines im eigensicheren Stromkreis liegenden Betriebsmittels maßgeblich von der zugeführten Leistung abhängig. Bei geprüften Betriebsmitteln werden daher im Prüfungsschein Grenzwerte von Strom, Spannung und Leistung angegeben, bis zu denen die Grenztemperatur der angegebenen Temperaturklasse sicher nicht überschritten wird. Der eigensichere Stromkreis darf keine höheren Werte liefern können. Auf diese Weise ist es für den Anwender relativ einfach, das Erwärmungsverhalten eines Betriebsmittels zu beurteilen, ohne selbst Messungen vornehmen zu müssen.

Die maximale *Umgebungstemperatur* für explosionsgeschützte elektrische Betriebsmittel beträgt normalerweise 40 °C. Wenn höhere Werte genehmigt werden sollen, muss dies bei der Prüfung speziell berücksichtigt werden und wird in der Bescheinigung und auf dem Typschild des Gerätes angegeben.

Entsprechend EN 50020 kann für die thermische Betrachtung der eigensicheren Betriebsmittel anstelle von Messungen auch eine Beurteilung gemäß den **Tabellen 8.1 und 8.2** vorgenommen werden. Mit ihrer Hilfe können meist auch einfache elektrische Betriebsmittel ohne großen Aufwand beurteilt werden. Die Tabelle gilt für Gruppe I (wenn Staub ausgeschlossen werden kann) bzw. für Gruppe II, Temperaturklasse T4 (d. h. wenn kein Schwefelkohlenstoff auftreten kann). Abhängig von der Gesamtoberfläche eines Bauteils darf dabei die maximal in diesem Bauteil umsetzbare Leistung bzw. die Oberflächentemperatur die angegebenen Werte nicht überschreiten.

Tabelle 8.1 *Bewertungskriterien für die Klassifizierung kleiner Bauteile in Temperaturklassen in Abhängigkeit von der Bauteilgröße*

Gesamtoberfläche (ausgenommen Anschlussdrähte)	Gruppe II Temperaturklasse T4		Gruppe I (Staub ausgeschlossen)	
	maximale Oberflächentemperatur in °C	maximale Verlustleistung in W (bei $T_a = 40\,°C$)	maximale Oberflächentemperatur in °C	maximale Verlustleistung in W (bei $T_a = 40\,°C$)
< 20 mm²	275		950	
20 mm² bis 10 cm²	200 oder	1,3	450 oder	3,3
> 10 cm²	135 oder	1,3	450 oder	3,3

Tabelle 8.2 *Maximale Verlustleistung in Abhängigkeit von der maximalen Umgebungstemperatur*

Maximale Umgebungstemperatur in °C	Maximale Verlustleistung in W (Gruppe II)	Maximale Verlustleistung in W (Gruppe I)
40	1,3	3,30
60	1,2	3,15
70	1,1	3,07
80	1,0	3,00

8.6 Betriebsmittel in eigensicheren Stromkreisen

8.6.1 Typischer Aufbau eigensicherer Anlagen

Umfangreiche verfahrenstechnische Anlagen werden heute von „Distributed Control Systemen (DCS)" gesteuert, die die Prozessüberwachung und Regelung übernehmen. Speicherprogrammierbare Steuerungen (SPS) können Bestandteil des Leitsystems sein oder in kleineren Anlagen diese Aufgaben direkt übernehmen. Die für die Signalverarbeitung und -überwachung zuständigen Automatisierungseinheiten sind üblicherweise in einer Warte außerhalb des explosionsgefährdeten Bereiches untergebracht. Von dort erfolgt die Verkabelung zu den Feldgeräten in der eigentlichen Prozessanlage über Rangierverteiler im Schaltraum. Bild 8.8 zeigt den typischen Aufbau einer im explosionsgefährdeten Bereich eigensicheren MSR-Anlage in konventioneller Verdrahtungstechnik.

Nur die in den explosionsgefährdeten Bereich führenden Feldstromkreise werden eigensicher ausgeführt. Dabei wird die sichere Trennung der eigensicheren Feldstromkreise von den nichteigensicheren Wartenstromkreisen durch Trennstufen erreicht, die ebenfalls im Schaltraum installiert werden und eine Spannungs- und Strombegrenzung für die eigensichere Seite gewährleisten. Die Anwendung der beim Errichten eigensicherer Anlagen zu beachtenden Vorschriften bleibt damit auf die Feldstromkreise und die Trennstufen beschränkt.

Trennstufen sind *zugehörige elektrische Betriebsmittel* und werden, weil sie neben den eigensicheren auch nichteigensichere Stromkreise enthalten, außerhalb des explosionsgefährdeten Bereiches errichtet.

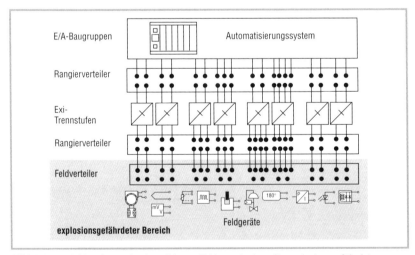

Bild 8.8 *MSR-Anlage mit eigensicheren Feldstromkreisen für explosionsgefährdete Bereiche (konventionelle Verdrahtungstechnik)*

Die *Feldgeräte* (Sensoren, Transmitter, Aktoren) sind normalerweise *eigensichere Betriebsmittel.* Sie enthalten nur eigensichere Stromkreise. Unabhängig von der tatsächlichen Signal- oder Stromflussrichtung müssen alle Verbindungen zwischen eigensicheren Feldgeräten und nichteigensicheren Wartengeräten über Trennstufen geführt werden, so dass auch im Fehlerfall eine Gefährdung des eigensicheren Stromkreises ausgeschlossen werden kann.

Feldgeräte, die neben eigensicheren auch nichteigensichere Stromkreise enthalten (z. B. Vierleiter-Messumformer, Schreiber für Ex-Bereiche) sind ebenfalls als zugehörige elektrische Betriebsmittel zu betrachten. Um sie im explosionsgefährdeten Bereich einsetzen zu können, ist es notwendig, sie bezüglich der nichteigensicheren Stromkreise in einer anderen genormten Zündschutzart (beispielsweise Ex d oder Ex q) zu schützen.

In Zukunft werden Feldbusse und Remote-I/O-Systeme zunehmend die bislang übliche Einzelsignal-Verdrahtung zu den Feldgeräten ersetzen. **Bild 8.9** zeigt links einen *eigensicheren Feldbus,* an den mehrere digitale Feldgeräte angeschlossen sind. Ein Feldbus-Trennübertrager als zugehöriges Betriebsmittel sorgt für die Trennung von dem nichteigensicheren Anschluss am Automatisierungssystem. Die Speisung der Feldgeräte erfolgt über den Feldbus. Bei *Remote-I/O-Systemen* (im Bild rechts) können größere Signalmengen in Feldstationen gesammelt und über einen gemeinsamen, schnelleren Feldbus zur Warte übertragen werden. Die Versorgung der eigensicheren Eingangs- und Ausgangsstromkreise und Feldgeräte erfolgt hier über Stromversorgungsbausteine in der Feldstation, die als zugehörige Betriebsmittel in anderen Zündschutzarten explosionsgeschützt sind. An die Feldstationen können neben digitalen auch konventionelle Feldgeräte angeschlossen werden.

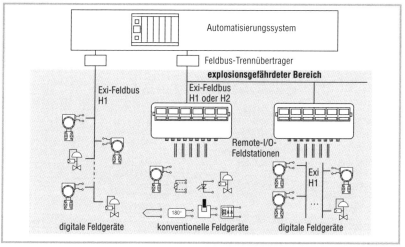

Bild 8.9 *MSR-Anlage mit eigensicherem Feldbus und digitalen Feldgeräten und Remote-I/O mit Feldstationen für explosionsgefährdete Bereiche*

8.6.2 Eigensichere Betriebsmittel

Typische *eigensichere Betriebsmittel* sind Feldgeräte wie
- Transmitter zur Messung von Druck, Durchfluss, Temperatur,
- Füllstandsmessgeräte,
- Anzeiger, Terminals, Tastaturen, Barcodeleser,
- Sensoren, wie Thermoelemente, Widerstandsthermometer, Dehnungsmessstreifen,
- Schalter, Initiatoren, Lichtschranken,
- Regelventile, Stellventile, Leuchtmelder,
- Klemmen- und Verteilerkästen, Klemmen, Steckvorrichtungen,
- Messgeräte.

Für eigensichere Betriebsmittel ist eine weitere Unterscheidung in aktive eigensichere Betriebsmittel (mit eigener Spannungsquelle) und passive eigensichere Betriebsmittel (ohne eigene Spannungsquelle) mit oder ohne Energiespeicher bzw. komplexe passive Betriebsmittel sinnvoll (**Bild 8.10**). Dabei können elektri-

aktive Betriebsmittel (Quellen)	passive Betriebsmittel ohne Speicher	passive Betriebsmittel mit Speicher	komplexe passive Betriebsmittel
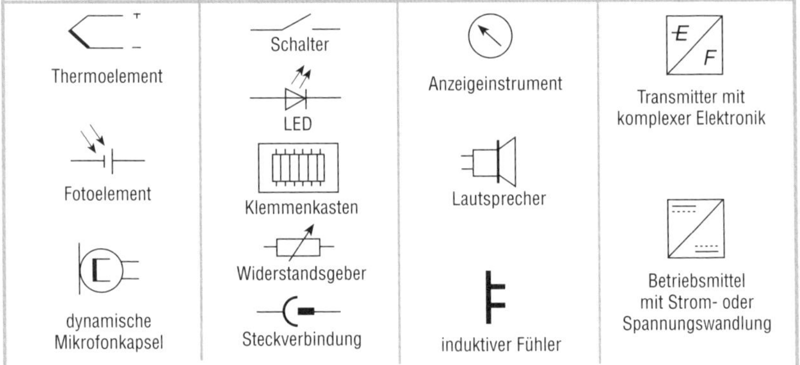 Thermoelement	Schalter	Anzeigeinstrument	Transmitter mit komplexer Elektronik
Fotoelement	LED	Lautsprecher	
	Klemmenkasten		Betriebsmittel mit Strom- oder Spannungswandlung
dynamische Mikrofonkapsel	Widerstandsgeber	induktiver Fühler	
	Steckverbindung		
Baumusterprüfbescheinigung notwendig (für Zone 1)?			
ja außer bei folgenden Ausnahmen: **nein** wenn keiner der Werte 1,5 V 100 mA 25 mW überschritten wird	nein aber trotzdem Baubestimmungen beachten, z.B.: – elektrostatische Auflagen – ausreichende Luft- und Kriechstrecken – ausreichende Abstände an den Anschlussteilen	ja bei unübersichtlichem Speicherverhalten **nein** wenn elektrisches und thermisches Verhalten eindeutig erkennbar ist	ja weil Speicher- und Erwärmungsverhalten nicht eindeutig erkennbar ist
einfache elektrische Betriebsmittel			

Bild 8.10 *Eigensichere Betriebsmittel*

sche Bauelemente oder Kombinationen einfacher Bauart, deren elektrische Parameter genau bekannt sind und die die Eigensicherheit nicht beeinträchtigen, als so genannte *einfache elektrische Betriebsmittel* betrachtet werden und müssen keiner Typprüfung unterzogen werden.

Zu den einfachen elektrischen Betriebsmitteln gehören vor allem *passive eigensichere Betriebsmittel ohne* elektrisches, magnetisches oder thermisches *Speicherverhalten*. Sie liefern keine zusätzliche Energie für die auftretenden Funken. Beispiele sind Schalter, Taster, Steckvorrichtungen und Klemmenkästen, aber auch Messwiderstände, einzelne Halbleiterbauelemente und Leuchtdioden (wenn sichergestellt ist, dass sie sich bei den durch den eigensicheren Stromkreis vorgegebenen Strom- und Spannungswerten nicht unzulässig erwärmen).

Passive eigensichere Betriebsmittel mit Energiespeicher (z. B. Spulen/Drehspulgeräte, Kondensatoren und elektrische Wegfühler nach DIN 19234) sind ebenfalls einfache elektrische Betriebsmittel, vorausgesetzt, ihr elektrisches oder thermisches Verhalten ist eindeutig erkennbar. Dabei sind die internen Kapazitäten und Induktivitäten zu betrachten, und es muss die Erwärmung im Fehlerfall berücksichtigt werden. Bei unübersichtlichem Speicherverhalten der Geräte ist zur Feststellung des elektrischen und thermischen Verhaltens eine Baumusterprüfung notwendig. Dies gilt ebenso bei *komplexen passiven Betriebsmitteln,* deren innere Schaltung nur schwer zu beurteilen ist (z. B. bei einem Zweileiter-Messumformer) oder die Schaltungsteile mit Strom- oder Spannungswandlung enthalten.

Aktive eigensichere Betriebsmittel mit eigener Energiequelle zählen ebenfalls zu den einfachen elektrischen Betriebsmitteln, solange sie nicht mehr als 1,5 V, 100 mA und 25 mW erzeugen. In der Regel sind daher Komponenten wie Thermoelemente und Fotoelemente nicht prüfpflichtig. Eigensichere Betriebsmittel mit galvanischen Elementen (Primär- und Sekundärelemente, Akkumulatoren) als Spannungsquelle müssen dagegen praktisch immer eine Typprüfung aufweisen.

Bei typgeprüften eigensicheren Betriebsmitteln sind in der Kennzeichnung die für die Zusammenschaltung mit einer Stromquelle wichtigen Kennwerte angegeben:
- die wirksame innere Induktivität L_i und Kapazität C_i,
- die maximal zulässigen Strom- und Spannungswerte I_i und U_i sowie
- das thermische Verhalten, d. h. die Temperaturklasse.

Bild 8.11 zeigt ein Kennzeichnungsbeispiel für einen bescheinigten eigensicheren Transmitter. Beim Zusammenschalten mit einer Stromquelle ist zu beachten, dass die Grenzdaten des Betriebsmittels und des eigensicheren Stromkreises aufeinander abgestimmt sind.

Häufig wird übersehen, dass auch für die einfachen elektrischen Betriebsmittel die Bauvorschriften der Normen EN 50014 bis 50020 zu beachten sind. Zum Beispiel muss bei einem Klemmenkasten aus Kunststoff, der zu einem eigensicheren Stromkreis gehört, die Gefahr der elektrostatischen Aufladung ausge-

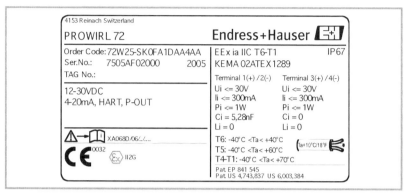

Bild 8.11 *Kennzeichnung eines eigensicheren Betriebsmittels*

schlossen werden. Außerdem müssen bestimmte Abstände an den Anschlussteilen sowie die nach Tabelle 4 in EN 50020 geforderten Luft- und Kriechstrecken eingehalten werden. Für die Einhaltung dieser Anforderungen trägt der Betreiber die Verantwortung, und er hat seine Prüfung in der Systembeschreibung zu dokumentieren. Grundsätzlich sind auch diese Geräte zu kennzeichnen, so dass sie identifizierbar sind (Hersteller, Typ) und in der Dokumentation festgehalten werden können.

8.6.3 Zugehörige elektrische Betriebsmittel

Zugehörige elektrische Betriebsmittel sind Trennstufen, in denen nicht alle Stromkreise eigensicher sind und in denen die eigensicheren Stromkreise durch die ebenfalls vorhandenen nichteigensicheren Stromkreise gefährdet werden können. Die Bauweise dieser Betriebsmittel muss die sichere Trennung der eigensicheren Stromkreise von den nichteigensicheren sowie die Begrenzung der Strom- und Spannungswerte für den eigensicheren Stromkreis gewährleisten. Ein Ausfall von Bauteilen oder die Aufhebung von Isolierstrecken kann die Eigensicherheit dieser Betriebsmittel aufheben. Daher sind diese Betriebsmittel grundsätzlich einer Typprüfung zu unterziehen.

Sie werden deshalb meist als separate Betriebsmittel ausgeführt (z. B. als Sicherheitsbarrieren, Trennübertrager, Messumformerspeisegeräte). Dies hat den Vorteil, dass als Wartengeräte standardmäßig verfügbare, nicht bescheinigte Geräte eingesetzt werden können. Teilweise sind die Trennstufen aber auch in Wartengeräte integriert. So gibt es beispielsweise Schreiber oder Eingabe-/Ausgabebaugruppen von Prozessleitsystemen mit eigensicheren Eingangs- bzw. Ausgangsstromkreisen. Sind die Trennstufen in ein Gerät integriert, so muss das gesamte Gerät bescheinigt sein.

Zugehörige elektrische Betriebsmittel sind außerhalb des explosionsgefährdeten Bereiches zu errichten. Sie dürfen aber innerhalb des explosionsgefährdeten Bereiches errichtet werden, wenn sie in einer weiteren Zündschutzart geschützt sind.

Die Baubestimmungen der EN 50020 betreffen alle Bauteile und Maßnahmen, von denen die Eigensicherheit eines eigensicheren Stromkreises abhängt. Wesentliche Anforderungen sind z. B. Luft- und Kriechstrecken, Trennabstände in Verguss oder feste Isolierung. Bauteile wie Transformatoren, Relais und Strombegrenzungswiderstände können als nicht störanfällig für die Fehlerbetrachtung angenommen werden, wenn sie die vorgegebenen Anforderungen einhalten. Halbleiter und Kondensatoren gelten als störanfällige Bauteile und sind deshalb meist mehrfach in einer Schaltung vorhanden, damit sie auch bei Annahme eines Fehlers die gewünschte Trennung der eigensicheren von den nichteigensicheren Stromkreisen gewährleisten können. Sie dürfen auch im Fehlerfall nur mit maximal 2/3 ihrer Nenndaten belastet werden. Weitere Bestimmungen gelten den Anschlussteilen und der Isolierung. Auf die Details kann jedoch hier nicht weiter eingegangen werden.

Für die Trennung zwischen dem eigensicheren und dem nichteigensicheren Teil eines Stromkreises kommen sowohl Trennstufen ohne galvanische Trennung als auch mit galvanischer Trennung zum Einsatz.

8.6.3.1 Sicherheitsbarrieren

Die Sicherheitsbarriere ist eine Trennstufe ohne galvanische Trennung. Die *Wirkungsweise der Sicherheitsbarriere* sei an **Bild 8.12** erläutert.

Aufgabe der Sicherheitsbarriere ist es, selbst im Fehlerfall Strom und Spannung für den eigensicheren Stromkreis zu begrenzen. Dabei sind zwei Fehlermöglichkeiten zu betrachten:
- zu hohe Spannung auf der nichteigensicheren Seite,
- Kurzschluss auf der eigensicheren Seite.

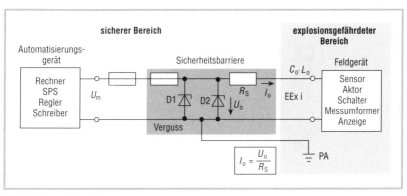

Bild 8.12   *Sicherheitsbarriere*

Steigt aufgrund eines Fehlers in der Warte die Spannung auf der nichteigensicheren Seite der Barriere über den zulässigen Wert an, so begrenzen die Zenerdioden die Spannung für den eigensicheren Stromkreis auf den Wert der Zenerspannung (plus Toleranz) U_o, indem sie zunehmend Strom führen. Da die Strombelastbarkeit der Zenerdioden begrenzt ist, wird zum Schutz eine Sicherung vorgeschaltet. Sicherung und Dioden sind so aufeinander abgestimmt, dass die Sicherung anspricht, bevor die Dioden überlastet werden.

Für den Fall eines Kurzschlusses auf der eigensicheren Seite begrenzt der Widerstand R_S den Kurzschlussstrom auf den sicherheitstechnischen Maximalwert $I_o = U_o / R_S$. Die dargestellte Sicherheitsbarriere ist also eine Trennstufe mit ohmscher Strombegrenzung und linearer Strom-Spannungs-Kennlinie.

Die sicherheitstechnischen Kennwerte der Barriere sind auf dem Typschild (**Bild 8.13**) angegeben:

- U_o und I_o sind die bereits bekannten Maximalwerte von Spannung und Strom, die über die Barriere im Leerlauf bzw. im Kurzschlussfall auf die eigensichere Seite gelangen können. P_o ist die maximale Leistung, die über die Barriere in den eigensicheren Stromkreis fließen kann.
- C_o und L_o sind die im eigensicheren Stromkreis – entsprechend der vorliegenden Explosionsgruppe – maximal zulässigen Kapazitäts- und Induktivitätswerte.
- U_m ist die maximale Spannung auf der nichteigensicheren Seite, bis zu der eine Gefährdung des eigensicheren Stromkreises sicher ausgeschlossen werden kann (wobei allerdings mit dem Ansprechen der Barrierensicherung zu rechnen ist). Ein Transformator, der nicht die Baubestimmungen nach EN 50020, Abschnitt 8, erfüllt, gilt nicht als sichere galvanische Trennstelle. Daher sind Sicherheitsbarrieren in der Regel für die Netzspannung 250 V ausgelegt.

Außerdem ist die Nennspannung U_n angegeben, die kleiner als U_o ist. Die im Normalbetrieb im Stromkreis auftretende Spannung sollte die Nennspannung nicht überschreiten, da bei größeren Spannungen bereits Leckströme über die Zenerdioden fließen können, die ein Messsignal verfälschen würden.

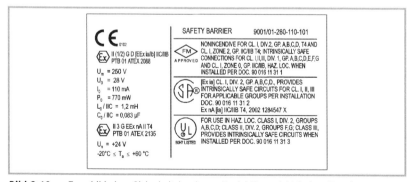

Bild 8.13 *Typschild einer Sicherheitsbarriere mit wichtigen elektrischen Kenndaten*

Wegen der fehlenden galvanischen Trennung sind Sicherheitsbarrieren – und damit der über die Barriere ins Feld führende Stromkreis – grundsätzlich über eine Ausgleichsleitung an den im explosionsgefährdeten Bereich vorgeschriebenen *Potentialausgleich* (PA) anzubinden. Dadurch werden Potentialdifferenzen zwischen dem eigensicheren Stromkreis und leitfähigen Konstruktionsteilen der Anlage verhindert, die die Eigensicherheit gefährden würden.

Um unsachgemäßen Eingriffen vorzubeugen, müssen alle Bauteile einer Barriere gemeinsam in einem Block vergossen bzw. unzugänglich sein. **Bild 8.14** zeigt ein Ausführungsbeispiel, bei dem der vergossenen Sicherung eine zusätzliche Sicherung vorgeschaltet ist, die selektiv wirkt und die vergossene Sicherung vor dem Ansprechen schützt. Sie ist jederzeit ohne Gefährdung der Eigensicherheit auswechselbar.

Bild 8.14   *Sicherheitsbarriere in Aufbautechnik*

Je nach Polarität der im Stromkreis auftretenden Spannungen werden unterschiedliche Ausführungen von Sicherheitsbarrieren eingesetzt. Die in Bild 8.12 vorgestellte Sicherheitsbarriere ist nur für Stromkreise mit positivem Potential gegenüber PA verwendbar, da beim Auftreten einer negativen Spannung die Zenerdioden in Durchflussrichtung leitend werden. Daneben gibt es Ausführungen für negatives Potential mit umgekehrt gepolten Zenerdioden und für wechselndes Potential.

Das in **Bild 8.15** dargestellte Schaltungsbeispiel eines eigensicher betriebenen Potentiometers zur Wegmessung soll die Auswahl von Barrieren entsprechend den im Stromkreis auftretenden Spannungspolaritäten verdeutlichen. Bedingt durch die vorgegebene Versorgungsspannung ± 12 V werden im Versorgungszweig (erdfrei) zwei Barrieren für positives bzw. negatives Potential benötigt. Das Messsignal am Potentiometerabgriff kann positives oder negatives Potential gegen PA annehmen und ist deshalb über eine Barriere für wechselndes Potential zu führen. Diese kann im Gegensatz zu den Barrieren im Versorgungszweig einen hohen Längswiderstand (kleines I_o) enthalten. Bei der Auswahl bezüglich der Nennspannung sollte von der Leerlaufspannung ± 12 V ausgegangen werden.

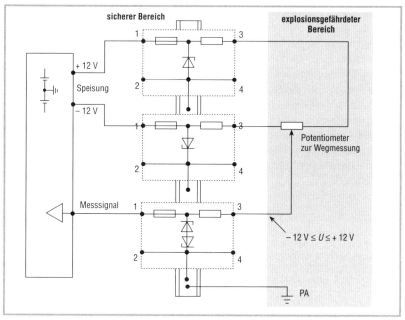

Bild 8.15 *Potentiometer zur Wegmessung in einem eigensicheren Stromkreis*

8.6.3.2 Trennstufen mit galvanischer Trennung

Aus messtechnischen, aber auch aus sicherheitstechnischen Gründen ist oft eine galvanische Trennung des eigensicheren Stromkreises vom nichteigensicheren Stromkreis erforderlich. In messtechnischer Hinsicht bietet die Technik der galvanischen Trennung neben der erhöhten Störsicherheit eine größere Freizügigkeit bei der Verschaltung mit anderen Geräten. Dies gilt insbesondere, wenn diese bereits intern eine Verbindung zum Erdpotential haben. Außerdem kann auf den Anschluss an den Potentialausgleich verzichtet werden.

Die Errichtungsbestimmungen (EN 60079-14) fordern weiter, dass eine Erdung des eigensicheren Stromkreises nur an einer Stelle erfolgen darf. Sind beispielsweise die im eigensicheren Stromkreis liegenden Sensoren geerdet oder kann die Prüfspannung von 500 V gegen Erde nicht eingehalten werden, so ist die galvanische Trennung aus Sicherheitsgründen gefordert, weil z. B. bei Verwendung von Sicherheitsbarrieren ein zweiter Erdungspunkt an der Barriere notwendig wäre. Für die Zone 0 sind bevorzugt zugehörige Betriebsmittel mit galvanischer Trennung zu verwenden.

Unabhängig von der galvanischen Trennung wird auch bei den im Folgenden beschriebenen Trennstufen die Eigensicherheit bestimmter Ein- oder Ausgänge durch Spannungsbegrenzung mit Zenerdioden und ohmsche oder elektronische Strombegrenzung erreicht.

Je nach Anwendungsfall werden unterschiedliche Geräte eingesetzt. Sie sind für die in der Mess- und Regelungstechnik üblichen Normsignale ausgelegt.

Das *Messumformerspeisegerät,* dessen Prinzipschaltung **Bild 8.16** zeigt, wird zur eigensicheren Einspeisung von Zweileitermessumformern benutzt, die dem Signalstromkreis einen von der Messgröße abhängigen Strom von 4 bis 20 mA einprägen. Im Signalstromkreis wird die galvanische Trennung zwischen Eingangs- und Ausgangsstromkreis z. B. mit Hilfe eines Optokopplers erreicht, über den das Signal in Frequenzform übertragen wird. Beiden Stromkreisen wird die benötigte Hilfsenergie über einen Gleichspannungswandler mit Trenntransformator zugeführt. Die Eigensicherheit des Messumformerstromkreises wird wieder durch die angedeutete Strom- und Spannungsbegrenzungsschaltung bestimmt.

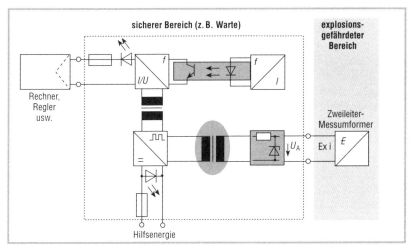

Bild 8.16 *Messumformerspeisegerät (Prinzipschaltbild)*

Trennübertrager werden zur galvanisch getrennten Übertragung von Stromsignalen 0 bis 20 mA eingesetzt, vorwiegend zur eigensicheren Ansteuerung von Stellgliedern in explosionsgefährdeten Bereichen.

Für *Temperaturmessungen* mit Widerstandsthermometern Pt 100 oder mit Thermoelementen werden komplette *Messumformer* mit integrierter Trennstufe für den eigensicheren Anschluss der Messaufnehmer angeboten. Dank intelligenter Mikroprozessortechnik können diese Geräte bezüglich Sensor und Messbereich flexibel über PC programmiert werden und liefern ein Ausgangssignal 4 bis 20 mA.

Schaltverstärker dienen der eigensicheren Erfassung binärer Informationen von im Ex-Bereich befindlichen Zweidrahtinitiatoren nach Namur (DIN 19234) oder Endschaltern. Die galvanische Trennung im Signalstromkreis erfolgt über Relais oder Optokoppler. Ex i-Eingang und Hilfsenergie sind meist ebenfalls über einen Transformator galvanisch getrennt.

Bild 8.17 zeigt eine gerätetechnische Ausführung solcher Trennstufen in einem auf Hutschienen aufschnappbaren Modulgehäuse mit steckbaren Klemmen. Geräte in dieser Ausführung kommen vor allem für Einzelmontage, d. h. bei Anwendungen mit relativ wenigen eigensicheren Signalstromkreisen zum Einsatz.

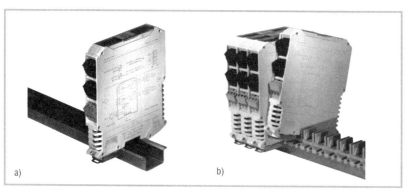

Bild 8.17   *Trennstufen in Modulgehäusen*
a) Einzelgerät für Hutschienen-Montage
b) auf Hutschienen-Bus

Bei größeren Signalmengen bietet sich die Verwendung eines *Hutschienen-Busses* zur gemeinsamen Versorgung der aufsteckbaren Module bei erheblicher Reduzierung des Verdrahtungsaufwands an. Diese Lösung erlaubt nach wie vor eine flexible Mischung unterschiedlicher Signale. Außerdem enthält der Hutschienen-Bus einen Sammelmeldungs-Stromkreis, der die Überwachung einer Gruppe von Modulen auf Leitungsfehler oder Hilfsenergieausfall über einen potentialfreien Kontakt ermöglicht.

In verfahrenstechnischen Anlagen, wo die Signalmengen noch größer sind und eine Gruppierung der E/A-Signale entsprechend den E/A-Baugruppen des Prozessleitsystems üblich ist, sind Systemlösungen gefragt. Hierfür werden Modulträger (**Bild 8.18**) angeboten, die die Einzelmodule steckbar aufnehmen können und die Signale auf einer im Modulträger durchgehenden Platine zusammenführen und gegebenenfalls konditionieren. Die Feldkabel (eigensichere Seite) werden an den steckbaren Klemmen der Einzelmodule angeschlossen. Die Module sorgen für die galvanische Trennung zur nichteigensicheren Seite. Dort werden die Signale auf der Platine im Modulträger auf Steckverbinder geführt und über Systemkabel mit dem Prozessleitsystem verbunden. Modulträger werden üblicherweise in MSR-Schränken installiert. Für Montage, Verdrahtung und Anschlusstechnik in den Schränken sind die Errichtungsbestimmungen der EN 60079-14 zu beachten. Verantwortlich ist der Betreiber. Wird eine Schrankeinheit vollständig verdrahtet von einem Hersteller geliefert, so empfiehlt es sich, von diesem eine Erklärung zu fordern, in der die ordnungsgemäße Errichtung bestätigt wird.

Bild 8.18 *Modulträger mit steckbaren Modulen*

8.6.3.3 Feldbussysteme und Remote-I/Os

Einhergehend mit weltweiten und von verschiedenen Interessengruppen verfolgten Normbestrebungen bei Feldbussen zeichnet sich derzeit ein immer stärker werdender Trend zum Einsatz von Feldbussen ab. Parallel dazu sind Remote-I/O-Systeme entstanden, die ebenfalls genormte Feldbusse nutzen, aber auch die konventionellen Sensoren und Aktoren oder auch HART-fähige Feldgeräte einbinden [8-3] [8-4] [8-5] [8-6].

Beim eigentlichen *Feldbus* werden intelligente Feldgeräte (Transmitter, Sensoren, Aktoren) als Teilnehmer direkt an den Bus angeschlossen und kommunizieren so mit dem Controller des Automatisierungssystems. Die Übertragungsgeschwindigkeit in diesem H1-Feldbus ist begrenzt, bei heute üblichen Ausführungen auf 31,25 kbit/s. Die Speisung der Teilnehmer erfolgt über den Feldbus. Daraus folgt zwangsläufig, dass die Anzahl der anschließbaren Teilnehmer begrenzt ist. Für jedes Feldbussegment wird eine eigene Schnittstelle am Controller benötigt.

Anstelle busfähiger Einzelgeräte können auch *Remote-I/Os* oder Feldstationen an den Feldbus angeschlossen werden. Sie enthalten prozessnah im Feld zu installierende Komponenten zur Erfassung und Digitalisierung der Prozesssignale bzw. zur Digital-Analog-Wandlung der Ausgabesignale und ermöglichen den Anschluss von herkömmlichen Transmittern, Sensoren und Aktoren, oder auch HART-Feldgeräten. Die Datenübertragung zur Warte bzw. den Automatisierungsgeräten oder umgekehrt erfolgt gebündelt, seriell digital über die gemeinsame Feldbusleitung. Da die Anzahl der an solche Remote-I/Os angeschlossenen Signale meist größer ist, werden Remote-I/Os normalerweise über einen schnelleren H2-Feldbus mit dem Controller verbunden. Die Speisung der Feldgeräte erfolgt vom Remote-I/O aus.

Remote-I/Os bieten bereits eine Vielzahl von Vorteilen der Feldbustechnik, z. B. den kostensparenden Ersatz der konventionellen Verdrahtung, erhöhte Flexibilität bei der Planung und Projektierung, leichte Erweiterbarkeit und nicht zuletzt erheblich bessere Diagnosefähigkeit und Parametrierbarkeit. Sie erleichtern den Einstieg in die Feldbustechnik, solange noch nicht für alle Anwendungen intelligente, busfähige Feldgeräte zur Verfügung stehen.

Ein Beispiel eines solchen Remote-I/O (Feldstation) für den Einsatz in explosionsgefährdeten Bereichen ist in **Bild 8.19** gezeigt. Die I/O-Module dieser Feldstation sind dabei als eigensichere Betriebsmittel ausgeführt. Eine Zentraleinheit übernimmt als zugehöriges elektrisches Betriebsmittel die eigensichere Stromversorgung der I/O-Module und der daran angeschlossenen Eingangs-/Ausgangsstromkreise über den internen Bus. Dieser besteht aus 2 Teilen: dem Datenbus und dem Powerbus. Beide werden in einer Hutschiene geführt. Gleichzeitig hat die Zentraleinheit Gateway-Funktion zum Feldbus. Durch eine innovative Kombination mehrerer Zündschutzarten sind alle Module einschließlich der optional redundanten Zentraleinheit im Betrieb unter Spannung auswechselbar. Das System ist in Zone 2 und bei druckfester Ausführung der CPM auch in Zone 1 einsetzbar. Bild 8.19 zeigt eine Ausführung für Zone 1.

Die Feldstationen sind Teilnehmer an einem ebenfalls eigensicheren Feldbus und über einen Feldbus-Trennübertrager mit dem Automatisierungssystem in der Warte verbunden. Letzterer ist als zugehöriges Betriebsmittel bescheinigt und sorgt für die sichere galvanische Trennung des eigensicheren Feldbusses von den nichteigensicheren Stromkreisen des Automatisierungsgerätes.

Bild 8.19   *Feldstation des Remote-I/O-Systems I.S. 1 für den Einsatz in Zone 1*

8.6.4 Schutzniveau ia, ib und Sicherheitsfaktoren

Ein für den Explosionsschutz wesentlicher Gesichtspunkt der Zündschutzart Eigensicherheit ist die Frage nach der Zuverlässigkeit bezüglich der Einhaltung der Spannungs- und Stromgrenzen auch unter Annahme bestimmter Fehler. Man unterscheidet:

- **Schutzniveau ib:**
  Bei Auftreten eines Fehlers im eigensicheren Stromkreis muss die Eigensicherheit noch aufrechterhalten bleiben (unter Einhaltung eines Sicherheitsfaktors 1,5).
- **Schutzniveau ia:**
  Bei Auftreten von zwei voneinander unabhängigen Fehlern muss die Eigensicherheit noch aufrechterhalten bleiben (unter Einhaltung eines Sicherheitsfaktors 1,5 bei einem Fehler und 1,0 bei zwei voneinander unabhängigen Fehlern).

Ein Fehler kann der Ausfall eines störanfälligen Bauteils sein. Daher müssen bei Betriebsmitteln nach ia störanfällige Bauelemente dreifach vorhanden sein, bei Betriebsmitteln nach ib sind diese doppelt vorzusehen. Außerdem ist die Verwendung von Halbleitern zur Strombegrenzung nur für Schutzniveau ib zugelassen.

Betriebsmittel und Stromkreise mit Schutzniveau ib sind nur für die *Zonen 1 und 2* zulässig. In Anlagen mit eigensicheren Stromkreisen für die *Zone 0* müssen eigensichere und zugehörige Betriebsmittel dem Schutzniveau ia entsprechen.

8.6.5 Kennzeichnung

Eigensichere und zugehörige elektrische Betriebsmittel müssen zum einen gemäß EN 50014 bezüglich Gerätegruppe und Kategorie und zum anderen gemäß den jeweiligen europäischen Normen hinsichtlich verwendeter Zündschutzart, Schutzniveau, Explosionsgruppe und gegebenenfalls Temperaturklasse gekennzeichnet werden. Die Kennzeichnung sei an einigen Beispielen näher erläutert.

Eigensichere Betriebsmittel werden mit EEx ia oder EEx ib gekennzeichnet, ergänzt um die Angabe der Explosionsgruppe und der Temperaturklasse. Ein Beispiel wurde in Bild 8.11 bereits vorgestellt.

Beispiel: ⟨Ex⟩ II 1 G   EEx ia IIC T4

Dies könnte z. B. ein Sensor sein, der für Gerätegruppe II und explosionsfähige Gas-, Dampf-, Nebel-Luft-Gemische (Buchstabe G) geeignet ist. Als Gerät der Kategorie 1 ist er in Zone 0 einsetzbar.

Enthält das eigensichere Betriebsmittel Stromkreise mit unterschiedlichem Schutzniveau, so ist das Schutzniveau, das nur für einen Teil des Betriebsmittels gilt, in eckige Klammern zu setzen. Dies kann z. B. für einen eigensicheren Messumformer zutreffen, dessen elektronische Schaltung dem Schutzniveau ib entspricht, der aber Eingangsstromkreise enthält, die das Schutzniveau ia gewährleisten (z. B. durch zusätzliche Zenerdioden).

Beispiel: ⟨Ex⟩ II 2 (1) G   EEx ib [ia] IIC T5

Das Gerät ist in Zone 1 installierbar (Kategorie 2) und hat eigensichere Stromkreise, die in die Zone 0 geführt werden können (Kategorie 1 in runden Klammern angegeben).

Bei *zugehörigen elektrischen Betriebsmitteln* wird durch Einklammern des Zeichens [EEx ia] oder [EEx ib] in eckige Klammern zum Ausdruck gebracht, dass sie nicht nur eigensichere Stromkreise enthalten. Zusätzlich wird die Explosionsgruppe des eigensicheren Stromkreises angegeben, nicht jedoch die Temperaturklasse. Letztere ist auch nicht erforderlich, da zugehörige elektrische Betriebsmittel außerhalb des explosionsgefährdeten Bereiches installiert werden. Die Kategorie 1 wird hier in runden Klammern angegeben, weil nur der eigensichere Stromkreis für Zone 0 ausgelegt ist.

Beispiel: ⟨Ex⟩ II (1) G[EEx ia] IIC

Ist das zugehörige elektrische Betriebsmittel in einer weiteren Zündschutzart geschützt, so dass es selbst im explosionsgefährdeten Bereich installiert werden darf, so muss die Haupt-Zündschutzart (z. B. „d" für Druckfeste Kapselung und „e" für Anschlussklemmen in Erhöhter Sicherheit) zusammen mit EEx zuerst auftreten. In diesem Fall wird nur das Zeichen ia bzw. ib in eckige Klammern gesetzt.

Beispiel: ⟨Ex⟩ II 2 (1) G   EEx de [ia] IIC T6

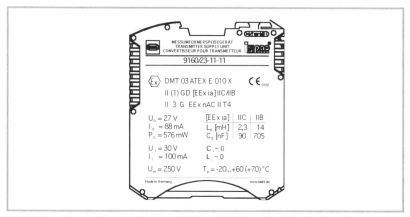

Bild 8.20 *Kennzeichnung eines zugehörigen elektrischen Betriebsmittels nach EN 50020 (Messumformerspeisegerät)*

8.7 Eigensichere Systeme

Die Systemnormen unterscheiden bescheinigte und nicht bescheinigte Systeme. *Bescheinigte Systeme* werden als Ganzes geprüft und bescheinigt. *Nicht bescheinigte Systeme* gehen von bescheinigten Einzelbetriebsmitteln aus, können aber auch nicht bescheinigungspflichtige eigensichere Betriebsmittel und Zubehör enthalten. Vom Systemplaner ist eine Systembeschreibung gefordert, in der die elektrischen Betriebsmittel, ihre elektrischen Kennwerte und die Kennwerte der Verbindungsleitungen beschrieben sind. Bei der Beurteilung der Eigensicherheit werden auch die Verbindungsleitungen mit in die Fehlerbetrachtung für das System einbezogen, wobei – abhängig von dem verwendeten Kabeltyp – auch Kabelfehler zu berücksichtigen sind.

Die EN 60079-25 für Gruppe II konzentriert sich im Wesentlichen auf den Nachweis der Eigensicherheit bei der Zusammenschaltung von Betriebsmitteln in eigensicheren Stromkreisen. Die Vorgehensweise bei der Bewertung eines einfachen eigensicheren Systems wird detailliert beschrieben. Auch die Vorgehensweise für Zusammenschaltungen mit mehreren linearen Quellen wird erläutert. Für die Beurteilung von Zusammenschaltungen mit nichtlinearen Quellen wurde das als PTB-Bericht ThEx10 [8-2] veröffentlichte Verfahren in Form eines informativen Anhangs übernommen. Die Systemnorm ist damit in diesem Punkt zu einer wertvollen Ergänzung der Errichtungsbestimmung geworden.

Bezüglich der Anforderungen für die Installation verweist sie im Gegenzug auf die bestehende Errichtungsbestimmung EN 60079-14. Zu Themen wie Erdung, Schirmung, Blitzschutz und Fehlerbetrachtung bei der Verdrahtung von Systemen wurden die Anforderungen detailliert.

Grundsätzlich muss für eigensichere Systeme vom Planer eine *Systembeschreibung* erstellt werden. Die eigensicheren Stromkreise sind dabei bezüglich der Zusammenschaltung der Betriebsmittel in einem Blockschaltbild zu beschreiben. Die verwendeten elektrischen Betriebsmittel, ihre elektrischen Kennwerte und die Kennwerte der Verbindungsleitungen sind anzugeben und der rechnerische Nachweis der Eigensicherheit mit Angabe von Explosionsgruppe, Schutzniveau und gegebenenfalls Temperaturklasse zu führen. Dabei ist zu unterscheiden, ob die aktiv wirkenden zugehörigen Betriebsmittel lineare oder nichtlineare Strom-Spannungs-Kennlinien aufweisen.

Das Schutzniveau ia oder ib des eigensicheren Stromkreises ergibt sich aus der Fehlerbetrachtung für die Zusammenschaltung. Für Schutzniveau ib muss bei Annahme eines beliebigen Fehlers die Eigensicherheit erhalten bleiben. Für Schutzniveau ia gilt dies auch bei Annahme von zwei voneinander unabhängigen Fehlern. Dabei kann der Anwender bzw. Systemplaner auf das in den Baumusterprüfbescheinigungen der einzelnen Betriebsmittel angegebenen Schutzniveau zurückgreifen, da er üblicherweise nicht in der Lage ist, Fehlerbetrachtungen für die innere Schaltung der Betriebsmittel durchzuführen. Ist für eines der Betriebsmittel im eigensicheren Stromkreis das Schutzniveau ib angegeben, so gilt dieses

Schutzniveau für den gesamten Stromkreis. Falls Kabelfehler zu berücksichtigen sind, sind diese in die Fehlerbetrachtung des gesamten Stromkreises einzubeziehen.

In der Großchemie werden üblicherweise alle eingeführten Stromkreise in einem Standard einmalig katalogisiert und der Nachweis der Eigensicherheit durch die Systembeschreibung geführt. Für die jeweilige Anwendung genügt es dann, auf diesen Katalog und die relevante Bezeichnung des Standardstromkreises zu verweisen.

8.8 Bestimmungen für das Errichten von Anlagen mit eigensicheren Stromkreisen

Die Eigensicherheit eines Stromkreises hängt ganz wesentlich von der sicheren Begrenzung der zugeführten Leistung, der im Stromkreis gespeicherten Energie und der Erwärmung der im explosionsgefährdeten Bereich installierten eigensicheren Betriebsmittel ab. Bereits geringe zusätzliche Energiemengen können ausreichen, die Eigensicherheit aufzuheben.

Die in EN 60079-14 enthaltenen Errichtungsbestimmungen für eigensichere Anlagen zielen deshalb alle darauf ab,
- bei der Projektierung und Errichtung für die gewählte Zusammenschaltung der Betriebsmittel die Eigensicherheit sicherzustellen,
- eigensichere Stromkreise als solche deutlich hervorzuheben und sie gegen alle möglichen gefährdenden Einflüsse wirksam zu schützen.

Unter diesen Gesichtspunkten werden einige wesentliche Anforderungen herausgegriffen und kurz erläutert. Dem Errichter sei aber eine eingehende Lektüre der Errichtungsbestimmungen empfohlen.

8.8.1 Auswahl der Betriebsmittel

Betriebsmittel für explosionsgefährdete Bereiche sind auszuwählen entsprechend
- der Explosionsgruppe der im Anwendungsfall auftretenden brennbaren Stoffe,
- der Temperaturklasse dieser Stoffe,
- der Zoneneinstufung der Anlage bzw. des Anlagenteils.

Für eigensichere Stromkreise sind diese Festlegungen entsprechend dem Einsatzort der eigensicheren Betriebsmittel zu treffen. Äußere Einflüsse sowie die Umgebungstemperatur sind zu berücksichtigen.

Für einfache eigensichere Stromkreise kann die *Explosionsgruppe* I, IIA, IIB oder IIC der Prüfbescheinigung bzw. der Kennzeichnung der einzelnen Betriebsmittel entnommen werden. Bei Zusammenschaltung mehrerer zugehöriger Betriebsmittel in einem eigensicheren Stromkreis muss die Explosionsgruppe jedoch zusammen mit dem Nachweis der Eigensicherheit für den Stromkreis neu ermittelt und auf Übereinstimmung mit der für die Anlage getroffenen Festlegung geprüft werden.

Damit gestattet die EN 60079-14 dem Errichter, sowohl einfache eigensichere Stromkreise als auch solche mit einer Zusammenschaltung von mehr als einem zugehörigen elektrischen Betriebsmittel unter Beachtung der Errichtungsbestimmungen in eigener Verantwortung zu beurteilen und vorzunehmen. Diese flexible Errichtung und Handhabung eigensicherer Anlagen erspart es dem Betreiber, bei jeder kleinen Änderung – sei es nur der Austausch eines Gerätes durch ein bau- oder funktionsgleiches Gerät eines anderen Herstellers – eine neue Bescheinigung einholen zu müssen.

Daneben sind natürlich Systemzulassungen als Option möglich, genauso wie Zulassungen nach dem entity concept, wo nur die Einschaltung eigensicherer Betriebsmittel in geprüfte Stromkreise unter Beachtung der maximal zulässigen Induktivitäts- oder Kapazitätswerte der Verantwortung des Errichters übertragen werden.

Die *Temperaturklasse* ist nur für eigensichere Betriebsmittel, die im Ex-Bereich errichtet werden, wichtig. Zugehörige elektrische Betriebsmittel tragen keine Temperaturklassenkennzeichnung, weil sie außerhalb des explosionsgefährdeten Bereiches installiert werden. Für eigensichere Betriebsmittel muss sichergestellt werden, dass ihre maximale Oberflächentemperatur stets kleiner ist als die Zündtemperatur des Gas- oder Dampfgemisches, in dem sie eingesetzt werden. Die Temperaturklasse der ausgewählten Betriebsmittel muss mindestens der der auftretenden Gase und Dämpfe entsprechen. Dabei ist im Allgemeinen davon auszugehen, dass die elektrischen Betriebsmittel bis zu Umgebungstemperaturen von 40 °C verwendet werden dürfen. Der Einfluss von benachbarten Wärmequellen ist zu berücksichtigen. Wenn andere Umgebungstemperaturgrenzen zu beachten sind, sind diese in den Baumusterprüfbescheinigungen angegeben bzw. der Kennzeichnung zu entnehmen.

Für *brennbare Stäube* sind deren Zünd- und Glimmtemperaturen zu berücksichtigen [4-5]. Die zulässige Oberflächentemperatur der Betriebsmittel kann dann unter Berücksichtigung der Sicherheitsabstände nach EN 61241-14 ermittelt werden.

Bezüglich der *Zoneneinstufung* geht die EN 60079-14 von einer Einteilung explosionsgefährdeter Bereiche in die Zonen 0, 1 und 2 entsprechend der Wahrscheinlichkeit des Auftretens explosionsfähiger Atmosphäre aus. Aus dem unterschiedlichen Gefährdungsgrad in diesen Zonen resultieren unterschiedlich hohe Anforderungen an die Betriebsmittel. Generell gilt, dass Betriebsmittel für die Zone 0 auch in den Zonen 1 und 2 eingesetzt werden können und dass Betriebsmittel für Zone 1 auch in der Zone 2 zulässig sind.

In Bezug auf die Zündschutzart Eigensicherheit ist bei der Auswahl der Betriebsmittel Folgendes zu beachten:

Zone 1

In Anlagen mit eigensicheren Stromkreisen für die Zone 1 müssen eigensichere und zugehörige Betriebsmittel mindestens mit Schutzniveau ib verwendet werden.

Einfache eigensichere Betriebsmittel brauchen nicht speziell gekennzeichnet zu sein, müssen aber den Baubestimmungen in EN 50020 entsprechen, soweit die Eigensicherheit davon abhängt.

Zone 0

In Anlagen mit eigensicheren Stromkreisen für die Zone 0 müssen eigensichere und zugehörige elektrische Betriebsmittel dem Schutzniveau ia entsprechen. Darüber hinaus muss für den kompletten Stromkreis – einschließlich aller einfachen Bauelemente und einfachen elektrischen Betriebsmittel sowie der Verbindungskabel und Leitungen – eine Fehlerbetrachtung entsprechend Schutzniveau ia durchgeführt werden. Dies ist in einer Systembeschreibung zu dokumentieren. Auch einfache elektrische Betriebsmittel, die außerhalb der Zone 0 installiert sind, sind dabei zu berücksichtigen. Sie müssen ebenfalls den Baubestimmungen in EN 50020 für Schutzniveau ia entsprechen, brauchen aber nicht bescheinigt zu sein.

Zugehörige Betriebsmittel mit galvanischer Trennung zwischen den eigensicheren und den nichteigensicheren Stromkreisen sind zu bevorzugen. Bei fehlender galvanischer Trennung sind besondere Anforderungen an den Potentialausgleich einzuhalten. Außerdem müssen alle netzgespeisten Betriebsmittel, die auf der nichteigensicheren Seite angeschlossen werden, durch einen abgesicherten Trenntransformator vom Netz getrennt sein.

Eigensichere Stromkreise mit mehr als einem zugehörigen Betriebsmittel sind für Anwendungen in der Zone 0 nicht einsetzbar, da gemäß Anhang A in EN 60079-14 solche Zusammenschaltungen grundsätzlich zu einer Einstufung des Stromkreises in Schutzniveau ib führen, selbst wenn alle zugehörigen Betriebsmittel dem Schutzniveau ia entsprechen.

Zone 2

In der Zone 2 ist eine Baumusterprüfung für elektrische Betriebsmittel nicht vorgeschrieben. Neben Betriebsmitteln, die für Zone 0 oder 1 geeignet sind, können auch speziell für die Zone 2 konstruierte Betriebsmittel (entsprechend IEC 60079-15) eingesetzt werden.

Außerdem ist die Verwendung *normaler* elektrischer Betriebsmittel erlaubt, die einer anerkannten Norm für industrielle elektrische Betriebsmittel entsprechen und im bestimmungsgemäßen Betrieb keine zündfähig heißen Oberflächen haben, wenn diese Betriebsmittel

- bei bestimmungsgemäßem (ungestörtem) Betrieb keine Funken oder Lichtbögen erzeugen oder
- bei bestimmungsgemäßem (ungestörtem) Betrieb zwar Lichtbögen oder Funken erzeugen können, aber die betriebsmäßig auftretenden Ströme und Spannungen die für die Zündschutzart Eigensicherheit zulässigen Grenzwerte nicht überschreiten und die Grenzwerte für Kapazitäten und Induktivitäten

ebenfalls eingehalten werden, wobei ein Sicherheitsfaktor 1,0 ausreichend ist.

Die elektrischen Betriebsmittel müssen eine für den Einsatzort geeignete IP-Schutzart und mechanische Festigkeit aufweisen. Die Eignung für den Einsatz in Zone 2 muss von einem Fachmann (z. B. vom Hersteller) beurteilt und auf dem Gerät oder in der Dokumentation angegeben sein.

8.8.2 Nachweis der Eigensicherheit

Wie bereits erläutert, hängt die Eigensicherheit eines Stromkreises ganz wesentlich von der sicheren Begrenzung der dem Stromkreis zugeführten Leistung bzw. des Stromes und der Spannung, der im Stromkreis gespeicherten Energie und der Erwärmung der im explosionsgefährdeten Bereich installierten eigensicheren Betriebsmittel ab. Im Gegensatz zu anderen Zündschutzarten muss daher bei der Eigensicherheit immer die Zusammenschaltung und das Zusammenwirken aller beteiligten Betriebsmittel einschließlich der Verbindungsleitungen geprüft und ein Nachweis der Eigensicherheit geführt werden. Die Prüfung erfolgt nach folgenden Kriterien:

- Ermittlung der *sicherheitstechnischen Maximalwerte von Strom und Spannung* im eigensicheren Stromkreis und Prüfung auf Zulässigkeit für die gewünschte Explosionsgruppe.
- Prüfung, ob eine unzulässige *Erwärmung* der eigensicheren Betriebsmittel bei den gegebenen sicherheitstechnischen Maximalwerten von Strom, Spannung und Leistung im eigensicheren Stromkreis für die gewünschte Temperaturklasse ausgeschlossen werden kann.
- Prüfung, ob die im Stromkreis enthaltenen *Energiespeicher* (Induktivitäten und Kapazitäten) die zulässigen Werte nicht überschreiten.
- Prüfung, ob das *Schutzniveau* des eigensicheren Stromkreises der für die Anwendung festgelegten Zoneneinstufung entspricht.

8.8.2.1 Einfache eigensichere Stromkreise mit einer Quelle

Es liegt nahe, dass für die Planung und Projektierung einfache eigensichere MSR-Stromkreise bevorzugt werden, die auch sicherheitstechnisch (d. h. unter Berücksichtigung von Fehlern) betrachtet nur **eine** Quelle aufweisen, die Strom, Spannung und Leistung in den Stromkreis liefern kann. Die sicherheitstechnischen Maximalwerte für den eigensicheren Stromkreis werden hier allein durch dieses eine aktive zugehörige Betriebsmittel bestimmt. Die sicherheitstechnischen Parameter sowie die Explosionsgruppe und das Schutzniveau können dann der Prüfbescheinigung bzw. der Kennzeichnung dieses Betriebsmittels entnommen werden. Mit diesen Werten ist gleichzeitig die Eigensicherheit des kompletten Stromkreises für die angegebene Explosionsgruppe in Bezug auf die Funkenzündung gewährleistet.

Die Kriterien für die Prüfung eines einfachen eigensicheren Stromkreises mit einer Quelle (zugehöriges Betriebsmittel) in Zusammenschaltung mit einem eigensicheren Betriebsmittel sind in **Bild 8.21** zusammengestellt.

Eigensichere Betriebsmittel dürfen in explosionsgefährdeten Bereichen keine höheren Temperaturen annehmen, als der jeweiligen Temperaturklasse entspricht. Für die Einhaltung der höchstzulässigen Temperatur ist es wichtig zu wissen, mit welchen Höchstwerten von Eingangsstrom I_i und Eingangsspannung U_i die eigensicheren Betriebsmittel betrieben werden dürfen. Die Werte können der Baumusterprüfbescheinigung entnommen werden. Das zugehörige Betriebsmittel muss bezüglich seiner sicherheitstechnischen Werte U_o und I_o so ausgewählt werden, dass diese Grenzwerte selbst im Fehlerfall nicht überschritten werden können.

In den Prüfbescheinigungen ist als zusätzliche Einschränkung die maximal zulässige Eingangsleistung P_i angegeben, die das eigensichere Betriebsmittel aufnehmen darf. Dann muss gewährleistet sein, dass die Quelle (das zugehörige Betriebsmittel) keine größere Leistung liefern kann. Bei Trennstufen mit ohmscher Strombegrenzung kann von einer maximalen Leistung $P_o = U_o \cdot I_o / 4$ ausgegangen werden. Trennstufen mit elektronischer Strombegrenzung können je nach Kennlinie bis zu $P_o = U_o \cdot I_o$ liefern.

Für einfache eigensichere Betriebsmittel ohne Prüfbescheinigung muss der Errichter das Erwärmungsverhalten beurteilen und gegebenenfalls durch Berechnung oder Messung nachweisen, dass keine unzulässige Erwärmung auftritt.

Beim Errichten eines eigensicheren Stromkreises ist außerdem sicherzustellen, dass durch die im Stromkreis enthaltenen Betriebsmittel – einschließlich der Kabel und Leitungen – die höchstzulässigen Werte von Induktivität und Kapazität nicht überschritten werden. Durch die mögliche Energiespeicherung könnte sonst die Eigensicherheit aufgehoben werden. Für eigensichere Stromkreise

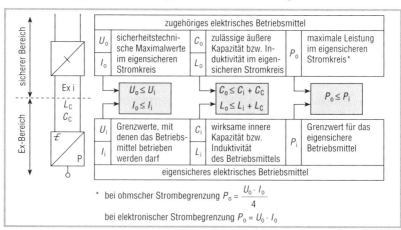

Bild 8.21 *Kriterien für die Prüfung eines einfachen eigensicheren Stromkreises*

mit nur einem zugehörigen Betriebsmittel ist dies mit den in Bild 8.21 angegebenen Kriterien relativ leicht überprüfbar.

Die im eigensicheren Stromkreis zulässige Kapazität C_o ist von der sicherheitstechnisch maximalen Spannung (Leerlaufspannung) U_o, die Induktivität L_o vom Kurzschlussstrom I_o des zugehörigen Betriebsmittels abhängig. Die Werte können dem Typschild bzw. der Prüfbescheinigung entnommen werden. Sie sind je nach Explosionsgruppe unterschiedlich. Die wirksame innere Kapazität bzw. Induktivität (C_i und L_i) der im Stromkreis liegenden Betriebsmittel sowie der Leitungen (C_c bzw. L_c) muss bekannt sein und darf in der Summe die Werte von C_o und L_o nicht überschreiten.

Für die *Kabel* und *Leitungen* sind deren elektrischen Kennwerte C_c und L_c oder C_c und L_c/R_c zu berücksichtigen, wobei die vom Hersteller für den ungünstigsten Fall angegebenen Werte anzusetzen sind. Dabei genügt es, die maximale Kapazität zu ermitteln, die zwischen zwei benachbarten Adern auftritt. Überschlägig kann man bei handelsüblichen Kabeln und Leitungen mit guter Sicherheit von einer Kabelkapazität von 200 nF/km und einer Kabelinduktivität von 1 mH/km ausgehen. Die Kapazitäts- und Induktivitätsbeläge der Leitungen sind über die Leitungslänge verteilt und durch Widerstandsbeläge vermischt. Sie brauchen deshalb nicht als konzentrierte Kapazitäten oder Induktivitäten betrachtet zu werden.

Der Nachweis der Eigensicherheit bei Stromkreisen mit **einem** aktiven zugehörigen Betriebsmittel kann beispielsweise mit einem Formblatt geführt werden. **Bild 8.22** zeigt ein Beispiel.

8.8.2.2 Eigensichere Stromkreise mit mehreren Quellen

Beim Zusammenschalten eigensicherer Stromkreise mit mehr als einer Quelle (also mehreren Betriebsmitteln, die sicherheitstechnisch betrachtet im Normalbetrieb oder im Fehlerfall elektrische Energie in den eigensicheren Stromkreis einspeisen könnten) ist die Zusammenschaltung zu betrachten und rechnerisch oder messtechnisch nachzuweisen, dass die Eigensicherheit sichergestellt ist. Die sicherheitstechnisch aktiven Betriebsmittel oder Quellen sind dabei meist zugehörige Betriebsmittel, es können aber auch eigensichere Betriebsmittel mit eigener Spannungsquelle (z. B. einer Batterie) sein.

Der *messtechnische Nachweis* stößt in der Praxis auf Schwierigkeiten, da die erforderlichen Geräte in der Regel nicht zur Verfügung stehen und da auch bestimmte Fehlerfälle („Worst case"-Betrachtung) in den Geräten simuliert werden müssten. Diese Methode bleibt daher normalerweise den Prüfstellen vorbehalten. Das Mittel der Wahl für den Planer oder Betreiber, der den Nachweis der Eigensicherheit führen muss, ist deshalb üblicherweise der *rechnerische Nachweis*.

Hierbei müssen zunächst die Zusammenschaltung aller Quellen (also der aktiven Betriebsmittel) betrachtet und unter Berücksichtigung der möglichen Fehlerfälle im eigensicheren Stromkreis die auftretenden maximalen Ströme und Span-

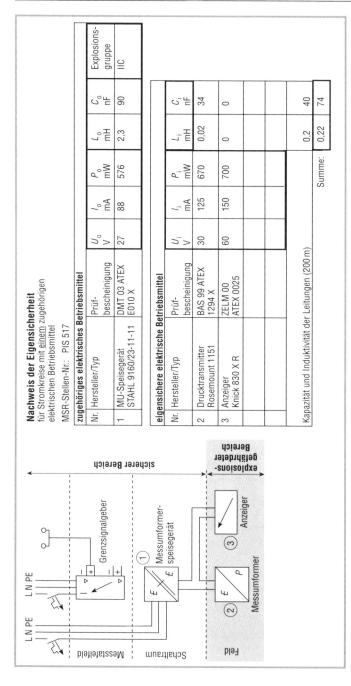

Bild 8.22 Nachweis der Eigensicherheit für einen einfachen eigensicheren Stromkreis mit einer Quelle

nungen ermittelt werden. Dabei sind sorgfältig alle Möglichkeiten einer Stromaddition oder einer Spannungsaddition zu prüfen. Daraus ergeben sich neue sicherheitstechnische Maximalwerte von Strom I_o, Spannung U_o und Leistung P_o für den eigensicheren Stromkreis.

Mit den so ermittelten sicherheitstechnischen Maximalwerten von Strom, Spannung und Leistung kann nun die Einstufung bezüglich der Explosionsgruppe erfolgen. In gleicher Weise werden die für den vorliegenden eigensicheren Stromkreis maximal zulässige äußere Induktivität L_o und Kapazität C_o in Abhängigkeit von Kurzschlussstrom I_o bzw. Leerlaufspannung U_o der zusammengeschalteten Quellen ermittelt. Außerdem dürfen die der Strom- und Spannungsbegrenzung dienenden Bauelemente der beteiligten Betriebsmittel auch im Fehlerfall nicht überlastet werden.

Für das Berechnungsverfahren ist zu unterscheiden, ob in der Zusammenschaltung nur aktive Betriebsmittel mit linearer Strom-Spannungs-Kennlinie enthalten sind oder ob auch solche mit nichtlinearer Kennlinie dabei sind.

Für den erstgenannten Fall, dass die in dem betrachteten Stromkreis enthaltenen Quellen alle *lineare Ausgangskennlinien* haben, ist die Vorgehensweise in den Errichtungsbestimmungen EN 60079-14 Anhang A und B genauer beschrieben. Danach ist mit Hilfe der Zündgrenzkurven der EN 50020 zu prüfen, ob die für den eigensicheren Stromkreis ermittelten neuen maximalen Strom- und Spannungswerte noch zulässig sind bzw. welcher Explosionsgruppe der eigensichere Stromkreis damit entspricht (Sicherheitsfaktor 1,5 beim Strom berücksichtigen). Die höchstzulässige Induktivität bzw. Kapazität für diese maximalen Strom- und Spannungswerte ist ebenfalls mit Hilfe der Zündgrenzkurven zu ermitteln. Der Sicherheitsfaktor 1,5 ist dabei beim Strom bzw. bei der Spannung zu berücksichtigen.

Für Zusammenschaltungen mit Quellen, die *nichtlineare Strom-Spannungs-Kennlinien* haben, sind die Zündgrenzkurven in EN 50020 nicht anwendbar. Hier ist nach PTB-Bericht ThEx-10 [8-2] zu verfahren. Im Rahmen dieser Einführung kann hierauf jedoch nicht weiter eingegangen werden. Weitere Erläuterungen hierzu sind auch in [8-7] zu finden.

Mit den so gefundenen sicherheitstechnischen Maximalwerten für die Zusammenschaltung der Quellen lässt sich nun die *Prüfung des kompletten eigensicheren Stromkreises* mit allen eigensicheren Betriebsmitteln und Leitungen völlig analog zu den Ausführungen in Abschnitt 8.6.2.1 bzw. nach den in Bild 8.21 genannten Kriterien durchführen.

Wenn eine Zusammenschaltung von eigensicheren Stromkreisen mit mehr als einem zugehörigen Betriebsmittel vorliegt, muss – wie auch in der Systemnorm gefordert – vom Planer eine Systembeschreibung erstellt werden.

8.8.3 Kabel, Leitungen und Anschlussteile

Für einen eigensicheren Stromkreis dürfen nur isolierte Kabel und Leitungen verwendet werden, deren Prüfspannung Leiter gegen Erde und Leiter gegen Schirm sowie Schirm gegen Erde mindestens AC 500 V und DC 750 V beträgt.

Der Durchmesser eines Einzelleiters bzw. des Einzeldrahtes einer feindrähtigen Leitung darf innerhalb des explosionsgefährdeten Bereiches 0,1 mm nicht unterschreiten. Bei feindrähtigen Leitern müssen die Leiterenden gegen Abspleißen einzelner Drähte geschützt sein, z. B. durch Aderendhülsen.

Die elektrischen Kennwerte der Kabel und Leitungen C_c und L_c oder C_c und L_c/R_c müssen bekannt sein, wobei die vom Hersteller für den ungünstigsten Fall angegebenen Werte zu berücksichtigen sind.

Wenn ein Schirm erforderlich ist, darf er normalerweise nur an einer Stelle an Erde angeschlossen werden. Damit wird vermieden, dass über den Schirm bei Erdpotentialdifferenzen Ausgleichsströme fließen können, die bei Unterbrechungen möglicherweise zündfähige Funken erzeugen könnten. Ist der eigensichere Stromkreis geerdet, so sollte der Schirm an derselben Stelle geerdet sein wie der Stromkreis. Bei erdfreiem eigensicherem Stromkreis ist der Schirm an einer Stelle des Potentialausgleichssystems anzuschließen.

Ist aus Funktionsgründen eine mehrfache Erdung des Schirms über den gesamten Leitungsweg nötig, so ist dies zulässig, wenn über den gesamten Leitungsweg ein Potentialausgleich besteht oder wenn ein entsprechender, isolierter Erdleiter parallel geführt wird, an den der Schirm über ebenfalls isolierte Anschlüsse angeschlossen wird. Eine Mehrfacherdung über kleine Kondensatoren (z. B. 1 nF, 1500 V, Keramik) ist ebenfalls zulässig. Die Gesamtkapazität darf aber 10 nF nicht überschreiten.

Bewehrungen müssen wirksam mit dem Potentialausgleich verbunden sein.

Eigensichere Stromkreise sind so zu verlegen, dass die Eigensicherheit nicht durch äußere elektrische oder magnetische Felder beeinträchtigt wird, z. B. durch nahegelegene Starkstromleitungen. Dies kann durch Verwendung von abgeschirmten oder verdrillten Leitungen oder durch Einhalten eines ausreichenden Abstands erreicht werden. In der Regel sind aber in solchen Fällen durch die elektrischen oder magnetischen Einflüsse auch Störungen im Messkreis zu erwarten, so dass auch aus Funktionsgründen Schutzmaßnahmen nötig sein werden.

8.8.3.1 Gefährdung durch unbeabsichtigtes Verbinden mehrerer eigensicherer Stromkreise

Beim unbeabsichtigten Verbinden mehrerer eigensicherer Stromkreise (aufgrund mangelhafter Isolation oder bei Arbeiten an den Anschlussstellen) könnte es zur Addition der für die einzelnen Stromkreise angegebenen sicherheitstechnischen Maximalwerte von Strom und Spannung kommen, wobei die Grenzwerte der Eigensicherheit überschritten werden könnten. Außerdem könnten dabei die durch das Zusammenschalten reduzierten L_o- und C_o-Werte überschritten werden. Benachbarte eigensichere Stromkreise müssen daher ausreichend voneinander isoliert sein.

Sollen mehrere eigensichere Stromkreise gemeinsam in einem Kabel oder einer Leitung geführt werden, so sind die in **Bild 8.23** angegebenen Anforderungen einzuhalten. Sind diese nicht erfüllt, so sind *Kabel-* bzw. *Leitungsfehler* gemäß EN 60079-14 zu berücksichtigen. Bild 8.23 enthält eine Zuordnung zu den dort definierten Kabeltypen und gibt die wesentlichen Kriterien für die Fehlerbetrachtung an.

Schirme müssen eine Oberflächenbedeckung von mindestens 60 % aufweisen und sind an einer Stelle zu erden.

Zwischen den *Anschlussteilen* verschiedener eigensicherer Stromkreise ist ein Mindestabstand von 6 mm einzuhalten. Der Abstand zu geerdeten metallischen Teilen darf nicht kleiner als 3 mm sein. Die Anschlüsse der eigensicheren Stromkreise müssen als eigensicher gekennzeichnet sein.

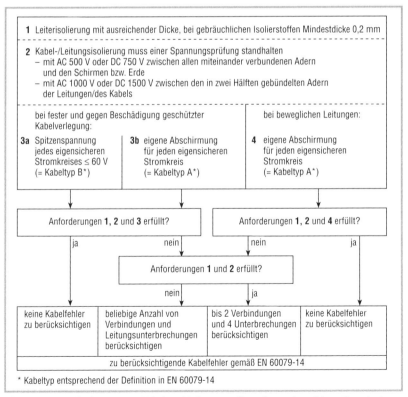

Bild 8.23 *Anforderungen an Kabel und Leitungen, die mehrere eigensichere Stromkreise führen*

8.8.3.2 Gefährdung eigensicherer Stromkreise durch benachbarte nichteigensichere Stromkreise

Eine der wichtigsten Maßnahmen bei der Errichtung eigensicherer Anlagen ist der Schutz eigensicherer Stromkreise gegen das Übertreten von Fremdspannungen aus nichteigensicheren Stromkreisen. Eigensichere Stromkreise sind deshalb getrennt von nichteigensicheren Stromkreisen zu verlegen und durch besondere Kennzeichnung hervorzuheben. EN 60079-14 fordert u. a.:

In eigensicheren Stromkreisen dürfen nur isolierte Kabel und Leitungen verwendet werden, die einer Prüfspannung von AC 500 V und DC 750 V genügen.

Leiter oder Aderleitungen von eigensicheren Stromkreisen und nichteigensicheren Stromkreisen dürfen in Kabeln und Leitungen nicht gemeinsam geführt werden.

In *Kabelkanälen* oder Leiterbündeln müssen bei Verwendung von Aderleitungen die eigensicheren von den nichteigensicheren Stromkreisen durch eine Zwischenlage aus Isolierstoff oder eine geerdete Metallzwischenlage getrennt sein. Eine solche Trennung darf entfallen, wenn für die eigensicheren oder die nichteigensicheren Stromkreise Leitungen mit Mänteln oder Hüllen (Schlauchleitungen) oder Schirmungen verwendet werden.

Auch für *Kabel oder Leitungen* (mit Mänteln oder Hüllen) gilt zunächst die Forderung nach getrennter Verlegung von eigensicheren und nichteigensicheren Stromkreisen. Wenn sie jedoch gegen mechanische Beschädigung geschützt verlegt sind, können Kabel auch nebeneinander angeordnet sein, z. B. in Leitungskanälen oder auf Kabelpritschen. Allerdings muss eine Gefährdung durch elektrische oder magnetische Felder ausgeschlossen werden können. Gleiches gilt, wenn die Kabel der eigensicheren oder der nichteigensicheren Stromkreise bewehrt, metallummantelt oder geschirmt sind.

Kabel und Leitungen eigensicherer Stromkreise müssen als solche gekennzeichnet sein (farblich oder durch Beschriftung). Bei farblicher Kennzeichnung ist hellblau vorgeschrieben. Derart gekennzeichnete Kabel und Leitungen dürfen nicht für andere Zwecke verwendet werden. Bei Gefahr einer Verwechslung eigensicherer und nichteigensicherer Aderleitungen, z. B. bei Vorhandensein eines blaugefärbten N-Leiters, sind besondere Maßnahmen zu treffen. Als solche Maßnahmen gelten:

- Zusammenfassen der Adern in einem gemeinsamen hellblau gefärbten Kabelbaum,
- Beschriftung,
- übersichtliche Anordnung und räumliche Trennung.

Da an eigensicheren Stromkreisen unter Spannung gearbeitet werden darf, sind an den Anschlussteilen besondere Maßnahmen notwendig, die eine unbeabsichtigte Verbindung von eigensicheren Stromkreisen mit nichteigensicheren Stromkreisen verhindern. In Anlagen mit eigensicheren und nichteigensicheren Stromkreisen (z. B. in Mess- und Steuerschränken) müssen daher

- die Anschlussteile der eigensicheren Stromkreise zuverlässig von denen der nichteigensicheren Stromkreise getrennt sein, z. B. durch einen Abstand von mindestens 50 mm oder durch eine Trennwand, die ein Fadenmaß von 50 mm zwischen den metallischen Teilen dieser Anschlussklemmen gewährleistet,
- die Anschlüsse der eigensicheren Stromkreise als solche gekennzeichnet sein (hellblau oder durch Beschriftung),
- die Anschlussteile so angeordnet sein, dass bei Anschlussarbeiten eine Beschädigung von Bauteilen vermieden wird.

Steckvorrichtungen für Anschlüsse von äußeren Stromkreisen (z. B. Gerätestecker an Baugruppenträgern) sind so auszuführen, dass die eigensicheren und die nichteigensicheren Stromkreise über getrennte Steckvorrichtungen geführt werden und nicht verwechselbar sind.

8.8.4 Gefährdung eigensicherer Stromkreise durch unterschiedliche Erdpotentiale

In ausgedehnten Anlagen ohne wirksamen Potentialausgleich (PA) muss mit unterschiedlichen Erdpotentialen in den einzelnen Anlagenteilen gerechnet werden. Schon wegen der Gefahr der Funkenbildung bei Anwendung von Schutzmaßnahmen mit Schutzleiter als Schutz bei indirektem Berühren ist daher innerhalb von explosionsgefährdeten Bereichen der Zonen 0 und 1 grundsätzlich ein *Potentialausgleich* gefordert.

Ohne entsprechende Gegenmaßnahmen können unterschiedliche Erdpotentiale in einer Anlage auch die Eigensicherheit von Stromkreisen gefährden. Ist der Stromkreis nämlich potentialmäßig an das Erdpotential eines weit entfernten Anlagenteils angebunden, das sich von dem im Ex-Bereich vorhandenen Erdpotential unterscheidet, so können bei einem Erdschluss im Ex-Bereich Ausgleichsströme über die eigensichere Leitung fließen, die die Eigensicherheit aufheben können. Aus diesem Grund sind eigensichere Stromkreise im Allgemeinen isoliert (erdfrei) zu errichten. Eine Verbindung zur Erde über einen Widerstand zwischen 0,2 und 1 MΩ, z. B. zur Ableitung elektrostatischer Aufladungen, gilt nicht als Erdung.

In bestimmten Fällen ist aber eine Erdung eigensicherer Stromkreise aus Sicherheitsgründen verlangt oder aus Funktionsgründen erforderlich. Diese ist erlaubt; allerdings darf sie nur an einer Stelle und durch Verbinden mit dem Potentialausgleich erfolgen. Außerdem muss sich der Potentialausgleich über den gesamten Bereich der Leitungsführung eines eigensicheren Stromkreises (also auch im sicheren Bereich bis zum zugehörigen Betriebsmittel) erstrecken.

Bei Verwendung von Sicherheitsbarrieren ist beispielsweise eine Erdung des eigensicheren Stromkreises an der Barriere durch Verbinden mit dem Potentialausgleich PA aus dem Ex-Bereich vorgeschrieben. Ohne diese Potentialanbindung des eigensicheren Stromkreises an den PA könnte bei Potentialunterschieden zwischen sicherem Bereich (z. B. Warte) und Ex-Bereich (Feld) und einem angenommenen Erdschluss des eigensicheren Stromkreises im Feld ein Ausgleichsstrom über den eigensicheren Stromkreis fließen. Da die Strombegrenzung der Barriere diesen Ausgleichsstrom nicht begrenzt, könnte die Eigensicherheit gefährdet werden; bei dem Erdschluss könnte also ein zündfähiger Funke entstehen.

Die Errichtungsbestimmungen fordern weiter, dass eine Erdung des eigensicheren Stromkreises nur an **einer** Stelle erfolgen darf. Ist der eigensichere Stromkreis beispielsweise schon an einer Barriere geerdet, so ist eine weitere Erdverbindung des Stromkreises, z. B. am angeschlossenen eigensicheren Betriebsmittel, nicht zulässig. Damit soll vermieden werden, dass bei Auftreten eines von einem anderen Betriebsmittel herrührenden Fehlerstromes in der PA-Leitung der dort entstehende Spannungsfall über zwei Verbindungspunkte an den eigensicheren Stromkreis zu liegen kommt und dort zu Ausgleichsströmen führt. Ausnahmen sind möglich für Anwendungsfälle, bei denen ein Fehlerstrom über die PA-Verbindung zwischen den beiden Erdungspunkten sicher ausgeschlossen werden kann und der Stromkreis nicht in Zone 0 führt.

8.8.5 Blitz- und Überspannungsschutz

In Freianlagen und bei exponierten Anlagenteilen besteht ein relativ hohes Risiko, dass sich durch das Auftreten atmosphärischer Elektrizität gefährliche Potentialdifferenzen aufbauen. Eigensichere Stromkreise sind durch die teilweise großen Distanzen zwischen Warte und Feld besonders gefährdet. Insbesondere für Stromkreise, die in die Zone 0 führen, wo häufig oder sogar ständig eine explosionsfähige Atmosphäre vorhanden ist, würden solche Überspannungen mit hoher Wahrscheinlichkeit eine Explosion auslösen.

Natürlich sollte in erster Linie versucht werden, das Risiko zu vermindern, indem beispielsweise Kabel und Leitungen unterirdisch geführt werden. Gefahr von Überspannungen entsteht aber auch, wenn z. B. der Blitz in die Blitzschutzanlage oberirdischer Tanks einschlägt und das Erdpotential und damit auch die Tankwandung kurzzeitig um einige kV angehoben wird. Dann kann es nämlich zwischen der metallischen Tankwandung und einer isoliert in den Tank eingeführten eigensicheren Messleitung, die an der fernen Erde der Messwarte angebunden ist, im Tank zu einem Überschlag kommen.

Um diese Zündfunken zu vermeiden, muss die Spannungsdifferenz auf Werte begrenzt werden, die von den Isolierteilen sicher beherrscht werden. Dazu müssen *Überspannungsschutzeinrichtungen* zwischen jedem Leiter eines Kabels (einschließlich eines Schirms) und der Anlage installiert werden, die auf jeden Fall sicherstellen, dass in dem eigensicheren Stromkreis die Isolationsspannung von 500 V nicht überschritten wird. In der Praxis begrenzt man sogar auf Spannungswerte zwischen 60 und 120 V. Diese Überspannungsschutzeinrichtungen sind so nah wie möglich an der Zone 0, aber nicht in der Zone 0 selbst, zu installieren. Wenn sie innerhalb der Zonen 1 oder 2 installiert werden sollen, müssen sie entsprechend explosionsgeschützt sein. Außerdem muss das Kabel zwischen der Überspannungsschutzeinrichtung und dem eigensicheren Betriebsmittel in der Zone 0 gegen Blitzeinschlag geschützt sein.

Für den eigensicheren Stromkreis muss beim Nachweis der Eigensicherheit die innere Kapazität oder Induktivität der Überspannungsschutzeinrichtung berücksichtigt werden. Dagegen wurde in der Systemnorm EN 60079-25 klargestellt, dass die Überspannungsschutzeinrichtung nicht als Erdungspunkt anzusehen ist, nur weil sie eine Ansprechspannung < 500 V aufweist, vorausgesetzt der im bestimmungsgemäßen Betrieb fließende Strom ist < 10 µA. Für die Isolationsprüfung mit 500 V kann man die Überspannungsschutzeinrichtung also vorübergehend abtrennen.

Explosionsgeschützte Steckvorrichtungen

DX/DXN

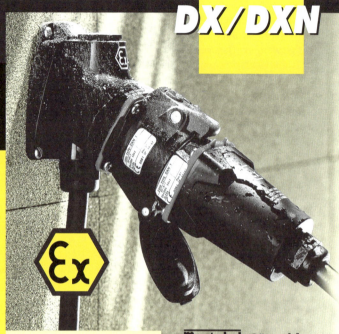

- ATEX
- 16 A bis 125 A
- IP66/67 automatisch beim Stecken
- sehr kompaktes Design
- integrierte Schaltfunktion
- Silber-Stirndruck-Kontakte für optimale Stromübertragung
- Gehäuse aus selbstverlöschendem glasfaserverstärktem Polyester oder aus Metall

Maréchal - Gütezeichen
◆ weltweit bewährt ◆

Fordern Sie weitere Informationen an:

ISV Industrie Steck-Vorrichtungen GmbH
Im Lossenfeld 8 · D-77731 Willstätt-Sand
Telefon +(49) (0) 78 52 / 91 96 -0
Telefax +(49) (0) 78 52 / 91 96 -19
E-Mail: info@isv.de · Internet: www.isv.de

9 Nichtelektrische Geräte

Der „neue Ansatz" („new approach") der Richtlinie 94/9/EG regelt auch den Explosionsschutz für nichtelektrische Geräte (Kupplungen, Getriebe, Pumpen, Rührwerke usw.).

Dieser Abschnitt soll aufzeigen, wo der Elektropraktiker mit explosionsgeschützten nichtelektrischen Geräten in Berührung kommen kann und welche Mindestanforderungen er dabei beachten sollte.

9.1 Gründe für den Explosionsschutz von nichtelektrischen Geräten

Bei der Explosionsstatistik in staubexplosionsgefährdeten Bereichen überwiegen gemäß **Bild 9.1** die mechanisch bedingten Zündanlässe gegenüber den elektrischen Ursachen weitaus – diese grundsätzliche Aussage kann auch auf Explosionen mit zündfähigen Gasen, Dämpfen oder Nebeln übertragen werden. Daher hat man sich bei CEN (Europäisches Komitee für Normung) intensiv mit dem Explosionsschutz von nichtelektrischen Betriebsmitteln befasst, um die allgemei-

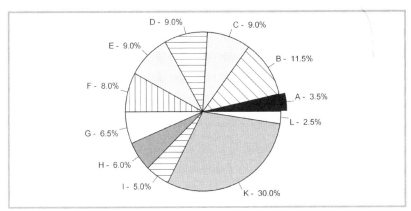

Bild 9.1 *Anteil verschiedener Zündquellen an Staubexplosionen nach Statistik des BIA (Berufsgenossenschaftliches Institut für Arbeitssicherheit, St. Augustin)*
    A   elektr. Betriebsmittel
    B   unbekannt   G   heiße Oberfläche
    C   Glimmnest   H   Selbstentzündung
    D   statische Elektrizität   I   Schweißen
    E   Reibung   K   mech. Funken
    F   Feuer   L   Sonstige

nen Anforderungen der ATEX 95 in Normen zu präzisieren. Die neuen Festlegungen in Normen und Gesetzen haben einen höheren Stellenwert als die früheren Hinweise in den Explosionsschutz-Regeln EX-RL, jetzt BGR 104 [A13].

9.2 Berührungspunkte des Elektropraktikers mit ATEX

„Als Geräte gelten Maschinen, Betriebsmittel, stationäre oder ortsbewegliche Vorrichtungen, Steuerungs- und Ausrüstungsteile sowie Warn- und Vorbeugungssysteme, die einzeln oder kombiniert zur Erzeugung, Übertragung, Speicherung, Messung, Regelung und Umwandlung von Energien und zur Verarbeitung von Werkstoffen bestimmt sind und die eigene potentielle Zündquellen aufweisen und dadurch eine Explosion verursachen können."

Nach dieser komplexen Definition in der Richtlinie kann es die Elektrofachkraft bei ihrer täglichen Arbeit häufig mit Maschinen oder Anlageteilen zu tun bekommen, die der ATEX unterliegen. Als konkrete Beispiele seien die festen Kombinationen mit Elektromotoren genannt, wie sie bei Ventilatoren, Rührwerken, Pumpen oder Getriebemotoren häufig vorkommen.

Elektrische Maschinen sind elektrische Betriebsmittel, für die nach **Bild 9.2** durch eine „benannte Stelle" (z. B. PTB, EXAM, TÜV) nach positiver Prüfung eine EG-Baumusterprüfbescheinigung ausgestellt wird, welche auch die mechanischen Aspekte wie Erwärmung der Lagerstellen, Festigkeit und Abstände des Belüftungssystems umfasst.

Bei Elektromotoren mit ATEX-Bescheinigung sind deren Hersteller, Anwender und Instandsetzer daher von den Normen für nichtelektrische Betriebsmittel zunächst nicht betroffen.

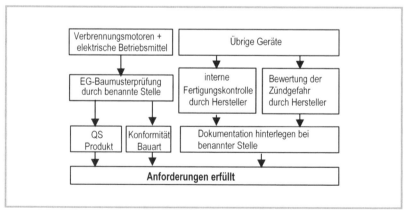

Bild 9.2 *Wege zum Nachweis der Konformität mit ATEX für elektrische Betriebsmittel und andere Geräte (z. B. Getriebe, Pumpen, Ventilatoren)*

Wenn jedoch der Elektromotor direkt oder über eine Kupplung mit einem mechanischen „Gerät" verbunden ist, kann bei der Wartung oder Instandsetzung in die Maßnahmen für den Explosionsschutz eingegriffen werden. Elektrofachkräfte müssen sich daher mit den Grundlagen für die Bewertung der von mechanischen Geräten ausgehenden Zündgefahren befassen.

9.3 Normen für die Zündschutzarten nichtelektrischer Geräte

Die derzeit teilweise noch im Entwurfstadium befindliche Normenreihe EN 13463 „Nichtelektrische Geräte zum Einsatz in explosionsgefährdeten Bereichen" sieht die Zündschutzarten nach **Tabelle 9.1** vor.

Tabelle 9.1 *Zündschutzarten für nichtelektrische Betriebsmittel*
(Bilder sind nicht Gegenstand der Norm)

Norm	Zündschutzart		Prinzip
	Benennung	Symbol	
EN 13463-1	Grundlagen und Anforderungen	–	
EN 13463-2	Schwadenhemmende Kapselung	fr	
EN 13463-3	Druckfeste Kapselung	d	
EN 13463-4	Eigensicherheit	i	
EN 13463-5	Konstruktive Sicherheit	c	
EN 13463-6	Zündquellenüberwachung	b	
EN 13463-7	Überdruckkapselung	p	
EN 13463-8	Flüssigkeitskapselung	k	

9.4 Zündschutzart Konstruktive Sicherheit „c"

Im März 2004 wurde nach mehrjähriger Bearbeitungszeit die Norm DIN EN 13463-5 „Nichtelektrische Geräte zur Verwendung in explosionsgefährdeten Bereichen – Schutz durch konstruktive Sicherheit" fertiggestellt. Diese Norm betrifft auch Antriebs- und Übertragungsmittel; also z. B. das Getriebeteil eines Getriebemotors.

Es folgt das Zitat [9-1] eines kompetenten Mitarbeiters in dieser Arbeitsgruppe:

„Die Zündschutzart Konstruktive Sicherheit wird für nichtelektrische Geräte, Maschinen, Einrichtungen und Betriebsmittel mit Sicherheit die größte Bedeutung erlangen. Das Grundkonzept der Zündschutzart besteht in dem Vermeiden von Zündquellen durch Anwendung anerkannter ingenieurtechnischer Prinzipien und Auswahl geeigneter Materialien bei Entwurf, Konstruktion und Bau von Geräten. Teile von Maschinen und Geräten, die ohne besondere konstruktive Maßnahmen unzulässig hohe Temperaturen annehmen können oder Reib- und Schlagfunken erzeugen können, sind so auszuführen, anzuordnen und zu dimensionieren, dass sie auch im Falle anzunehmender Gerätestörungen keine wirksamen Zündquellen darstellen. In ihren Grundgedanken entspricht diese Zündschutzart der Erhöhten Sicherheit (Ex e), EN 50019 im elektrischen Explosionsschutz.

Intention der beteiligten Experten war es, in der Praxis bewährte Konstruktionen in diesem Normentwurf zu beschreiben, ohne den technischen Fortschritt durch detaillierte Festlegungen zu behindern.

Die Zündschutzart Konstruktive Sicherheit ist bei Geräten der Kategorien M2, 2 und 1 anwendbar."

Die Norm enthält Festlegungen für bewegliche Teile, Lager, Übertragungsmittel (Getriebe, Riementriebe, Kettentriebe, hydrostatische und pneumatische Einrichtungen), schaltbare und nichtschaltbare Kupplungen, Bremsen, Federn und Fördergurte.

Hersteller und Anwender von mechanischen Übertragungsmitteln müssen die Umsetzung dieser Norm sorgfältig beachten, da teilweise erhebliche Änderungen gegenüber dem derzeitigen Stand der Anwendung dieser in explosionsgefährdeten Bereichen weit verbreiteten Komponenten notwendig sind.

9.5 Zündschutzart Flüssigkeitskapselung „k"

Aus der Definition wird deutlich, dass es bei diesem Schutzprinzip nicht notwendig ist, dass die bewegten Teile vollständig im Öl untertauchen:

„Eine Zündschutzart, bei der mögliche Zündquellen unwirksam gemacht werden oder von der entzündbaren Atmosphäre getrennt werden, indem sie entweder vollkommen in eine Schutzflüssigkeit eintauchen oder indem sie teilweise eintauchen und ihre wirksamen Oberflächen dauernd benetzt werden, so dass eine explosionsfähige Atmosphäre über der Flüssigkeit oder außerhalb dem Gehäuse des Gerätes nicht entzündet werden kann".

In der Einführung zur Norm sind als Beispiel d) ölgefüllte Getriebegehäuse ausdrücklich genannt.

9.6 Konformitätsbewertung beim mechanischen Explosionsschutz

Die von einem nichtelektrischen Gerät ausgehenden Zündgefahren sind zu bewerten und zu dokumentieren. Je nach Kategorie (Zone) wird dabei der Hersteller und/oder eine benannte Stelle tätig (**Tabelle 9.2**). Üblicherweise gehören die bei Elektropraktikern anfallenden Betriebsmittel in die Kategorien 2 und 3, also in die Zonen 1, 21, 2 und 22.

Tabelle 9.2 *Wege zum Nachweis der Konformität von nichtelektrischen Geräten mit der Richtlinie 84/9/EG (ATEX 95)*

Kate-gorie	Zone Gas	Zone Staub	Nachweis erstellt durch	Nachweis hinterlegt bei	Art des Nachweises
1	0	20	benannte Stelle	benannter Stelle	EG-Baumusterprüfbescheinigung einer benannten Stelle
2	1	21	Hersteller	benannter Stelle	Konformitätserklärung des Herstellers
3	2	22	Hersteller	Hersteller	Konformitätserklärung des Herstellers

9.7 Beispiele für mechanische Zündgefahren

Von den in EN 1127 und EN 13463-1 aufgelisteten potentiellen Zündquellen sind in dem hier betrachteten Zusammenhang vor allem zu beachten
- heiße Oberflächen (z. B. Gehäuse von Getrieben, Pumpen),
- heiße Flüssigkeiten (z. B. Schmieröl),
- mechanisch erzeugte Funken (z. B. Streifen von bewegten Teilen),
- Selbstentzündung von Stäuben (z. B Staubablagerungen auf erwärmten Oberflächen),
- Entladung statischer Elektrizität (z. B. Kunststoffgehäuse im bewegten Staubstrom).

Einige Beispiele sollen deutlich machen, wo sich die Elektrofachkraft auf kritischem Gebiet bewegt.

9.7.1 Elastische Kupplung

Die Kupplung nach **Bild 9.3** ist einfach aufgebaut; sie besteht aus zwei metallischen Naben und einem Zahnkranz aus Kunststoff, um begrenzte Verlagerungen (Fluchtung, radial und axial) zuzulassen und Drehmomentstöße zu dämpfen.

Für die Kupplung wurde von der benannten Stelle IBExU eine Baumusterprüfbescheinigung für Anwendungen II 2G EEx c IIC T4 ausgestellt; die Bewertung erfolgte also nach den Anforderungen der Konstruktiven Sicherheit „c". Aus der ausführlichen Betriebsanleitung werden hier nur zwei für den Explosionsschutz relevante Anforderungen erwähnt: In Ex-Bereichen der Explosionsklasse IIC müssen gegenüber der Normalausführung die halben Toleranzwerte für Winkelverlagerung, Radialverlagerung und Axialverschiebung eingehalten werden. Die Kontrollintervalle sind **Tabelle 9.3** zu entnehmen.

Die strengeren Anforderungen bei Explosionsklasse IIC werden von INBExU damit begründet, dass bei einem Verschleiß des Kunststoff-Zahnkranzes und beim Aufeinandertreffen der Metallteile schon geringere Zündenergien für eine Zündung ausreichend wären.

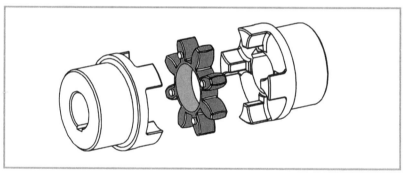

Bild 9.3 *Prinzipbild der KTR-ROTEX-Kupplung (Quelle: KTR-Betriebs- und Montageanleitung 40210)*

Tabelle 9.3 *Kontrollintervalle für elastische Kupplungen*

Explosionsklasse	Erste Kontrolle nach	Bei Gutbefund weitere Kontrollen nach jeweils
IIB	3000 h[1], längstens 6 Monate	6000 h[1], längstens 18 Monate
IIC	2000 h, längstens 3 Monate	4000 h, längstens 12 Monate

[1] Betriebsstunden

9.7.2 Temperatur im Ölsumpf eines Getriebes

Die wichtigsten Einflüsse auf die Erwärmung des Getriebeöls sind Leistungsdurchsatz, Eintriebs- und Ausgangsdrehzahl, Aufstellung (waagerecht oder senkrecht), Ölpegel.

Werden diese Parameter ohne Anpassung der Randbedingungen verändert, so kann bei größeren Getrieben und hoher Umgebungstemperatur eine Temperatur im Ölsumpf erreicht werden, die nahe an den bei Temperaturklasse T4 zulässigen Grenzwert von 135 °C herankommt.

9.7.3 Anforderungen an Ventilatoren

Für dieses häufig in Ex-Bereichen verwendete „Gerät" ist bei CEN eine eigene Norm in Vorbereitung.

Bild 9.4 zeigt einige der Anforderungen, die bei einer Instandsetzung oder einem Austausch beachtet werden müssen.

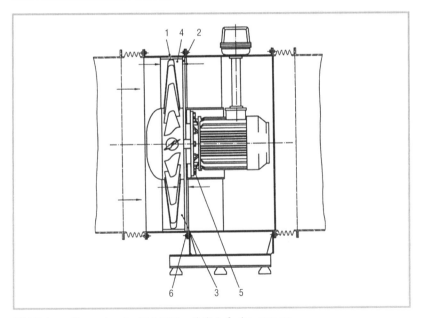

Bild 9.4 *Normentwurf prEN 14986 enthält Anforderungen an:*
1 Spitzen der Ventilatorblätter
2 Abstand in der möglichen Kontaktzone
3 Abstand in der möglichen Kontaktzone
4 nichtfunkendes Material in der möglichen Kontaktzone
5 sichere Flanschbefestigung des Motors
6 sichere Gehäusebefestigung

9.8 Betriebsanleitung

Die Betriebsanleitung hat eine wichtige Funktion für den Explosionsschutz; sie wurde in ATEX (Anhang II, Abschnitt 1.0.6) entsprechend aufgewertet. Nachstehend ein Auszug:

- „Zu jedem Gerät oder Schutzsystem muss eine Betriebsanleitung vorhanden sein, die folgende Mindestangaben enthält:
- gleiche Angaben wie bei der Kennzeichnung für Geräte oder Schutzsysteme mit Ausnahme der Seriennummer und gegebenenfalls wartungsrelevante Hinweise (z. B. Anschriften des Importeurs oder von Service-Werkstätten);
- Angaben zum oder zur sicheren
  - Inbetriebnahme,
  - Verwendung,
  - Montage und Demontage,
  - Instandhaltung (Wartung und Störungsbeseitigung),
  - Installation,
  - Rüsten;
- Angaben, die zweifelsfrei die Entscheidung ermöglichen, ob die Verwendung eines Geräts (entsprechend seiner ausgewiesenen Kategorie) oder eines Schutzsystems in dem vorgesehenen Bereich unter den zu erwartenden Bedingungen gefahrlos möglich ist;
- elektrische Kenngrößen und Drücke, höchste Oberflächentemperaturen sowie andere Grenzwerte;
- erforderlichenfalls besondere Bedingungen für die Verwendung, einschließlich der Hinweise auf sachwidrige Verwendung, die erfahrungsgemäß vorkommen kann".

Die Hersteller sind bemüht, diese Anforderungen – nicht zuletzt aus haftungsrechtlichen Gründen – in ihren Betriebsanleitungen oder Sicherheitshinweisen umzusetzen. Das Ergebnis sind oft kleine Handbücher, deren Umfang und Größe das „Beifügen" zum Produkt schwierig macht. Es bedarf einiger organisatorischer Bemühungen, dass die Betriebsanleitung in die Hand des Errichters kommt. Dass sie im Reparaturfall auch dem Instandsetzer zur Kenntnis gebracht wird, erscheint unwahrscheinlich.

Nach den obigen Ausführungen tut der gewissenhafte Elektropraktiker jedoch gut daran, auf der Übermittlung der Dokumentation zu bestehen, weil er sie zur Beurteilung der für den Explosionsschutz relevanten Auswirkungen seiner Instandsetzungs- und eventuellen Änderungsarbeiten benötigt.

9.9 Kennzeichnung

Für die Kennzeichnung von explosionsgeschützten mechanischen Geräten gelten Regeln, die in **Bild 9.5** am Beispiel des Getriebes an einem Getriebemotor erläutert werden.

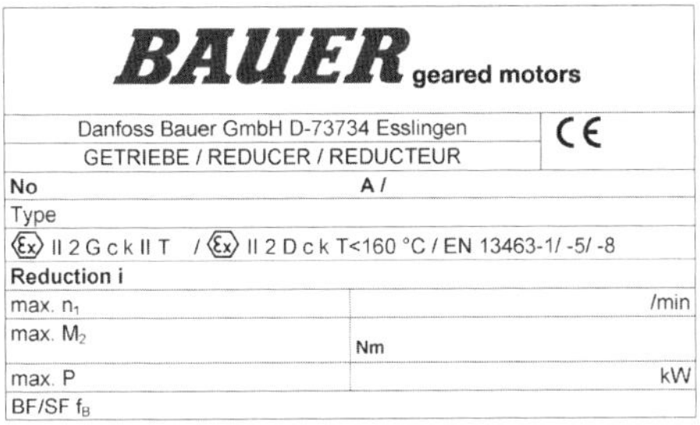

BAUER geared motors		
Danfoss Bauer GmbH D-73734 Esslingen		CE
GETRIEBE / REDUCER / REDUCTEUR		
No	A /	
Type		
⟨Ex⟩ II 2 G c k II T / ⟨Ex⟩ II 2 D c k T<160 °C / EN 13463-1/ -5/ -8		
Reduction i		
max. n_1		/min
max. M_2	Nm	
max. P		kW
BF/SF f_B		

⟨Ex⟩	Kennzeichen zur Verhütung von Explosionen
II	Einsatz über Tage
2	Kategorie 2 (Zone 1 oder 21)
G	Bereiche mit Gas
c	Zündschutzart Konstruktive Sicherheit „c"
k	Zündschutzart Flüssigkeitskapselung „k"
II	Explosionsgruppe
T	Temperaturklasse T3 oder T4 (wird aktuell ergänzt)
D	Bereiche mit brennbarem Staub
T<160 °C	Oberflächentemperatur
EN	bei Zündgefahrenbewertung berücksichtigte Normen
BF/SF f_B	zulässiger Betriebsfaktor für das Getriebe

Bild 9.5 *Beispiel für die Kennzeichnung eines Getriebes mit mechanischem Explosionsschutz*

9.10 Qualifikation für Instandsetzungsarbeiten

In der Betriebssicherheitsverordnung (BetrSichV) [A8] sind die Mindestanforderungen der ATEX 137 [A3] in deutsches Recht umgesetzt. Danach dürfen Wartung, Umbau und Instandsetzung nur von *befähigten Personen* durchgeführt werden, für die in §2 (7) folgende Begriffsbestimmung zu finden ist:

„Befähigte Person im Sinne dieser Verordnung ist eine Person, die durch ihre Berufsausbildung, ihre Berufserfahrung und ihre zeitnahe berufliche Tätigkeit über die erforderlichen Fachkenntnisse zur Prüfung der Arbeitsmittel verfügt".

Für die Prüfung *nach einer Instandsetzung* sind in §14 (6) weitergehende Anforderungen, z. B. eine Überwachungsstelle oder eine von der zuständigen Behörde anerkannte befähigte Person, verlangt.

Während die Kriterien für eine solche Anerkennung für die Prüfung von *elektrischen* Betriebsmitteln (z. B. Elektromotoren) aus der früher gültigen ElexV fortgeschrieben sind und dort auch produktübergreifend gelten, sind vergleichbare Festlegungen für die *nichtelektrischen* Geräte derzeit noch nicht allgemein bekannt. Es ist daher zurzeit empfehlenswert, dass der Hersteller seine Vertragswerkstätten speziell schult und qualifiziert, sofern er nicht auf einer in der BetrSichV ohne weitere Anerkennung erlaubten Instandsetzung im Herstellerwerk besteht.

Die Aufgaben des früheren „DExA" (Deutscher Ausschuss für explosionsgeschützte Anlagen) werden jetzt vom „ABS" (Ausschuss für Betriebssicherheit) und dort speziell vom UA5 (Unterausschuss Brand- und Explosionsschutz) wahrgenommen. Zusammen mit dem UA3 wurde dort eine *Technische Regel für Betriebssicherheit* TRBS 1203 [A11] erarbeitet, in deren Teil 1 es u. a. heißt:

„**Anforderungen an befähigte Personen**
Berufsausbildung
Die befähigte Person für die Prüfungen zum Explosionsschutz ... muss eine technische Berufsausbildung abgeschlossen haben oder eine andere für die vorgesehenen Prüfaufgaben ausreichende technische Qualifikation besitzen, die die Gewähr dafür bietet, dass die Prüfungen ordnungsgemäß durchgeführt werden.

Die befähigte Person für die Prüfungen zum Explosionsschutz muss über
- ein einschlägiges Studium oder
- eine vergleichbare technische Qualifikation oder
- andere technische Qualifikation mit langjähriger Erfahrung auf dem Gebiet der Sicherheitstechnik

verfügen und auf Grund umfassender Kenntnisse des Explosionsschutzes einschließlich des zugehörigen Regelwerkes die Gewähr dafür bieten, dass die Prüfungen ordnungsgemäß durchgeführt werden.

Berufserfahrung
Die befähigte Person für die Prüfungen zum Explosionsschutz ... muss eine mindestens einjährige Erfahrung mit der Herstellung, dem Zusammenbau oder der Instandhaltung der Anlagen ... besitzen.

Die befähigte Person ... muss eine mindestens einjährige Erfahrung mit der Herstellung oder Instandsetzung von Geräten ... besitzen.

Zeitnahe berufliche Tätigkeit
Die befähigte Person für die Prüfungen zum Explosionsschutz ... muss über die im Einzelnen erforderlichen Kenntnisse des Explosionsschutzes sowie der relevanten technischen Regelungen verfügen und – sofern erforderlich – diese Kenntnisse aktualisieren, z. B. durch Teilnahme an Schulungen/Unterweisungen.

Die befähigte Person ... muss regelmäßig durch Teilnahme an einem einschlägigen Erfahrungsaustausch auf dem Gebiet des Explosionsschutzes fortgebildet werden.

Anerkennung, alternative Anforderungen
Die befähigte Person ... muss von der zuständigen Behörde für diese Prüfungen anerkannt sein.

9.10 Qualifikation für Instandsetzungsarbeiten

Aufgaben der befähigten Personen ... können auch von Zugelassenen Überwachungsstellen wahrgenommen werden, die die Zulassung nach ... BetrSichV besitzen."

Den Elektrofachkräften, die auch künftig Wartungs- und Instandsetzungsarbeiten an nichtelektrischen Geräten nach ATEX durchführen wollen, ist zu empfehlen, die vollständige Fassung der Technischen Regel TRBS 1203 und deren praktische Umsetzung zu beachten

Für den formalen Ablauf einer Instandsetzung ergibt sich daher derzeit ein zweigeteiltes Schema (**Bild 9.6**).

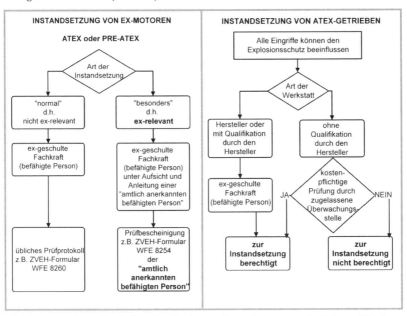

Bild 9.6 *Schema für die formalen Aspekte zur Instandsetzung von Ex-Motoren (links) und ATEX-Getrieben (rechts)*

Die Buchreihe zur Zeitschrift

Brandschadenverhütung mit Projektdokumentation

Inhaltlich ist auch die 2. Auflage wieder darauf ausgerichtet, Entscheidungshilfen für die Auswahl und Berechnung von Kabeln und Leitungen, für die Auswahl der Schutzeinrichtungen und Betriebsmittel sowie für die Auswahl der Brandschottungen und des Funktionserhaltes von Sicherheitseinrichtungen zur Verfügung zu stellen.

Die gründliche Bearbeitung wurde u.a. notwendig, weil sich umfangreiche Änderungen bei den DIN-VDE-Normen ergeben haben. Berücksichtigt sind nun die neuen Ausgaben von DIN VDE 0100-482, DIN VDE 0100-520 sowie DIN VDE 0298-4. Des Wei-teren haben zusätzliche Themen wie Störlichtbogenschutz und Überwachung von Frequenzumrichtern Eingang gefunden.

Auch die Begleit-CD liegt nun in erweiterter Form vor und enthält jetzt statt vier fünf automatische Tabellen zur Strom-, Kabel- und Leitungsberechnung, zur Querschnittsberechnung bei Funktionserhalt sowie zur Festlegung des Nennstroms von Überstrom-Schutzeinrichtungen.

Alle Daten lassen sich automatisch in eine Projektdokumentation übertragen.

Herbert Schmolke
Brandschutz in elektrischen Anlagen Praxishandbuch für Planung, Errichtung, Prüfung und Betrieb
2., neu bearb. und erweiterte Auflage 2005.
361 Seiten. Mit CD-ROM.
Gebunden.
€ 44,80
ISBN 3-8101-0183-4
Jetzt mit Dokumentationshilfe auf CD!

Postfach 10 28 69, D-69018 Heidelberg, Tel. 0 62 21/4 89-5 55, Fax 0 62 21/4 89-4 43,
e-mail: de-buchservice@de-online.info, Internet: http://www.de-online.info

10 Errichten

10.1 Einführung

Als Errichten elektrischer Anlagen gilt ihr Neubau, ihre Erweiterung oder ihr Wiederaufbau. Für das Errichten elektrischer Anlagen in explosionsgefährdeten Bereichen und die Auswahl geeigneter Betriebsmittel gibt es zwei Normen: DIN EN 60079-14 „Elektrische Betriebsmittel für gasexplosionsgefährdete Bereiche Teil 14: Elektrische Anlagen für gefährdete Bereiche (ausgenommen Grubenbaue)" [B9] und DIN EN 61241-14 (VDE 0165-2) „Elektrische Betriebsmittel zur Verwendung in Bereichen mit brennbarem Staub – Teil 14: Auswahl und Errichten" [B25]. Für den nichtelektrischen Bereich sind bisher noch keine Normen zu diesem Thema geplant. Die beiden Normen für elektrische Anlagen sind in ihrem Aufbau und vor allen Dingen auch in ihren technischen Aussagen weitgehend identisch. Es bestehen zurzeit aber noch geringfügige Unterschiede in den verwendeten Formulierungen. Für die Zukunft sind eine vollständige Angleichung und die Zusammenführung zu einer einzigen Norm geplant. Die folgenden Ausführungen basieren im Wesentlichen auf den Festlegungen dieser beiden Normen.

Neben den Anforderungen der Normen sind in jedem Fall auch die Anweisungen und Forderungen des Herstellers der eingesetzten Betriebsmittel zu erfüllen, die dieser in der mitgelieferten Dokumentation festgelegt hat.

Vor der ersten Inbetriebnahme einer neu errichteten elektrischen Anlage ist eine erste Überprüfung erforderlich, die als Abschluss der Errichtung angesehen werden kann. Diese Überprüfung erfolgt in gleicher Weise wie die während des Betriebs erforderlichen Prüfungen und muss von dafür qualifiziertem Personal durchgeführt werden (siehe Kapitel 11).

10.2 Allgemeine Anforderungen

Zunächst ist festzuhalten, dass elektrische Anlagen in explosionsgefährdeten Bereichen selbstverständlich auch den Anforderungen für elektrische Anlagen in nicht explosionsgefährdeten Bereichen entsprechen müssen. Das heißt, beim Errichten sind auch die Anforderungen von DIN VDE 0100 „Bestimmungen für das Errichten von Starkstromanlagen bis 1000 V" [B52] und, wo zutreffend, auch DIN VDE 0101 „Starkstromanlagen mit Nennwechselspannungen über 1 kV" [B53] bzw. DIN VDE 0800 „Fernmeldetechnik und Informationstechnik" [B54] zu beachten.

Zusätzlich müssen – außer bei eigensicheren Stromkreisen – Kabel und Leitungen gegen Überlast und die schädlichen Auswirkungen von Kurz- und Erdschlüssen geschützt werden. Elektrische Betriebsmittel – eigensichere ausgenommen – sind ebenfalls gegen die schädlichen Auswirkungen von Kurz- und Erdschlüssen zu schützen.

Motoren, die nicht dauernd ihren Anlaufstrom bei Bemessungsspannung und Bemessungsfrequenz führen können, müssen gegen Überlast geschützt werden ebenso wie alle Generatoren, die ihren Kurzschlussstrom nicht dauernd ohne unzulässige Erwärmung führen können.

Als *Überwachungseinrichtungen* müssen stromabhängige zeitverzögerte Schutzeinrichtungen für alle drei Phasen, so genannte *Bimetallrelais,* eingesetzt werden, die passend zu der zu überwachenden Maschine auszuwählen und einzustellen sind. Ebenfalls zulässig sind Einrichtungen zur direkten Temperaturüberwachung durch *eingebettete Temperaturfühler,* wenn sichergestellt ist, dass mit ihnen die höchste auftretende Temperatur erfasst wird, oder gleichwertige andere Einrichtungen. Die Schutzeinrichtungen müssen so beschaffen sein, dass ein automatisches Wiedereinschalten unter Fehlerbedingungen verhindert ist.

Wenn der Ausfall einer oder mehrer Phasen bei mehrphasigen Betriebsmitteln zu einer unzulässigen Erwärmung führen kann, muss der Betrieb in einem solchen Fall unterbunden werden. Eingesetzt werden für diesen Zweck *Bimetallrelais mit Phasenausfallempfindlichkeit.*

Sollte der Fall auftreten, dass die automatische Abschaltung eines Betriebsmittels zu einem höheren Risiko als dem einer Zündung führen könnte, erlaubt die Norm stattdessen auch den Einsatz einer *Warneinrichtung,* wenn sichergestellt wird, dass deren Ansprechen sofort bemerkt wird und adäquate Abhilfemaßnahmen getroffen werden.

10.3 Anordnung von Betriebsmitteln

In explosionsgefährdeten Bereichen sollen nur die elektrischen Betriebsmittel angeordnet werden, die dort unbedingt benötigt werden. Das sind in aller Regel Beleuchtungseinrichtungen, elektrische Antriebe, elektrische Heizeinrichtungen, Steuer- und Befehlsorgane und Sensoren und Aktoren der Mess-, Steuerungs- und Regelungstechnik (MSR). Alle anderen elektrischen Einrichtungen, wie Transformatoren der Energieversorgung, Hochspannungs- und Niederspannungsschaltanlagen, Kompensationsanlagen, Signalverarbeitungsanlagen und Bedien- oder Beobachtungsanlagen, können und sollen außerhalb des explosionsgefährdeten Bereiches untergebracht werden.

Sind explosionsgefährdete Bereiche räumlich sehr ausgedehnt, so kann man ungefährdete Teilbereiche schaffen, indem man besondere Räume für Leitwarten und Schaltanlagen einrichtet. Diese Räume sind gegen die Umgebung so abzudichten, dass eine außen vorüberziehende explosionsfähige Atmosphäre nicht eindringen kann. Für den Zutritt aus einem explosionsgefährdeten Bereich, der in Zone 1 eingestuft ist, ist eine Schleuse erforderlich. Wird Frischluft benötigt, so muss sie aus einem ungefährdeten Bereich angesaugt werden (**Bild 10.1**).

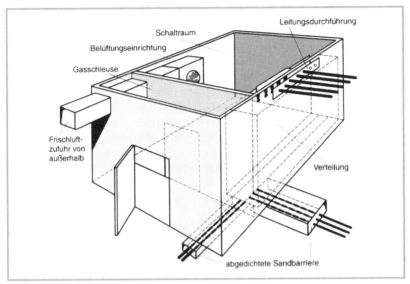

Bild 10.1 *Fremdbelüfteter Schaltraum*

10.4 Auswahl von Betriebsmitteln

Zunächst muss die *Gerätekategorie* der Betriebsmittel für die Zone geeignet sein, in der sie eingesetzt werden sollen. Tabelle 10.1 zeigt die Zuordnung.

Diese Zuordnung findet sich genauso in Anhang 4 B der Betriebssicherheitsverordnung [A8]. Sie wird dort allerdings eingeleitet durch den Satz: „Sofern im

Tabelle 10.1 *Zuordnung von Gerätekategorie und Zone*

Zone	Zulässige Gerätekategorie
0	1G
1	1G, 2G
2	1G, 2G, 3G
20	1D
21	1D, 2D
22	1D, 2D, 3D

Explosionsschutzdokument unter Zugrundelegung der Ergebnisse der Gefährdungsbeurteilung nichts anderes vorgesehen ist, sind in explosionsgefährdeten Bereichen Geräte und Schutzsysteme entsprechend den Kategorien gemäß der Richtlinie 94/9/EG auszuwählen." Damit eröffnet sich dem Anlagenbetreiber die Möglichkeit, von dieser Zuordnung abzuweichen, wenn es ihm gelingt, nachzuweisen, dass die erforderliche Sicherheit auf andere Weise gewährleistet ist.

Des Weiteren müssen die Betriebsmittel so ausgewählt werden, dass die *maximal auftretenden Temperaturen* an den für Gase, Nebel, Dämpfe oder Stäube zugänglichen Oberflächen sicher unter der Zündtemperatur der explosionsfähigen Atmosphäre bzw. bei Staubablagerungen unter der Glimmtemperatur des Staubes bleiben. Dies ist im Fall der Gasexplosionsgefahr durch Auswahl der richtigen *Temperaturklasse* zu bewerkstelligen. Bei Staubexplosionsgefahr sind Sicherheitsabstände einzuhalten. Die vom Hersteller angegebene maximale Oberflächentemperatur darf nur höchstens 2/3 der Zündtemperatur des Staub-Luft-Gemisches betragen. Für Staubschichten bis zu 5 mm Dicke gilt, dass die maximale Oberflächentemperatur einen Wert nicht übersteigen darf, der um 75 K unter der Glimmtemperatur einer Staubschicht von 5 mm Dicke des betreffenden Staubes liegt. Ist mit Staubablagerungen von mehr als 5 mm zu rechnen, so muss die maximal zulässige Oberflächentemperatur noch weiter verringert werden. Anweisungen dazu finden sich in DIN EN 61241-14 (VDE 0165-2) [B25] (siehe auch Abschnitt 4.7).

Bei Betriebsmitteln zur Verwendung in gasexplosionsgefährdeten Bereichen in den Schutzarten Eigensicherheit und Druckfeste Kapselung muss zusätzlich noch beachtet werden, dass die *Explosionsgruppe* den Einsatzbedingungen genügt. **Tabelle 10.2** zeigt die Zusammenhänge.

Tabelle 10.2 *Beziehung zwischen der Unterteilung von Gasen und Dämpfen und der Untergruppe von Betriebsmitteln*

Gas/Dampf-Unterteilung	Betriebsmittel-Untergruppe
IIA	IIA, IIB oder IIC
IIB	IIB oder IIC
IIC	IIC

10.5 Äußere Einflüsse

Da die maximalen Oberflächentemperaturen von Betriebsmitteln normalerweise auf eine Umgebungstemperatur von 40 °C bezogen werden, dürfen sie (mit Ausnahme von Kabeln und Leitungen) nur bei Umgebungstemperaturen bis 40 °C verwendet werden. Dabei ist der Einfluss benachbarter Wärmequellen zu berücksichtigen. Bei Umgebungstemperaturen > 40 °C dürfen Betriebsmittel nur dann eingesetzt werden, wenn sie hierfür ausgelegt und gekennzeichnet sind.

Die Betriebsmittel sind durch ihre Anordnung, durch Auswahl ihrer Bauart oder auch durch zusätzliche Maßnahmen gegen Wasser, elektrische, chemische, thermische und mechanische Einflüsse so zu schützen, dass bei ihrem bestimmungsgemäßen Gebrauch der Explosionsschutz erhalten bleibt.

10.6 Schutz gegen das Auftreten gefährlicher Funken

10.6.1 Schutz vor Gefährdung durch aktive Teile und durch die Körper der Betriebsmittel

Um das Auftreten zündfähiger elektrischer Funken zu vermeiden, müssen außer bei Schutzart Eigensicherheit alle aktiven Teile isoliert sein. In Abhängigkeit von der Netzform sind folgende weitere Maßnahmen erforderlich.

Bei einem *TN-System* müssen im explosionsgefährdeten Bereich N- und PE-Leiter getrennt geführt werden. Die Auftrennung beider Leiter muss außerhalb des gefährdeten Bereiches erfolgen (**Bild 10.2**).

Bei einem *TT-System* (getrennte Erdung für Versorgungsteil und Körper elektrischer Betriebsmittel) ist für Installationen in der Zone 1 eine Fehlerstromschutzeinrichtung (RCD) vorzusehen.

Bei einem *IT-System* (Sternpunkt isoliert oder über eine Impedanz geerdet) ist eine Isolationsüberwachungseinrichtung zur Anzeige des ersten Erdschlusses erforderlich.

SELV-Schutzkleinspannungssysteme müssen DIN VDE 0100-410 + A1, Abschnitte 411.1.1 bis 411.1.4, entsprechen. Aktive Teile von SELV-Stromkreisen dürfen nicht geerdet oder mit aktiven Teilen oder Schutzleitern anderer Stromkreise verbunden werden.

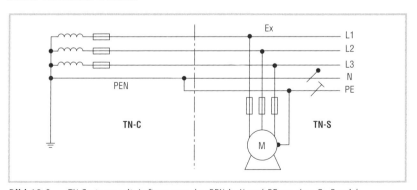

Bild 10.2 *TN-Systeme mit Auftrennung des PEN in N und PE vor dem Ex-Bereich*

PELV-Funktionskleinspannungssyteme müssen DIN VDE 0100-410 + A1, Abschnitte 411.1.1 bis 411.1.3 und 411.1.5, entsprechen. Die PELV-Stromkreise dürfen geerdet oder potentialfrei betrieben werden. Bei geerdeten Stromkreisen müssen die Erdverbindungen und alle Körper elektrischer Betriebsmittel an ein gemeinsames Potentialausgleichssystem angeschlossen werden. Bei potentialfrei betriebenen Stromkreisen dürfen die Körper elektrischer Betriebsmittel geerdet werden oder potentialfrei bleiben.

Wird Schutztrennung eingesetzt, so muss sie entsprechend Abschnitt 413.5 von DIN VDE 0100-410 + A1 ausgeführt werden.

10.6.2 Potentialausgleich

Um Zündungen durch Funken zu vermeiden, die durch Ausgleichsströme verursacht werden, ist in explosionsgefährdeten Bereichen ein Potentialausgleich (**Tabelle 10.3**) erforderlich, der alle Körper elektrischer Betriebsmittel und fremde leitfähige Teile einbezieht.

Fremde leitfähige Teile, die nicht Bestandteil der Konstruktion oder der elektrischen Anlage sind und bei denen keine Gefahr der Spannungsverschleppung besteht, z. B. bei Türzargen und Fensterrahmen, müssen nicht einbezogen werden. Kein gesonderter Anschluss muss für Körper vorgenommen werden, wenn ein sicherer Kontakt über Konstruktionsteile oder Rohrleitungen mit dem Potentialausgleich besteht (**Bild 10.3**).

Metallische Gehäuse eigensicherer Betriebsmittel müssen nur dann an den Potentialausgleich angeschlossen werden, wenn dies in der Betriebsanleitung gefordert oder zur Ableitung statischer Elektrizität erwünscht ist. Anlagen mit katodischem Schutz dürfen nur dann mit dem Potentialausgleichssystem verbunden werden, wenn das System besonders dafür ausgelegt ist.

Tabelle 10.3 *Bemessung des Potentialausgleichs*

Hauptpotentialausgleich		Zusätzlicher Potentialausgleich	
normal	0,5 · Querschnitt des Hauptschutzleiters	zwischen zwei Körpern	1 · Querschnitt des kleineren Schutzleiters
		zwischen einem Körper und einem fremden leitfähigen Teil	0,5 · Querschnitt des Schutzleiters
mindestens	6 mm² Cu oder gleichwertiger Leitwert	mit mechanischem Schutz	2,5 mm² Cu 4 mm² Al
		ohne mechanischen Schutz	4 mm² Cu
mögliche Begrenzung	25 mm² Cu oder gleichwertiger Leitwert	–	–

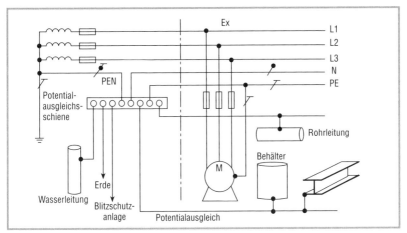

Bild 10.3 *Potentialausgleich*

10.6.3 Statische Elektrizität

Eine häufig unterschätzte Zündgefahr sind Entladungsfunken elektrostatischer Aufladungen. Es sind Maßnahmen zu treffen, um diese zu vermeiden bzw. auf ein ungefährliches Maß zu beschränken. Die Möglichkeiten zu elektrostatischen Aufladungen werden von einer Reihe von physikalischen Parametern bestimmt, die in aller Regel stark von den lokalen Gegebenheiten abhängen. Daher sollte normalerweise eine Einzelfallbetrachtung durchgeführt werden. Informationen zum Thema finden sich in der Schrift der Berufsgenossenschaften BGR 132 „Vermeidung von Zündgefahren infolge elektrostatischer Aufladungen" [A14].

10.6.4 Blitzschutz

Die Auswirkung von Blitzeinschlägen ist ebenfalls auf ein ungefährliches Maß zu beschränken. Angaben zu Blitzschutzmaßnahmen finden sich in DIN V EN V 61024-1 (VDE V 0185-100) „Blitzschutz baulicher Anlagen – Teil 1 Allgemeine Grundsätze" [B55]. Um Einwirkungen von Blitzeinschlägen außerhalb der Zonen 0 und 20 auf die Zonen 0 und 20 verhindern, müssen Überspannungsableiter an in die Zone 0 oder 20 führende Stromkreise an geeigneten Stellen installiert werden.

10.6.5 Elektromagnetische Felder

Auch durch die Einstrahlung elektromagnetischer Wellen kann es zu Funkenbildung kommen. Keine Zündgefahr besteht nach Ex-RL [A13] in den Zonen 1 und 2 bei einer Begrenzung der eingestrahlten Leistung für IIC auf $\leq 2\,W$, für IIB auf $\leq 4\,W$ und für IIA auf $\leq 6\,W$. In den Zonen 21 und 22 liegt der Grenzwert bei $\leq 6\,W$. Für die Zone 0 und 20 sind die Grenzwerte auf 80 % zu reduzieren.

10.6.6 Katodisch geschützte Metallteile

Metallteile in explosionsgefährdeten Bereichen, die katodisch geschützt sind, sind aktive fremde leitfähige Teile, die trotz ihres geringen negativen Potentials (besonders bei eingeprägtem Strom) als möglicherweise gefährlich anzusehen sind. Deshalb dürfen in den Zonen 0 und 20 Metallteile nur dann mit einem katodischen Schutz ausgerüstet werden, wenn er speziell für diese Art des Einsatzes vorgesehen ist. Die erforderlichen Isolierstücke sollten in jedem Fall außerhalb des explosionsgefährdeten Bereiches angeordnet werden.

10.7 Notabschaltung und Freischaltung

Um im Notfall die Versorgung mit elektrischer Energie in einen gefährdeten Bereich hinein unterbrechen zu können, müssen Abschaltmöglichkeiten an ungefährdeter Stelle vorhanden sein. Hierzu können die für den üblichen Betrieb vorhandenen Schalteinrichtungen verwendet werden, wenn deren Betätigung von einer nicht gefährdeten Stelle aus vorgenommen werden kann, z. B. von einem Schaltraum.

Um ungefährdet an den Stromkreisen arbeiten zu können, sind für jeden Stromkreis oder für Stromkreisgruppen Vorrichtungen zum Freischalten vorzusehen. Dafür in Frage kommen z. B. Trenner, Sicherungen und Brücken. Die Auftrennung muss allpolig unter Einbeziehung des Neutralleiters möglich sein. Die Trenneinrichtungen müssen so gekennzeichnet werden, dass eine eindeutige Identifikation der zugehörigen Stromkreise oder Stromkreisgruppen möglich ist.

10.8 Kabel und Leitungen

Im folgenden Text gibt es einige Ausnahmen, die Kabel und Leitungen für eigensichere Stromkreise betreffen. Zusätzliche Anforderungen für Kabel und Leitungen für eigensichere Stromkreise finden sich im Abschnitt 8.8.3.

10.8.1 Allgemeines

Die *Auswahl* von Kabeln und Leitungen kann nach den nationalen Normen DIN VDE 0298 „Verwendung von Kabeln und isolierten Leitungen für Starkstromanlagen" und DIN VDE 0898 „Verwendung von Kabeln für Fernmeldeanlagen und Informationsverarbeitungsanlagen" erfolgen.

Nichtummantelte Aderleitungen dürfen nur dann als spannungsführende Leiter verwendet werden, wenn sie in Schalttafeln, Gehäusen oder speziellen Rohrleitungssystemen („Conduits") verlegt sind (siehe unten). Dies gilt nicht für eigensichere Stromkreise.

Bei Aluminium als Leiterwerkstoff müssen besondere Anschlussklemmen verwendet werden. Außer bei eigensicheren Stromkreisen beträgt der erforderliche Mindestquerschnitt 16 mm^2.

Der Anschluss von Kabeln und Leitungen und „Conduits" an die elektrischen Betriebsmittel muss entsprechend deren Zündschutzart erfolgen. Zu beachten ist, dass die Werkstoffe für Kabel und Leitungen häufig Kaltflusseigenschaften haben, d. h., dass sie sich unter Druck verformen können. Da sich dies negativ auf die Zündschutzart auswirken kann, sollten für solche Kabel und Leitungen nur spezielle Kabeleinführungen verwendet werden, z. B. solche ohne Kompressionsdichtungen. Wenn dadurch keine ausreichende Klemmung der Kabel und Leitungen mehr erfolgen kann, ist es allerdings erforderlich, die Kabel und Leitungen an anderer Stelle zusätzlich festzuklemmen.

Mehr- oder speziell feindrähtige Leiter müssen an ihren Enden durch Kabelschuhe, Aderendhülse oder die Art der Anschlussklemme gegen Aufspleißen geschützt werden; Löten allein genügt nicht.

Ausgenommen bei eigensicheren Stromkreisen, müssen ungenutzte Aderleitungen an ihrem Ende im explosionsgefährdeten Bereich mit Erde verbunden oder durch geeignete Abschlussmittel ausreichend isoliert werden. Die Isolierung allein mit Isolierband wird nicht empfohlen.

Unbenutzte Öffnungen für Kabel und Leitungseinführungen in die Gehäuse elektrischer Betriebsmittel müssen mit Verschlusselementen verschlossen sein, die der Zündschutzart des Betriebsmittels entsprechen. Sie dürfen, außer bei der Schutzart Eigensicherheit, nur mit einem Werkzeug zu öffnen sein.

Der zufällige Kontakt von Metallbewehrungen oder -ummantelungen von Kabeln und Leitungen mit Rohrleitungen muss, außer bei elektrischen Begleitheizungen, verhindert werden. Üblicherweise ist eine Ummantelung mit einem nichtmetallischen Werkstoff dafür ausreichend.

Die *Leitungsführung* in der Verbraucheranlage zwischen den Schalt-, Steuer- und Verteilungsanlagen und den Verbrauchern sollte so erfolgen, dass die Kabel und Leitungen durch zu erwartende mechanische (Anstoß von Gabelstaplern, Vibration), chemische (Korrosion, Lösungsmittel) und thermische Beanspruchungen nicht beschädigt werden. Zu erreichen ist dies am ehesten durch eine geeignete Verlegung. Angewendet werden die oberirdische und die unterirdische

Verlegung, letztere bei ebenerdigen oder Freiluftanlagen. Im *Erdboden* dürfen nur Kabel verlegt werden; dafür sind Kabelkanäle, Kabelgräben oder Kabelziehsteine vorzusehen. Das Eindringen von aggressiven Flüssigkeiten in Kabelgräben und -kanäle muss verhindert werden, ebenso das Eindringen von Gasen und Dämpfen, die schwerer als Luft sind. Dies wird erreicht, indem die Gräben und Kanäle mit Sand aufgefüllt, mit Platten abgedeckt und die Fugen mit Dichtmasse abgedichtet werden. In Gebäuden kann anstelle von Abdeckplatten und Steinen auch Magerbeton verwendet werden. Eine Einfärbung zur Kennzeichnung der Kabeltrasse wird empfohlen. Auch bei den Kabelziehsteinen muss eine Abdichtung erfolgen.

Die *oberirdische Verlegung* erfolgt auf Kabelpritschen, Kabelbetten oder in Kabelkanälen. Auch Schutzrohre können zur Anwendung kommen. In Deutschland nicht üblich, aber zulässig ist die in den USA heute noch standardmäßige Verlegung in einem geschlossenen Rohrleitungssystem spezieller Ausführung (so genanntes *Conduit-System*). Die dickwandigen Rohre bilden dabei einen druckfest gekapselten Raum, in den Einzeladerleitungen eingezogen werden. Die Verbindung der Rohre erfolgt über Spezialeinrichtungen, die mit Vergussmasse verfüllt werden. Die verwendeten Betriebsmittel müssen für den Anschluss solcher Rohrsysteme geeignet sein. Für Betriebsmittel mit einem derartigen Anschluss gibt es Adapter, mit denen es möglich ist, Kabel oder Mehraderleitungen in diese Betriebsmittel einzuführen.

Besonders zu beachten ist der *Brandschutz* für Kabel und Leitungen. Es dürfen nur Kabel und Leitungen verwendet werden, die solche Kennwerte für die Flammenausbreitung aufweisen, dass sie die Prüfung nach EN 50265-2-1 „Tests on electric cables under fire conditions Part 1: Test on a single vertical insulated wire or cable" bestehen, wenn sie nicht in mit Sand verfüllten Kabelgräben oder -kanälen verlegt oder anderweitig gegen Flammenausbreitung geschützt sind.

Auch bei oberirdischer Verlegung von Kabeln und Leitungen ist darauf zu achten, dass es nicht zu einem Durchtritt von Gasen, Dämpfen oder brennbare Flüssigkeiten von einem Bereich zum anderen kommen kann. „Conduits" müssen wie oben beschrieben abgedichtet sein. In besonderen Fällen, z. B. bei größeren Druckunterschieden zwischen den Endpunkten, kann das auch für Kabel und Leitungen erforderlich sein.

Bei *Kabel-* und *Leitungsdurchführungen* durch Decken und Wände muss nicht nur der Brandschutz sichergestellt sein, es dürfen ebenfalls keine Gase, Dämpfe oder brennbare Flüssigkeiten in Räume eindringen, die als nicht explosionsgefährdete Bereiche eingestuft sind. Das Gleiche gilt dann, wenn Wände oder Decken die Grenze zwischen zwei Zonen, z. B. Zone 1 und Zone 2, darstellen.

Bei den Abschottungsmaßnahmen ist zu bedenken, dass im Allgemeinen Erweiterungen oder Veränderungen in der elektrischen Anlage auch eine Erweiterung der Kabel- und Leitungsanlage notwendig machen. Die Durchführungen müssen deshalb erlauben, Kabel oder Leitungen hinsichtlich ihres Durchmessers

10.8 Kabel und Leitungen

und ihrer Anzahl zu ändern. Es gibt handelsübliche Durchführungen, die diese Anforderungen erfüllen. Es können aber auch Durchbrüche durch Ausschäumen, durch Verstopfen mit Steinwolle und Abschluss mit Mörtelabdichtung verschlossen werden. Wenn viele Leitungen oder Kabel zu verlegen sind und häufig Änderungen und Erweiterungen an der Trasse vorgenommen werden müssen, haben sich Sandbarrieren bewährt. Sie sind baurechtlich zugelassene *Brandschotte* (**Bilder 10.4 und 10.5**).

In *staubexplosionsgefährdeten Bereichen* müssen Kabel und Leitungen so verlegt werden, dass sich auf ihnen möglichst wenig Staub ablagern kann und dass unvermeidbare Staubablagerungen leicht entfernt werden können. Da Kabel und Leitungen ebenfalls die maximal zulässigen Oberflächentemperaturen für den Bereich einhalten müssen, in dem sie verlegt sind, ist im Fall von Staubablagerungen zu überprüfen, dass es nicht zu unzulässigen Temperaturerhöhungen durch das zusätzliche thermische Isolationsvermögen des abgelagerten Staubes kommt. Dies gilt besonders für Stäube mit niedriger Glimmtemperatur. Außerdem besteht in staubexplosionsgefährdeten Bereichen die Gefahr, dass Kabel und

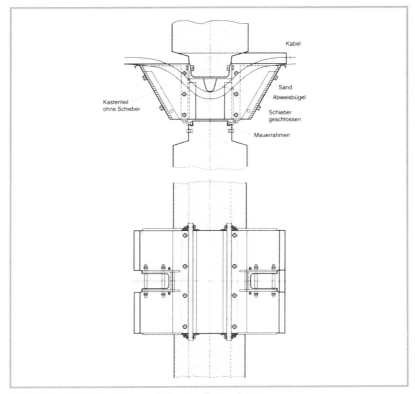

Bild 10.4 *Kabelabschottung mit dem Sandkasten-System*

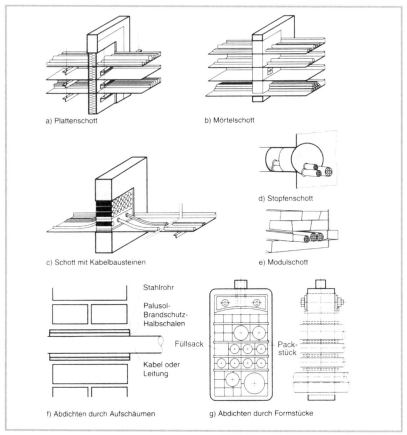

Bild 10.5 *Wanddurchführungen für Kabel oder Leitungen*

Leitungen durch bewegten Staub elektrostatisch aufgeladen werden. Die Verlegung sollte deshalb so erfolgen, dass ein Kontakt mit bewegtem Staub vermieden wird. Wo das nicht möglich ist, sind andere Maßnahmen gegen elektrostatische Aufladung zu treffen.

Unterbrechungen von Kabeln und Leitungen sind in explosionsgefährdeten Bereichen so weit wie möglich zu vermeiden. Wenn sie erforderlich sind, muss die Verbindung den zu erwartenden mechanischen, elektrischen und umgebungsbezogenen Beanspruchungen widerstehen können. Dazu wird sie üblicherweise in einem Gehäuse ausgeführt, das mit seiner Zündschutzart die Anforderungen der umgebenden Zone erfüllt. **Bild 10.6** zeigt Abzweigdosen in der Zündschutzart Erhöhte Sicherheit Ex „e" für die Zone 1.

Verbindungen außerhalb von Gehäusen können, wenn die Verbindung nicht

10.8 Kabel und Leitungen

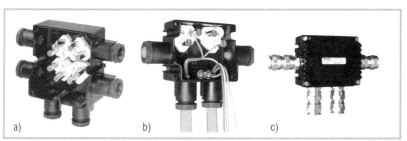

Bild 10.6: *Ex-Abzweigdosen in der Zündschutzart „e"*
Fotos: Cooper Crouse-Hinds (CEAG)
a) Abzweigdose mit 6 Einführungen
b) Leitungseinführung mit Kabelverschraubungen und Blindstopfen an nicht benutzten Einführungen
c) Metalleinführung M 20 x 1,5 für Rohrsysteme

mechanisch beansprucht wird, mit Epoxidharz oder Kabelmasse eingegossen oder als Schrumpfschlauchmuffe ausgeführt werden. Muffen benötigen keine Baumusterprüfbescheinigung.

Leiterverbindungen, mit Ausnahme solcher in „Conduits" und in eigensicheren Stromkreisen, dürfen nur durch Pressverbindungen, gesicherte Schraubverbindungen, Schweißen oder Hartlöten hergestellt werden. Weichlöten ist nur dann erlaubt, wenn die zu verbindenden Leiter zusätzlich mechanisch zusammengehalten werden.

Wenn Stromkreise von einem nicht explosionsgefährdeten Bereich durch einen explosionsgefährdeten Bereich in einen anderen nicht explosionsgefährdeten Bereich führen, müssen Kabel und Leitungen innerhalb des explosionsgefährdeten Bereiches den Anforderungen der betreffenden Zone entsprechen.

10.8.2 Kabel und Leitungen in den Zonen 0 oder 20

Wenn elektrische Betriebsmittel in der Zone 0 benötigt werden, verwendet man normalerweise solche, die in die Begrenzungswand zur Zone 0 eingebaut werden. Dies gilt insbesondere für Messumformer für Stand und Druck an zur Atmosphäre offenen Behältern. Für die Temperaturmessung an solchen Behältern werden üblicherweise *Thermoschutzrohre* eingesetzt, bei denen aufgrund ihrer Wanddicke ausgeschlossen werden kann, dass der darin eingebaute Temperaturfühler mit der Zone 0 in Berührung kommt. In all diesen Fällen ist es daher in der Regel möglich, die für den Betrieb benötigten Kabel und Leitungen außerhalb der Zone 0 oder 20 zu verlegen.

Die Anforderungen an Kabel und Leitungen für eigensichere Betriebsmittel in der Kategorie 1G (Eigensicherheit „ia" mit Zulassung für die Zone 0), die in Ausnahmefällen auch innerhalb der Zone 0 angeordnet sein können, finden sich in Kapitel 8.

Andere als die oben beschriebenen Installationen von elektrischen Betriebsmitteln in und an der Zone 0 oder 20 sind dem Verfasser dieses Abschnitts bisher nicht bekannt geworden. Sollte es tatsächlich erforderlich werden, Kabel und Leitungen nichteigensicherer Stromkreise in die Zone 0 oder 20 hinein zu führen, so sollten sie in Anlehnung an die Anforderungen der Richtlinie 94/9/EG [A1] für Geräte der Kategorie 1G oder 1D entweder durch zwei unabhängige Maßnahmen geschützt werden, z. B. durch Verlegen von Kabeln und Leitungen, die der Zündschutzart Ex „e" entsprechen, zusätzlich in einem druckfesten Conduit-System oder aber durch empfindliche Erd- und Kurzschlussüberwachungen, die beim Ansprechen die Versorgungsspannung abschalten.

10.8.3 Flexible Leitungen in den Zonen 1 oder 21 und 2 oder 22

Die Anforderungen dieses Unterabschnitts gelten nicht für die Installation von eigensicheren Stromkreisen.

Da die Gefahr einer Beschädigung flexibler Leitungen schwerer auszuschließen ist, werden in den Installationsnormen besondere Anforderungen an flexible Leitungen gestellt. Zulässig sind nur leichte Gummischlauchleitung, leichte Gummischlauchleitung mit einem Mantel aus Polychloropren, schwere Gummischlauchleitung, schwere Gummischlauchleitung mit einem Mantel aus Polychloropren oder kunststoffisolierte Leitungen in einer gleichwiderstandsfähigen Ausführung wie schwere Gummischlauchleitung.

Die Verwendung von flexiblen Leitungen ist immer dann sinnvoll, wenn an und für sich ortsfest installierte Betriebsmittel gelegentlich aus Wartungs- oder anderen Gründen um eine geringe Distanz verschoben werden müssen. Wenn eine ortsfeste Verdrahtung eine solche Verschiebung nicht zulässt, sollte dann der Anschluss von einem geeignet geschützten Klemmenkasten aus mit einer flexiblen Verbindung erfolgen.

Noch kritischer in Bezug auf ihre mechanische oder anderweitige Beanspruchung müssen die Anschlussleitungen von *transportablen* oder *ortsveränderlichen Betriebsmitteln* gesehen werden. Hier dürfen nach den Installationsnormen nur Leitungen mit einem Außenmantel aus schwerem Polychloropren oder einem anderen gleichwertigen synthetischem Elastomer, schwere Gummischlauchleitung oder Leitungen mit einem vergleichbar robusten Aufbau verwendet werden. Für die Leiter ist ein Mindestquerschnitt von $1,0\,\text{mm}^2$ gefordert. Falls ein Schutzleiter benötigt wird, sollte er wie die anderen Leiter gesondert isoliert sein und in der Ummantelung der Versorgungsleitung mitgeführt werden.

Für ortsveränderliche Betriebsmittel mit einer Bemessungsspannung bis 250 V und einem Bemessungsstrom $\leq 6\,\text{A}$ lassen die Normen Erleichterungen bei den oben genannten Anforderungen zu, allerdings nur für solche Betriebsmittel, die keinen starken mechanischen Beanspruchungen ausgesetzt sind. Die im Folgenden aufgeführten reduzierten Anforderungen gelten also nicht für Handlampen, Fußschalter und Fasspumpen. Für andere Betriebsmittel, die die genannten Bemessungsgrenzen einhalten, dürfen Leitungen mit einem Mantel aus normalem Polychloropren oder einem gleichwertigen Elastomer, aus normalem Gummi oder Leitungen mit einem vergleichbaren robusten Aufbau eingesetzt werden.

10.9 Ergänzende Anforderungen für die Zündschutzart Druckfeste Kapselung

Die besonderen Anforderungen an die Schutzeinrichtungen von Motoren in der Zündschutzart Ex „d" werden in Kapitel 5 behandelt.

10.9.1 Feste Hindernisse

Um im Fall einer inneren Explosion ein ungehindertes Ausblasen durch die Spalte von Betriebsmitteln in der Zündschutzart Ex „d" zu gewährleisten, muss bei der Montage dafür gesorgt werden, dass feste Hindernisse, die nicht Teil des Betriebsmittels selbst sind, einen Mindestabstand nach **Tabelle 10.4** von der Außenkante der zünddurchschlagsicheren Spalte haben. Geringere Abstände sind nur dann zulässig, wenn das Betriebsmittel für diese geprüft worden ist.

Tabelle 10.4 *Mindestabstand von Hindernissen zur zünddurchschlagsicheren Verbindung in Abhängigkeit von der Untergruppe des Gases oder Dampfes*

Gas/Dampf Untergruppe	Mindestabstand in mm
II A	10
II B	30
II C	40

10.9.2 Schutz zünddurchschlagsicherer Spalte

Um zünddurchschlagsichere Spalte gegen Korrosion zu schützen, können nichtaushärtende Fette verwendet werden. Stoffe, die aushärten können, sind für die Behandlung der Spalte nicht zulässig.

Flanschflächen dürfen vor dem Zusammenbau nicht mit Farbe gestrichen werden. Ein Anstrich des fertig montierten Gehäuses ist zulässig, auch wenn dabei durch Kapillarwirkung geringe Mengen von Farbe in die Spalte eindringen.

10.9.3 Kabel- und Leitungseinführungen

Ein besonderes Thema bei der Zündschutzart Druckfeste Kapselung sind die Einführungen von Kabeln und Leitungen. In Deutschland nicht üblich, aber im europäischen Ausland sehr beliebt, weil preiswert, ist die *direkte Einführung* von Kabeln und Leitungen in den druckfesten Raum. Für diese Technik gibt es speziell geprüfte und zugelassene Kabel- und Leitungseinführungen, die direkt in entsprechende Bohrungen des druckfesten Gehäuses eingeschraubt werden. Die Prüfung dieser Einführungen wird allerdings mit einem Metalldorn anstelle des Kabels oder der Leitung durchgeführt. Deshalb gibt es häufig von den Herstellern der Einführungen keine oder nur unvollständige Informationen über die Art der zu verwendenden Kabel und Leitungen. In der Installationsnorm für gasexplosionsgefährdete Bereiche wird festgelegt, dass für diese Technik nur Kabel und Leitungen aus thermoplastischen, duroplastischen oder elastomeren Materialien verwendet werden dürfen, die in hohem Maße fest und kreisförmig sind, extrudiertes Einbettungsmaterial haben und deren Füllstoff, wenn vorhanden, nicht hygroskopisch ist. Weitere Bedingung ist, dass die Einführungen einen Dichtungsring haben.

Der Auswahl geeigneter Kabel und Leitungen kommt bei der Verwendung von Kabel- und Leitungseinführungen direkt in den druckfesten Raum also eine besondere Bedeutung zu, denn nur wenn sie richtig vorgenommen und die Montage besonders sorgfältig ausgeführt wird, ist am Ende die Funktionstüchtigkeit der Zündschutzart Druckfeste Kapselung gegeben. Für den Erhalt dieser Funktionstüchtigkeit über die Zeit ist es besonders wichtig, dass die Materialien für die Mäntel der eingesetzten Kabel und Leitungen keinerlei Kaltflusseigenschaften aufweisen, da andernfalls die erforderliche Dichtheit auf Dauer nicht gegeben ist. Bei Anwendung dieser Technik liegt also die Verantwortung für die Wirksamkeit der Zündschutzart Ex „d" bei den eingesetzten elektrischen Betriebsmitteln in wesentlichen Teilen beim Installateur.

Bei einer anderen ebenfalls außerhalb Deutschlands häufiger eingesetzten Technik werden zu direkten Einführung in den druckfesten Raum Kabel- und Leitungseinführungen eingesetzt, bei denen vor Ort die Abdichtung um jeden einzelnen Leiter mittels Vergussmasse oder anderer geeigneter Dichtungsmittel erfolgt. Aus der Tatsache, dass die wirksame Abdichtung des druckfesten Gehäuses auch bei dieser Technik erst bei den Montagearbeiten vorgenommen wird, ergibt sich auch hier eine erhebliche Verantwortung des Montierenden für die Wirksamkeit der Zündschutzart.

Die oben beschriebene Problematik kann vermieden werden, wenn man Betriebsmittel in der Zündschutzart Druckfeste Kapselung einsetzt, die bereits beim Hersteller mit einem eingegossenen *Kabelschwanz* (**Bild 10.7**) oder mit einem außerhalb des druckfesten Raumes liegenden *Anschlusskasten* in der Zündschutzart Ex „e" (**Bild 10.8**) geliefert werden. In diesen Fällen bleibt die Verantwortung für die Sicherheit der Durchführung des Kabelschwanzes bzw. der

Bild 10.7
a) Motorschutzschalter in Zündschutzart „d"
mit fest in der Trompetenverschraubung
vergossenem Kabelschwanz für OEM-
Anwendungen
b) Detailansicht der Trompetendurchführung
Fotos: Cooper Crouse-Hinds (CEAG)

Bild 10.8
Gehäuse in der Zündschutzart Druckfeste
Kapselung mit herstellerseitig fest ange-
bautem Anschlussraum in der Zündschutzart
Erhöhte Sicherheit
Foto: Cooper Crouse-Hinds (CEAG)

Durchführung vom druckfesten Raum in den Anschlusskasten Zündschutzart Erhöhte Sicherheit beim Lieferanten der Betriebsmittel. Diese Art der Anschlusstechnik für Betriebsmittel in der Schutzart Druckfeste Kapselung ist bislang die üblicherweise in Deutschland verwendete.

10.10 Ergänzende Anforderungen für die Zündschutzart Erhöhte Sicherheit

Die Anforderungen an Schutzeinrichtungen für elektrische Maschinen in der Zündschutzart Erhöhte Sicherheit finden sich in Kapitel 5.

10.10.1 Kabel- und Leitungseinführungen

Auch bei der Zündschutzart Ex „e" gibt es Anforderungen an Einführungen für Kabel und Leitungen. Sie müssen so beschaffen sein, dass die Schutzart erhalten bleibt, d. h., es muss mit geeigneten Dichtungselementen die IP-Schutzart des Gehäuses (mindestens IP54) sichergestellt werden. Außerdem müssen sie die in DIN EN 60079-0 „Allgemeine Anforderungen" [B1] bezüglich der mechanischen Schlagfestigkeit gestellten Forderungen erfüllen.

10.10.2 Leiteranschlüsse

Werden Anschlussklemmen verwendet, die die Einführung von mehr als einem Leiter zulassen, so muss dafür gesorgt werden, dass jeder Leiter ausreichend festgeklemmt ist. Deshalb müssen in diesem Fall Leiter mit unterschiedlichem Querschnitt in einer gemeinsamen Quetschhülle gesichert werden. Eine Abweichung davon ist nur zulässig, wenn in der zu dem Betriebsmittel gehörenden Dokumentation etwas anderes festgelegt ist.

Damit es nicht zu Kurzschlüssen zwischen nebeneinander liegenden Leitern in den Klemmblöcken kommen kann, ist in der Installationsnorm gefordert, dass die Isolierung der Leiter bis zum Metall der Anschlussklemme erhalten bleibt.

10.10.3 Anschluss- und Abzweigkästen

Werden in Anschluss- oder Abzweigkästen zu viele Klemmen installiert und auch mit den entsprechenden Leitern beschaltet, so kann aufgrund der dann zu großen frei werdenden Verlustwärme die Temperatur die geforderte Temperaturklasse für den Kasten überschreiten. Deshalb sollte man vom Hersteller des Anschluss- oder Abzweigkastens entweder Angaben über die zulässige Anzahl der Anschlussklemmen, den Leitungsquerschnitt und den maximalen Strom anfordern, die dann einzuhalten sind, oder aber anhand der vom Hersteller festgelegten Parameter selbst überprüfen, ob die berechnete Verlustleistung kleiner ist als der Bemessungswert der höchstzulässigen Verlustleistung.

10.10.4 Widerstandsheizeinrichtungen

Ist für eine Widerstandsheizung eine Temperaturschutzeinrichtung erforderlich, so darf sie nur von Hand zurückzusetzen sein. Diese Anforderung aus der Norm ergibt sich allerdings schon aus der allgemein gültigen Anforderung an Schutzeinrichtungen, mit der sichergestellt werden soll, dass eine Fortsetzung des Betriebs erst erfolgt, wenn die Ursache für das Auslösen der Schutzeinrichtung erkannt und beseitigt worden ist.

Damit sich eine elektrische Widerstandsheizeinrichtung infolge von anomalen Erdschluss- oder Erdableitströmen nicht unzulässig erwärmt, sind zusätzlich zum Überstromschutz in Abhängigkeit vom Versorgungssystem die folgenden zusätzlichen Schutzeinrichtungen erforderlich. In einem TT- oder TN-System muss die Widerstandsheizung mit einer *Fehlerstrom-Schutzeinrichtung (RCD)* geschützt werden. Der Bemessungsdifferenzstrom sollte, wo immer möglich, 30 mA betragen und darf in keinem Fall 300 mA überschreiten. Die maximale Ansprechzeit der Fehlerstrom-Schutzeinrichtung darf beim Bemessungsdifferenzstrom 5 s und beim 5fachen Bemessungsdifferenzstrom 0,15 s nicht übersteigen. Widerstandsheizungen in einem IT-System müssen mit einer *Isolations-Überwachungseinrichtung* geschützt werden, die die Versorgung abschaltet, sobald der Isolationswiderstand auf 50 Ω pro V der Bemessungsspannung oder darunter sinkt.

10.11 Zusätzliche Anforderungen an die Zündschutzart Eigensicherheit

Alle zusätzlichen Anforderungen, die beim Errichten von elektrischen Anlagen in der Zündschutzart Ex „i" zu beachten sind, finden sich in Kapitel 8.

10.12 Zusätzliche Anforderungen an die Zündschutzart Überdruckkapselung

Eine besondere Stellung innerhalb der Zündschutzarten kommt der Überdruckkapselung Ex „p" zu, bei der das Eindringen explosionsfähiger Atmosphäre durch Erzeugen eines geringen Überdrucks im Gehäuse verhindert wird. Der Überdruck wird überwacht, und bei Unterschreiten eines Grenzwertes werden üblicherweise die durch die Überdruckkapselung geschützten Betriebsmittel abgeschaltet. Zur Erzeugung des Überdrucks im Gehäuse kann entweder Luft oder Inertgas verwendet werden. Wird Luft verwendet, dann muss sie aus einem nicht explosionsgefährdeten Bereich herangeführt werden. Vor der ersten Inbetriebnahme und nach jedem Absinken des Überdrucks unter den voreingestellten Grenzwert, verursacht zum Beispiel durch Öffnen des Gehäuses, muss das Gehäuse mit dem vorgesehenen „Schutzgas" gespült werden, um sicherzustellen, dass im Innern keine brennbaren Gase, Dämpfe oder Nebel vorhanden sind. Nach Ende des Spülvorgangs kann der Überdruck entweder durch weiteres Durchströmen mit dem Spülgas aufrechterhalten werden, oder es wird auf die Betriebsart „Ausgleich der Leckverluste" umgeschaltet. Wegen des vergleichsweise großen technischen Aufwands und der damit unter Umständen verbundenen Störanfälligkeit handelt es sich nicht um die Methode der Wahl für die Fälle, bei denen die Aufgabenstellung mit Betriebsmitteln gelöst werden kann, die in einer anderen Schutzart zur Verfügung stehen. Ist aber aus gerätetechnischen Gründen eine andere Schutzart nicht einsetzbar, zu aufwändig oder das gewünschte Betriebsmittel in explosionsgeschützter Ausführung einfach nicht lieferbar, dann kann das Problem häufig mit der Überdruckkapselung gelöst werden.

Die Installationsnorm fordert bei der Schutzart Überdruckkapselung für den Fall, dass nicht ein beim Hersteller fertigmontiertes überdruckgekapseltes Betriebsmittel eingebaut wird, nach Fertigstellung der vollständigen Installation die

Prüfung durch einen Fachmann. In Deutschland war es zu Zeiten der Gültigkeit der ElexV in solchen Fällen üblich, die Prüfung durch einen von der Behörde zugelassenen Explosionschutz-Sachverständigen als eine Einzelprüfung vor Ort vornehmen zu lassen. Die Möglichkeit zur Durchführung einer Einzelprüfung vor Ort besteht auch heute noch, jedoch darf sie nur noch von einer *benannten Stelle* (sprich: Prüfstelle) durchgeführt werden. Damit dürfte dieses Verfahren in aller Regel zu aufwändig werden. Als möglicher Weg zur Lösung eines der oben beschriebenen Probleme (Explosionsschutz für ein nicht explosionsgeschützt lieferbares Betriebsmittel) bleibt dann nur der Versuch, ein mit seinen erforderlichen Überwachungseinrichtungen zusammen vollständig bescheinigtes Leergehäuse zu beschaffen. Für die Zulassung eines Leergehäuses sind allerdings immer genaue Angaben über Menge und Art der zulässigen Einbauten erforderlich, die dann auch strikt befolgt werden müssen.

Für die *Druckfestigkeit* der Rohrleitungen zur Versorgung des überdruckgekapselten Betriebsmittels mit Zündschutzgas und ihren Verbindungsstücken legt die Norm fest, dass sie entweder dem 1,5fachen des vom Hersteller für das Betriebsmittel angegebenen maximalen Überdrucks widerstehen müssen oder aber dem maximalen Überdruck, den der vom Hersteller vorgegebene Druckerzeuger erreichen kann, wenn alle Austrittsöffnungen verschlossen sind. In jedem Fall aber müssen die Rohrleitungen und ihre Verbindungsstücke einen Überdruck von 200 Pa (2 mbar) aushalten.

Eigentlich selbstverständlich ist die Forderung der Norm, dass die Rohrleitungen und ihre Verbindungsstücke weder durch das Zündschutzgas noch durch die die Explosionsgefahr erzeugenden brennbaren Gase und Dämpfe angegriffen werden dürfen.

Ausblasöffnungen für das Zündschutzgas sollten, wo immer möglich, im nicht explosionsgefährdeten Bereich angeordnet werden. Ist dies mit vernünftigem Aufwand nicht machbar, so müssen *Partikelsperren* eingebaut werden, um den Austritt von zündfähigen Funken oder heißen Partikeln zu verhindern. Auf diese Maßnahme darf nur verzichtet werden, wenn das elektrische Betriebsmittel im bestimmungsgemäßen Betrieb keine Funken oder zündfähige Partikel erzeugt und die Ausblaseöffnung für das Schutzgas in der Zone 2 liegt.

Für den Fall, dass der *Überdruck des Zündschutzgases zusammenbricht,* verlangt die Norm für Betriebsmittel ohne innere Freisetzungsquellen – das sind solche, in deren Innern keine brennbaren Gase, Dämpfe oder Flüssigkeiten verarbeitet oder analysiert werden – in Abhängigkeit von der Schutzart des Betriebsmittels und der Zone, in der es installiert ist, die folgenden Maßnahmen: Betriebsmittel, die ohne Überdruckkapselung nicht für die Zone 2 geeignet sind, müssen in der Zone 1 bei Druckabfall automatisch abgeschaltet werden. Ein Alarm sollte ausgelöst werden, um das Bedienungspersonal auf die Störung aufmerksam zu machen. In der Zone 2 genügt für solche Betriebsmittel das Auslösen eines Alarms als Maßnahme, vorausgesetzt, es werden unverzüglich Schritte unternommen, um die Ursachen der Störung zu beseitigen oder aber das Betriebsmittel von Hand abzuschalten. Handelt es sich um Betriebsmittel, die auch ohne Überdruckkapselung bereits für die Zone 2 geeignet sind, so ist logischerweise bei Installationen in der Zone 2 und Druckabfall keine Maßnahme erforderlich, bei Installation in der Zone 1 genügt es, das Bedienungspersonal zu alarmieren, damit es unverzüglich eingreift.

Bei *Analysegeräten* in der Schutzart Überdruckkapselung handelt es sich häufig um Betriebsmittel mit inneren Freisetzungsquellen, da die zu analysierenden Stoffe oft brennbar sind. Es ist selbstverständlich, dass auch hier die Anweisungen des Herstellers strikt zu befolgen sind. Häufig müssen zusätzliche Sicherheitsmaßnahmen, die außerhalb des eigentlichen Gerätes zu installieren sind, wie Druckregler, Probenstrombegrenzungen oder In-Line-Flammensperren im Probenstrom, vom Betreiber beigestellt werden. Für diese ergänzenden Installationen sollte auf jeden Fall der Rat von Fachleuten gesucht werden, da sie sowohl Einfluss auf die Sicherheit als auch auf die Funktionsfähigkeit des Analysegerätes haben. Dies gilt auch für die Maßnahmen, die bei Druckabfall oder Durchflussausfall des Schutzgases zu ergreifen sind.

Abschließend sei noch darauf hingewiesen, dass bei der Festlegung der Vorspülzeiten neben dem eigentlichen Gehäusevolumen die Volumina der mitzuspülenden Rohrleitungen zu berücksichtigen sind.

10.13 Zusätzliche Anforderungen beim Einsatz von Betriebsmitteln, die nur für die Zone 2 geeignet sind

Die Installationsnorm für Gase und Dämpfe enthält unter einer gleichlautenden Überschrift einige Festlegungen. Bei genauerem Hinsehen wird man aber feststellen, dass die Anforderungen im Wesentlichen denen für die Zone 1 entsprechen. Dies ist aus der Idee heraus verständlich, dass die „Robustheit" der elektrischen Installation auch in der Zone 2 gegeben sein soll.

Elektroplanung

Die praxisnahe Projektierungshilfe für Niederspannungsanlagen

Dieses Buch enthält auch in der 2., völlig neu bearbeiteten und erheblich erweiterten Auflage das gesamte Fachwissen, das für die Planung funktionell einwandfreier und sicherer Elektroanlagen notwendig ist. Mehr als 70 Berechnungsbeispiele dienen der praxisnahen Veranschaulichung der Sachverhalte. Eine Vielzahl von Tabellen, Diagrammen und Checklisten ermöglicht einen raschen Zugriff auf wichtige und häufig benötigte Planungsdaten. Durch die Beilage von mehr als zehn CAD- und Berechnungsprogrammen (teilweise in eingeschränkter Benutzbarkeit) erhalten Sie eine einzigartige Übersicht zu Softwareprodukten, die den Projektierungsprozess erheblich vereinfachen und die sich in der Praxis bewährt haben.

Folgende Themen wurden in der 2. Auflage u. a. ergänzt: TAB 2000, Elektroinstallation auf Baustellen und in Baderäumen, Brandschutz in der Elektroinstallation, Gefahrenmeldeanlagen, komplexe Projektierungsbeispiele.

Die Buch-CD enthält: Neplan, KUBSplus; Strieplan, StrieCadpro; Trabtech-select; SIKOSTART; TXI; DIALux; PROKON; INSTROM; PenSystem (Lern- u. Lehrsoftware)

Ismail Kasikci
Projektierung von Niederspannungs- und Sicherheitsanlagen
Betriebsmittel, Vorschriften, Praxisbeispiele, Softwareanwendungen
2., neu bearb. u. erw. Aufl. 2003.
721 Seiten. Kart. Mit CD-ROM.
€ 68,– ISBN 3-8101-0161-3
Hüthig & Pflaum

Telefon 0 62 21/4 89-5 55
Telefax 0 62 21/4 89-4 43
E-Mail: de-buchservice@de-online.info
http://www.de-online.info

11 Betrieb und Instandhaltung

11.1 Betrieb

Nach dem Errichten einer Anlage und der erfolgreichen Erstprüfung kann die Anlage in Betrieb genommen werden. Eine solche Prüfung ist auch vor der endgültigen Wiederinbetriebnahme bei Änderungen an vorhandenen Anlagen oder bei Austausch oder Instandsetzung vorhandener Geräte notwendig. Ebenfalls erforderlich wird eine Prüfung der Installationen, wenn sich aus irgendwelchen Gründen die Zoneneinteilung in der Anlage in Richtung einer höheren Gefährdung ändert.

Mit dem Zeitpunkt der Inbetriebnahme beginnt aber auch die Abnutzung der neu installierten Einrichtungen, hervorgerufen durch die verschiedenen Beanspruchungen, z.B. elektrischer, mechanischer oder auch chemischer Natur, denen die Einrichtungen während dieses Betriebs ausgesetzt sind. Unter dem Gesichtspunkt des Explosionsschutzes bedeutet dies, dass der Betreiber darauf zu achten hat, dass die volle Wirksamkeit aller Maßnahmen erhalten bleibt, die zu Explosionsschutzzwecken getroffen worden sind.

Natürlich müssen beim Betrieb verfahrenstechnischer Anlagen und ihrer elektrischen Ausrüstung noch andere Gesichtspunkte, z.B. eine ausreichende Verfügbarkeit, betrachtet werden. Im Gegensatz zu den im Folgenden behandelten sicherheitsrelevanten Instandhaltungstätigkeiten kann der Aufwand bei Maßnahmen, die dem bloßen Funktionserhalt, d.h. der Fähigkeit, das gewünschte Produkt zu produzieren, dienen, unter wirtschaftlichen Aspekten optimiert werden.

Außerdem ist es selbstverständlich, dass im explosionsgefährdeten Bereich alle die Schutzmaßnahmen getroffen werden müssen, die auch in nicht explosionsgefährdeten Bereichen zum Schutz der Arbeitnehmer und etwaiger Dritter gegen elektrische und nichtelektrische Gefahren erforderlich sind.

In explosionsgefährdeten Bereichen dürfen *Arbeiten mit Zündgefahren* nur mit *Genehmigung* des zuständigen Betriebsleiters oder eines von ihm dazu beauftragten Mitarbeiters durchgeführt werden. Die Genehmigung darf nur erteilt werden, wenn mit ausreichender Wahrscheinlichkeit sichergestellt ist, dass für den zur Durchführung der Arbeiten notwendigen Zeitraum keine explosionsfähige Atmosphäre vorhanden ist oder andere wirkungsvolle Maßnahmen gegen eine etwaige Explosionsgefahr getroffen werden. Diese können z.B., wenn die örtlichen Voraussetzungen es zulassen, im Einsatz von Gaswarngeräten und der Anordnung zur Einstellung aller Arbeiten mit Zündgefahren beim Überschreiten eines Grenzwertes von höchstens 10 % der unteren Explosionsgrenze (UEG) des die Explosionsgefahr verursachenden Gases oder Dampfes liegen. Die Genehmigung ist schriftlich zu erteilen und wird häufig auf einem Formblatt dokumentiert, das z. B. „Feuerschein“, „Arbeitserlaubnisschein“ oder „Freigabeschein für Arbeiten“ genannt wird (**Bild 11.1**).

BASF
The Chemical Company

BASF Aktiengesellschaft

Gefährdungsbeurteilung und Sicherungsmaßnahmen
Feuererlaubnis

F

A Allgemeine Angaben

1. des Betriebes/ — Mstr./Aufsicht — ☎ — Bau
2. für Betrieb/Werkstätte/Firma — Mstr./FF-Aufsicht — ☎ — Bau
zust. BASF-Stelle: — Mstr. — ☎ — Bau
3. Si-Koordinator ja ☐ nein ☐ Name — Unterschrift — ☎ — Bau

B Arbeitsbeschreibung

1. Anlagenteil: — Bau
2. Auszuführende Arbeiten:
3. Gültig am Datum — von Uhrzeit — bis Uhrzeit — tägliche Freigabe ja ☒

C Abzusichernde Gefährdungen

☐ Brandgefahr durch Feuerarbeiten
☐ Explosionsgefahr in Ex-Bereichen
☐ Explosionsgefahr in Apparaten, Behältern, Rohrleitungen
☐ Gefährdungen der Arbeit auf die Umgebung
☐ Sonstige Gefährdungen:

D Sicherungsmaßnahmen vor Beginn der Arbeit

	ja	nein	Maßnahme durchgeführt: Unterschrift	Maßnahme aufgehoben: Unterschrift
1. Arbeitsstelle sichern:				
1.1 Absperrung Art:	☐	☐		
1.2 Sperrung für Tank-/Gleisfahrzeuge	☐	☐		
1.3 Mindestabstand zu Kesselwagen/Tanklager .... m	☐	☐		
1.4 Dichtheitsprüfung an Flanschen/Armaturen im Umfeld	☐	☐		
1.5 Abdecken von Rohrleitungen, Apparaten, Rohrdurchbrüchen, Gitterrosten, Licht-/Kanalschächten Wand-/Deckendurchbrüchen	☐	☐		
1.6 Brennbare Stoffe entfernen	☐	☐		
1.7 Löschmittel gemäß E bereitstellen	☐	☐		
2. Belüftung der Arbeitsstelle:				
2.1 Natürlich	☐	☐		
2.2 Technisch belüften mit:	☐	☐		
2.3 Luftanalyse auf:	☐	☐		
3. Innenraumsicherung von App./Beh./Rohrleitungen:				
3.1 Mit Wasser füllen	☐	☐		
3.2 Inertisieren mit:	☐	☐		
3.3 Spülen mit:	☐	☐		
3.4 Analyse auf:	☐	☐		
4. Zusätzliche organisatorische Maßnahmen:				
4.1 Brandmeldeanlage abschalten	☐	☐		
4.2	☐	☐		

5. Gefahrenstellen in der Umgebung:

	Gefahrenstellen:	Verantwortlicher:	Bau:	☎	Zusätzliche Sicherungsmaßnahmen
5.1					Ziffer:
5.2					Ziffer:
5.3					Ziffer:
5.4					Ziffer:

Einverständnis der Verantwortlichen für die Gefahrenstellen in der Umgebung:

5.1 Datum/Unterschrift — 5.2 Datum/Unterschrift — 5.3 Datum/Unterschrift — 5.4 Datum/Unterschrift

6. Unterweisung vor Ort mit dem berechtigten Ausführenden oder dem Berechtigtem zur Übernahme und Weitergabe durchführen:

☐ nein Begründung:

☒ **Original** für Ausführende/n (an der Arbeitsstelle bereithalten)
Kopie für Aussteller

Bild 11.1 *Muster für eine „Feuererlaubnis“ (Seite 1)*
mit freundlicher Genehmigung der Fa. BASF

Auch wenn an der elektrischen Anlage während des Betriebs *Spannungs-, Strom-, Leistungs-* oder *Temperaturmessungen* mit nicht explosionsgeschützten Messgeräten vorgenommen werden, ist eine schriftliche Genehmigung erforderlich. Durchgangsprüfungen und Widerstandsmessungen dürfen nur im spannungsfreien Zustand der Anlage vorgenommen werden, es sei denn, es wird ein Durchgangsprüfer verwendet, für den eine Konformitätserklärung des Herstellers vorliegt, die auf einer Baumusterprüfbescheinigung basiert. In der Praxis werden solche Geräte zum Ausklingeln von Adern und für Durchgangsprüfungen in der Signal- und Messtechnik benutzt. Da sie keine ausreichend unterscheidbaren Werte liefern, sind sie für anderweitige Einsätze nicht geeignet.

E Sicherungsmaßnahmen während der Arbeit

	ja	nein
1. Brand-/Exschutzmaßnahmen:		
1.1 Atmosphäre mit Explosimeter ständig prüfen	☐	☐
1.2 Arbeitsstelle feucht halten	☐	☐
1.3 Inertisierung überwachen/sicherstellen	☐	☐
1.4 Wasserfülllung überwachen/sicherstellen	☐	☐
1.5 Feuerwehrschlauch unter Druck bereithalten	☐	☐
1.6 Löschmittel bereithalten, Art: ______	☐	☐
2. Sonstige Sicherungsmaßnahmen:		
2.1 Absturzsicherung	☐	☐
2.2 Inverterschweißgeräte zulässig	☐	☐
2.3 ______	☐	☐

	ja	nein
3. Ständige Beaufsichtigung:	☐	☐
Brandsicherungsposten, gestellt von ______		
4. Belüftungsmaßnahmen:		
4.1 Natürliche Lüftung	☐	☐
4.2 Technisch belüften mit: ______	☐	☐
4.3 Stäube/Gase/Dämpfe an Entstehungsstelle absaugen	☐	☐
4.4 Luftanalyse auf: ______	☐	☐
Prüfintervall: ______		
4.5 ______	☐	☐

! Treten unvorhergesehene Ereignisse ein, Arbeiten sofort einstellen und Betriebsmeister/Schichtführer verständigen.

F

F Sicherungsmaßnahmen nach der Arbeit

	ja	nein
1. Kontrolle der Arbeitsstelle nach Feuerarbeiten durch ______	☐	☐
2. Ende der Feuerarbeiten täglich bei D 5.1, D 5.2, D 5.3, D 5.4 melden ______	☐	☐
3. ______	☐	☐

G Für die Gefährdungsbeurteilung und Festlegung der Sicherungsmaßnahmen

1. Unterschrift ______
Datum, Verantwortlicher des Betriebes

2. Unterschrift ______
Datum, Verantwortlicher/Sachkundiger des Betriebes

Beurteilung durch Fachstelle zu Punkt: ______ ja ☐ nein ☐

3. Unterschrift ______
Datum, Code

H Freigabe zur Ausführung vor Ort

______
Datum, Unterschrift (Maßnahmen nach D abgearbeitet und kontrolliert, Unterschriften nach G vorhanden)

Erneute Freigabe durch Verlängerungsschein-Nr.

V V

I Übernahme durch Betrieb/Werkstatt/Firma

1a Datum, Unterschrift des Berechtigten zur Übernahme/Weitergabe (Maßnahmen nach E und Unterweisung nach D 6. werden eingehalten)

1b Datum, Unterschrift des berechtigten Ausführenden (Maßnahmen nach E und Unterweisung nach D 6. werden eingehalten)

K Sicherungsmaßnahmen nach F durchgeführt

Datum/Unterschrift

L Fertigmeldung d. Ausführenden an den Betrieb

ggf. über Si-Koordinator

Datum/Unterschrift

M Aufheben der getroffenen Sicherungsmaßnahmen unter D

Im Einzelnen: (in der Reihenfolge der Abarbeitung angeben)

Datum/Unterschrift

Mitgesicherte Erlaubnisscheine

Bild 11.1 *Muster für eine „Feuererlaubnis" (Seite 2)*

Wenn bei einem Motor, dessen *Motorschutz* den Motor wegen Überlast abgeschaltet hat, kurz hintereinander mehrmals der Versuch unternommen wird, diesen wieder einzuschalten, so kann die Grenztemperatur überschritten werden. Die Folgen sind die Schädigung des Motors und die Möglichkeit einer Explosionsgefahr. Deshalb muss der Motorschutz eine *Wiedereinschaltsperre* haben, die erst nach sorgfältiger Prüfung der Situation vor Ort am Motor entriegelt werden darf. Nach Rückstellung des Motorschutzes ist zu kontrollieren, ob der Antrieb anläuft. Dies kann entweder durch Sichtkontrolle des Anlaufs erfolgen oder am Abklingen des Anlaufstromes erkannt werden. Da der Motorschutz üblicherweise in für das Betriebspersonal nicht zugänglichen Schalträumen installiert ist, muss außerhalb der Normalarbeitszeit zum Entriegeln, wenn vorhanden, der Entstördienst beauftragt werden, oder es muss jemand von der die Elektroeinrichtungen betreuenden Mannschaft hereingerufen werden. Beide Maßnahmen bedeuten zusätzlichen Aufwand und Stillstandszeiten. Deshalb sollte für den Fall, dass die Ursache für die Auslösung des Motorschutzes ein Laufen des Motors unter Überlast ist, der Motor durch einen stärkeren ersetzt werden. Liegt die Ursache aber darin, dass die durch den Motor angetriebene Arbeitsmaschine gelegentlich betriebsbedingt blockiert, z. B. eine Förderschnecke, in deren Fördergut sich ab und zu einmal zu große Brocken befinden, so hilft in aller Regel eine Vergrößerung der Antriebsmaschine nicht, sondern führt im Fall eines Blockierens höchstens zu einer Beschädigung der Arbeitsmaschine. Hier kann Abhilfe dadurch geschaffen werden, dass man den Motorschutz durch eine Schaltung ergänzt, die sicherstellt, dass innerhalb eines Zeitraumes, der ausreichend für eine genügende Abkühlung des Motors ist, der Motor nur genau einmal wieder eingeschaltet werden kann.

Das Betriebspersonal muss für diesen Fall so geschult werden, dass es weiß, dass beim Auslösen des Motorschutzes zunächst die Arbeitsmaschine wieder gangbar gemacht werden muss, bevor der Motor wieder eingeschaltet werden kann. Wird diese Reihenfolge nicht beachtet, so ist auch hier die Wiederinbetriebnahme nur unter Hinzuziehung von Fachpersonal möglich.

Ein weiterer Punkt, der beim Aufenthalt in explosionsgefährdeten Bereichen oft aus Unachtsamkeit nicht korrekt beachtet wird, ist das Mitführen von nicht explosionsgeschützten *persönlichen elektrischen oder elektronischen Geräten,* z. B. elektronische Armbanduhren, Hörhilfen, Fernbedienungen von Kraftfahrzeugalarmanlagen oder -zentralverriegelungen, Schlüsselring-Taschenlampen, Rechner und Mobiltelefone. Mit Ausnahme von elektronischen Armbanduhren, die im Allgemeinen als ungefährlich angesehen werden, ist die Mitnahme solcher Geräte in den explosionsgefährdeten Bereich nur dann zulässig, wenn sie die Anforderungen der der Zone entsprechenden Gerätekategorie erfüllen oder wenn im Explosionsschutzdokument nach einer für das spezielle Gerät durchgeführten Risikoabschätzung festgestellt wird, dass beim Mitführen dieses Gerätes keine Zündgefahr adäquat zur Zoneneinteilung besteht.

11.2 Instandhaltung

Um sicherzustellen, dass die zum Explosionsschutz getroffenen Vorkehrungen wirksam bleiben, sind in aller Regel Instandhaltungsmaßnahmen erforderlich. Deren wichtigste Basis ist die Überprüfung der Vorkehrungen zum Explosionsschutz auf *Unversehrtheit*. Aus diesem Grund wird in der Betriebssicherheitsverordnung [A8] in § 15, Absatz 15, gefordert, dass neben der Prüfung vor Inbetriebnahme auch Prüfungen im Betrieb spätestens alle 3 Jahre durchgeführt werden müssen. Durchgeführt werden können diese Prüfungen entsprechend § 15, Absatz 1, von so genannten *befähigten Personen*. Geht man davon aus, dass durch die Betriebssicherheitsverordnung gegenüber der ElexV keine Verschärfung der Auflagen beabsichtigt ist, so sind diese befähigten Personen für den Bereich elektrischer Installationen die Elektrofachkräfte, die mit der Betreuung der Geräte beauftragt sind. Für die nichtelektrischen Geräte sollte die Aufgabe der Durchführung von Prüfungen in vergleichbarer Weise von den sie betreuenden Handwerkern übernommen werden.

Zweck dieser Prüfungen ist, wie oben bereits ausgeführt, festzustellen, ob es durch Abnutzung, übermäßige Beanspruchung oder andere Einwirkungen zu Beschädigungen der explosionsgeschützten Geräte oder der dazugehörigen Installationen gekommen ist, durch die der Explosionsschutz beeinträchtigt sein könnte. Dazu ist in vielen Fällen schon eine eingehende *Besichtigung* ausreichend. Nähere Angaben zur Durchführung der Prüfungen bei elektrischen Geräten finden sich in DIN EN 60079-17 „Elektrische Betriebsmittel für gasexplosionsgefährdete Bereiche, Teil 17: Prüfung und Instandhaltung elektrischer Anlagen in explosionsgefährdeten Bereichen (ausgenommen Grubenbaue)" [B11] und DIN EN 61241-17 „Elektrische Betriebsmittel zur Verwendung in Bereichen mit brennbarem Staub, Teil 17: Prüfung und Instandhaltung elektrischer Anlagen in explosionsgefährdeten Bereichen (ausgenommen Grubenbaue)" [B26]. Auch hier gilt, wie bei den Errichtungsnormen, dass die beiden Normen in ihrem Aufbau übereinstimmen und vor allen Dingen auch in ihren technischen Aussagen, soweit die gleichen Voraussetzungen vorliegen, identisch sind. Für die Zukunft ist die Zusammenführung zu einer einzigen Norm geplant. Die folgenden Ausführungen basieren im Wesentlichen auf den Festlegungen dieser beiden Normen.

Für die nichtelektrischen Geräte gibt es zurzeit bezüglich des Explosionsschutzes noch keine Vorschläge. Die grundsätzliche Vorgehensweise kann den Normen für den elektrischen Bereich entnommen werden. Zusätzliche Orientierungshilfen sollten sich in den Bedienungsanleitungen der Hersteller finden (siehe Kapitel 9).

Der Vollständigkeit halber und zum besseren Verständnis sei noch erwähnt, dass, wie die aus dem Englischen übertragenen Titel der beiden Normen zeigen, anders als nach deutschem Verständnis im angloamerikanischen Sprachraum die Prüfung nicht als Teil der Instandhaltung angesehen wird und daher separate Erwähnung findet.

11.3 Dokumentation

Um die im Folgenden beschriebenen Prüfungen vornehmen zu können, ist für die die Prüfungen durchführenden Personen eine Mindestinformation erforderlich, die in dokumentierter Form vorliegen sollte, um eine reproduzierbare Basis zu erhalten. Zu diesen immer erforderlichen Informationen gehören die Zoneneinteilung des Bereiches, in dem sich die zu prüfenden Geräte befinden, ergänzt um Angaben zu Gasgruppe und Temperaturklasse bzw. bei Stäuben um Materialeigenschaften, wie spezifischer elektrischer Widerstand, Mindestzündtemperatur einer Staubwolke, Mindestzündtemperatur einer Staubschicht und bei Verwendung der Schutzart Eigensicherheit „iD" die Mindestzündenergie einer Staubwolke. Bei Geräten in staubexplosionsgefährdeten Bereichen werden außerdem weitere Kennwerte, z. B. maximale Oberflächentemperatur und IP-Schutzart, benötigt. Natürlich sind auch Informationen über Anzahl und Art der installierten Geräte und ihren Montageort in der Anlage erforderlich. Zur Verfügung stehen sollten auch alle relevanten technischen Unterlagen, die von den Herstellern der Geräte mitgeliefert wurden.

11.4 Qualifikation des Personals

In den beiden Normen werden auch zu diesem Thema Anforderungen gestellt. Für die Prüfung elektrischer Betriebsmittel ist in Deutschland nach Meinung des Verfassers dieses Beitrags eine Qualifikation als *Elektrofachkraft* ausreichend. Diese Elektrofachkraft muss allerdings zusätzlich ausreichende Kenntnisse und Erfahrungen auf dem Gebiet des elektrischen Explosionsschutzes aufweisen. Dazu gehört das Wissen um die speziellen Anforderungen, die sich aus den Zündschutzarten der eingesetzten Betriebsmittel ergeben, genauso wie ein Verständnis der Installationsnormen. Die zusätzlichen Kenntnisse und Erfahrungen lassen sich, wenn sie nicht bereits während der Ausbildung vermittelt wurden, am ehesten durch Zusammenarbeit mit auf diesem Gebiet erfahrenen Kollegen erwerben. Es ist eigentlich selbstverständlich, dass für den Erhalt dieser so erweiterten Qualifikation durch Schulung und Weiterbildung gesorgt werden muss.

Neben der Erfüllung der Anforderungen an die Qualifikation des Personals, muss durch organisatorische Maßnahmen dafür Sorge getragen werden, dass das prüfende Personal hinsichtlich der Ergebnisse der Prüfungen keinen Weisungen unterliegt und die Prüfergebnisse so objektiv wie möglich und für Dritte nachvollziehbar dargestellt werden.

11.5 Prüfungen

Bei den Prüfungen wird unterschieden nach Prüftiefe und Art der Prüfungen. Mit der *Prüftiefe* werden Umfang und Intensität der Prüfung beschrieben. Es gibt Sichtprüfungen, Nahprüfungen und Detailprüfungen.

Nach den Definitionen der Norm handelt es sich bei einer *Sichtprüfung* um eine Prüfung, bei der ohne Anwendung von Zugangseinrichtungen oder Werkzeugen sichtbare Fehler festgestellt werden, z. b. fehlende Schrauben oder beschädigte Gehäuse.

Eine *Nahprüfung* ist eine Prüfung, bei der zusätzlich zu den Aspekten der Sichtprüfung weitere Fehler festgestellt werden, z. b. lockere Schrauben, die nur durch Verwendung von Zugangseinrichtungen, z. b. Stufen oder Leitern (falls erforderlich), und Werkzeugen zu erkennen sind.

Eine *Detailprüfung* schließlich ist eine Prüfung, bei der zusätzlich zu den Aspekten der Nahprüfung solche Fehler festgestellt werden, die nur durch das Öffnen von Gehäusen und/oder, falls erforderlich, Verwendung von Werkzeugen und Prüfeinrichtungen zu erkennen sind. Nach Durchführung einer Detailprüfung muss besondere Sorgfalt darauf verwandt werden, den ordnungsgemäßen Zustand der geprüften Einrichtung wiederherzustellen.

Sicht- und Nahprüfungen können in aller Regel an unter Spannung stehenden Betriebsmitteln durchgeführt werden. Detailprüfungen machen normalerweise ein Freischalten der Betriebsmittel und damit auch eine Arbeitserlaubnis durch den Betreiber erforderlich (siehe dazu auch Abschnitt 11.1).

Bei der Art der Prüfungen unterscheidet man zwischen der Prüfung vor Inbetriebnahme, auch Erstprüfung genannt, und wiederkehrenden Prüfungen.

Für die *Prüfung vor Inbetriebnahme* ist es nicht erforderlich, eine vollständige Detailprüfung der Betriebsmittel durchzuführen, wenn eine gleichwertige Prüfung bereits vom Hersteller vorgenommen wurde und eine Beeinträchtigung der Explosionsschutzmaßnahmen durch die Montagearbeiten nicht zu befürchten ist. Beispielsweise muss die Unversehrtheit der Spalte eines neu gelieferten Gehäuses in der Schutzart Druckfeste Kapselung nicht überprüft werden, wenn es zur Installation nicht geöffnet werden muss, weil es mit einem mitgelieferten Anschlussraum in der Schutzart Erhöhte Sicherheit versehen ist. Wohl aber muss dieser Anschlussraum nach der Montage darauf überprüft werden, ob die Anforderungen seiner Schutzart bezüglich Dichtigkeit, Kriechstrecken usw. nach wie vor erfüllt sind.

Wiederkehrende Prüfungen dürfen als Sicht- oder Nahprüfungen ausgeführt werden, wobei das Ergebnis der Sicht- oder Nahprüfung sein kann, dass eine zusätzliche Detailprüfung erforderlich ist.

Werden *regelmäßig wiederkehrende Prüfungen* durchgeführt, so kommt der Festlegung der Prüfintervalle und der erforderlichen Prüftiefe eine große Bedeutung zu. Sinnvollerweise wendet man dabei die in **Bild 11.2** dargestellte Vorgehensweise an.

330　　11 Betrieb und Instandhaltung

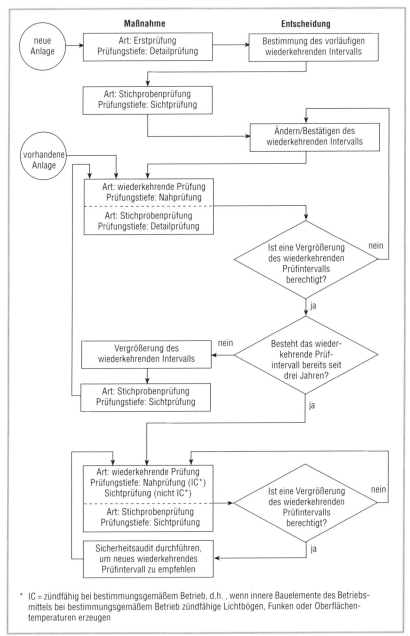

Bild 11.2 *Typischer Prüfungsablauf bei wiederkehrenden Prüfungen nach DIN EN 60079-17 (VDE 0165-10-1) [B11]*

Man legt unter Beachtung der Art des Betriebsmittels, der zu erwartenden Beanspruchung und der sonstigen Umgebungseinflüsse ein anfängliches *Prüfintervall* fest. In diese Festlegung können und sollen natürlich bereits vorhandene Erfahrungen mit vergleichbaren Betriebsmitteln in vergleichbarer Situation und etwaige Hinweise und Informationen des Herstellers einfließen. Ergibt die erneut durchgeführte wiederkehrende Prüfung, dass in der Zeit zwischen den Prüfungen keine Beeinträchtigung der zum Explosionsschutz getroffenen Maßnahmen eingetreten ist, so kann das Prüfintervall verlängert werden. Dabei ist aber zu beachten, dass die Betriebssicherheitsverordnung [A8] für Deutschland eine maximale Länge des Intervalls von 3 Jahren zwingend vorgibt.

Werden für die wiederkehrende Prüfung Detailprüfungen erforderlich, so können diese unter der Voraussetzung, dass eine ausreichend große Anzahl gleicher Geräte vorhanden ist, als *Stichprobenprüfung* durchgeführt werden; d. h., nur eine bestimmte Anzahl dieser Geräte wird der Detailprüfung unterzogen. Die Anzahl der zu prüfenden Geräte muss dabei so gewählt werden, dass ein aussagekräftiges Ergebnis gewonnen werden kann. Daraus ergibt sich, dass auch Umfang und Zusammensetzung der Stichprobe bei jeder wiederkehrenden Prüfung neu überdacht werden müssen. Auf jeden Fall sollten aber die nicht zur Stichprobe gehörenden Geräte einer Sichtprüfung unterzogen werden.

Gesonderte Überlegungen sind für die Festlegung von Prüfintervallen von *ortsveränderlichen elektrischen Betriebsmitteln* (handgeführten, tragbaren und transportierbaren Betriebsmitteln) erforderlich, da sie einer erhöhten Beschädigungsgefahr unterworfen sind. Für die meisten dieser Geräte müssen in Deutschland ohnedies die in der VGB 4, Tabelle 1.B, angegebenen Prüffristen angewendet werden (**Tabelle 11.1**). Als Maß dafür, ob die Prüffristen ausreichend

Tabelle 11.1 *Wiederholungsprüfungen ortsveränderlicher elektrischer Betriebsmittel nach VBG 4, Tabelle 1B (jetzt BGV A3)*

Anlage/Betriebsmittel	Prüffrist Richt- und Maximalwerte	Art der Prüfung	Prüfer
Ortsveränderliche elektrische Betriebsmittel (soweit benutzt) Verlängerungs- und Geräteanschlussleitungen mit Steckvorrichtungen Anschlussleitungen mit Stecker Bewegliche Leitungen mit Stecker und Festanschluss	Richtwerte: 6 Monate, auf Baustellen 3 Monate[1]. Wird bei den Prüfungen eine Fehlerquote < 2 % erreicht, kann die Prüffrist entsprechend verlängert werden. Maximalwerte: auf Baustellen, in Fertigungsstätten und Werkstätten oder unter ähnlichen Bedingungen 1 Jahr, in Büros oder unter ähnlichen Bedingungen 2 Jahre	auf ordnungsgemäßen Zustand	Elektrofachkraft, bei Verwendung geeigneter Mess- und Prüfgeräte auch elektrotechnisch unterwiesene Person

[1] Konkretisierung: „Regeln für Sicherheit und Gesundheitsschutz – Auswahl und Betrieb elektrischer Anlagen und Betriebsmittel auf Baustellen"

bemessen sind, gilt die bei den Prüfungen in bestimmten Betriebsbereichen festgestellte Quote von fehlerhaften Betriebsmitteln (Fehlerquote). Beträgt diese Fehlerquote höchstens 2 %, dann kann die Prüffrist als ausreichend angesehen werden. Aus den beschriebenen Gründen und weil bei ihnen in aller Regel eine ständige Überwachung nicht durchführbar ist, kann die im nächsten Abschnitt beschriebene Methode auf sie nicht angewendet werden.

11.6 Ständige Überwachung

In der Betriebssicherheitsverordnung [A8] ist leider die in der ElexV [A9] ausdrücklich erwähnte Möglichkeit entfallen, nach der auf regelmäßig wiederkehrende Prüfungen verzichtet werden konnte, wenn die elektrischen Anlagen unter Leitung eines verantwortlichen Ingenieurs ständig überwacht werden. Trotzdem kann es sinnvoll sein, diese inzwischen auch in den Normen beschriebene Methode anzuwenden.

Wirtschaftlich eingesetzt werden kann dieses Konzept, wenn der sowieso erforderliche Aufwand für die Instandhaltung und die Änderungs- und Erweiterungsarbeiten an den elektrischen Einrichtungen eines Betriebs eine Größenordnung erreicht, der die ständige Beschäftigung einer Wartungsmannschaft rechtfertigt, die dann auch die „ständige Überwachung" übernehmen kann.

Nach der Prüfung vor der ersten Inbetriebnahme tritt bei der ständigen Überwachung an die Stelle der in regelmäßigen Zeitabständen stattfindenden flächendeckenden Prüfung der Anlagen die *situationsbezogene Untersuchung* von Anlagenteilen, die aufgrund der Kenntnisse über die örtlichen Gegebenheiten und die in der letzten Zeit aufgetretene Beanspruchung dieser Anlagenteile ausgesucht werden. Wenn aufgrund der erforderlichen Betreuung der Anlagen eine häufige Anwesenheit von Wartungspersonal in der Anlage gegeben ist, kann davon ausgegangen werden, dass im Rahmen der für die Betreuung der Anlagen erforderlichen Arbeiten, z. B. Wartungsarbeiten, Fehlersuche und -behebung, Reinigungsarbeiten, Schalthandlungen, An- und Abklemmarbeiten, Einstell- und Abgleicharbeiten, Funktionsprüfungen, Messungen, Inspektionen, Kontrollgänge und Änderungen oder Erweiterungen vorhandener Installationen, aufgetretene Mängel schnell erkannt werden. In gleicher Weise werden frühzeitig Veränderungen bemerkt, die in absehbarer Zeit zu einem Schaden führen können. Wo immer möglich, wird das mit der Instandhaltung der Anlage betraute Fachpersonal die Mängel direkt beseitigen oder andere Maßnahmen ergreifen. Wichtig ist die unverzügliche Information der Fachvorgesetzten, die sich aber im Rahmen von Arbeitsabsprachen und Tätigkeitsnachweisen fast zwangsläufig ergibt. Da der für die Instandhaltung Verantwortliche die Planung der Instandhaltungsaktivitäten auf der Basis der Kenntnis des Betriebs, der dort stattfindenden Arbeitsabläufe und der aktuellen Umgebungsbedingungen vornehmen wird, ergibt sich durch die ständigen Rückmeldungen der Mitarbeiter über die Ergebnisse ihrer Instandhaltungstätigkeit immer eine aktuelle Beurteilung des Zustandes der Anlagen. Der eigentliche Nutzen der ständigen Überwachung liegt darin, dass aufgrund der situationsbezogenen Instandhaltungstätigkeiten Mängel der Anlagen in aller Regel zu einem deutlich früheren Zeitpunkt bemerkt werden, als dies bei regelmäßig wiederkehrenden flächendeckenden Prüfungen des gesamten Betriebs der Fall wäre. Aus diesem Grund wird in den Anlagen der Großchemie die ständige Überwachung seit vielen Jahren erfolgreich angewendet. Auch nach Inkrafttreten der Betriebssicherheitsverordnung besteht kein Grund, von der beschriebenen Vorgehensweise prinzipiell abzuweichen. Man wird sie nur um geeignete Dokumentationsmethoden oder besser noch um geeignete Auswertungen der sowieso schon vorhandenen Dokumentation der Instandhaltungsvorgänge ergänzen müssen, um zeigen zu können, dass die oben genannte Forderung nach Prüfung im Betrieb spätestens nach 3 Jahren erfüllt wird.

11.7 Elektrische Trennung von Betriebsmitteln

In explosionsgefährdeten Bereichen bedeutet das Arbeiten an unter Spannung stehenden nichteigensicheren Betriebsmitteln eine Zündgefahr. Es ist daher nur zulässig, wenn eine entsprechende Arbeitserlaubnis vorliegt. In allen anderen Fällen ist es erforderlich, alle ankommenden und, falls wegen der Neutralleiterspannung gegen Erde erforderlich, auch alle abgehenden Anschlüsse einschließlich des Neutralleiters üblicherweise außerhalb des explosionsgefährdeten Bereiches aufzutrennen. Dies kann durch das Herausnehmen von Sicherungen, das Lösen von Verbindungen oder das Verriegeln einer Trennstrecke oder eines Schalters geschehen. Enthält ein Gerät Energiespeicher oder innere heiße Oberflächen, so dürfen die Arbeiten erst begonnen bzw. das Gerätegehäuse erst geöffnet werden, nachdem so lange gewartet wurde, bis die gespeicherte Energie und/oder die Temperatur der inneren heißen Oberflächen auf unkritische Werte abgesunken sind.

Da eine Auftrennung der elektrischen Verbindungen immer eine Außerbetriebnahme des betreffenden Gerätes und damit auch den momentanen Verlust seiner betrieblichen Funktionen bedeutet, ist bei Arbeiten im laufenden Betrieb eine schriftlich dokumentierte Absprache mit der Betriebsleitung erforderlich. Diese Arbeitserlaubnis enthält dann zwar keine Aspekte der Erlaubnis zur Arbeit mit Zündgefahren mehr, fixiert aber, welche Geräte oder gegebenenfalls ganze Bereiche außer Betrieb genommen werden dürfen.

In Bereichen der Zone 2 oder 22 sind Abweichungen von den oben angegebenen Forderungen möglich, wenn eine Sicherheitsbeurteilung ergibt, dass die vorgesehenen Arbeiten an *unter Spannung stehenden Einrichtungen* keine zündfähigen Funken entstehen lassen und dass keine gefährlichen heißen Oberflächen vorhanden sind. In diesem Fall können die Arbeiten unter Beachtung der auch in nicht explosionsgefährdeten Bereichen notwendigen Vorsichtsmaßnahmen unter Spannung durchgeführt werden. Die Sicherheitsbeurteilung und ihre Ergebnisse sollten in nachvollziehbarer Weise dokumentiert werden, für wiederkehrende Ereignisse z. B. als Teil des Explosionsschutzdokuments.

An *eigensicheren Stromkreisen* darf, unter der Voraussetzung, dass dies auch in nicht explosionsgefährdeten Bereichen zulässig wäre, auch in explosionsgefährdeten Bereichen gearbeitet werden. Durch die Benutzung von Prüfinstrumenten darf die Eigensicherheit des zu prüfenden Stromkreises nicht beeinträchtigt werden. Wird an zugehörigen Betriebsmitteln oder Teilen von eigensicheren Stromkreisen in nicht explosionsgefährdeten Bereichen gearbeitet, so ist ebenfalls Sorge dafür zu tragen, dass die Eigensicherheit für die Teile im explosionsgefährdeten Bereich erhalten bleibt. Wenn sich dies nicht bewerkstelligen lässt, ist eine Auftrennung der Verbindungen zum explosionsgefährdeten Bereich erforderlich, wie sie oben beschrieben ist.

11.8 Prüfpläne

Die Beispiele für Prüfpläne in den **Tabellen 11.2** bis **11.5** sind den Normen DIN EN 60079-17 [B11] und DIN EN 61241-17 [B26] entnommen. Dabei ist die geplante Zusammenführung der beiden Normen vorweggenommen.

11.8 Prüfpläne

Tabelle 11.2 *Prüfplan für Ex „d", „e" und „n"*
(D Detailprüfung, N Nahprüfung, S Sichtprüfung)

	Folgendes ist zu prüfen:	Zündschutzart „d"			Zündschutzart „e"			Zündschutzart „n"		
		D	N	S	D	N	S	D	N	S
A	**Betriebsmittel**									
1	Betriebsmittel entspricht der Zone	•	•	•	•	•	•	•	•	•
2	Betriebsmittelgruppe ist richtig	•	•		•	•		•	•	
3	Betriebsmittel-Temperaturklasse ist richtig	•	•		•	•		•	•	
4	Betriebsmittel-Stromkreisbezeichnung ist richtig	•			•			•		
5	Betriebsmittel-Stromkreisbezeichnung ist vorhanden	•	•	•	•	•	•	•	•	•
6	Gehäuse, Glasscheiben und Glas-Metall-Abdichtungen und/oder -Verbindungen sind zufrieden stellend	•	•	•	•	•	•	•	•	•
7	Keine unzulässigen Änderungen	•	•	•	•	•	•	•	•	•
8	Keine sichtbaren unzulässigen Änderungen	•	•		•	•		•	•	
9	Schrauben, Kabel- und Leitungseinführungen (direkt und indirekt), Blindverschlüsse sind richtig, vollständig und dicht									
	– körperliche Prüfung	•			•			•		
	– Sichtprüfung			•			•			•
10	Spaltflächen sind sauber und unbeschädigt, Dichtungen (falls vorhanden) sind zufrieden stellend	•								
11	Spaltweiten sind innerhalb der zulässigen Höchstwerte	•	•							
12	Lampen-Bemessungswert, -Typ und -Anordnung sind richtig				•			•		
13	Elektrische Anschlüsse sind fest und dicht				•					
14	Zustand der Gehäusedichtungen ist zufrieden stellend				•			•		
15	Bruchsichere Kapselungen und hermetisch abgedichtete Geräte sind unbeschädigt							•		
16	Schwadensichere Gehäuse sind in Ordnung							•		
17	Motorlüfter haben ausreichenden Abstand zum Gehäuse und/oder zu Abdeckungen				•	•		•	•	
18	Atmungs- und Entwässerungseinrichtung sind zufrieden stellend	•	•					•	•	
B	**Installation**									
1	Kabel- und Leitungstyp ist zweckentsprechend				•			•		
2	An Kabeln und Leitungen ist keine sichtbare Beschädigung	•	•	•	•	•	•	•	•	•
3	Abdichtung von Schächten, Kanälen, Rohren und/oder „conduits" ist zufrieden stellend	•	•	•	•	•	•	•	•	•
4	Mechanische Zündsperren und Kabelendverschlüsse sind richtig gefüllt	•								
5	Conduitsystem und Übergang zum gemischten System sind unbeschädigt	•			•			•		
6	Erdverbindungen, einschließlich zusätzlicher Potentialausgleichsanschlüsse sind zufrieden stellend (z. B. Anschlüsse sind fest, Leiterquerschnitte sind ausreichend)									
	– körperliche Prüfung	•			•			•		
	– Sichtprüfung		•	•		•	•		•	•
7	Fehlerschleifen-Impedanz (TN-System) oder Erdungswiderstand (IT-System) ist zufrieden stellend	•			•			•		
8	Isolationswiderstand ist zufrieden stellend	•			•			•		
9	Die automatische elektrische Schutzeinrichtung spricht in zulässigen Grenzwerten an	•			•			•		
10	Die automatische elektrische Schutzeinrichtung ist richtig eingestellt, automatische Rückstellung nicht möglich				•			•		
11	Spezielle Betriebsbedingungen (falls zutreffend) sind eingehalten	•			•			•		
12	Kabel und Leitungen, die nicht benutzt werden, sind richtig abgeschlossen	•			•			•		
13	Hindernisse in der Nähe von zünddurchschlagsicheren Verbindungen sind in Übereinstimmung mit IEC 60079-14	•	•							
14	Installationen mit veränderbarer Spannung/Frequenz sind in Übereinstimmung mit der Dokumentation	•			•			•		
C	**Umgebungseinflüsse**									
1	Das Betriebsmittel ist ausreichend gegen Korrosion, Wetter, Schwingung und andere Störfaktoren geschützt	•	•	•	•	•	•	•	•	•
2	Keine übermäßige Staub- oder Schmutzansammlung	•	•	•	•	•	•	•	•	•
3	Elektrische Isolierung ist sauber und trocken	•			•			•		

ANMERKUNG 1 Allgemeines: Die Überprüfungen an Betriebsmitteln mit den beiden Zündschutzarten „d" und „e" stellen eine Kombination beider Spalten dar.
ANMERKUNG 2 Positionen B7 und B8: Man sollte bei der Verwendung von elektrischen Prüfgeräten die Möglichkeit in Betracht ziehen, dass in der Nähe des Betriebsmittels eine explosionsfähige Atmosphäre sein kann.

Tabelle 11.3 *Prüfplan für Ex „i"- oder Ex „iD"-Installationen*

	Folgendes ist zu prüfen:	Detailprüfung	Nahprüfung	Sichtprüfung
A	**Betriebsmittel**			
1	Dokumentation für Stromkreis und/oder Betriebsmittel entspricht der Zoneneinteilung	*	*	*
2	Installiertes Betriebsmittel entspricht dem in der Dokumentation festgelegten – nur für ortsfeste Betriebsmittel	*	*	
3	Kategorie und Gruppe des Stromkreises und/oder des Betriebsmittels sind richtig	*	*	
4	Temperaturklasse des Betriebsmittels ist richtig	*	*	
5	Installation ist deutlich gekennzeichnet	*	*	
6	Keine unzulässigen Änderungen	*		
7	Keine sichtbaren unzulässigen Änderungen		*	*
8	Sicherheits-Barrieren, Relais und andere Energiebegrenzungs-Einrichtungen entsprechen dem bescheinigten Typ, sind installiert in Übereinstimmung mit den Anforderungen aus der Bescheinigung und, falls erforderlich, sicher geerdet	*	*	*
9	Elektrische Verbindungen sind fest	*		
10	Gedruckte Schaltungen sind sauber und unbeschädigt	*		
B	**Installation**			
1	Kabel und Leitungen sind entsprechend der Dokumentation installiert	*		
2	Kabel- und Leitungsabschirmungen sind entsprechend der Dokumentation geerdet	*		
3	Keine sichtbare Beschädigung an Kabeln und Leitungen	*	*	*
4	Abdichtung von Schächten, Kanälen, Rohren und/oder „conduits" ist zufrieden stellend	*	*	*
5	Punkt-zu-Punkt-Verbindungen sind alle richtig	*		
6	Erdungs-Durchgängigkeit ist zufrieden stellend (z. B. Verbindungen sind fest und die Leiterquerschnitte ausreichend)	*		
7	Erdverbindungen erhalten die Funktionsfähigkeit der Zündschutzart	*	*	*
8	Eigensicherer Stromkreis ist gegen Erde isoliert oder nur an einer Stelle geerdet (entsprechend der Dokumentation)	*		
9	Trennung zwischen eigensicheren und nichteigensicheren Stromkreisen ist noch vorhanden in gemeinsamen Verteilerkästen oder Relaisschränken	*		
10	Falls zutreffend, Kurzschlussschutz der Energieversorgung stimmt mit der Dokumentation überein	*		
11	Spezielle Betriebsbedingungen (falls zutreffend) sind eingehalten	*		
12	Kabel und/oder Leitungen, die nicht benutzt werden, sind richtig abgeschlossen	*	*	*
C	**Umgebungseinflüsse**			
1	Betriebsmittel ist ausreichend gegen Korrosion, Wetter, Schwingung und andere Störfaktoren geschützt	*	*	*
2	Keine übermäßige Staub- oder Schmutzansammlung		*	*

Tabelle 11.4 Prüfplan für Ex „p"- oder „pD"-Installationen (Überdruck oder ständige Verdünnung)

	Folgendes ist zu prüfen:	Detailprüfung	Nahprüfung	Sichtprüfung
A	**Betriebsmittel**			
1	Betriebsmittel entspricht der Zone	*	*	*
2	Betriebsmittelgruppe ist richtig	*	*	
3	Temperaturklasse oder Oberflächentemperatur des Betriebsmittels ist richtig	*	*	
4	Kennzeichnung des Betriebsmittel-Stromkreises ist richtig	*		
5	Betriebsmittel-Stromkreisbezeichnung ist vorhanden	*	*	*
6	Gehäuse, Glasscheiben und Glas-Metall-Dichtungen und/oder -Verbindungen sind zufrieden stellend	*	*	*
7	Keine unzulässigen Änderungen	*		
8	Keine sichtbaren unzulässigen Änderungen	*	*	
9	Lampen-Bemessungswert, -Typ und -Anordnung sind richtig	*		
B	**Installation**			
1	Kabel- und/oder Leitungstyp ist geeignet	*		
2	An Kabeln und/oder Leitungen ist keine sichtbare Beschädigung	*	*	*
3	Erdverbindungen, einschließlich zusätzlicher Potentialausgleichsanschlüsse, sind zufrieden stellend, z. B. Anschlüsse sind fest, Leiterquerschnitte sind ausreichend			
	– körperliche Prüfung	*		
	– Sichtprüfung		*	*
4	Fehlerschleifen-Impedanz (TN-System) oder Erdungswiderstand (IT-System) ist zufrieden stellend	*		
5	Die automatische elektrische Schutzeinrichtung spricht in zulässigen Grenzwerten an	*		
6	Die automatischen elektrischen Schutzeinrichtungen sind richtig eingestellt	*		
7	Schutzgastemperatur am Eintritt liegt unter dem festgelegten Höchstwert	*		
8	Luftkanäle, Rohrleitungen und Gehäuse sind in gutem Zustand	*	*	*
9	Schutzgas ist im Wesentlichen frei von Verunreinigungen	*	*	*
10	Schutzgasdruck und/oder -durchfluss ist ausreichend	*	*	*
11	Druck- und/oder Durchfluss-Anzeiger, Alarmeinrichtungen und Verriegelungen funktionieren richtig	*		
12	Zustand von Funken- und Partikelsperren von Kanälen zum Ausblasen des Gases in explosionsgefährdeten Bereichen ist zufrieden stellend	*		
13	Spezielle Betriebsbedingungen (falls zutreffend) sind eingehalten	*		
C	**Umgebungseinflüsse**			
1	Das Betriebsmittel ist ausreichend gegen Korrosion, Wetter, Schwingung und andere Störfaktoren geschützt	*	*	*
2	Keine übermäßige Staub- oder Schmutzansammlung	*	*	*

Tabelle 11.5 *Prüfplan für Ex „tD"-Installationen*

	Folgendes ist zu prüfen:	Prüftiefe		
		Detail-prüfung	Nah-prüfung	Sicht-prüfung
A	**Betriebsmittel**			
1	Betriebsmittel entspricht der Zone	*	*	*
2	IP-Schutzgrad des Betriebsmittels entspricht der Leitfähigkeit des Staubs	*	*	*
3	Maximale Oberflächentemperatur des Betriebsmittels ist richtig	*	*	
4	Betriebsmittel-Stromkreisbezeichnung ist richtig	*		
5	Betriebsmittel-Stromkreisbezeichnung ist vorhanden	*	*	
6	Gehäuse, Glasscheiben und Glas-Metall-Abdichtungen und/oder -Verbindungen sind zufrieden stellend	*	*	*
7	Keine unzulässigen Änderungen	*		
8	Keine sichtbaren unzulässigen Änderungen		*	*
9	Schrauben, Kabel- und Leitungseinführungen (direkt und indirekt), Blindschlüsse sind richtig, vollständig und dicht			
	– körperliche Prüfung	*	*	
	– Sichtprüfung			*
10	Lampen-Bemessungswert, -Typ und -Anordnung sind richtig	*		
11	Elektrische Anschlüsse sind fest und dicht			
12	Zustand der Gehäusedichtungen ist zufrieden stellend			
13	Motorlüfter haben ausreichenden Abstand zum Gehäuse und/oder zu Abdeckungen	*		
B	**Installation**			
1	Die Installation ist so, dass Staubansammlungen vermieden werden	*	*	*
2	Abdichtung von Schächten, Kanälen, Rohren und/oder „conduits" ist zufrieden stellend	*	*	*
3	Kabel- und Leitungstyp ist zweckentsprechend	*		
4	An Kabeln und Leitungen ist keine sichtbare Beschädigung	*	*	*
5	Kabel und Leitungen, die nicht benutzt werden, sind richtig abgeschlossen	*	*	
6	Erdverbindungen, einschließlich zusätzlicher Potentialausgleichanschlüsse sind zufrieden stellend (z. B. Anschlüsse sind fest, Leiterquerschnitte sind ausreichend)			
	– körperliche Prüfung	*		
	– Sichtprüfung		*	*
7	Erdungs-Impedanz ist zufrieden stellend	*		
8	Isolationswiderstand ist zufrieden stellend	*		
9	Die automatische elektrische Schutzeinrichtung spricht in zulässigen Grenzwerten an	*		
10	Die automatische elektrische Schutzeinrichtung ist richtig eingestellt	*		
11	Spezielle Betriebsbedingungen (falls zutreffend) sind eingehalten	*		
C	**Umgebungseinflüsse**			
1	Das Betriebsmittel ist ausreichend gegen Korrosion, Wetter, Schwingung und andere Störfaktoren geschützt	*	*	*
2	Keine übermäßige Staub- oder Schmutzansammlung	*	*	*

12 Instandsetzung elektrischer Maschinen

Unter *Instandhaltung* sind alle Maßnahmen zu verstehen, die der Bewahrung und Wiederherstellung des *Sollzustandes einer Anlage* dienen. Dazu gehören auch die Feststellung und die Beurteilung des Istzustandes (DIN 31051-1).

Die folgenden Ausführungen konzentrieren sich auf die *Instandsetzung* elektrischer Maschinen in den Zündschutzarten Erhöhte Sicherheit „e" und Druckfeste Kapselung „d".

12.1 Vorschriften

Die Sicherheit von Anlagen in explosionsgefährdeten Bereichen hängt nach der vorgeschriebenen Auswahl auch von der richtigen Inbetriebnahme, der ordnungsgemäßen Verwendung und fachgerechten Instandsetzung ab.

Die Regeln waren nach altem Recht in der ElexV festgelegt; jetzt gilt hierzu die an den Arbeitgeber (Betreiber) gerichtete *Betriebssicherheitsverordnung* (BetrSichV) [AB].

Instandhaltung nach der BetrSichV
„§ 10 Prüfung der Arbeitsmittel
(1) Der Arbeitgeber hat sicherzustellen, dass die Arbeitsmittel, deren Sicherheit von den Montagebedingungen abhängt, nach der Montage und vor der ersten Inbetriebnahme sowie nach jeder Montage auf einer neuen Baustelle oder an einem neuen Standort geprüft werden. Die Prüfung hat den Zweck, sich von der ordnungsgemäßen Montage und der sicheren Funktion dieser Arbeitsmittel zu überzeugen. Die Prüfung darf nur von hierzu befähigten Personen durchgeführt werden.
(2) Unterliegen Arbeitsmittel Schäden verursachenden Einflüssen, die zu gefährlichen Situationen führen können, hat der Arbeitgeber die Arbeitsmittel entsprechend den nach § 3 Abs. 3 ermittelten Fristen durch hierzu befähigte Personen überprüfen und erforderlichenfalls erproben zu lassen. Der Arbeitgeber hat Arbeitsmittel einer außerordentlichen Überprüfung durch hierzu befähigte Personen unverzüglich zu unterziehen, wenn außergewöhnliche Ereignisse stattgefunden haben, die schädigende Auswirkungen auf die Sicherheit des Arbeitsmittels haben können. Außergewöhnliche Ereignisse im Sinne des Satzes 2 können insbesondere Unfälle, Veränderungen an den Arbeitsmitteln, längere Zeiträume der Nichtbenutzung der Arbeitsmittel oder Naturereignisse sein. Die Maßnahmen nach den Sätzen 1 und 2 sind mit dem Ziel durchzuführen,

Schäden rechtzeitig zu entdecken und zu beheben, sowie die Einhaltung des sicheren Betriebs zu gewährleisten.
(3) Der Arbeitgeber hat sicherzustellen, dass Arbeitsmittel nach Instandetzungsarbeiten, welche die Sicherheit der Arbeitsmittel beeinträchtigen können, durch befähigte Personen auf ihren sicheren Betrieb geprüft werden.
(4) Der Arbeitgeber hat sicherzustellen, dass die Prüfungen auch den Ergebnissen der Gefährdungsbeurteilung nach § 3 genügen.

§ 12 Betrieb (Auszug)
(1) Überwachungsbedürftige Anlagen müssen nach dem Stand der Technik montiert, installiert und betrieben werden. Bei der Einhaltung des Standes der Technik sind die vom Ausschuss für Betriebssicherheit ermittelten und vom Bundesministerium für Arbeit und Sozialordnung im Bundesarbeitsblatt veröffentlichten Regeln und Erkenntnisse zu berücksichtigen.
(2) Überwachungsbedürftige Anlagen dürfen erstmalig und nach wesentlichen Veränderungen nur in Betrieb genommen werden,
1. wenn sie den Anforderungen der Verordnungen nach § 4 Abs. 1 des Gerätesicherheitsgesetzes entsprechen, durch die die in § 1 Abs. 2 Satz 1 genannten Richtlinien in deutsches Recht umgesetzt werden, oder
2. wenn solche Rechtsvorschriften keine Anwendung finden, sie den sonstigen Rechtsvorschriften, mindestens dem Stand der Technik entsprechen.
Überwachungsbedürftige Anlagen dürfen nach einer Änderung nur wieder in Betrieb genommen werden, wenn sie hinsichtlich der von der Änderung betroffenen Anlagenteile dem Stand der Technik entsprechen.
(3) Wer eine überwachungsbedürftige Anlage betreibt, hat diese in ordnungsgemäßem Zustand zu erhalten, zu überwachen, notwendige Instandsetzungs- oder Wartungsarbeiten unverzüglich vorzunehmen und die den Umständen nach erforderlichen Sicherheitsmaßnahmen zu treffen.
(5) Eine überwachungsbedürftige Anlage darf nicht betrieben werden, wenn sie Mängel aufweist, durch die Beschäftigte oder Dritte gefährdet werden können.

§ 14 Prüfung vor Inbetriebnahme (Auszug)
(1) Eine überwachungsbedürftige Anlage darf erstmalig und nach einer wesentlichen Veränderung nur in Betrieb genommen werden, wenn die Anlage unter Berücksichtigung der vorgesehenen Betriebsweise durch eine zugelassene Überwachungsstelle auf ihren ordnungsgemäßen Zustand hinsichtlich der Montage, der Installation, den Aufstellungsbedingungen und der sicheren Funktion geprüft worden ist.
(6) Ist eine überwachungsbedürftige Anlage ... hinsichtlich eines Teils, von dem der Explosionsschutz abhängt, instand gesetzt worden, so darf sie abweichend von Absatz 2 erst wieder in Betrieb genommen werden, nachdem die zugelassene Überwachungsstelle festgestellt hat, dass sie in den für den Explosionsschutz wesentlichen Merkmalen den Anforderungen dieser Verordnung entspricht, und nachdem sie hierüber eine Bescheinigung nach § 19 erteilt oder die überwa-

chungsbedürftige Anlage mit einem Prüfzeichen versehen hat. Die Prüfungen nach Satz 1 dürfen auch von befähigten Personen eines Unternehmens durchgeführt werden, soweit diese Personen von der zuständigen Behörde für die Prüfung der durch dieses Unternehmen instand gesetzten überwachungsbedürftigen Anlagen anerkannt sind. Die Sätze 1 und 2 gelten nicht, wenn eine überwachungsbedürftige Anlage nach ihrer Instandsetzung durch den Hersteller einer Prüfung unterzogen worden ist und der Hersteller bestätigt, dass die überwachungsbedürftige Anlage in den für den Explosionsschutz wesentlichen Merkmalen den Anforderungen dieser Verordnung entspricht.

§ 15 Wiederkehrende Prüfungen (Auszug)
(1) Eine überwachungsbedürftige Anlage und ihre Anlagenteile sind in bestimmten Fristen wiederkehrend auf ihren ordnungsgemäßen Zustand hinsichtlich des Betriebs durch eine zugelassene Überwachungsstelle zu prüfen. Der Betreiber hat die Prüffristen der Gesamtanlage und der Anlagenteile auf der Grundlage einer sicherheitstechnischen Bewertung zu ermitteln. Eine sicherheitstechnische Bewertung ist nicht erforderlich, soweit sie im Rahmen einer Gefährdungsbeurteilung im Sinne von § 3 dieser Verordnung oder § 3 der Allgemeinen Bundesbergverordnung bereits erfolgt ist. § 14 Abs. 3 Satz 1 und 2 finden entsprechende Anwendung.
(3) Bei der Festlegung der Prüffristen nach Absatz 1 dürfen die in den Absätzen 5 bis 9 und 12 bis 16 für die Anlagenteile genannten Höchstfristen nicht überschritten werden. Der Betreiber hat die Prüffristen der Anlagenteile und der Gesamtanlage der zuständigen Behörde innerhalb von sechs Monaten nach Inbetriebnahme der Anlage unter Beifügung anlagenspezifischer Daten mitzuteilen.
(15) Bei Anlagen in explosionsgefährdeten Bereichen ... müssen Prüfungen im Betrieb spätestens alle drei Jahre durchgeführt werden."

Ablösung des Sachkundigen durch die befähigte Person

In der Betriebssicherheitsverordnung ist in §2 (7) definiert:
„*Befähigte Person im Sinne dieser Verordnung ist eine Person, die durch ihre Berufsausbildung, ihre Berufserfahrung und ihre zeitnahe berufliche Tätigkeit über die erforderlichen Fachkenntnisse zur Prüfung der Arbeitsmittel verfügt.*"
Die Zulassungsvoraussetzungen für die amtliche Anerkennung einer *befähigten Person* stimmen weitgehend mit dem bei der Anerkennung von *Sachkundigen* nach ElexV bewährten Verfahren überein.
Die Überführung von nach ElexV anerkannten Sachkundigen in den Status einer befähigten Person ist ein formaler Akt, der von der zuständigen Länderbehörde auf Antrag erledigt wird und teilweise auch schon automatisch durchgeführt wurde. Vorbildliche Hilfestellung für den Antragsteller im Zuständigkeitsbereich des Regierungspräsidiums Darmstadt (Hessen) bietet die „Antragsmappe" nach [12-7].

12.2 Lohnende Instandsetzung

Für eine Instandsetzung explosionsgeschützter elektrischer Maschinen sprechen unter anderen folgende Gründe:

12.2.1 Lebensdauer

Elektromotoren sind relativ langlebig und daher instandsetzungswürdig (**Bild 12.1**).

Ausfälle sind meist durch Lagerschäden oder andere mechanische Bauteile bedingt – die Abgrenzung der „allgemeinen" von den „besonderen" Instandsetzungsarbeiten ist daher wichtig.

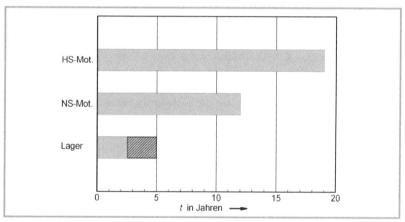

Bild 12.1 *Mittlere Einsatzdauer von Elektromotoren bis zu Reparatur*
nach Wagner, Fa. HÜLS
HS-Mot.   Hochspannungsmotoren
NS-Mot.   Niederspannungsmotoren
Lager   Wälzlager

12.2.2 Ausfallursachen

Lagerschäden bei Elektromotoren und Getriebeschäden bei Getriebemotoren machen einen erheblichen Anteil des Reparaturaufkommmens bei der Instandsetzung elektrischer Maschinen aus.

R. L. Nailen nennt in „Electrical Apparatus" (März 1995) folgende Prozentzahlen für die mechanischen Ausfallursachen bei Elektromotoren nach US-amerikanischen Erhebungen in verschiedenen Branchen, meist bezogen auf größere Antriebe:

National Plant Engineering and Maintenance Conference 50 %
IEEE Large Motor Reliability Survey 75 %
Southwestern Electrical Repair Center 75 %
EEI Edison Electrical Institute 66 %
Petrochemical Industry 75 %
EPRI Electric Power Research Institute 66 %
IEEE Technical Conference 84 %

Die in den **Bildern 12.2** und **12.3** gezeigten Anteile sind also im Einzelfall je nach Industriezweig, Betriebsweise und Fabrikat erheblich zu korrigieren: Es bleibt aber die für den Praktiker nicht ganz neue Erkenntnis, dass mechanische Bauteile, wie Lager, Zahnräder, Wellen und Passfedern, relativ häufiger versagen als die vermeintlich so empfindliche Wicklungsisolierung.

Die aus dieser Schadensstatistik und der allgemeinen Betriebserfahrung resultierende Frage nach einer sicherheitstechnischen Behandlung von mechanisch bedingten Zündanlässen (z. B. durch Warmlaufen von Lagern) sind nicht Gegenstand dieses Abschnitts. Dieser Aspekt ist im Kapitel 9 behandelt.

Der relativ hohe Anteil von mechanisch bedingten Ausfällen ist auch darauf zurückzuführen, dass für den thermischen Überlastungsschutz der Wicklung ausgereifte und relativ kostengünstige Möglichkeiten zur Verfügung stehen, während die mechanischen Komponenten den unkontrollierten Stoßbelastungen schutzlos ausgeliefert sind (**Bild 12.4**). Falsche oder vernachlässigte Schmierung ist ein anderer wichtiger Grund.

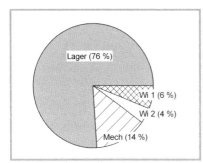

Bild 12.2
Relativer Anteil von Schadensursachen bei Elektromotoren der Fa. HÜLS
Wi Wicklung, 1 primär, 2 sekundär,
Mech mechanische Teile
Quelle : Wagner beim ABB-Seminar der Ex-Sachverständigen 1990

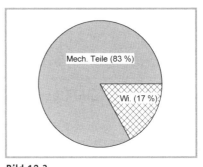

Bild 12.3
Relativer Anteil der Hauptkomponenten an den Gesamtreparaturen von Getriebemotoren
Quelle: Fa. Danfoss Bauer

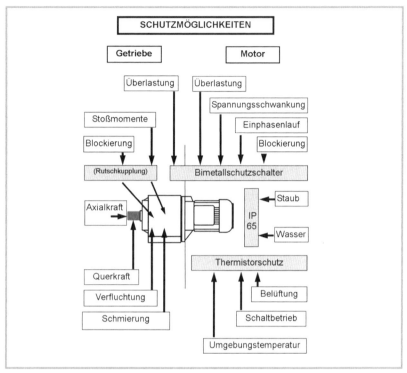

Bild 12.4 *Schutzmöglichkeiten für Getriebe und Motoren*
Begründung für den relativ hohen Anteil mechanischer Schäden an der Gesamtzahl der Instandsetzungsarbeiten

12.3 Warten und Überwachen

Sowohl aus den gesetzlichen Bestimmungen wie aus den Erfordernissen eines unfallfreien, ungestörten Produktionsablaufs ergibt sich die Notwendigkeit, eine elektrische Anlage in ordnungsgemäßem Zustand zu halten und ständig zu überwachen. Bei den notwendigen Arbeiten darf keine zusätzliche Explosionsgefahr auftreten – je nach Art des Eingriffs in die Anlage muss durch eine so genannte „Feuererlaubnis" sichergestellt sein, dass keine explosionsfähige Atmosphäre auftreten kann. In Großbetrieben ist durch entsprechende Organisation und Dokumentation für eine technisch umfassende und in den Akten nachprüfbare ständige Überwachung mit klarer Zuordnung der Verantwortung gesorgt (siehe Abschnitt 11.6).

Installations- oder Reparaturbetriebe, die mit der Wartung und Überwachung von explosionsgefährdeten Anlagen betraut werden, sollten sich an den Erfahrungen und Formalien der Großbetriebe orientieren.

Im Rahmen dieser Ausführungen wird nur auf einige spezielle Belange bei der Wartung und Überwachung elektrischer Maschinen eingegangen. Die Betriebsanleitung des Herstellers und eventuelle erschwerende Betriebs- und Umgebungsbedingungen sind besonders zu beachten.

12.3.1 Isolationswiderstand

Einen guten Anhaltspunkt für den Zustand einer Wicklung bietet der Isolationswiderstand, der – auch am Einsatzort bei abgetrennten Anschlussleitungen – z. B. mit einem Kurbelinduktor gemessen werden kann. Die Messspannung soll nach VDE 0100-610 folgende Werte haben:
  Bei Motoren mit Bemessungsspannung ≤ 500 V: DC 500 V
  > 500 V: DC 1000 V.
Der Isolationswiderstand beträgt bei neuwertigen Wicklungen mehr als 50 MΩ. In IEC 60079-19, Abschnitt 6.2.6.3.1, ist für erneuerte Wicklungen ein Wert von mindestens 20 MΩ empfohlen (**Bild 12.5**). Der Isolationswiderstand kann unter dem Einfluss von Feuchtigkeit oder Verschmutzung auf etwa 5 MΩ sinken. Bei niedrigeren Werten empfiehlt es sich, die Wicklung mit einem neutralen Mittel (z. B. heißes Wasser oder „Wicklungsreiniger") zu reinigen und anschließend zu trocknen. Die untere zulässige Grenze beträgt etwa 0,5 bis 1 MΩ. Wenn der Motor nicht ausgebaut werden kann, lässt sich die Wicklung auch durch Anlegen einer Einphasen-Heizspannung (< 100 V) am Einsatzort trocknen.

Für die Überwachung des Isolationszustandes einer Wicklung im Rahmen einer vorbeugenden Instandhaltung ist allerdings die Stoßspannungsprüfung besser geeignet.

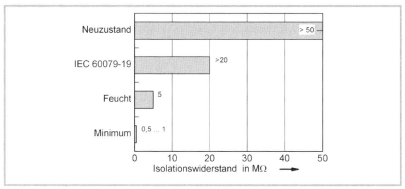

Bild 12.5 *Richtwerte für den Isolationswiderstand von Drehstrom-Ständerwicklungen (siehe auch IEC 60079-17, Abschnitt 4.12.9)*
  IEC 60079-19 Empfehlung
  Feucht Trocknung ratsam
  Minimum untere zulässige Grenze

12.3.2 Funktion der Überstromschutzeinrichtung für Motoren der Zündschutzart „e"

Bei Motoren der Zündschutzart „e" hängt der Explosionsschutz in hohem Maße von der Funktion des *thermischen Überstromrelais (Bimetallrelais)* ab. Aus Langzeiterfahrungen von Anwendern ist bekannt, dass sich die Auslösecharakteristik solcher Relais mit der Zeit verändern kann – vor allem, wenn die direkte oder indirekte Beheizung des Bimetalls sich bei stark wechselnder Belastung häufig ändert. Abhängig von den jeweiligen Betriebserfahrungen ist daher zu empfehlen, die Kontrolle der Funktion solcher Auslöser in die laufende Überwachung einzubeziehen (IEC 60079-17, Abschnitt 5.2.1). In der Praxis haben sich die folgenden Prüfmethoden bewährt, wobei jeweils die zugeordnete Auslösekennlinie des Herstellers für die Beurteilung maßgebend ist.

Kontrolle im Labor
Die Auslösekennlinie des jeweiligen Relais wird unter labormäßigen Bedingungen (z. B. mit Stelltransformator oder Stellwiderständen) überprüft (**Bild 12.6**). Die Abweichung darf bis zu +20 % betragen (IEC 60079-17, Abschnitt 5.2.1).

Kontrolle vor Ort
Diese Methode ist selbstverständlich nur mit „Feuererlaubnis" – also unter Ausschluss der Explosionsgefahr – anwendbar.

Kleinere Antriebe, die sicher blockiert werden können, werden unter üblichen Netz- und Einstellbedingungen mit festgebremstem Läufer überprüft. Bei Einstellung auf den Bemessungsstrom I_N muss das Relais spätestens nach der auf dem Leistungsschild des Motors angegebenen Zeit t_E mit einer Toleranz von +20 % auslösen (**Bild 12.7**).

Der Versuch ist spätestens nach 1,5 t_E abzubrechen, um eine schädliche Erwärmung der Wicklung zu vermeiden.

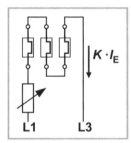
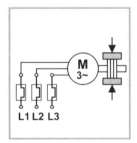
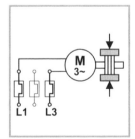

Bild 12.6
Strombelastung eines Bimetallrelais zur Überprüfung der Auslösecharakteristik im Labor
K Faktor als Mehrfaches des Einstellwertes

Bild 12.7
Strombelastung eines Bimetallrelais zur Überprüfung der Auslösecharakteristik vor Ort bei kleineren Motoren ohne Getriebe

Bild 12.8
Strombelastung eines Bimetallrelais zur Überprüfung der Auslösecharakteristik vor Ort bei mittleren Motoren ohne oder mit Getriebe

Mittlere und größere Motoren sind zu blockieren, falls ein Anlauf in die falsche Drehrichtung schädlich ist. Der Versuch ist im Zweileiterbetrieb, also an zwei Netzleitern, durchzuführen. Relais mit Phasenausfallempfindlichkeit sprechen bei dieser Betriebsweise etwas früher an als bei normalem 3-Leiter-Anschluss. Relais ohne Phasenausfallempfindlichkeit lösen in Sternschaltung nach etwa (1,3 ... 1,5) t_E aus. Der Versuch ist spätestens nach 2 t_E abzubrechen. Bei Auslösezeiten > 1,5 t_E besteht der Verdacht, dass sich die Auslösekennlinie unzulässig verändert hat (**Bild 12.8**).

12.3.3 Anschlussteile der Zündschutzart „e"

Bei der Überprüfung und Wartung von Anschlussteilen der Zündschutzart „e" gilt u. a.

- auf Farbänderung oder ungewöhnlich hohe Temperaturen achten,
- Klemmen bestimmungsgemäß anziehen,
- Flansche, Deckel auf Dichtheit und festen Sitz prüfen (Einhaltung der IP-Schutzart),
- Einführungsteile auf Dichtheit und Wirkung der Zugentlastung prüfen.

12.3.4 Weitere Überprüfungen an elektrischen Maschinen

- Sichtkontrolle des Gehäuses,
- Schutzleiteranschlüsse,
- ungehinderter Kühlluftstrom am Eintritt in die Lüfterhaube und über die Kühlrippen,
- Fuß- oder Flanschbefestigung,
- schwingungsarmer Lauf,
- Lagergeräusche.

12.4 Amtlich anerkannte befähigte Person

Im Zusammenhang mit der Stückprüfung von instand gesetzten elektrischen Betriebsmitteln sind die Voraussetzungen für die Tätigkeit der amtlich anerkannten befähigten Person nach BetrSichV nach §2 (7) von Interesse. Diese löst im hier behandelten Sachbereich die Sachverständigen oder Sachkundigen nach ElexV ab.

Sachverständige nach altem Recht waren die amtlich bestellten Sachverständigen der Technischen Überwachungs-Vereine oder der Technischen Überwachungsämter sowie Fachleute der PTB, die jedoch im Rahmen der BetrSichV nur noch über einen begrenzten Zeitraum und mit begrenzten Arbeitsbereichen tätig werden sollen. Ihre Funktion wird teilweise von den neu einzurichtenden *zugelassenen Überwachungsstellen (ZÜS)* oder durch *Prüfstellen von Unternehmen (PSU)* nach BetrSichV § 21 übernommen. Die Abgrenzung der Tätigkeitsbereiche und der Bedingungen für eine Akkreditierung solcher Stellen ist derzeit noch in der Diskussion.

Den Sachverständigen standen Sachkundige eines Unternehmens gleich, soweit sie von der zuständigen Behörde für die Prüfung der durch dieses Unternehmen geänderten oder instand gesetzten Betriebsmittel anerkannt wurden. Ein Sachkundiger kann seine Tätigkeit nach einem entsprechenden Bescheid der zuständigen Behörde als *amtlich anerkannte befähigte Person* weiterführen. Neue Interessenten bewerben sich für die Anerkennung nach BetrSichV §14 (6).

Es ist somit möglich, dass ein Unternehmen elektrische Anlagen instand setzt, gegebenenfalls auch ändert und zugleich von einem eigenen Sachkundigen prüfen lässt. Die Zulassung der hierzu befähigten Person ist jedoch nur möglich, wenn durch eine eingehende amtliche Prüfung festgestellt worden ist, dass bestimmte Voraussetzungen erfüllt sind.

Zu diesen Voraussetzungen gehören zurzeit unter anderem:
- abgeschlossene fachliche Ausbildung (z. B. als Meister der Fachrichtung Elektromaschinenbau) und/oder langjährige Erfahrung bei der Instandsetzung explosionsgeschützter elektrischer Maschinen,
- Kenntnis der für den Explosionsschutz maßgebenden rechtlichen Grundlagen,
- Kenntnis der einschlägigen Normen und Bestimmungen,
- zeitnahe berufliche Tätigkeit auf diesem Sachgebiet,
- Erfahrung auf dem Gebiet des Explosionsschutzes und bei der Instandsetzung solcher Betriebsmittel,
- Erhaltung der Sachkunde durch Fortbildung,
- geordnete wirtschaftliche Verhältnisse,
- sachliche Unabhängigkeit von der Geschäftsleitung,
- Vorhandensein der erforderlichen Werkstatteinrichtungen,
- laufender Anfall von Reparaturen an Ex-Betriebsmitteln,
- Freistellungserklärung und Haftpflichtversicherung durch das Unternehmen.

Als *Elektrofachkraft* gilt, wer aufgrund seiner
- fachlichen Ausbildung,
- Kenntnisse und Erfahrungen,
- Kenntnisse der einschlägigen Normen

die ihm übertragenen Arbeiten beurteilen und mögliche Gefahren erkennen kann.

Weitergehende Einzelheiten zu den fachlichen, rechtlichen und persönlichen Voraussetzungen für eine Anerkennung als befähigte Person sowie zum formalen Ablauf werden z. B. in Seminaren des ZVEH (Zentralverband der Deutschen Elektro- und Informationstechnischen Handwerke) vermittelt (siehe auch „Antragsmappe" [12-7]).

12.5 Reparatur und Überholung nach IEC 60079-19

Die bei IEC SC31J eingeleiteten Arbeiten an einer umfangreichen und in Einzelheiten gehenden Norm für die Reparatur und Überholung von elektrischen Betriebsmitteln für explosionsgefährdete Bereiche haben 1993 zur Norm IEC 60079-19 geführt. Der Inhalt orientiert sich weitgehend an dem britischen „Code of Practice No. 300" der BEAMA/AEMT.

Derzeit besteht ein Entwurf DIN IEC 60079-19 (VDE 0165-20-1):2004 [B28], dessen Übernahme in das europäische und deutsche Normenwerk noch diskutiert wird.

12.6 Abgrenzung von Instandsetzungsarbeiten

Für die Vergabe oder Ausführung von Instandsetzungsarbeiten an explosionsgeschützten elektrischen Betriebsmitteln ist folgende Abgrenzung notwendig:

12.6.1 Allgemeine Instandsetzungsarbeiten

Instandsetzungsarbeiten, *die den Explosionsschutz nicht beeinflussen,* können ohne Rücksicht auf die BetrSichV vorgenommen werden. Hierzu gehören insbesondere die üblichen Wartungs- und Reparaturarbeiten an Betriebsmitteln der Zündschutzarten Druckfeste Kapselung „d", Fremdbelüftung „p" sowie zum Teil auch bei den Zündschutzarten Eigensicherheit „i" und Erhöhte Sicherheit „e", wie Auswechseln von Kohlebürsten und Bürstenhaltern, Überdrehen von Schleifringen und Kommutatoren, Austausch von Anschlussklemmen, Auswechseln von Lagern, Instandsetzen von Lüftern und Lüfterhauben unter Verwendung von Originalersatzteilen, Anschweißen abgebrochener Motorfüße, Erneuern von Dichtungen.

Alle derartigen Arbeiten beeinflussen, sofern sie sorgfältig und fachgerecht ausgeführt werden, die Explosionssicherheit der Geräte im Allgemeinen nicht. Trotzdem ist auch hierbei eine Reihe von Sicherheitsmaßnahmen zu beachten. Das gilt vor allem in den Fällen, in denen druckfest gekapselte Gehäuse geöffnet werden müssen. Genaue Kenntnisse über die Eigenart der jeweiligen Zündschutzart sind stets erforderlich, damit beim Wiederzusammenbau keine den Explosionsschutz beeinträchtigenden Veränderungen eintreten. So ist bei den Geräten der Zündschutzart „d" stets sorgfältig zu prüfen, ob die Spalte an Gehäusen und Wellendichtungen sich noch in einwandfreiem Zustand befinden. Grundsätzlich dürfen beim Austausch wichtiger Einzelteile nur *Originalersatzteile* verwendet werden.

12.6.2 Besondere Instandsetzungsarbeiten

Ein Betriebsmittel, das an Teilen, von denen *der Explosionsschutz abhängt,* geändert oder instand gesetzt wurde, darf erst dann wieder in Betrieb genommen werden, nachdem eine *befähigte Person* festgestellt hat, dass es den Anforderungen der BetrSichV und den jeweiligen technischen Vorschriften entspricht und nachdem sie hierüber eine Prüfbescheinigung erteilt hat (vgl. §§ 14 und 19 BetrSichV). Diese ist am Betriebsort aufzubewahren und der zuständigen Behörde auf Verlangen vorzuzeigen.

Geeignete Betriebsangehörige können nach § 14 (6) BetrSichV durch die zuständigen Behörden als „befähigte Person" anerkannt werden; hierdurch lässt sich das Prüf- und Bescheinigungsverfahren zum Teil erheblich vereinfachen. Werkstatt und befähigte Person müssen über die notwendigen Einrichtungen bzw. Fachkenntnisse verfügen, damit gewährleistet ist, dass die Zündschutzart des instand gesetzten Betriebsmittels aufrechterhalten wurde (vgl. Abschnitt 12.4).

Gewisse Arbeiten können Instandsetzungswerkstätten im Allgemeinen nicht selbst vornehmen, sie müssen den jeweiligen Herstellern überlassen bleiben. Das gilt z. B. für Reparaturen an Käfigläufern sowie an Überwachungsgeräten, die durch Kontrolle von Überstrom, Temperatur, Luftstrom, Kühlmitteln usw. die Explosionssicherheit gewährleisten sollen. Auch Beschädigungen an druckfesten Teilen von Geräten der Zündschutzart „d" bedingen im Allgemeinen ein Auswechseln des betreffenden Gehäuses oder Gehäuseteils. Die Einhaltung der Einbautoleranzen kann in der Regel nur der Hersteller gewährleisten. Druckfeste Leitungsdurchführungen dürfen nur dann außerhalb des Herstellerwerks ausgewechselt werden, wenn die jeweiligen Originalteile zur Verfügung stehen und die Einschraubgewinde nicht beschädigt sind. Wicklungen von elektrischen Maschinen (Motoren, Generatoren, Transformatoren) in der Zündschutzart Erhöhte Sicherheit „e" bedürfen einer sehr sorgfältigen Instandsetzung. Hierbei ist eine Reihe von besonderen Punkten zu beachten, die wegen ihrer wirtschaftlichen und technischen Bedeutung in den genannten Richtlinien ausführlich zusammengestellt sind. Sinngemäß sind diese Richtlinien auch für Maschinen und Geräte anderer Zündschutzarten anwendbar, jedoch wird für Maschinen der Zündschutzart „e" eine zweimalige Wicklungstränkung gefordert, falls das Tränkmittel Lösungsmittel enthält.

12.7 Bewertung von Instandsetzungsarbeiten

Unter Beachtung der grundsätzlichen Festlegungen gemäß Abschnitt 12.6 und in Fortführung der verdienstvollen Arbeiten von *Dreier/Krovoza* [12-1] wird nachstehend eine tabellarische „Anleitung für die Praxis" gegeben. Diese pauschale

Tabelle kann nicht jedem Einzelfall gerecht werden. Verbindlich ist der jeweilige Stand der Normen, Bestimmungen und Gesetze. Ausführliche Erläuterungen finden sich im Kommentar zur ExVO und BetrSichV [A19].

Der im Abschnitt 12.5 erwähnte Normentwurf DIN IEC 60079-19 (VDE 0165-20-1):2004-10 kann dem Praktiker in manchen Zweifelsfällen eine Entscheidungshilfe geben.

12.7.1 Grundsätzliche Anforderungen

- Arbeiten in der Anlage nur mit „Erlaubnisschein" des Betreibers durchführen.
- Einschlägig geschulte Fachkraft oder Sachverständiger beurteilt, ob der Explosionsschutz betroffen ist.
- Zündschutzart (z. B. Temperaturklasse, Explosionsgruppe, IP-Schutzart) darf nicht beeinträchtigt werden.
- Keine behelfsmäßige Instandsetzung vornehmen.
- Information und Dokumentation müssen vorliegen.

Falls Explosionsschutz betroffen:
- möglichst Originalersatzteile vom Hersteller,
- entsprechende Einrichtung für Reparatur und Prüfung,
- Prüfung durch anerkannte befähigte Person,
- Kennzeichnung auf Reparatur-Zusatzschild oder Prüfbescheinigung der anerkannten befähigten Person.

12.7.2 Zusätzliche Anforderungen

Tabelle 12.1 Zusätzliche Anforderungen bei Zündschutzart „d" mit Anschlusskasten „e"

Auszuführende Arbeit	Verwendung von Normteil oder Originalersatzteil	Ausführung durch und in Verantwortung von befähigte Person (Ex-geschulte Fachkraft)	Ausführung durch und in Verantwortung von amtlich anerkannte befähigte Person	Ausführung durch und in Verantwortung von nur Hersteller	mit Prüfprotokoll
Austausch von					
- Lager	X	X	-	-	-
- Motorfüßen	X	X	-	-	-
- Klemmenkasten(teilen)	X	X	-	-	-
- Klemmenplatte „e" [1]	X	X	-	-	-
- Einführungsteil „d" / „e" [1]	X	X	-	-	-
- Kohlebürsten/-halter	X	X	-	-	-
- Lüfterrad/Lüfterhaube	X	X	-	-	-
Abdrehen von					
- Schleifring/Kommutator	-	X	-	-	-
- Wellenende	-	X	-	-	-
Reinigen (abtragfrei) **von**					
- Spaltflächen	-	X	X	-	-
- Dichtungen	-	X	X	-	-
Nacharbeit von					
- Spaltflächen	-	X	X	-	X
- Einführungsöffnungen	-	X	X	-	X
Austausch von					
- Durchführungsbolzen	X	X	X	-	X
- Lagerschild	X	X	X	-	X
- Läufer	X	X	X	-	X
Einbau anderer/zusätzlicher					
- Hauptklemmen „e"	0	0	0	X [1]	-
- Hilfsklemmen „e"	0	0	0	X [1]	-
Ersatzwicklung					
- Ständer	-	X	X	-	X
- Stabläufer	-	X	X	-	X
- TMS als Zusatzschutz	-	X	X	-	X
- bewickeltes Paket umpressen	X	X	X	-	X
- Ständer samt Paket + Wicklung	X	X	-	-	-
Umwicklung im zulässigen Spannungsbereich	-	X	X	-	X
Umwicklung für					
- andere Polzahl/Frequenz	-	0	0	X	-
- TMS als Alleinschutz	-	0	0	X	-

| : nach Herstellerangaben
[1] : mit Teil- oder Konformitätsbescheinigung oder spezieller Prüfung
- : nicht zutreffend / nicht erforderlich
0 : nicht zulässig
X : zulässig / erforderlich

Tabelle 12.2 *Zusätzliche Anforderungen bei Zündschutzart „d" mit Anschlusskasten „e"*

Auszuführende Arbeit	Verwendung von Normteil oder Originalersatzteil	Ausführung durch und in Verantwortung von			mit Prüfprotokoll
		befähigte Person (Ex-geschulte Fachkraft)	amtlich anerkannte befähigte Person	nur Hersteller	
Austausch von					
- Lager	X	X	-	-	-
- Motorfüßen	X	X	-	-	-
- Klemmenkasten(teilen)	X	X	-	-	-
- Klemmenplatte [1]	X	X	-	-	-
- Einführungsteil [1]	X	X	-	-	-
- Lüfterrad/Lüfterhaube	X	X	-	-	-
Reinigen von					
- Dichtflächen	-	X	-	-	-
- Dichtungen	-	X	-	-	-
Nacharbeit von					
- Luftspalt	-	0	0	X	-
- Zahl und/oder Größe der Einführungsöffnungen	-	X	X	-	X
Austausch von					
- Lagerschild	X	X	X	-	-
- Läufer	X	X	X	-	X
Einbau anderer/zusätzlicher					
- Hauptklemmen	0	0	0	X[1]	-
- Hilfsklemmen	0	0	0	X[1]	-
Ersatzwicklung					
- Ständer	-	X	X	-	X
- Stabläufer	-	X	X	-	X
- TMS als Zusatzschutz	-	X	X	-	X
- bewickeltes Paket umpressen	X	X	X	-	X
- Ständer samt bewickeltem Paket	X	X	-	-	-
Umwicklung im zulässigen Spannungsbereich	-	X	X	-	X
Umwicklung für					
- andere Polzahl/Frequenz	-	0	0	X	-
- TMS als Alleinschutz	-	0	0	X[2]	-

| | : nach Herstellerangaben
[1] : mit Teil- oder Konformitätsbescheinigung
[2] : falls Zertifikat vorhanden
-   : nicht zutreffend / nicht erforderlich
0   : nicht zulässig
X   : zulässig / erforderlich

12.8 Zusatzschild, Prüfbescheinigung, Normengeneration

Dieser Abschnitt befasst sich mit einigen Aspekten der Reparaturpraxis, die nicht in Normen oder anderen allgemein zugänglichen Veröffentlichungen behandelt sind.

12.8.1 Zusatzschild und Prüfbescheinigung

Ein *Zusatzschild* ist derzeit nur in Abschnitt A.1 des Entwurfs zu EN 60079-19 verlangt. Es ist jedoch bewährte Praxis, durch ein solches Schild deutlich zu machen, wer in welchem Umfang an dem Elektromotor nach Auslieferung durch den Hersteller tätig war. Die befähigte Person stellt bei positivem Ergebnis der Prüfung eine *Prüfbescheinigung* aus (BetrSichV § 19 (1)). Diese muss am Betriebsort verfügbar sein (BetrSichV § 19 (2)). Die Form der Prüfbescheinigung ist nicht vorgeschrieben; ein bewährtes Formular mit praxisgerechter Auflistung aller relevanten Arbeiten und Prüfungen ist beim ZVEH erhältlich (**Bild 12.9**).

In IEC 60079-19 wird je nach Art der Instandsetzungsarbeiten das Symbol R im Quadrat oder R im Dreieck empfohlen.

12.8 Zusatzschild, Prüfbescheinigung, Normengeneration

PRÜFBESCHEINIGUNG
der amtlich anerkannten befähigten Person
nach §14 (6) und §19 (1) der Betriebssicherheitsverordnung
für explosionsgeschützte Elektromotoren
Zündschutzart Druckfeste Kapselung "d" nach DIN EN 50014/50018
Zündschutzart Erhöhte Sicherheit "e" nach DIN EN 50014/50019

Kunde/Eigentümer ....   Rep. Komm. Nr. ....

Leistungsschild

Fabrikat/Hersteller	....	Bemessungswerte			
Fertigungsnummer	....	P	kW	n	/min
Art/Typ	....	U V		Schaltung	
Schutzart IP ...... Bauform ...... IM		I .... A		f	Hz
Wärmeklasse vor ...... nach ...... Reparatur		$\cos \varphi$			

Prüfschild oder Zertifikat (Prüfungsschein / Konformitätsbescheinigung / Baumusterprüfbescheinigung)

z.B. PTB / EXAM / .... Nr. ....   Zündschutzart   EEx d II ....
Zeit t_E .... s I_A/I_N ....   EEx e II ....

Prüfung nach Instandsetzung (bei Raumtemperatur)

Prüfung	Ergebnis
Wicklungsprüfung nach DIN EN 60034-1/VDE 0530, T.1, 17.1 Spannungsprüfung am zusammengebauten Motor Alle Wicklungen gegen Masse (Maschinenkörper) ☐ Wicklung gegen Wicklung ☐ Wicklung gegen Hilfseinrichtungen ☐	Prüfdauer 1 Minute ☐ 5 Sekunden ☐ mit 120 % Norm-Prüfspannung 1 Sekunde ☐ Wicklung erneuert ☐ teilweise erneuert ☐ gebraucht ☐ Prüfspannung .... kV
Wicklungswiderstand Schaltverbindungen offen ☐ geschlossen ☐ Sollwert (z.B. lt. Hersteller) .... Ohm	Strang 1 .... Ohm Strang 2 .... Ohm Strang 3 .... Ohm
Leerlaufstrom I_0 Zulässige Abweichung ± 15 % gegenüber Herstellerangaben oder Erfahrungswerten an gleichartigen Maschinen sowie für die Symmetrie Sollwert (z.B. lt. Hersteller) .... A	U .... V bei 50 Hz Leiter 1 .... A Leiter 2 .... A Leiter 3 .... A

Anzugsstrom I_A (nur bei Zündschutzart "e")
 Kurzschlußmessung mit festgebremstem Läufer
 Sättigungsfaktor f_S für Umrechnungen bei verminderter
 Prüfspannung
 (1)   Läufer mit ganz oder fast geschlossenen Nuten
 (2)   Läufer mit offenen Nuten
 [Diagramm f_S vs. U/U_N]
	Sollwert für den Anzugsstrom $I_A = I_N \cdot I_A/I_N =$ .... A
	 a) Prüfspannung = Bemessungsspannung U_N
	     Zulässige Abweichung des Prüfstromes : ± 20 % von I_A
	 b) Prüfspannung U_x V
	     Prüfstrom I_x .... A
	     Reduktionsverhältnis $R = U_x / U_N$ ....
	     Sättigungsfaktor f_S ....
	     Auf Bemessungsspannung umgerechneter Prüfstrom
	     $I_{KN} = I_x \cdot f_S / R =$ .... A
	
	 Zulässige Abweichung für den umgerechneten
	 Prüfstrom I_{KN} : ± 20 % von I_A
	 Abweichend von DIN EN 60034-1/VDE 0530 eine
	 Minus-Toleranz angegeben, weil das Prüfergebnis auch
	 zur Kontrolle der Auslegung von Ständer und Käfig
	 dient

© 2005
Zentralverband der Deutschen Elektro- und Informationstechnischen Handwerke (ZVEH) •
Bundesfachbereich Elektromaschinenbau

Bild 12.9   *Prüfbescheinigung nach der Instandsetzung eines explosionsgeschützten Elektromotors in der beim ZVEH erhältlichen, an die BetrSichV angeglichenen Fassung* (Seite 1) Bitte © beachten!

Befund der Teile für die druckfeste Kapselung

Spaltflächen (z.B. Wellendurchführung, Lagerdeckel, Lagerflansch und andere Bestandteile der druckfesten
Kapselung) bei Sichtprüfung unbeschädigt .... ☐
    durch Original-Ersatzteile des Herstellers ersetzt .... ☐
    Bemerkungen ....

Protokoll der vorgefundenen Spaltmaße ohne Änderung AS   BS
    Durchmesser der Nabe D (mm)
    Durchmesser der Welle d (mm)
    Spaltweite $D - d$ (mm

Falls erforderlich :
Wellenspalt nach Herstellerangaben oder nach Genehmigungsunterlagen und unter Beachtung der
einschlägigen Festlegungen fachgerecht aufgearbeitet   ☐
Bemerkungen ....

                                            Sollwert nach   Istwert nach
                                            Herstellerangaben   Reparatur
Durchmesser der Nabe D (mm)   AS..........BS.........   AS................BS.............
Durchmesser der Welle d (mm)   AS..........BS.........   AS................BS.............
Spaltweite $D - d$ (mm) $\leq$ AS..........BS......... = AS................BS.............

Thermistor als Alleinschutz	Herstellerangaben oder Zusatzschild	Istwert bei der Prüfung nach Reparatur

Typ und Nennansprechtemperatur (NAT)   PTC DIN 44081/82-.......   PTC DIN 44081/82-.......
Relativer Anzugsstrom I_A/I_N
Ansprechzeit t_A bei U_N und RT ca. 20 °C   ....s   ....s
Zul. Toleranz + 20%; Umrechnung bei abweichender Prüfspannung nach PTB-Prüfregeln, Abschnitt 10.2

Anbauten		
Schutzhaube   ☐   Bemerkungen: ....
Fremdlüfter   ☐   ....
Federdruckbremse   ☐   ....
....   ☐

Durchgeführte Arbeiten
....
....
....

Bemerkungen
....

Bescheinigung
Den oben näher bezeichneten instandgesetzten Elektromotor (elektrisches Betriebsmittel) habe ich geprüft.
Er entspricht nach Bauart und Ausführung den Anforderungen der Betriebssicherheitsverordnung (BetrSichV)
vom
27. 9. 2002 (BGBl I S. 3777) und – falls zutreffend – den entsprechenden Änderungen. Die Instandsetzung
wurde unter Beachtung der "Prüfregeln für explosionsgeschützte Maschinen der Schutzart Erhöhte Sicherheit"
der Physikalisch Technischen Bundesanstalt (PTB-Prüfregeln; Band 3, 1969) vorgenommen.

Das elektrische Betriebsmittel darf   ☐   wieder in Betrieb genommen werden.
                                                  ☐   **nicht** wieder in Betrieb genommen werden.

Ort ....   Die amtlich anerkannte befähigte Person
Datum ....   nach BetrSichV § 14 (6) Satz 2
Instandsetzungsfirma
                                                    ....
                                                    Unterschrift
                                                    anerkannt durch (Behörde) ....
                                                    Anerkennungsbescheid vom ....
Stempel, Unterschrift ....   Aktenzeichen ....

© 2005
Zentralverband der Deutschen Elektro- und Informationstechnischen Handwerke (ZVEH) •
Bundesfachbereich Elektromaschinenbau

Bild 12.9   *Prüfbescheinigung nach der Instandsetzung eines explosionsgeschützten Elektromotors in der beim ZVEH erhältlichen, an die BetrSichV angeglichenen Fassung (Seite 2) Bitte © beachten!*

12.8.2 Normengeneration

Der *Weiterbetrieb* von ordnungsgemäß ausgewählten und bestimmungsgemäß betriebenen Betriebsmitteln und deren *Instandsetzung* nach den alten Normen ist zunächst unbegrenzt zulässig. Die entspricht dem in der Normung allgemein üblichen Grundsatz der „Besitzstandswahrung", wonach ein nach gültigen Normen gebautes, ausgewähltes und eingesetztes Betriebsmittel auch nach einer Änderung der Norm weiterbetrieben werden darf, sofern nicht in ganz seltenen Ausnahmefällen eine Nach- oder Umrüstung ausdrücklich verlangt wird. Weitere Einzelheiten für den speziellen Fall der druckfest gekapselten Elektromotoren sind **Tabelle 12.3** zu entnehmen.

Tabelle 12.3 *Beispiel für den Bestandschutz einer Normengeneration*

Kennzeichnung und Merkmale von Normengenerationen für Ex-d-Motoren		
Norm	VDE 0171:1969-01	EN 50014 / EN 50018
Ursprung	national	regional
Gültigkeit	bis 1988	seit 1978
Bau	nein	ja
Weiterverwendung	ja	ja
Instandsetzung	ja	ja
Änderung	nein	ja (Generation ≥ C)
Kennzeichen	Ex	⟨Ex⟩
Temperatur-Gruppe / Klasse	G1 ... G5	T1 ... T6
Sonderverschluss	Dreikant mit Schutzkragen	Sechskant oder Innensechskant

12.9 Fallbeispiele bei Zündschutzart „e"

Die Abgrenzung der „allgemeinen" von den „besonderen" Instandsetzungsarbeiten wird im Folgenden an einigen Beispielen deutlich gemacht. Ausführliche Auflistung siehe Abschnitte 12.6 und 12.7.

12.9.1 Einbau einer genormten Klemmenplatte anderer Größe

Wird eine genormte, als Komponente zugelassene Klemmenplatte (z. B. nach DIN 46295) mit größeren Abmessungen der blanken Teile eingebaut, so werden Luft- und Kriechstrecken unzulässig verändert (**Bild 12.10**). Bei kleineren Klemmenplatten kann die Strombelastung (Erwärmung) der Stromübertragungsteile unzulässig hoch werden.

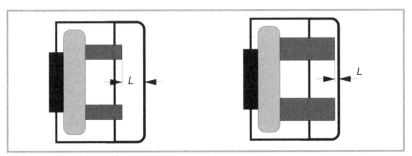

Bild 12.10 *Unzulässige Verminderung der Luftstrecke L durch den Einbau einer größeren Klemmenplatte*

! Es dürfen nur baugleiche, zugelassene Austauschteile verwendet werden. Falls das Teil nicht genormt ist, muss es vom Hersteller bezogen werden. Werden Teile verwendet, die zwar die Anforderungen erfüllen, aber von der Baumusterprüfbescheinigung abweichen, so ist dies eine *unzulässige Änderung*.

12.9.2 Erhöhung des Luftspaltes

Bei einem polumschaltbaren 4/2-poligen Motor in Dahlanderschaltung △/Y Y soll zur Verbesserung des Hochlaufverhaltens der Luftspalt von 0,35 auf 0,45 mm erhöht werden. Das Sattelmoment wird durch diese Änderung deutlich angehoben (**Bild 12.11**), die Kupfer-Übertemperatur ist gemäß Nachmessung ebenfalls erhöht. Daher ist diese Änderung nicht zulässig!

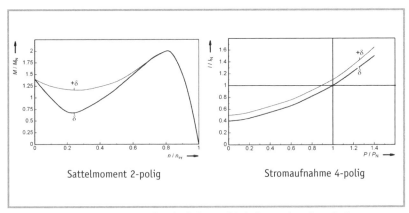

Bild 12.11 *Auswirkung einer Luftspalterhöhung +δ bei einem 4/2-poligen Drehstrommotor in Dahlanderschaltung △/YY*

! Jede Abweichung der elektrischen, magnetischen und thermischen Auslegung gegenüber der Typprüfung, die in den Genehmigungsunterlagen in allen Einzelheiten festgehalten ist, stellt eine Änderung dar, die nur vom Hersteller im Rahmen einer Neuabnahme beantragt und durchgeführt werden darf.

12.9.3 Isolierung von runden Lackdrähten

Die Isolierung von runden Lackdrähten muss nach EN 60079-7, Abschnitt 4.7.1.2, entweder dem „Grad 2" (Doppellackdraht) nach den einschlägigen Normen entsprechen, oder sie muss den Mindestwerten der für den Grad 2 genannten Durchschlagspannung genügen. Qualitativ hochwertige Einfachlackdrähte von zuverlässigen Lackdrahtherstellern entsprechen im Allgemeinen diesen Anforderungen. Bei Lackdrähten zweifelhafter Herkunft kann diese Voraussetzung nicht gemacht werden. Sowohl bei Herstellern wie bei Instandsetzern geht der Trend zur allgemeinen Verwendung von Doppellackdrähten.

! Sofern nicht generell Doppellackdrähte für die Ersatzwicklung verwendet werden, empfiehlt es sich, vom Lackdrahthersteller eine Bestätigung über die Einhaltung der oben genannten Durchschlagspannungen anzufordern.

12.9.4 Lüfterrad aus Kunststoff statt Aluminium

Bei einem 2-poligen Käfigläufermotor der Achshöhe 200 ist das Alu-Lüfterrad stark korrodiert. Es soll durch ein zufällig am Lager befindliches, abmessungsgleiches Kunststoff-Lüfterrad desselben Herstellers ersetzt werden.

Aus Bild 5.5 (Abschnitt 5.3.1) ergibt sich, dass die Umfangsgeschwindigkeit des Lüfterrades über 50 m/s liegt. Die Nachrechnung für den Lüfterrad-Außendurchmesser 380 mm bestätigt dies:

$$v = \frac{\pi \cdot d \cdot n}{60} = \frac{3{,}14 \cdot 0{,}38 \cdot 3000}{60} = 59{,}7 \, \text{m/s}$$

! Etwa ab Baugröße 160 (2-polig) oder Baugröße 315 (4-polig), jeweils bei 50 Hz, sind Lüfterräder aus Kunststoff nur zulässig, wenn sie *elektrostatisch leitfähig* sind, d.h. wenn ihr Ableitwiderstand $\leq 1\,\text{G}\Omega$ ist. Entscheidend ist die Umfangsgeschwindigkeit (siehe Bild 5.5).

12.9.5 Änderung der Nutform in einem Käfigläufer

Das Wellenende eines Käfigläufermotors ist beschädigt; der Läufer soll durch einen zufällig am Lager befindlichen, baugleichen Läufer desselben Herstellers ersetzt werden. Die Herkunft des Läufers und vor allem seine Nutform sind nicht bekannt.

Zur Anpassung an die Hochlaufbedingungen wird oft die Nutform im Läufer modifiziert. Die **Bilder 12.12** und **12.13** zeigen einige grundsätzliche Varianten. Nutformen mit ausgeprägter Stromverdrängung führen bei festgebremstem Läufer zu einem starken Anstieg der Erwärmung im Oberstab (**Bild 12.14**) und damit zu sehr kurzen Erwärmungszeiten t_E (vgl. Abschnitt 5.4.1).

> ! Die Läuferdaten (Käfigform sowie Zahl und Form der Läuferstäbe) müssen den in der Baumusterprüfbescheinigung festgelegten Einzelheiten entsprechen. Ersatzläufer sind unter Angabe der Seriennummer beim Hersteller zu beziehen.

Bild 12.12
Beispiele für Käfigläufer-Nutformen

Bild 12.13
Schnitt durch einen Pressguss-Käfigläufer mit Tropfennut

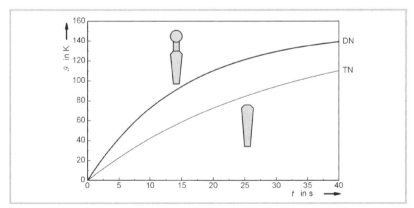

Bild 12.14 *Beispiel für die Erwärmung der Läufernut bei festgebremstem Läufer*
  DN Doppelnut; TN Tiefnut

12.9.6 Einbau von Hilfsklemmen

Zum Anschluss eines Thermistors sollen Hilfsklemmen in den Anschlusskasten eingebaut werden.

Selbst bei Einhaltung der Luft- und Kriechstrecken (X und Y in **Bild 12.15**) ist dies eine unzulässige Änderung gegenüber der Baumusterprüfbescheinigung. Die Änderung darf nur vom Hersteller oder nach seinen Zeichnungen sowie unter Verwendung der bescheinigten Klemmen vorgenommen werden, wenn dafür eine Ergänzung der Baumusterprüfbescheinigung vorliegt.

 Der nachträgliche Einbau einer Hilfsklemme in den Anschlusskasten ist auch unter Einhaltung der genormten Luft- und Kriechstrecken nicht zulässig – es sei denn, die Baumusterprüfbescheinigung erlaubt diese Option, und der Einbau wird vom Hersteller oder nach dessen Zeichnungen unter Verwendung der genehmigten Bauteile vorgenommen.

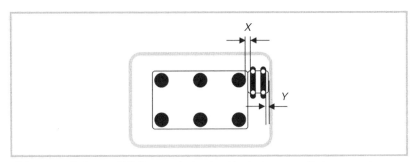

Bild 12.15 *Einbau von Hilfsklemmen in den Anschlusskasten – unzulässig wegen einer möglichen Beeinträchtigung der Luft- und Kriechstrecken X und Y*

12.9.7 Thermistor als Alleinschutz

Weil das Bimetallrelais im Schaltbetrieb auslöst, soll die Wicklung eines Käfigläufermotors nachträglich mit Thermistoren ausgerüstet werden, die dann den „Alleinschutz" des Motors übernehmen. Dazu muss man wissen, dass der Thermistor nur die Temperatur der Ständerwicklung überwachen kann – bei läuferkritischen Maschinen kann jedoch auch der Käfigläufer unzulässig hohe Temperaturen annehmen.

Thermistoren als Alleinschutz sind nur zulässig, wenn dafür eine Typprüfung vorliegt, die bei der Zündschutzart „e" von einer benannten Stelle und bei „d" vom Hersteller durchzuführen ist.

> Wegen der besonderen Bedingungen für Einbau, Prüfung und Beschilderung bleibt die Änderung auf „TMS als Alleinschutz" dem Hersteller vorbehalten.
> Die Verwendung eines Thermistors als Zusatzschutz (zusätzlich zum richtig eingestellten Bimetallrelais) ist dagegen als „besondere Instandsetzung" mit Prüfung durch die befähigte Person zulässig.

12.10 Fallbeispiele bei Zündschutzart „d"

Die Abgrenzung der „allgemeinen" von den „besonderen" Instandsetzungsarbeiten wird im Folgenden an einigen Beispielen deutlich gemacht. Ausführliche Auflistung siehe Abschnitte 12.6 und 12.7.

12.10.1 Säubern von Spaltflächen

Die Spaltflächen – vor allem an der Wellendurchführung – sind leicht angegriffen, ohne Rostnarben (Vertiefungen); kein Verschleiß ersichtlich.

> Die Flächen sind unter Verwendung eines nichtmetallischen Schabers und/oder von nicht korrodierenden Reinigungsmitteln gründlich zu reinigen und mit geeignetem Schmierfett leicht einzufetten. Ein Anstrich oder auftragende oder aushärtende Konservierungsmittel sind nicht zulässig.
> Nach DIN EN 60079-17, Abschnitt 5.1.1, wird es üblicherweise nicht als erforderlich angesehen, die Spaltabmessungen zu überprüfen, wenn offensichtlich kein Verschleiß oder andere Beschädigungen vorliegen.

12.10.2 Rostnarben in den Spaltflächen eines Lagerschildes

Die Spaltfläche eines Lagerschildes hat Rostnarben. Die Welle kann nach den Regeln in Abschnitt 12.10.1 gesäubert werden.

> Ersatz des Lagerschildes durch ein Originalteil des Herstellers mit Prüfzeichen.

12.10.3 Nacharbeiten der Spaltflächen

An einer Wellendurchführung sind Welle und Nabe so korrodiert, dass eine Säuberung nicht ausreicht. Die Teile müssen nachgearbeitet werden.

Vorzugsweise sollten Läufer und Lagerschild durch geprüfte Originalteile des Herstellers ersetzt werden. Wenn dies unter besonderen Umständen (Lieferzeit oder Verfügbarkeit) nicht möglich ist, so ist die Welle nachzuschleifen, bis eine saubere Oberfläche ausreichender Rautiefe erreicht wird. Die Nabe ist auszubuchsen, so dass die Spaltweite den in der Genehmigungszeichnung festgelegten Sollwerten entspricht.

Maßgebend ist also die vom Hersteller anzufordernde *Genehmigungszeichnung,* in die meist die bei der Typprüfung festgestellten, tatsächlichen Spaltweiten eingetragen sind, die in der Regel unterhalb der in der Norm geforderten Mindestwerte liegen.

Diese in den CENELEC-Ländern einheitlich angewandte Forderung wird *technisch begründet* durch die Prüfpraxis, wonach bei der amtlichen Typprüfung trotz Einhaltung der MESG häufig Zünddurchschläge zu beobachten waren. Das liegt daran, dass der geometrisch einfache Prüfraum bei der Ermittlung der MESG andere Werte liefert als der unsymmetrische Raum des Prüflings, bei dem Einbauten häufig zu „unterteilten Räumen" und dadurch zu Drucküberhöhungen führen.

Eine *formale Begründung* ergibt sich aus den Überschriften „Mindestspaltlänge" und „Größte Spaltweite" in den Tabellen von EN 50018 sowie aus den Festlegungen im Entwurf DIN IEC 60079-19, Abschnitte 3.3.1.2 und 3.3.2.

Unter besonderen Umständen lässt diese derzeit noch nicht als EN übernommene Norm zu, den wiederherzustellenden Wellenspalt mit 80 % des kleinsten zutreffenden Normwertes zu bemessen. Für diesen als technischen Kompromiss festgelegten Wert sind im Anhang C.1 spezielle Tabellen enthalten. Die zusätzlichen Einschränkungen (z. B. je nach Explosionsgruppe) in dieser Norm sind zu beachten.

> **!** Wenn ein Zündspalt an der Welle durch Ausbuchsen oder Aufschweißen nachbearbeitet werden muss, so sind die in der Genehmigungszeichnung festgelegten Spaltweiten einzuhalten.
> Ein Auftrag durch Metallspritzen wurde nach IEC 60079-19:1993 nicht empfohlen, ist aber nach neuem Entwurf 2005 erlaubt, falls die Haftfestigkeit nicht unter 40 MPa liegt (vgl. prEN 60079-19).
> In Sonderfällen gelten die auf 80 % der kleinsten Normwerte reduzierten Spaltweiten der Tabellen des Anhangs C.1.

12.10.4 Änderung einer Leitungseinführung

Aufgabe und Lösungsmöglichkeiten sind in **Bild 12.16** beschrieben.

Eine Änderung von Zahl und Größe der Einführungsöffnungen unter Beibehaltung der Zündschutzart des Anschlussraumes ist als „besondere" Instandsetzung zulässig. Eine Änderung der Zündschutzart des Anschlussraumes bleibt dagegen dem Hersteller vorbehalten, sofern die Baumusterzulassung diese Option enthält.

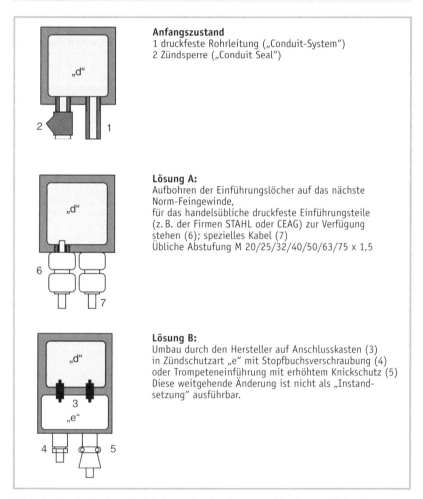

Anfangszustand
1 druckfeste Rohrleitung („Conduit-System")
2 Zündsperre („Conduit Seal")

Lösung A:
Aufbohren der Einführungslöcher auf das nächste Norm-Feingewinde,
für das handelsübliche druckfeste Einführungsteile
(z. B. der Firmen STAHL oder CEAG) zur Verfügung stehen (6); spezielles Kabel (7)
Übliche Abstufung M 20/25/32/40/50/63/75 x 1,5

Lösung B:
Umbau durch den Hersteller auf Anschlusskasten (3)
in Zündschutzart „e" mit Stopfbuchsverschraubung (4)
oder Trompeteneinführung mit erhöhtem Knickschutz (5)
Diese weitgehende Änderung ist nicht als „Instandsetzung" ausführbar.

Bild 12.16 *Ein für das „Conduit-System" vorbereiteter Anschlusskasten soll für die in Deutschland übliche Kabeleinführung umgestellt werden.*

12.11 Nichtelektrische Geräte

Mit der Einbeziehung von nichtelektrischen Geräten in die Richtlinien für den Explosionsschutz gelten nicht nur für das Inverkehrbringen (ATEX 95), sondern auch für Betrieb und Instandsetzung (ATEX 137) zusätzliche Anforderungen für mechanische Bauteile mit potentieller Zündquelle (vgl. Kapitel 9).

Getriebe, Kupplungen, Pumpen, Ventilatoren, Rührwerke und andere „Geräte" werden häufig samt angebautem Elektromotor in der Elektrowerkstatt oder beim Elektromaschinenbauer zur Instandsetzung angeliefert. Bei diesen Arbeiten und der anschließenden Prüfung ist § 14, (6) der Betriebssicherheitverordnung (siehe Abschnitt 12.1) zu beachten. Die Anforderungen an eine „befähigte Person" sind für den Schlosser und für den Elektromaschinenbauer zwar grundsätzlich gleich, unterscheiden sich jedoch erheblich in den einzelnen technischen Fachkenntnissen. Eine für die Instandsetzung von elektrischen Maschinen qualifizierte befähigte Person ist also nur nach entsprechender Erfahrung oder Schulung, nicht aber automatisch auch für die fachgerechte Instandsetzung von nichtelektrischen, explosionsgeschützten Geräten befähigt.

Darüber hinaus ist nach allgemeiner Praxiserfahrung anzunehmen, dass es zwar für die Instandsetzung elektrischer Maschinen ähnliche, für alle Fabrikate geltende Regeln gibt – nicht aber für die von Hersteller zu Hersteller teilweise doch erheblich abweichenden konstruktiven Einzelheiten von z. B. Getrieben oder Pumpen.

Die Anforderungen an eine befähigte Person wurden in der technischen Regel TRBS 1203 festgelegt, die im Unterausschuss UA3 des ABS (Ausschuss für Betriebssicherheit – Nachfolgeorganisation des DExA Deutscher Ausschuss für explosionsgeschützte Anlagen) erarbeitet wurde.

Solange Ausführungsbestimmungen nicht verfügbar sind – und wohl auch noch danach – scheint es sachgerecht, die Befähigung für eine Instandsetzung und anschließende Prüfung von nichtelektrischen explosionsgeschützten Geräten an folgende Bedingung zu knüpfen:

Instandsetzungen und Änderungen an Teilen, *die für den Explosionsschutz relevant sind,* dürfen nur von qualifizierten Fachkräften vorgenommen werden, die durch den Umgang mit der betreffenden Bauart Kenntnisse und Erfahrungen gesammelt haben oder vom jeweiligen Hersteller unter Verwendung spezifischer Unterlagen geschult wurden.

Die derzeitigen Regeln für die Instandsetzung von explosionsgeschützten elektrischen Betriebsmitteln und nichtelektrischen Geräten sind schematisch im Abschnitt 9.10 gegenübergestellt.

Fachwissen abonnieren und Prämien kassieren

Die 14 tägige Fachzeitschrift für Elektro- und Gebäudetechnik

de – die Zeitschrift – Organ des ZVEH und aller Landesinnungsverbände – **bietet 20 mal im Jahr**

- fundiertes, technisches Fachwissen
- topaktuelle Meldungen und Trends aus der Branche
- direkt umsetzbare Praxistipps

Über 1000 Prämien finden Sie hier: www.de.aboladen.de

☐ **Ich abonniere de**

(20 Ausgaben pro Jahr) für mindestens 12 Monate zum Preis von z. Zt. € 90,– bzw. für Innungsmitglieder € 80,50 (jew. inkl. MwSt., zzgl. € 18,90 Versandspesen). Auslandspreise auf Anfrage. Ich und in meinem Haushalt lebende Personen sind in den letzten 6 Monaten nicht **de** Abonnent gewesen. Nach Ablauf des ersten Bezugsjahres kann das Abonnement jederzeit ohne Angabe von Gründen gekündigt werden. Die Rechnung erhalten Sie nach Erhalt der ersten **de**-Ausgabe.

Unterschrift des neuen Abonnenten

Datum

Telefax: 08191/97000-103
Telefon: 08191/97000-879
E-Mail: aboservice@huethig.de
www.de-online.info

HÜTHIG & PFLAUM
V E R L A G

Abonnementservice, Justus-von-Liebig-Str.1, 86899 Landsberg

☐ **Ich bestelle de als Zusatzabonnement**

Zum Preis von z. Zt. € 81,– bzw. € 72,50 für Innungsmitglieder. Laufzeit und Versandspesen entnehmen Sie bitte dem Erstabonnement. Ich bin bereits **de**-Abonnent und bestelle ein Zusatzabonnement. Kündigungsbedingungen entnehmen Sie bitte dem Erstabonnement.

Absender: (bitte in Druckbuchstaben ausfüllen)

Name

Vorname

Straße/Postfach

PLZ/Ort

Mitglied der Innung

Tel./Fax

E-Mail

☐ **Ich abonniere zusätzlich den Normeninformationsdienst für nur € 2,– monatlich.**

Dieser Dienst ist jederzeit kündbar. (Ausführliche Informationen unter www.de-online.info)

WAN 20684

Bitte senden Sie mir folgende Prämie
(solange Vorrat reicht)

Art.-Nr.

Zuzahlung

Bezeichnung

Die Zusendung der Prämie erfolgt ca. 4-6 Wochen nachdem das Abonnement bezahlt ist. Bei Prämien mit Zuzahlung wird der Zuzahlungsbetrag per Nachnahme zzgl. Zustellgebühr erhoben. Ich habe das Recht, diese Bestellung innerhalb von 14 Tagen nach Lieferung ohne Angaben von Gründen zu widerrufen. Der Widerruf erfolgt schriftlich. Meine Daten werden nach dem Bundesdatenschutzgesetz elektronisch gespeichert und können für Werbezwecke innerhalb des Hüthig & Pflaum Verlages verwendet werden. Wenn Sie dies nicht wünschen, schreiben Sie bitte an unten stehende Adresse.

Literaturverzeichnis

Allgemeiner Teil

A Richtlinien, Verordnungen, Regelungen

[A1] Richtlinie 94/9/EG (ATEX 95)
Angleichung der Rechtsvorschriften der Mitgliedsstaaten für Geräte und Schutzsysteme zur bestimmungsgemäßen Verwendung in explosionsgefährdeten Bereichen. Amtsblatt der Europäischen Gemeinschaften 19.4.1994, L 100/1–100/29.

[A2] ATEX-Leitlinien, 1. Ausgabe Mai 2000 (2. Ausgabe in Arbeit)

[A3] Richtlinie 99/92/EG (ATEX 137)
Mindestvorschriften zur Verbesserung des Gesundheitsschutzes und der Sicherheit der Arbeitnehmer, die durch explosionsfähige Atmosphäre gefährdet werden können. Amtsblatt der Europäischen Gemeinschaften 16.12.1999, L 23/57–64.

[A4] Leitfaden zur Durchführung der Richtlinie ATEX 137
DMT-Fachstelle für Explosionsschutz; Januar 2003

[A5] Explosionsschutzverordnung (ExVO)
Verordnung über das Inverkehrbringen von Geräten und Schutzsystemen für explosionsgefährdete Bereiche – 11. GSGV vom 12.12.1996, Bundesarbeitsblatt 3/97, S. 80–82

[A7] GPSG
Gesetz über technische Arbeitsmittel und Verbraucherprodukte (Geräte- und Produktsicherheitsgesetz) vom 6.1.2004. BGBl. Teil I, S.2, ber. I, S. 219

[A8] BetrSichV
Verordnung über Sicherheit und Gesundheitsschutz bei der Bereitstellung von Arbeitsmitteln und deren Benutzung bei der Arbeit, über Sicherheit beim Betrieb überwachungsbedürftiger Anlagen und über die Organisation des betrieblichen Arbeitsschutzes vom 27.9.2002, Betriebssicherheitsverordnung. BGBl. Teil I, Nr. 70, S. 3777–3816.

[A9] ElexV
Verordnung über elektrische Anlagen in explosionsgefährdeten Bereichen vom 13.12.1996, BGBl. Teil I, Nr.65, S. 1932

[A10] TRBS
Technische Regeln für Betriebssicherheit; 2.1.5.– Brand und Explosionsgefahren (z. Zt. in Bearbeitung)

[A11] TRBS 1203
Technische Regeln für Betriebssicherheit. Befähigte Personen,
– Allgemeine Anforderungen – und Teil 1 – Besondere Anforderungen
– Explosionsgefährdung vom 18.11.2004, BAnz.2004, S. 23797

[A12] a) GefStoffV
Verordnung zum Schutz vor Gefahrstoffen (Gefahrstoffverordnung) vom 15. Nov. 1999, zuletzt geändert am 2.10.2002 BGBl. 2002 Teil I, Nr. 70, S.3777, am 23.10.2002 BGBl. 2002 Teil I, Nr.74, S. 4123, am 11.11.2002 BGBl. 2002 Teil I, Nr.79, S. 4396
b) Verordnung zur Anpassung der Gefahrstoffverordnung an die EG-Richtlinie 98/24/EG und andere EG-Richtlinien vom 23.12.2004, Artikel 1, Verordnung zum Schutz vor Gefahrstoffen (Gefahrstoffverordnung – GefStoffV) BGBl. Teil I, S. 3758

[A13] BGR 104 (früher: EX-RL)
Regeln für Sicherheit und Gesundheitsschutz bei der Arbeit. Explosionsschutz-Regeln (früher: ZH 1/10); Fachausschuss „Chemie" der BGZ

[A14] BGR 132 (früher: ZH 1/200))
Vermeidung von Zündgefahren infolge elektrostatischer Aufladungen. Hauptverband der gewerblichen Berufsgenossenschaften HVBG (2001)

[A15] Nabert, K.; Schön, G.: Sicherheitstechnische Kennzahlen brennbarer Gase und Dämpfe. Braunschweig: Deutscher Eichverlag, 1963 mit 5. Nachtrag 1980

[A16] Brandes, E.; Möller, W.: Sicherheitstechnische Kenngrößen. Band 1: Brennbare Flüssigkeiten und Gase. Bremerhaven: NW-Verlag, 2003

[A17] Sicherheitstechnische Kenngrößen.
Datenbank im Internet: CHEMSAFE über DECHEMA

[A18] Namur-Empfehlung 99, Explosionsschutz-Dokument. Namur Geschäftsstelle, Bayer Technology Service Gmb , office@namur.de

[A19] *Fähnrich, R.; Mattes, H.:* Explosionsschutz, Kommentar zur ExVO und BetrSichV. Berlin: Erich Schmidt Verlag, 2005

[A20] *Aich, u.a.:* Die Betriebssicherheitsverordnung. Köln: Carl Heymanns Verlag, 2003

B Normen und technische Regeln

Normenreihe „Elektrische Betriebsmittel für gasexplosionsgefährdete Bereiche"

	Neue IEC-basierte Reihe				CLC-basiert*	
	DIN EN	VDE	Ausgabe	Untertitel (Kurzform)	DIN EN	gilt bis
[B1]	60079-0	0170-1	12.2004	Allgemeine Anforderungen	50014*	02.2007
[B2]	60079-1	0170-5	12.2004	Druckfeste Kapselung „d"	50018*	02.2007
[B3]	60079-2	0170-301	Entwurf	Überdruckkapselung „p"	50016*	
[B4]	60079-5	0170-4		Sandkapselung „q"	50017*	
[B5]	60079-6	0170-2		Ölkapselung „o"	50015*	
[B6]	60079-7	0170-6	02.2004	Erhöhte Sicherheit „e"	50019*	06.2006
[B7]	60079-10	0165-101	10.2002	Einteilung der Zonen	–	
[B8]	60079-11	0170-7	08.2003	Eigensicherheit „i"	50020*	
[B9]	60079-14	0165-1	07.2004	Errichten elektrischer Anlagen	60079-14	06.2006
[B10]	60079-15	0170-16	05.2004	Zündschutzart „n"	50021*	06.2006
[B11]	60079-17	0165-10-1	06.2004	Prüfung und Instandhaltung	60079-17	02.2006
[B12]	60079-18	0170-9	01.2005	Vergusskapselung „m"	50028*	03.2007
[B13]	60079-19	0165-20-1	Entwurf	Reparatur und Überholung	–	
[B14]	60079-25	0170-10-1	09.2004	Eigensichere Systeme „i"	50039*	
[B15]	60079-26	0170-12-1	Entwurf	Betriebsmittel für Zone 0	50284*	offen
[B16]	60079-27	TS	11.2002	Fieldbus (FISCO)	–	
[B17]	–	0170-10-2	09.2004	i-Systeme; Konstruktion und Prüfung	50394-1	

Normenreihe „Elektrische Betriebsmittel zur Verwendung in Bereichen mit brennbarem Staub"

	DIN EN	VDE	Ausgabe	Untertitel (Kurzform)	DIN EN	gilt bis
[B20]	61241-0	0170-15-0	Entwurf	Allgemeine Anforderungen		
[B21]	61241-1	0170-15-1	06.2005	Schutz durch Gehäuse „tD"	50281-1-1*	
[B22]	61241-4	0170-15-4	Entwurf	Überdruckkapselung „pD"		
[B23]	61241-10	0170-102	04.2005	Einteilung der Zonen	50281-3*	07.2007
[B24]	61241-11	0170-15-11	Entwurf	Eigensicherheit „iD"		
[B25]	61241-14	0165-2	06.2005	Auswahl und Errichten	50281-1-2*	
[B26]	61241-17	0165-10-2	01.2006	Prüfung und Instandhaltung		
[B27]	61241-18	017015-18	07.2005	Vergusskapselung „mD"		
[B28]	61241-19	nur IEC	Entwurf	Reparatur und Überholung		

CEN-basierte Normen für den Explosionsschutz

[B40]	1127-1	–	10.1997	Grundlagen und Methodik

Normenreihe „Nichtelektrische Geräte für den Einsatz in explosionsgefährdeten Bereichen"

[B41]	13463-1	–	04.2002	Grundlagen und Anforderungen
[B42]	13463-2	–	02.2005	Schwadenhemmende Kapselung „fr"
[B43]	13463-3	–	07.2005	Druckfeste Kapselung „d"
[B44]	13463-4	–		Eigensicherheit „g"
[B45]	13463-5	–	03.2004	Konstruktive Sicherheit „c"
[B46]	13463-6	–	07.2005	Zündquellenüberwachung „b"
[B47]	13463-7	–	Entwurf	Überdruckkapselung „p"
[B48]	13463-8	–	01.2004	Flüssigkeitskapselung „k"

Sonstige für den Explosionsschutz relevante Normen

[B50]	60529	0470-1	09.2000	Schutzarten durch Gehäuse (IP-Code)
[B51]	60947	0660-102	09.2003	Niederspannungsschaltgeräte
[B52]	–	0100	–	Errichten von Starkstromanlagen bis 1000 V

[B53]	–	0101	–	Starkstromanlagen mit Nenn-wechselspannung über 1 kV
[B54]	–	0800	–	Fernmeldetechnik und Informationstechnik
[B55]	–	0185-1	–	Blitzschutz; Allgemeine Grundlagen

Normen in Nordamerika

[B60]	NEC	National Electrical Code, National Fire Protection Association (NFPA) Boston
[B61]	NFPA 497M	Manual for classification of gases, vapors and dusts for electrical equipment in hazardous (classified) locations
[B62]	UL 674	Electric motors and generators for use in hazardous locations Class I, Groups C and D; Class II, Groups E, F and G Underwriters Laboratories Inc.
[B63]	CEC	Canadian Electrical Code CSA Standard C 22.1
[B64]	C 22.2 No. 25	Enclosures for use in Class II, Groups E, F and G hazardous locations

C   Bücher, Broschüren

C1   *Olenik, H.; Rentzsch, H.; Wettstein, W.:* Handbuch für Explosionsschutz. BBC-Fachbuchreihe. Essen: Verlag Girardet, 1983

C2   *Bartknecht, W.:* Explosionen; Ablauf und Schutzmaßnahmen. Berlin: Springer-Verlag, 1987

C3   *Pester, J.:* Explosionsschutz elektrischer Anlagen. Berlin: Verlag Technik, 2005

C4   *Eckhoff, R. K.:* Dust Explosions in the Process Industries. Amsterdam: Gulf Professional Publishing, 2003

C5   *Lüttgens, G.:* Statische Elektrizität. Renningen: Expert Verlag, 2000

C6   *Freytag, H. H.:* Handbuch der Raumexplosionen. Weinheim: Verlag Chemie, 1965

C7   *Berthold, W.; Löffler, U.:* Lexikon sicherheitstechnischer Begriffe in der Chemie. Weinheim: Verlag Chemie, 1981

C8   *Nowak, K.:* Normen und Schutzarten für die Elektroinstallation. München: Pflaum Verlag, 1985

C9   *Hensel, W.; John, W.:* Die Schichtdickenabhängigkeit der Glimmtemperatur. VDI-Fortschrittbericht Nr. 244. Düsseldorf: VDI-Verlag, 1991

C10 *Greiner, H.:* Explosionsschutz bei Getriebemotoren. Sonderdruck SD 302 der Fa. Danfoss Bauer (2002)

C11 *Beermann, D.; Günther, B.; Schimmele, A.:* Eigensicherheit in explosionsgeschützten MSR-Anlagen. Berlin: VDE Verlag, 1987

D Fachaufsätze

D1 *Dreier, H.; Gehm K.-H.:* 40 Jahre Explosionsschutz elektrischer Betriebsmittel in der Physikalisch-Technischen Bundesanstalt. In: PTB-Mitteilungen 97 (1987) H.5

D2 *Rentzsch, H.:* Explosionsschutz elektrischer Anlagen – 50 Jahre VDE 0165. In: ETZ 106 (1985) H.15

D3 *Nowak, K.:* Historische Entwicklung des elektrischen Explosionsschutzes. In: de 76 (2001) H.17

D4 *Lehmann, K.H.; Steinbach, F.K.:* Der Phasenausfallschutz, ein Randproblem des Motorschutzes. In: BBC-Nachrichten, Juni 1963

D5 *Sperling, P.G.:* Betrieb eines Drehstrommotors bei Ausfall einer Phase. SIEMENS-Druckschrift 43 (1969) H.2

Spezielle Literatur zum Kapitel 3

[3-1] *Johannsmeyer U.; Krämer M.:* Zusammenschaltung nicht linearer und linearer Stromkreise – PTB-Bericht TH Ex-10 1999. Bremerhaven: Wirtschaftsverlag NW

[3-2] *Beermann, D.; Günther, Schimmele, A.:* Eigensicherheit in explosionsgeschützten MSR-Anlagen. Berlin: VDE-Verlag, 1988

[3-3] *Berner, W.:* Installationstechniken in explosionsgefährdeten Bereichen. Ex-Zeitschrift 29 (1997)

[3-4] *Limbacher, B.; Berner, W.:* Elektrische Betriebsmittel der Zündschutzart „n" für explosionsgefährdete Bereiche der Zone 2. Ex-Zeitschrift 30 (1998)

[3-5] *Hahn, V.; Arnhold, T.:* Überdruckkapselung. Ex-Zeitschrift 33 (2001)

Spezielle Literatur zum Kapitel 4

[4-1] DIN VDE 0166:1992-08 (Entwurf) Errichten elektrischer Anlagen in durch explosionsgefährliche Stoffe gefährdeten Bereichen

[4-2] VDI-Richtlinie 2263 Verhütung von Staubbränden und Staubexplosionen

[4-3] DIN VDE 0170/0171-13:1986 Elektrische Betriebsmittel für explosionsgefährdete Bereiche; Anforderungen für Betriebsmittel der Zone 10

[4-4] Staubexplosionen (Nahrungsmittelstäube, Futtermittelstäube, Getreidestäube). BG Nahrungsmittel und Gaststätten

[4-5] Brenn- und Explosionskenngrößen von Stäuben; BIA-Report 12/97. Herausgeber: HVBG (Hauptverband der gewerblichen Berufsgenossenschaften)

[4-6] VDI-Bericht 304 Sichere Handhabung brennbarer Stäube. Düsseldorf: VDI-Verlag

[4-7] VDI-Bericht Nr. 19 (1957) Kennzahlen brennbarer Industriestäube. Düsseldorf: VDI-Verlag

[4-8] *Beck, H.; Jeske, A.:* Dokumentation Staubexplosionen; BIA-Report Nr. 4/82. Berufsgenossenschaftliches Institut für Arbeitssicherheit

[4-9] *Greiner, H.:* IP-Schutzarten. Sonderdruck SD 197 der Fa. Danfoss Bauer

[4-10] *Nowak, K.:* Elektroinstallation in durch Aluminiumstaub explosionsgefährdeten Betriebsstätten. In: de 57 (1981) H.5

[4-11] Explosionsschutz beim Umschlagen und Lagern von Getreide und Futtermitteln. Schriftenreihe Arbeitsschutz Nr. 24. Bundesanstalt für Arbeitsschutz und Unfallforschung (BAU)

[4-12] *Lüttgens, G.; Boschung, P.:* Elektrostatische Aufladungen. Band 44 Kontakt und Studium. Ehningen: Expert-Verlag, 1988

[4-13] *Hensel, W.; John, W.:* Die Schichtdickenabhängigkeit der Glimmtemperatur. VDI-Fortschrittbericht Nr. 244. Düsseldorf: VDI-Verlag, 1991

[4-14] *Wenzel, H.:* Staubexplosionsschutz elektrischer Betriebsmittel. VDI-Bericht 975. Düsseldorf: VDI-Verlag, 1992
[4-15] *Beck, H.; u. a.:* Staubexplosionsschutz an Maschinen und Apparaten. Internationale Sektion IVSS, BGN Mannheim (1998)
[4-16] *Beck, H.:* Zündquellenfreie Bauart von Staubsaugern und Kleinentstaubern als Maßnahme des vorbeugenden Explosionsschutzes; Bauart 1. In: Staub, Reinhaltung der Luft (1992) H.52
[4-17] *Beck, H.:* Industriestaubsauger in explosionsgefährdeten Bereichen – Neue Rechtslage. In: Arbeit und Gesundheit (2000) H.10
[4-18] *Lunn, G.A.; Rowland, D.B.; Tolson, P.:* Electrical ignitions and use of flameproof enclosures in coal dust and methane atmospheres. In: Trans. Instn. Min. Metall 108, Januar-April 1999
[4-19] *Glor, M.; u. a.:* Statische Elektrizität; Zündgefahren und Schutzmaßnahmen. IVSS, Heidelberg (1995)
[4-20] *Greiner, H.:* Staubexplosionsschutz nach nordamerikanischer Praxis. In: Ex-Zeitschrift 37 (2005)

Spezielle Literatur zum Kapitel 5

[5-1] *Dreier, H.; Stadler, H.; Engel, U.; Wickboldt, H.:* Explosionsgeschützte Maschinen der Schutzart „Erhöhte Sicherheit" (Ex)e. Band 3 der PTB-Prüfregeln. Braunschweig: Deutscher Eichverlag, 1969; Nachdruck 1978
[5-2] *Falk, K.; Hofbauer, K.:* Explosionsgeschützte Elektromotoren. VDE-Schriftenreihe 64. Berlin: VDE-Verlag, 2004
[5-3] *Greiner, H.:* Schutzmaßnahmen bei Drehstrom-Getriebemotoren. Publikation der Fa. Danfoss Bauer (2004)
[5-4] *Greiner, H.:* Explosionsschutz bei Getriebemotoren. Publikation EP 304 der Fa. Danfoss Bauer (2004)
[5-5] *Sturm, W.; u. a.:* Schalten, Schützen, Verteilen in Niederspannungsnetzen. SIEMENS-Handbuch. Erlangen: Publicis-MCD-Verlag, 1997
[5-6] *Esser, H.-W.:* Schaltgeräte für den Schutz elektrischer Motoren. Handbuch der Fa. Moeller, Bonn (1998)
[5-7] *Falk, K.:* Der Drehstrommotor – Ein Lexikon für die Praxis. Berlin: VDE-Verlag, 1997
[5-8] *Engel, U.; Wickboldt, H.:* Explosionsgeschützte Drehstrommotoren und die neuen Normspannungen. In: ETZ 112 (1991), H. 2
[5-9] *Engel, U.; Wickboldt, H.:* Umrichtergespeiste Drehstromantriebe. In: PTB-Mitteilungen 98 (1988) H. 1
[5-10] *Lienesch, F.:* Umrichtergespeiste elektrische Antriebe. In: STAHL-Ex-Zeitschrift (2003)

[5-11] *Lehrmann, C.:* Ex-geschützt: Antriebe mit Frequenzumrichter.
In: Bulletin SEV/VSE 24/25 (2004)
[5-12] *Sperling, P. G.:* Betrieb eines Drehstrommotors bei Ausfall einer Phase.
In: SIEMENS-Druckschrift 43 (1969), H. 2
[5-13] *Lamprecht, D.:* Phasenausfallschutz.
Referat beim 21. CEAG-Sachverständigenseminar (2002), www.ceag.de
[5-14] *Grass, H.:* Verhalten explosionsgeschützter Drehstrommotoren bei 400 V.
In: ETZ 113 (1992) H. 21
[5-15] *Greiner, H.:* Elektrische Antriebe mit Getriebemotoren.
Publikation der Fa. Danfoss Bauer (2001)

Spezielle Literatur zum Kapitel 8

[B8] DIN EN 50020 (VDE 0170-7) 3. Ausgabe:2003-08
Elektrische Betriebsmittel für explosionsgefährdete Bereiche, Eigensicherheit „i"
[B9] DIN EN 60079-14 / IEC 60079-14 (VDE 0165-1):2004-07
Elektrische Betriebsmittel für gasexplosionsgefährdete Bereiche –
Teil 14: Elektrische Anlagen für gefährdete Bereiche (ausgenommen Grubenbaue)
[B14] DIN EN 60079-25 / IEC 60079-25 (VDE 0170-10-1):2004-09
Elektrische Betriebsmittel für gasexplosionsgefährdete Bereiche – Teil 25:
Eigensichere Systeme
[B15] DIN EN 60079-26 / IEC 60079-26 (VDE 0170-12-1):2005-06
Elektrische Betriebsmittel für gasexplosionsgefährdete Bereiche – Teil 26:
Konstruktion, Prüfung und Kennzeichnung elektrischer Betriebsmittel für Gerätegruppe II Kategorie 1 G
[B16] IEC TS 60079-27:2002-11
Electrical apparatus for explosive gas atmospheres – Part 27: Fieldbus intrinsically safe concept (FISCO)
[B17] DIN EN 50394-1 (VDE 0170- 10-2):2004-09
Elektrische Betriebsmittel für explosionsgefährdete Bereiche – Gruppe I:
Eigensichere Systeme – Teil 1: Konstruktion und Prüfung
[B25] DIN EN 61241-14 / IEC 61241-14 (VDE 0165-2):2005-06
Elektrische Betriebsmittel zur Verwendung in Bereichen mit brennbarem Staub – Teil 14: Auswahl und Errichten
[C11] *Beermann, D.; Günther B.; Schimmele, A.:* Eigensicherheit in explosionsgeschützten MSR-Anlagen. Berlin: VDE-Verlag, 1987
[4-5] Sonderdruck „Brenn- und Explosions-Kenngrößen von Stäuben" (Berufsgenossenschaftliches Institut für Arbeitssicherheit). Zu beziehen bei: Institut für Arbeitssicherheit (BIA), St. Augustin, oder von der Bergbauversuchsstrecke (BVS), Dortmund

[8-1]   *Johannsmeyer, U.:* Zündverhalten von Netzwerken eigensicherer Stromkreise mit elektronischen Strombegrenzungseinrichtungen. PTB-Bericht W 16, 1979
[8-2]   *Johannsmeyer U., Krämer M.:* Zusammenschaltung nichtlinearer und linearer eigensicherer Stromkreise. PTB-Bericht PTB-ThEx-10. Bremerhaven: Wirtschaftsverlag NW, 1999.
[8-3]   *Schimmele, A.:* Das Feldbus-System – die neue Qualität in der Kommunikationstechnik für verfahrenstechnische Anlagen. In: Chemie-Technik 21 (1992) H. 9, S. 110-117
[8-4]   *Schimmele, A.:* Eigensichere Feldbus-Systeme für verfahrenstechnische Anlagen. In: Ex-Zeitschrift der Fa. R. STAHL Schaltgeräte 26 (1994) S. 43–47
[8-5]   *Hagen, M.:* Remote I/O für Ex-Anwendungen – eine Selbstverständlichkeit? In: Ex-Zeitschrift der Fa. R. STAHL Schaltgeräte 31 (1999) S. 8–13
[8-6]   *Johannsmeyer, U.:* Explosionsschutzkonzepte für Feldbus-Systeme in der Prozessautomatisierung. In: Automatisierungstechnische Praxis, atp 42 (2000) H. 9, S. 44–50
[8-7]   *Schimmele, A.:* Nachweis der Eigensicherheit für MSR-Stromkreise mit nichtlinearen Quellen. In: Ex-Zeitschrift der Fa. R. STAHL Schaltgeräte 34 (2002) S. 25–31
[8-8]   *Eichhorn, T.; Johannsmeyer, U.; Schimmele, A.:* Planen und Errichten eigensicherer Anlagen. In: Handbuch zum Seminar des VDI-Bildungswerks am 17./18.3.2005 in Stuttgart
[8-9]   *Fritsch, A.:* IS pac – der Beginn einer neuen Ära, Die neue Trennstufen-Generation. In: Ex-Zeitschrift der Fa. R. STAHL Schaltgeräte 35 (2003) Seite 6–13

Spezielle Literatur zum Kapitel 9

[9-1]   *Kloska, M.:* Normung im Bereich des nichtelektrischen Explosionsschutzes. In: Ex-Zeitschrift der Fa. R. STAHL Schaltgeräte (1999)
[9-2]   *Beyer, M.:* Methode der Zündgefahrbewertung für explosionsgeschützte nichtelektrische Betriebsmittel. In: Ex-Zeitschrift der Fa. R. STAHL Schaltgeräte (2005)
[9-3]   *Wintrich, H.; Degener, C.H.:* Explosionsgeschützte Reibungsbremsen. In: PTB-Mitteilungen (1968) H.2, S. 95-100
[9-4]   VDMA-Leitfaden zum Explosionsschutz an Maschinen; mit Teil Antriebstechnik. VDMA (2003)

Spezielle Literatur zum Kapitel 12

[12-1] *Dreier, H.; Krovoza, F.:* Richtlinien für die Instandsetzung explosionsgeschützter elektrischer Betriebsmittel. In: Zeitschrift Technische Überwachung 8 (1967) H.10, S. 362–363, und in: Arbeitsschutz (1968) H.3, S. 79–81

[12-2] *Wickboldt, H.:* Instandsetzung explosionsgeschützter elektrischer Maschinen. Vortragsunterlagen zum PTB-Seminar am 17.–19.10.1979

[12-3] *de Haas, K.; u.a.:* Reparaturen explosionsgeschützter elektrischer Betriebsmittel; gesetzliche Grundlagen, praktische Vorgehensweise bei der BASF AG. ABB Ex-Sachverständigen-Seminar, 1990

[12-4] *Nowak, K.:* Instandsetzung von Motoren in Ex-Ausführung. In: de 74 (1999) H.15/16

[12-5] *Wagner:* Reparaturen von explosionsgeschützten Betriebsmitteln in Hüls. ABB Ex-Sachverständigen-Seminar, 1990

[12-6] Wälzlagerschäden und ihre Ursachen. Produktinformation 401 der Fa. SKF (1994)

[12-7] Antragsmappe für die Anerkennung von befähigten Personen www.rpa.de/dezernate > Abt.VII > Fach-Infos > BetrSichV > Antragsmappe

Stichwortverzeichnis

A
abgedichtete Einrichtung „nC" 88
Ablagerung und Einschüttung (Staub-Ex) 106
Ableitwiderstand 113
Abstand am Lüfter 125
Abzweigkästen (Errichten) 318
Akkumulatoren 85
aktive eigensichere Betriebsmittel 261
aktive Teile 305
Alleinschutz durch TMS 168
allgemeine Anforderungen (Gasexplosionsschutz) 62
allgemeine Anforderungen für Bauart und Prüfung el. Maschinen 124
amtlich anerkannte befähigte Person 347, 348
amtlich anerkannte befähigte Person (BetrSichV) 347
Änderung 39
Anerkennung (BF) 297
Anforderungen (Beleuchtung) 205
Anforderungen (Staubdichtheit) 102
Anforderungen (Instandsetzen el. Maschinen) 351
Anforderungen (Errichten) 301
Anforderungen an befähigte Person (BF) 297
Anforderungen bei „d" 315
Anforderungen bei „e" 317
Anforderungen bei „i" 319
Anforderungen bei „nA" 145
Anforderungen bei „p" 319
Anforderungen bei Zone 2 321
Ankopplung, thermisch 170
Anlauf, häufig wiederkehrend 171, 177
Anlauf, schwer 177
Anlaufhäufigkeit 176
Anlaufverhalten 203
Anordnung von Betriebsmitteln 302
Anschlusskästen (Errichten) 318
Anschlusstechnik 75, 136
Anschlussteile der Zündschutzart „e" 347
Anstiegsgeschwindigkeit der Temperatur 171
Anteil von Zündquellen an Explosionen 289
Antriebsmittel in Zündschutzart „c" 292
Anwendung (der Überdruckkapselung) 72
Anwendung der Zündschutzart „m" 86
Anwendungsbereich 27
Anwendungsbereich (BetrSichV) 38
Anwendungsbereich der Zündschutzart „n" 141
Arbeitserlaubnisschein 324
Arbeitsmittel 39
Arbeitsstättenverordnung 213
ArbStättV 213
Aufbau eigensicherer Anlagen 258
Aufsichtsbehörden 49
Ausblaseöffnung bei „p" 320
Ausfallursachen (el. Maschinen) 342
Auslösekennlinie (EX) 158
Auslöser 155, 156
Ausnahmen 36
Ausschuss für Betriebssicherheit 49
Außenbelüftung (Staubexplosionsschutz) 114
äußere Einflüsse auf Betriebsmittel 304
Außerkrafttreten 50
außerordentliche Prüfungen 47
Aussetzbetrieb (EX) 175
Auswahl (Staubexplosionsschutz) 114
Auswahl der Betriebsmittel (Eigensicherheit) 274
Auswahl der Betriebsmittel 303

B
Bauart und Prüfung (allgemeine Bestimmungen) 124
Baubestimmungen 111, 247
befähigte Person 40, 47, 327
Befestigungsteile für Leuchten 212
Begrenzung der Oberflächentemperatur 105
Begrenzung von Störungen (Schaltgeräte) 203
Begriffe 28, 39, 51, 206
Beleuchtung 205
Beleuchtung von Arbeitsstätten 207
Beleuchtungsniveau 206
Beleuchtungsstärke 206, 207
Bemessungsleistung, reduziert bei T1...T5 129
Benutzung 39
Benutzung der Arbeitsmittel 41
Bereitstellung 39, 41
Berufsausbildung (BF) 297
Berufserfahrung (BF) 297
Beschaffenheit der Arbeitsmittel 44
Besitzstandswahrung 357
besondere Betriebsarten 174
bestimmungsgemäße Verwendung 29
Betrieb 39, 45, 323, 340
Betriebsanleitung 28, 296
Betriebsarten 151, 174

Stichwortverzeichnis

Betriebsmittel
  der Kategorie 1 87
Betriebsmittel
  der Kategorie 3 87
Betriebsmittel in eigensicheren Stromkreisen 258
Betriebssicherheitsverordnung 38
BetrSichV 38, 339
Beurteilung möglicher Explosionsgefahren 55
Bewertung 350
Bezugsdruck 74
BGR 131 209, 307
Bimetallrelais (Kontrolle) 346
Blendungsbegrenzung 206, 214
Blitz- und Überspannungsschutz (Eigensicherheit) 286
Blitzschutz (Errichten) 307
Brandschutz für Kabel und Leitungen 310
Büschelentladung 113

C
Conduit-Installation 77
Conduit-System 75

D
Dauer der Störung 93
Dauerbetrieb S1 153
Detailprüfung 329
Direktanschlusstechnik 200
direkte Einführung 76, 136
Dokumentation 328
Druckabfall bei „p" 69
druckfest gekapselte Schaltgeräte 190
druckfeste Kapselung „d" 73, 132
Durchführungen für Kabel und Leitungen 310
Durchschlagspannung (Isolation) 113
Durchspülung (Überdruckkapselung) 69
Durchzünden 73, 190

E
EG-Baumusterprüfbescheinigung 137
Eigenschaften von Lampen 217
eigensichere Betriebsmittel 260
eigensichere elektrische Betriebsmittel 81
eigensichere Stromkreise 245
eigensichere Stromkreise in Schaltanlagen 204
eigensichere Stromkreise mit einer Quelle 277
eigensichere Stromkreise mit mehreren Quellen 279
eigensichere Systeme 247, 273
eigensicherer Feldbus 259
Eigensicherheit 245, 246, 277
Eigensicherheit „i" 80
einfache elektrische Betriebsmittel 261
Einführung (Errichten) 301
Einführung (Staubexplosionsschutz) 89
Einführung, direkt 136
Einführung, indirekt 136
Einsatzgrenzen des Thermistorschutzes 170
Einsatzgrenzen für den stromabhängigen Motorschutz 165
Einschüttung in Staub 106
Einsparung von Energie 180
Einteilung der Staubzonen 100
Einteilung der brennbaren Stäube 96
Einzelkontaktkapselung 195
einzelversorgte Leuchten 216
elastische Kupplung 294
elektrische Antriebe 121
elektrische Maschinen (Sonderfall) 121
elektrische Trennung 333
Elektrofachkraft 348

elektromagnetische Felder (Errichten) 308
elektronische Geräte in Ex-Bereichen 326
elektronische Strombegrenzung 254
elektronische Vorschaltgeräte (EVG) 226
elektrostatische Aufladung (Staubexplosionsschutz) 112
End-of-Life-Abschaltung 226
Energiebegrenzung bei „n" 142
Energiebegrenzung bei „nL" 88
Energieeinsparung durch VF 180
Energiespeicher (Eigensicherheit) 261
Entladungslampen 218
Entscheidungshilfe bei Instandsetzung 350
Entwicklung, historische 25
EOL 226
Erdung eigensicherer Stromkreise 285
erhöhte Sicherheit „e" 78, 128
Erlaubnisvorbehalt 46
Errichten (Staubexplosionsschutz) 114
Errichten 301
Errichten von Anlagen (Eigensicherheit) 274
Errichtungsbestimmungen 116, 247
Ersatzbeleuchtung 213
Ersatzenergiequelle 214
europäische Normen (Staub-Ex) 118
EVG 226
Explosion 51
Explosionsgruppen, Einteilung 135
Explosionsdruck 190
explosionsfähige Atmosphäre 29, 40, 51
Explosionsgefahr durch Explosivstoffe 149
Explosionsgefahr durch Schlagwetter 148

explosionsgefährdeter
  Bereich 40
explosionsgeschützte
  Leuchten 223
Explosionsgrenzen 92
Explosionsgruppen 54, 64
Explosionsprüfungen 74
Explosionsschutz (Schaltgeräte) 189
Explosionsschutz von nichtelektrischen Geräten 289
Explosionsschutzdokument 43
Explosionsschutzmaßnahmen 43
Explosionsschutzverordnung 27
Explosionsstatistik 289
Explosivstoffe 148

F
fabrikfertige Schaltgerätekombinationen (FSK) 202
fachgerechte Instandsetzung 339
Fallbeispiele bei Zündschutzart „d" 362
Fallbeispiele bei Zündschutzart „e" 357
Farbwiedergabe 206, 218
Fehlerbetrachtung (Eigensicherheit) 273
Fehlerquote 332
Fehlerstrom-Schutzeinrichtung 318
feindrähtige Leiter 309
Feldbusse 259
Feldbussysteme und Remote-I/Os 269
Feldgeräte 259
feste Hindernisse (Errichten) 315
Feuererlaubnis 324, 344
Feuerschein 324
Flachspalt 74
Flammendurchschlag 74
Flammenerosion 74
Flammpunkt 52
flexible Leitungen 314
Flüssigkeitskapselung „k" 291

freies Volumen 192
Freigabeschein 324
Freischaltung (Errichten) 308
Freisetzung (brennbarer Substanzen) 71
Freisetzungsgrad 55
fremdbelüfteter Schaltraum 303
fremde leitfähige Teile 306
FSK 202
Funken 189
funkend bei „n" 142
funkende Betriebsmittel 189
Funkenprüfgerät 80, 248
Funkenzündung 245
Funkenzündverhalten (Eigensicherheit) 248
Funktion der anerkannten befähigten Person 187
Funktion der Überstromschutzeinrichtung bei Zündschutzart „e" 346
Funktionsprüfung 174, 178
Funktionssicherheit 191

G
Gefährdung der Eigensicherheit 83
Gefährdungsbeurteilung 40
gefährliche explosionsfähige Atmosphäre 40, 51
gefährliche Funken 305
Gehäusekapselung 191
gekapselte Einrichtung „nC" 88
gemischte Stromkreise 252
Genehmigungszeichnung für Spaltabmessungen 363
Geräte 28
Gerätegruppe 29
Gerätekategorien 29
Gewindespalt 74
Glaspartikel 72
Gleichmäßigkeit der Beleuchtungsstärke 209
Gleichzeitigkeitsfaktor 203
Gleitstielbüschelentladung 113
Glimmtemperatur 95
Glimmtemperatur brennbarer Stäube 54

Glühlampen 218
Grenzkurvendiagramme für Stromkreise mit nichtlinearen Quellen 254
Grenzspaltweite 53
Grenztemperaturen 126

H
Halogen-Metalldampflampen 218
Halogenglühlampen 218
Handleuchten 237
Handscheinwerfer 237
Hängeleuchten 232
Helligkeitsverteilung 206
hermetisch dichte Einrichtung „nC" 88
Hilfsklemmen 361
Hochdruckentladungslampen 218
hybride Gemische 96

I
IEC 38 bei Ex 184
indirekte Einführung 76, 136
inertes Zündschutzgas 68
Inspektionsleuchte 240
Instandhaltung 114, 323, 327, 339
Instandsetzung durch befähigte Person 341
Instandsetzung durch den Hersteller 341
Instandsetzung elektrischer Maschinen 339
Instandsetzung nichtelektrischer Geräte 299, 365
Instandsetzung von ATEX-Getrieben 299
Instandsetzung von Ex-Motoren 299
Instandsetzungsarbeiten 349, 350
Inverkehrbringen 35
IP-Kennzeichnung 210
IP-Schutzarten 126
IP-Schutzgrad bei leitfähigem Staub 102
isolationstechnische Schutzmaßnahmen 131
Isolationswiderstand 345
IT-System 305

K
Kabel (Errichten) 308
Kabel und Leitungen in den Zonen 0 oder 20 313
Kabel, Leitungen und Anschlussteile 282
Kabel- und Leitungsdurchführungen 310
Kabel- und Leitungseinführungen in „e" 317
Kabelabschottung 311
Kabeleinführungen (Errichten) 316, 317
Kabelfehler (eigensicherer Stromkreise) 283
Kabelschwanz 316
Kategorie 1 30
Kategorie 2 30
Kategorie 3 30
Kategorie M 1 29
Kategorie M 2 30
Kategorien nach ATEX 63
katodisch geschützte Metallteile (Errichten) 308
Kenngrößen 52, 96
Kennzeichnung 36, 65, 147, 241, 271, 296
Kesselanbauleuchten 236
Kleinsteckvorrichtung 196
Klemmen und Klemmenkästen (Schaltgeräte) 200
Klemmenplatte anderer Größe 357
Klimastutzen 212
Kombination mehrerer Zündschutzarten 86
Kompaktleuchten für Zonen 1 und 2 224
Kompaktleuchtstofflampen 218
komplexe passive Betriebsmittel 260, 261
Komponenten 28
Komponentenkapselung 193
Kondensationsfeuchte 212
Konformitätsbescheinigungen 137
Konformitätsbewertung 293
Konformitätsbewertungsverfahren 32
Konformitätserklärung 147, 183
Konstruktion (Bestimmungen bei EX) 125
Konstruktionsmerkmale (Staubexplosionsschutz) 114
konstruktive Sicherheit „c" 291
kontinuierlicher Freisetzungsgrad 55
Koordinierungspflichten 44
Körper der Betriebsmittel 305
Kriechstrecken 79
Kurzzeitbetrieb 174

L
Lackdrähte 359
Lageranlagen 40
Lagerschäden 342
Lampen 217
Lampenbezeichnung 222
Lampenlebensdauer 218, 220
Lampensysteme 218
läuferkritisch 168
läuferkritische Maschinen 168
Lebensdauer (el. Maschinen) 342
Leckverluste (bei Überdruckkapselung) 69, 319
Leergehäuse für „p" 320
Leiteranschlüsse (Errichten) 318
leitfähige Lüftungsteile 125
Leitfähigkeit des Staubes 102
Leitungen (Errichten) 308
Leitungseinführung ändern 364
Leitungseinführungen (Errichten) 316
Leitungsfehler (eigensicherer Stromkreise) 283
Leuchtdichte 207
Leuchten für Leuchtstofflampen 226
Leuchten für Leuchtstofflampen für die Zonen 1 und 2 226
Leuchtenauswahl für explosionsgefährdete Bereiche 209
Leuchtstofflampen 218
Lichtbogen 189
Lichtbogenkurzschluss 203
Lichtbogenlöschung 196
Lichterzeugung 218
Lichtfarbe 206, 218, 220
Lichtrichtung 206
Lichtstärke 207
Lichtstärkeverteilungskurven 228
Lichtstrom 207
lichttechnische Planung 207
Lockerungsschutz 79
lohnende Instandsetzung 342
Lüfterrad 359
Luftspalt (Erhöhung) 358
Luftstrecken 79

M
mechanische Anforderungen 125
mechanische Schutzmaßnahmen 132
mechanische Zündgefahren 293
mediendichte Kapselung 94
mehr- oder feindrähtige Leiter 309
Merkmale guter Beleuchtung 206
Mindestabstand von Hindernissen 315
Mindestangaben Betriebsanleitung 296
Mindesterwärmungszeit 158
Mindestluftspalt 132
Mindestquerschnitt von flexiblen Leitern 314
Mindestschutzarten 126
Mindestvorschriften für explosionsgefährdete Bereiche 41
Mindestzündenergie 53, 93, 249
Mindestzündstrom 53
Mindestzündtemperatur einer Staubschicht (Glimmtemperatur) 95

Mindestzündtemperatur einer Staubwolke (Zündtemperatur) 95
Mischlichtlampen 218
mittlere Einsatzdauer von Elektromotoren 342
Motorschutz nach der Betriebsart 151

N
Nahprüfung 329
Natriumdampf-Hochdrucklampen 218
nicht funkende Einrichtung „nA" 88
nicht zählbarer Fehler 83
nicht zündfähiges Teil „nC" 88
nichtelektrische Geräte 289
Niederdruckentladungslampen 218
nicht funkend bei „n" 142
non-sparking 141
Nordamerikanische Vorschriften (Staub-Ex) 120
Normen nichtelektrischer Geräte 291
Normengeneration 357
Normenstruktur (Staub-Ex) 118
Normung (Beleuchtung) 207
Normwert der Spaltabmessungen 363
Notabschaltung (Errichten) 308
Notbeleuchtung 213
Nutform in einem Käfigläufer 360

O
obere Explosionsgrenze (OEG) 52
Oberflächentemperatur (Staub-Ex) 105
oberirdische Leitungsverlegung 310
ohmsche Strombegrenzung 254
Ölkapselung „o" 67, 189
Ölsumpf eines Getriebes 295
Ordnungswidrigkeiten 49

organisatorische Maßnahmen 42
ortsveränderliche elektrische Betriebsmittel 331

P
passive eigensichere Betriebsmittel 261
pauschale Konformitätsbescheinigung 137
PELV 306
Phasenausfallempfindlichkeit 163
Phasenausfallschutz (Ex) 165
Phasenkurzschluss 195
Potentialausgleich 265, 306
primärer Freisetzungsgrad 55
Prüfbescheinigung 48, 354
Prüffristen 331
Prüfintervall 331
Prüfpläne 334
Prüfstellen von Unternehmen (PSU) 348
Prüftiefe 329
Prüfung der Arbeitsmittel 45
Prüfung der Oberflächentemperatur 105
Prüfung nach Instandhaltung 46
Prüfung vor Inbetriebnahme 46, 329, 340
Prüfungen 47, 114, 329
PSU 348
PTSK 202
Pulverbeschichtung auf Spaltfläche 192

Q
Qualifikation des Personals 328
Qualitätssicherungssystem 35
Quarzsand 72
Quecksilberdampf-Hochdrucklampen 218

R
RCD 318
rechtliche Grundlagen 25
Rechtsvermutung 30

regelmäßig wiederkehrende Prüfungen 329
Remote-I/O 259, 269
Remote-I/O-Systeme 269
Reparatur nach IEC 60079-19 349
Rettungszeichen 214
Richtlinie 94/9/EG 27
Richtlinie 99/92/EG 38
Risikobewertung 31
Rohrleitungen für „p" 320
Rohrleitungssystem 77
Rohrleitungstechnik 76
Rolandmühle 89
Rostnarben 362

S
Sachkundige (ElexV) 339, 341
Sachverständige 188, 347
Sachverständigenprüfung 187
Sandkapselung „q" 72
Sandpartikel 72
Sanftanlauf 178
Schadensanzeige 48
Schadensursachen 343
Schaltanlagen 189
Schaltanlagen für Be- und Verarbeitungsmaschinen 204
Schaltanlagen für Zone 2 201
Schaltbetrieb (Ex) 174
Schaltgeräte 189
Schaltgeräte für Zone 2 201
Schattigkeit 206
Scheinwerfer 235, 236
Schichtdicke von Isolierungen 113
Schirm 283
Schlagwetter 148
Schlagwetterschutz 148
Schlitzbolzen 131
Schlussbestimmungen (BetrSichV) 49
Schnellanschlusstechnik 200
Schraubanschlusstechnik 200
Schutz zünddurchschlagsicherer Spalte 315
Schutzdach 127

Schutzeinrichtungen
  el. Antriebe 121
Schutzgas 321
Schutzmaßnahmen,
  mechanisch 132
Schutzmöglichkeiten für
  Getriebe und Motoren
  344
Schutzniveau 85
Schutzniveau ia, ib 83, 271
Schutzniveau ma 85
Schutzniveau mb 85
Schutzsysteme 28
schwadenhemmende
  Kapselung „fr" 291
schwadensicher bei „n"
  142
schwadensicheres Gehäuse
  „nR" 88
schwadensicheres Leuchtengehäuse 234
Schweranlauf 177
Sehaufgaben 206
Sehkomfort 206
Sehleistung 206
sekundärer Freisetzungsgrad 57
SELV 305
Sicherheitsabstand 105
Sicherheitsanforderungen,
  grundlegende 31
Sicherheitsbarrieren 263
Sicherheitsbeleuchtung 213
Sicherheitsfaktor 249, 250
Sicherheitskompaktleuchten 229
Sicherheitsleuchten 229,
  230
Sichtprüfung 329
Signalleuchten 238
Sollzustand einer Anlage
  339
Sonderverschluss 75, 195
Spaltflächen 362, 363
Spannungsschwankung 184
Spannungsspitzen (Begrenzung) 181
Spezialleuchten für Zone 0
  239
ständerkritisch 168
ständerkritische Motoren
  168
ständige Überwachung 332

statische Elektrizität
  (Errichten) 307
statische Überdruckkapselung 68
Staubablagerung 106, 111,
  115, 116
Staubdichtheit 102
Staubeinschüttung 107
Staubexplosionsschutz 89
Staubexplosionsschutz
  in Nordamerika 120
Staubprüfung bei el.
  Maschinen 102
Staubschichten bis 5 mm
  108
Staubschichten übermäßiger Dicke 109
Staubschichten von 5 bis
  50 mm 108
Staubschutzprüfung nach
  EN 60529 103
Staub-Zündschutzarten 117
Stichprobenprüfung 331
Stoßbelastung 343
Stoßprüfung 125
Straftaten 49
stromabhängiger Überlastungsschutz 166
Stromüberwachung 153,
  166
Struktur der Normen
  (Staub-Ex) 118
Systembeschreibung
  (Eigensicherheit) 273

T
t_E 130
Teilräume 192
Temperatur-Anstiegsgeschwindigkeit 170
Temperaturkenngrößen
  von Stäuben 94
Temperaturklassen 65, 94
Temperaturstrahler 218
Temperaturüberwachung
  durch thermischen
  Motorschutz TMS 167
thermische Schutzmaßnahmen 128, 135
thermischer Motorschutz
  (Ex) 167
TMS 167
TMS als Alleinschutz 167,
  168, 173

TN-System 305
Toleranz der Bemessungsspannung 184
Trennmechanismus 196
Trennstufen 258
Trennstufen mit galvanischer Trennung 266
Trennung eigensicherer
  und nichteigensicherer
  Stromkreise 284
TSK 202
TT-System 305
Typ px 68
Typ py 68
Typ pz 68
Typprüfung 191

U
UA5 im ABS 298
Überdruck im „p"-Gehäuse
  320
Überdruckkapselung 68,
  199
Überdruckkapselung „p"
  68, 139
Übergang von zwei auf
  drei Zonen 101
Übergangsbestimmungen
  38
Übergangsfristen 50
Übergangswiderstände 189
Überholung nach IEC
  60079-19 349
Überlastungsschutz bei „d"
  und „e" 153
Überlastungsschutz bei
  Elektromotoren 151
Überprüfungen an elektrischen Maschinen 347
Übertragungsmittel in „c"
  292
überwachungsbedürftige
  Anlage 45, 340
Überwachungsstellen,
  zugelassene 49
Umgebungstemperaturen
  304
Umrichter 180, 182
Umrichterbetrieb (Normen)
  180
umrichtergespeiste Drehstromantriebe 179
Umrichter-Motoren bei Ex
  179

Umrichterspeisung 179
umschlossene Schalteinrichtung „nC" 88
unbenutzte Einführungsöffnungen 309
Unfallanzeige 48
ungenutzte Aderleitungen 309
untere Explosionsgrenze (UEG) 52
unterirdische Kabelverlegung 309
Unterrichtung (BetrSichV) 45
unterschiedliche Erdpotentiale (Eigensicherheit) 285
Unterteilung explosionsgefährdeter Bereiche 41
Unterweisung (BetrSichV) 45

V
Ventilatoren 295
Verbinden eigensicherer Stromkreise 282
vereinfachte Überdruckkapselung „nP" 88, 142
Verfahren A 120
Verfahren B 120
Vergleich Staub – Gas 91
Vergusskapselung „m" 84
Vergussmasse 84
Vermeidung der Funkenzündung 248
Vermeidung übermäßiger Staubablagerungen 111
VIK 159
visuelles Ambiente 206
Voraussetzungen für Anerkennung als BF 348
Vorentscheidung über den Weiterbetrieb 187
Vorschaltgerät 226
Vorschriften 40, 61, 339
Vorschriften in Nordamerika 120

W
Wahrscheinlichkeit eines Zündanlasses 128
Wanddurchführungen für Kabel oder Leitungen 312

Wärmezündung 245, 256
Warten und Überwachen 344
Wartung und Instandhaltung von Ex-Leuchten 243
Weiterbetrieb an 400 V 184
Wellendurchführung 134
Wellenspalt 74
wesentliche Veränderung 39
Widerstandsheizeinrichtungen 318
wiederkehrende Prüfung 47, 329

Z
zählbarer Fehler 83
Zeit t_E bei Zündschutzart „e" 156
zeitnahe berufliche Tätigkeit (BF) 298
Zellen 85
zentralversorgte Leuchten 217
Zersetzungstemperatur 150
Zone 0 42
Zone 1 42
Zone 2 42
Zone 20 42
Zone 21 42
Zone 22 42
Zone E1 149
Zone E2 149
Zone E3 149
Zoneneinteilung 41, 55, 98
Zonen-Plan 59
Zonendefinition 42
zugehörige Betriebsmittel 82
zugehörige elektrische Betriebsmittel 258, 262
zugelassene Überwachungsstelle 49, 341, 348
Zugfederanschlusstechnik 200
Zünddurchschlag 134
zünddurchschlagsicherer Spalt 190
zündfähiger Staub 91
Zündgrenzkurven für induktive und kapazitive Stromkreise 251

Zündgrenzkurven für ohmsche Stromkreise 250
Zündquellenüberwachung „b" 291
Zündschutzart „c" 292
Zündschutzart „d" 132
Zündschutzart „d" mit Anschlusskasten „e" 352
Zündschutzart „e" 128, 353
Zündschutzart „k" 292
Zündschutzart „n" 140
Zündschutzart nach der Betriebsart 151
Zündschutzart „p" 139
Zündschutzart „tD" 117, 120
Zündschutzarten 61, 67, 122
Zündschutzgas 68, 320
Zündschutzmaßnahmen bei „n" 141
Zündschutzmethoden bei „n" 141
Zündsperren 76
Zündtemperatur 53, 54, 95
Zündwahrscheinlichkeit 250
Zuordnung von Gerätekategorie und Zone 303
ZÜS 348
Zusammenschaltung (eigensicherer Stromkreise) 279
Zusatzschild nach Instandsetzung 354
Zuständigkeit für Zoneneinteilung 98
ZVEH-Prüfbescheinigung 355
Zweileiterbetrieb 159
Zweistiftsockellampen 224
Zylinderspalt 74